教育部高等学校材料类专业教学指导委员会规划教材

土木工程材料系列教材

# 现代水泥基材料
# 测试分析方法

史才军 元 强 主编

## MODERN TESTING AND ANALYSIS METHODS
## FOR CEMENT-BASED MATERIALS

U0389673

化学工业出版社

·北京·

**内容简介**

《现代水泥基材料测试分析方法》针对水泥基材料研究过程中常用的现代分析测试方法进行了系统介绍，内容涵盖了水泥基原材料表征、新拌水泥基浆体以及硬化水泥基材料的各种分析测试技术，如颗粒尺寸测试、水化热测试、核磁共振氢谱测试、自收缩测试、流变性能测试、压汞测孔分析、微观形貌分析、X射线计算机断层成像分析、X射线衍射分析、物相热分析、压痕测试、红外光谱分析、交流阻抗谱测试、氯离子迁移测试、钢筋锈蚀测试等。着重从测试方法及原理、取样/样品制备、测试过程及注意事项、数据采集与结果处理、结果的解释与应用、与其它测试方法的比较等几个方面对测试技术进行全面阐述。

本书可作材料科学与工程、土木工程、无机非金属材料工程等专业高年级本科生及研究生教材，也可供土木工程材料技术人员参考。

**图书在版编目（CIP）数据**

现代水泥基材料测试分析方法/史才军，元强主编.--
北京：化学工业出版社，2024.5
教育部高等学校材料类专业教学指导委员会规划教材
土木工程材料系列教材
ISBN 978-7-122-45277-1

Ⅰ.①现… Ⅱ.①史…②元… Ⅲ.①水泥基复合材料-高等学校-教材 Ⅳ.①TB333.2

中国国家版本馆 CIP 数据核字（2024）第 057401 号

责任编辑：林 媛 窦 臻 　　　文字编辑：林 丹 杨凤轩
责任校对：宋 夏 　　　　　　装帧设计：史利平

出版发行：化学工业出版社
　　　　　（北京市东城区青年湖南街 13 号 邮政编码 100011）
印 　装：河北鑫兆源印刷有限公司
787mm×1092mm　1/16　印张 25¼　彩插 6　字数 579 千字
2024 年 9 月北京第 1 版第 1 次印刷

购书咨询：010-64518888 　售后服务：010-64518899
网 　址：http://www.cip.com.cn
凡购买本书，如有缺损质量问题，本社销售中心负责调换。

定 　价：68.00 元 　　　　　　　版权所有　违者必究

# 土木工程材料系列教材编写委员会

顾　问：唐明述　缪昌文　刘加平　邢　锋
主　任：史才军
**副**主任（按拼音字母顺序）：
　　　　程　新　崔素萍　高建明　蒋正武　金祖权　钱觉时　沈晓冬　孙道胜
　　　　王发洲　王　晴　余其俊
秘　书：李　凯
委　员：

| 编号 | 单位 | 编委 | 编号 | 单位 | 编委 |
|---|---|---|---|---|---|
| 1 | 清华大学 | 魏亚、孔祥明 | 21 | 中山大学 | 赵计辉 |
| 2 | 东南大学 | 张亚梅、郭丽萍、冉千平、王增梅、冯攀 | 22 | 西安交通大学 | 王剑云、高云 |
| 3 | 同济大学 | 孙振平、徐玲琳、刘贤萍、陈庆 | 23 | 北京交通大学 | 朋改飞、张艳荣 |
| 4 | 湖南大学 | 朱德举、李凯、胡翔、郭帅成 | 24 | 广西大学 | 陈正、刘剑辉 |
| 5 | 哈尔滨工业大学 | 高小建、李学英、杨英姿 | 25 | 福州大学 | 罗素蓉、杨政险、王雪芳 |
| 6 | 浙江大学 | 闫东明、王海龙、孟涛 | 26 | 北京科技大学 | 刘娟红、刘晓明、刘亚林 |
| 7 | 重庆大学 | 杨长辉、王冲、杨宏宇、杨凯 | 27 | 西南交通大学 | 李固华、李福海 |
| 8 | 大连理工大学 | 王宝民、常钧、张婷婷 | 28 | 郑州大学 | 张鹏、杨林 |
| 9 | 华南理工大学 | 韦江雄、张同生、胡捷、黄浩良 | 29 | 西南科技大学 | 刘来宝、张礼华 |
| 10 | 中南大学 | 元强、郑克仁、龙广成 | 30 | 太原理工大学 | 阎蕊珍 |
| 11 | 山东大学 | 葛智、凌一峰 | 31 | 广州大学 | 焦楚杰、李古、马玉玮 |
| 12 | 北京工业大学 | 王亚丽、刘晓、李悦 | 32 | 浙江工业大学 | 付传清、孔德玉、施韬 |
| 13 | 上海交通大学 | 刘清风、陈兵 | 33 | 昆明理工大学 | 马倩敏 |
| 14 | 河海大学 | 蒋林华、储洪强、刘琳 | 34 | 兰州交通大学 | 张戎令 |
| 15 | 武汉理工大学 | 陈伟、胡传林 | 35 | 云南大学 | 任骏 |
| 16 | 中国矿业大学（北京） | 王栋民、刘泽 | 36 | 青岛理工大学 | 张鹏、侯东帅 |
| 17 | 西安建筑科技大学 | 李辉、宋学锋 | 37 | 深圳大学 | 董必钦、崔宏志、龙武剑 |
| 18 | 南京工业大学 | 卢都友、马素花、莫立武 | 38 | 济南大学 | 叶正茂、侯鹏坤 |
| 19 | 河北工业大学 | 慕儒、周健 | 39 | 石家庄铁道大学 | 孔丽娟、孙国文 |
| 20 | 合肥工业大学 | 詹炳根 | 40 | 河南理工大学 | 管学茂、朱建平 |

| 编号 | 单位 | 编委 | 编号 | 单位 | 编委 |
|---|---|---|---|---|---|
| 41 | 长沙理工大学 | 吕松涛、高英力 | 56 | 北京服装学院 | 张力冉 |
| 42 | 长安大学 | 李晓光 | 57 | 北京城市学院 | 陈辉 |
| 43 | 兰州理工大学 | 张云升、乔红霞 | 58 | 青海大学 | 吴成友 |
| 44 | 沈阳建筑大学 | 戴民、张淼、赵宇 | 59 | 西北农林科技大学 | 李黎 |
| 45 | 安徽建筑大学 | 丁益、王爱国 | 60 | 北京建筑大学 | 宋少民、王琴、李飞 |
| 46 | 吉林建筑大学 | 肖力光 | 61 | 盐城工学院 | 罗驹华、胡月阳 |
| 47 | 山东建筑大学 | 徐丽娜、隋玉武 | 62 | 湖南工学院 | 袁龙华 |
| 48 | 湖北工业大学 | 贺行洋 | 63 | 贵州师范大学 | 杜向琴、陈昌礼 |
| 49 | 苏州科技大学 | 宋旭艳 | 64 | 北方民族大学 | 傅博 |
| 50 | 宁夏大学 | 王德志 | 65 | 深圳信息职业技术学院 | 金宇 |
| 51 | 重庆交通大学 | 梅迎军、郭鹏 | 66 | 中国建筑材料科学研究总院 | 张文生、叶家元 |
| 52 | 天津城建大学 | 荣辉 | 67 | 江苏苏博特新材料股份有限公司 | 舒鑫、于诚、乔敏 |
| 53 | 内蒙古科技大学 | 杭美艳 | 68 | 上海隧道集团 | 朱永明 |
| 54 | 华北理工大学 | 封孝信 | 69 | 建华建材（中国）有限公司 | 李彬彬 |
| 55 | 南京林业大学 | 张文华 | 70 | 北京预制建筑工程研究院有限公司 | 杨思忠 |

# 土木工程材料系列教材清单

| 序号 | 教材名称 | 主编 | 单位 |
|---|---|---|---|
| 1 | 《无机材料科学基础》 | 史才军　王晴 | 湖南大学　沈阳建筑大学 |
| 2 | 《土木工程材料》（英文版） | 史才军　魏亚 | 湖南大学　清华大学 |
| 3 | 《现代胶凝材料学》 | 王发洲 | 武汉理工大学 |
| 4 | 《混凝土材料学》 | 刘加平　杨长辉 | 东南大学　重庆大学 |
| 5 | 《水泥与混凝土制品工艺学》 | 孙振平　崔素萍 | 同济大学　北京工业大学 |
| 6 | 《现代水泥基材料测试分析方法》 | 史才军　元强 | 湖南大学　中南大学 |
| 7 | 《功能建筑材料》 | 王冲　陈伟 | 重庆大学　武汉理工大学 |
| 8 | 《无机材料计算与模拟》 | 张云升 | 东南大学/兰州理工大学 |
| 9 | 《混凝土材料和结构的劣化与修复》 | 蒋正武　邢锋 | 同济大学　广州大学 |
| 10 | 《混凝土外加剂》 | 冉千平　孔祥明 | 东南大学　清华大学 |
| 11 | 《先进土木工程材料新进展》 | 史才军 | 湖南大学 |
| 12 | 《水泥与混凝土化学》 | 沈晓冬 | 南京工业大学 |
| 13 | 《废弃物资源化与生态建筑材料》 | 王栋民　李辉 | 中国矿业大学（北京）　西安建筑科技大学 |

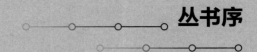

# 丛书序

　　土木工程材料是当前使用最为广泛的大宗材料，在国民经济中占据重要地位。随着科学技术的飞速发展，对土木工程材料微观结构与宏观性能的认识不断深入，许多新的方法和理论不断涌现，现有教材的内容已不能反映过去二三十年里土木工程材料的进展和成果，无法满足现在教学和学习的需求。

　　在此背景下，湖南大学史才军教授发起并组织了土木工程材料系列教材的编写工作，得到了包括清华大学、东南大学、同济大学、重庆大学、武汉理工大学、中南大学、南京工业大学、中国矿业大学（北京）等高校的积极响应和大力支持。系列教材共 13 种，全面覆盖了土木工程材料的知识体系，采用多校联合编写的形式，以充分发挥各高校自身的学科优势和各参编人员的专长，将土木工程材料领域的最新研究成果融入教材之中，编写出反映当前技术发展和应用水平并符合现阶段教学要求的高质量教材。教材在知识结构和逻辑上自成体系，很好地结合了基础知识和学科前沿成果，除了介绍传统材料外，对当今热门的纳米材料、功能材料、计算机模拟、混凝土外加剂、固废资源化利用等前沿知识以及相关工程实例均有涉及，很好地体现了知识的前沿性、全面性和实用性。系列教材包括《无机材料科学基础》《土木工程材料（英文版）》《现代胶凝材料学》《混凝土材料学》《水泥与混凝土制品工艺学》《现代水泥基材料测试分析方法》《功能建筑材料》《无机材料计算与模拟》《混凝土外加剂》《先进土木工程材料新进展》《水泥与混凝土化学》《混凝土材料和结构的劣化与修复》和《废弃物资源化与生态建筑材料》。

　　系列教材内容丰富、立意高远，帮助学生了解国家重大战略需求与前沿研究进展，激发学生学习积极性和主观能动性，提升自主学习效果，具有较高的学术价值与实用意义，对于土木工程材料领域的研究与工程应用技术人员也具有重要的参考价值。

中国工程院院士
2023 年 9 月

　　水泥基材料是人类社会建造各类建筑物的基础材料，也是最大宗的人造材料。建筑物结构越来越复杂，且越来越多的建筑物处于恶劣的服役环境中，这对混凝土材料的性能或功能提出了新的要求。先进的测试技术是理解材料本质及发展水泥基材料的必要手段，为推动水泥混凝土行业科学与技术的进步提供了基础。

　　随着全球气候变暖加剧，我国提出了"双碳"目标，技术驱动的水泥混凝土行业碳减排意义重大，先进测试技术是行业技术进步的重要支撑。随着网络公开课的盛行，诸多同仁建议编者以相关教材为基础，面向全国对水泥基材料测试技术感兴趣的同仁开设"水泥基材料分析测试技术"的网络公开课，以更好地传播水泥基材料测试技术相关知识，推动先进测试技术在水泥基材料中的研究与应用。2022年上半年编者邀请了行业内14位专家举办了每周一次的水泥基材料测试技术的系列网络公开讲座，在学术界和工程界产生了较大的影响。编者借此机会对系列讲座内容全面更新，编写了本书。

　　本书紧密结合现代测试分析技术，反映了近年来的研究新进展，并增加了纳米压痕测试技术在水泥基材料中的应用等内容。章节编排及作者分工如下：第1章，水泥基材料科学基础（史才军、元强）；第2章，颗粒材料颗粒尺寸测试分析（元强、史才军）；第3章，水泥的水化热测试技术（王欣、胡张莉、史才军）；第4章，水泥基材料核磁共振氢谱测试分析（姚武、佘安明）；第5章，水泥基材料自收缩测试（胡张莉、史才军）；第6章，水泥基材料流变性能测试（焦登武、安晓鹏、刘豫、史才军）；第7章，水泥基材料压汞测孔分析（张云升、杨永敢）；第8章，水泥基材料微观形貌分析（郑克仁、周瑾）；第9章，水泥基材料X射线计算机断层成像分析（张云升、杨林）；第10章，水泥基材料的X射线衍射分析（郑克仁、周瑾）；第11章，水泥基材料物相的热分析（郑克仁、周瑾）；第12章，水泥基材料纳米压痕测试（胡传林）；第13章，水泥基材料红外光谱分析（潘潇颖、毛宇光、史才军）；第14章，水泥基材料交流阻抗谱测试（何富强、史才军）；第15章，水泥基材料氯离子迁移测试（元强、史才军）；第 16 章，混凝土中钢筋锈蚀测试（李悦）。

非常感谢杨英姿、陈波、田倩等老师对书中部分章节进行了校正，广大读者对本书的编写提出了宝贵的意见和建议，在此表示真挚的感谢！

编者
2023 年 7 月

# 目 录

# 第3章　水泥的水化热测试技术

# 第4章　水泥基材料核磁共振氢谱测试分析

# 第5章　水泥基材料自收缩测试

# 第6章　水泥基材料流变性能测试

# 第7章　水泥基材料压汞测孔分析

# 第8章　水泥基材料微观形貌分析

# 第9章　水泥基材料X射线计算机断层成像分析

# 第10章　水泥基材料的X射线衍射分析

# 第11章　水泥基材料物相的热分析

# 第12章　水泥基材料纳米压痕测试

# 第13章　水泥基材料红外光谱分析

# 第14章　水泥基材料交流阻抗谱测试

# 第15章 水泥基材料氯离子迁移测试

# 第16章 混凝土中钢筋锈蚀测试

# 第 1 章

# 水泥基材料科学基础

## 1.1 引言

　　水泥混凝土是由水泥、砂、石、水、掺和料和外加剂组成的建筑材料，是世界上最大宗的人造材料，也是人类最主要的建筑材料。近年来，随着我国经济的高速发展，我国水泥的产量已居世界首位，2011 年至今产量维持在 20 亿吨以上，占世界总产量的 50%～60%（见图 1-1)[1]。混凝土年使用量虽未见准确的统计数据，但如果所有产出水泥均用于生产混凝土，可推算我国混凝土年产量均超 50 亿立方米（按每立方米混凝土 400kg 水泥估算），当然由于我国近年来水泥工业的产能过剩，实际工程并未使用如此高的混凝土用量，但混凝土仍是我国工业体系中应用量最大的材料之一。

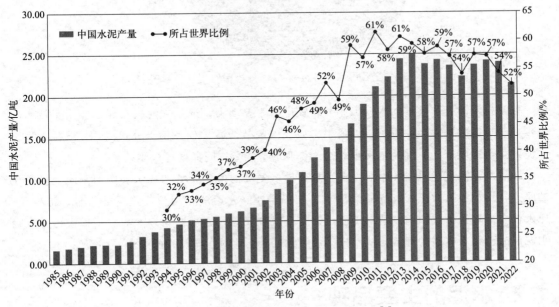

图 1-1　我国水泥产量及其所占世界比例[1]

　　水泥的生产过程决定了它的高耗能及高碳排放。俗称"两磨一烧"的水泥生产过程包括磨细原材料、磨细熟料和煅烧熟料，其中煅烧熟料工序将 $CaCO_3$ 烧成 $CaO$ 而释放出 $CO_2$，并且需要将熟料烧至 1450℃，能耗巨大，而两次磨细亦耗能巨大。因此，水泥生产是个极为耗能，并产生大量温室气体 $CO_2$ 的过程。各国家及各行业的温室气体排放如图 1-2 所示。据估算，2021 年我国水泥行业碳排放量占我国碳排放总量的 13.8%。在温室效应导致的全球变暖的大背景下，减少温室气体排放成为了各国经济发展所要考虑的重要因素。2020 年 9 月 22 日，我国提出了"双碳"目标，承诺 2030 年我国碳排放达到峰值，2060 年实现碳中和。显然，水泥混凝土行业是国家实现"双碳"目标的关键行业之一，水泥混凝土低碳化技术突破迫在眉睫[2]。

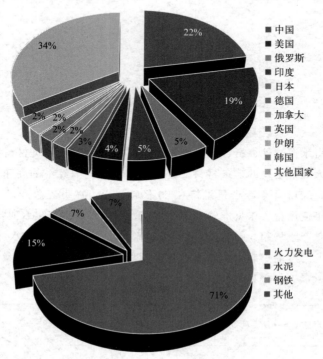

图 1-2　各国家和各行业 $CO_2$ 排放比例[2]（见彩图）

　　科学技术的进步是推动水泥工业节能减排的主要动力，近年来我国水泥工业由于技术的进步，在节能减排方面取得了巨大成果，但我国的节能减排任务仍十分艰巨[3]。混凝土作为水泥的主要终端产品，其技术进步对建筑行业的节能减排同样具有重要意义。

　　随着水泥混凝土材料技术的发展，越来越多先进的检测设备和技术被应用于水泥混凝土的研究，例如核磁共振仪、红外光谱仪、扫描电镜、X 射线衍射仪、热重分析仪、流变仪、压汞仪、计算机断层扫描、纳米压痕仪、交流阻抗仪等，先进检测技术的应用极大提升了对水泥混凝土材料本质的理解，从而推动水泥混凝土行业科学与技术的进步。

# 1.2　水泥的主要品种

　　人类建筑的演化过程反映了人类的文明进程，人类建筑的形式首先取决于建筑所用材料。

人类用了近千年的时间，才从古罗马人用的罗马"水泥"发展到现代水泥。1824年英国人Joseph Aspdin获得了第一个波特兰水泥专利，标志着现代水泥的开端。现代水泥的发明为人类文明和城市的发展提供了必要的物质基础。现代水泥种类较多，可分为五大类：①硅酸盐水泥；②硫（铁）铝酸盐水泥；③碱激发水泥；④高铝水泥/铝酸盐水泥；⑤镁质水泥。其中，硅酸盐水泥占市场应用和研究的绝对主体，下面简单介绍这几种水泥的组成和特性：

（1）硅酸盐水泥

自1824年第一个波特兰水泥专利，现代水泥历经百余年的发展，形成了系列硅酸盐水泥。该水泥系列的主要特征是熟料矿物组成以$C_3S$和$C_2S$为主，该矿物决定了硅酸盐水泥的基本性能，如强度发展规律及耐久性等。硅酸盐水泥是人类基础设施建设采用的最主要的水泥品种。虽然硅酸盐水泥的生产是个高耗能、高污染的过程，各国科研人员也正在寻找硅酸盐水泥的替代品，但结果表明，在可预见的未来内，硅酸盐水泥在人类基础设施建设中的地位仍不可取代[4-7]！因此，本书介绍的检测技术主要基于硅酸盐水泥混凝土。

（2）硫（铁）铝酸盐水泥

20世纪70年代，中国建筑材料研究院发明了硫铝酸盐水泥[8]。2000年，我国硫铝酸盐水泥产量只有67.25万吨。2005年，我国硫（铁）铝酸盐水泥产量达到了125.3万吨。目前，我国生产硫铝酸盐水泥的企业约30家，全国硫铝酸盐水泥产量基本稳定在125万吨左右。

硫铝酸盐水泥是以适量的石灰石、矾土和石膏为原料，在1300～1350℃温度下煅烧而成的以无水硫铝酸钙（$C_4A_3S$）和硅酸二钙（$C_2S$）为主要矿物组成的熟料，掺加适量混合材共同粉磨而成的水硬性胶凝材料[8-9]。硫铝酸盐水泥包括快硬硫铝酸盐水泥、高强硫铝酸盐水泥、膨胀硫铝酸盐水泥、自应力硫铝酸盐水泥、低碱度硫铝酸盐水泥等5个品种。铁铝酸盐水泥包括快硬铁铝酸盐水泥、高强铁铝酸盐水泥、自应力铁铝酸盐水泥等3个水泥品种。硫铝酸盐水泥的水化反应主要是硫铝酸钙与水反应生成钙矾石，硅酸二钙与水反应生成C-S-H凝胶和氢氧化钙。

硫（铁）铝酸盐水泥的特点是早强、高强、高抗腐蚀性、高抗渗性，但由于硫（铁）铝酸盐水泥的碱度较低（pH<12），不能在钢筋表面形成保护膜而阻止钢筋锈蚀，该水泥不能与钢筋组合使用，大大限制了该水泥的广泛应用。该水泥主要用于抢修工程、玻璃纤维增强水泥基材料以及高腐蚀性工程中。

（3）碱激发水泥

1930年，Kuhl首次研究了矿粉和苛性碱混合的凝结硬化情况。Glukhovsky首次发现了低碱性钙或黏土与碱金属溶液组成的浆体具有胶凝性。碱激发水泥的品种繁多，根据前驱体材料的种类可分为碱-胶凝体系$Me_2O-Al_2O_3-SiO_2-H_2O$和碱-碱土-胶凝体系$Me_2O-MO-Al_2O_3-SiO_2-H_2O$[4,10-11]。碱-碱土-胶凝体系在早期受到了大量的关注，直到最近10年，碱-胶凝体系才成为研究热点，也称为地聚合物。Shi等[10]将碱激发水泥根据其原材料的不同分为碱激发矿渣基水泥、碱激发火山灰基水泥、碱激发火山灰/矿渣基水泥、碱激发铝酸钙复合水泥、碱激发波特兰复合水泥。

碱激发水泥最大限度地利用了各种工业副产品，且其生产过程不涉及$CO_2$温室气体的排放，但碱激发水泥的一些内在不足阻碍了碱激发水泥混凝土的大量应用，包括：①由于碱析

出并与空气中 $CO_2$ 的反应，碱激发水泥混凝土表面通常表现出风化、泛白霜的缺点；②碱激发水泥混凝土的干燥收缩较大，易出现干缩裂缝；③碱激发水泥混凝土在干燥条件下的碳化速度非常快，不利于钢筋保护；④混凝土由于碱激发水泥涉及各种不同的激发剂和胶凝体系，其质量控制难以保证，水化机理亦未完全清楚；⑤用于波特兰水泥的外加剂对碱激发水泥可能不适用。但在全球提倡节能减排的前提下，碱激发水泥成为了替代波特兰水泥的主要候选者，各国正在投入大量的人力和物力进行科技攻关。

（4）高铝水泥/铝酸盐水泥

1908年，法国拉法基公司的研究人员申请了铝酸盐水泥的专利。高铝水泥/铝酸盐水泥（或矾土水泥）是以铝矾土和石灰为原料，按一定比例配制，经煅烧、磨细所制得的一种以铝酸盐为主要矿物成分的水硬性胶凝材料。凡以铝酸钙为主，氧化铝含量大于50%的熟料磨制而成的水硬性胶凝材料，统称为高铝水泥/铝酸盐水泥[12]。

铝酸盐水泥凝结硬化速度快，1天强度可达最高强度的80%以上，铝酸盐水泥水化热大，且放热量集中。1天内放出的水化热为总量的70%～80%，使铝酸盐水泥混凝土内部温度快速上升，即使在−10℃下施工，铝酸盐水泥也能很快凝结硬化。

由于铝酸盐水泥的早强特点，铝酸盐水泥主要可用于工期紧急的工程，如国防、道路和特殊抢修工程等。铝酸盐水泥的化学成分特点决定了其硬化水泥石具有较高的抗腐蚀性，可用于具有较高抗腐蚀要求的非结构承重部位。铝酸盐水泥具有较高的耐热性，如采用耐火粗细骨料（如铬铁矿等）可制成使用温度达 1300～1400℃的耐热混凝土。另外，铝酸盐水泥与硅酸盐水泥或石灰相混不但发生闪凝，而且由于快速生成高碱性的水化铝酸钙，混凝土易出现开裂，甚至被破坏。因此，高铝水泥不能与石灰或硅酸盐水泥混合使用。

由于铝酸盐水泥的水化相在使用过程中发生相转变，导致强度下降，其长期强度约降低40%～50%，因此，铝酸盐水泥不宜使用在长期承重的结构部位。

（5）镁质水泥

镁质水泥主要包括氯氧镁水泥、硫氧镁水泥及磷氧镁水泥，分别是由氧化镁粉末和氯化镁溶液、硫酸镁溶液及可溶性磷酸盐溶液组成的胶凝体系。氯氧镁水泥最早由法国人 Sorel 于1867年发明，又称为 Sorel 水泥[13]。相比钙质水泥，镁质水泥的能耗较低。镁质水泥的主要原材料氧化镁是通过将碳酸镁煅烧至900℃得到的，远低于硅酸盐水泥的1450℃。且另一主要原材料氯化镁和硫酸镁均是工业副产品。另外，硅酸盐水泥产品使用后不能恢复其水化活性，而镁质水泥可在较低温度下恢复其水化活性，重新利用，减少资源浪费和环境污染。

镁质水泥具有快硬早强、与无机骨料黏结性能好等特点，典型的磷氧镁水泥的1小时强度可达20MPa，因此适用于快速抢修工程，在道路抢修工程中，最快45分钟可开放交通。但镁质水泥对水及潮气的敏感性，以及镁质水泥的低碱性导致其不宜与钢筋组合成钢筋混凝土结构，而极大限制了其在钢筋混凝土结构中的应用。

# 1.3 混凝土的原材料

与传统混凝土相比，现代混凝土技术的高强高性能化、绿色化和功能化的趋势对原材料提出了更精细化和更高的要求。掺和料和外加剂成为了现代混凝土技术的必要组分，是改善混凝土性能、降低材料成本、降低混凝土材料环境荷载的重要手段。水泥和骨料依然是混凝土的主要原材料，是影响混凝土性能的重要因素。本节主要介绍以硅酸盐水泥为胶凝材料生产的混凝土。

## 1.3.1 硅酸盐水泥

### 1.3.1.1 生产及分类

生产硅酸盐水泥的主要原料为石灰质材料和黏土质材料，有时还需根据原料品质和水泥品种，掺加校正原料（例如硅质、铝质及铁质校正原料）以补充某些成分的不足，另外，生产过程中还可以利用工业废渣作为水泥的原料或混合材料（例如矿渣、粉煤灰、石灰石粉等）。硅酸盐水泥生产工艺流程包括：

① 破碎及预均化。将开采的原材料进行破碎并初步混合均匀。

② 生料制备。目前先进节能的生产线均采用干法工艺，将物料加入粉磨机中磨细，并混合均匀制备成生料。

③ 预热分解。预热器的主要功能是充分利用回转窑和分解炉排出的废气余热加热生料，使生料预热及部分碳酸盐分解。

④ 水泥熟料的烧成。生料在旋风预热器中完成预热和预分解后，下一道工序是进入回转窑中进行熟料的烧成。在回转窑中碳酸盐进一步迅速分解并发生一系列的固相反应，生成水泥熟料。

⑤ 水泥粉磨。水泥粉磨是水泥制造的最后工序，也是耗电最多的工序。其主要功能是将水泥熟料、石膏以及调节材料混合，并粉磨至合适的粒度（以细度或比表面积表示），形成一定的颗粒级配及细度的水泥粉体产品。典型干法预分解窑水泥生产线如图1-3所示。近年来，我国科研人员通过优化水泥生产工艺，大幅降低了水泥生产环节的能耗，使我国水泥生产技术居世界前列[3]。

中国硅酸盐系列水泥基本按水泥的用途进行分类，可分为通用水泥[14]和特种水泥两大

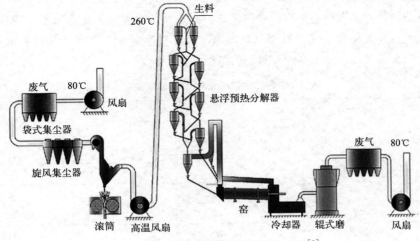

图1-3　典型干法预分解窑水泥生产线[3]

类。通用水泥包括硅酸盐水泥、普通硅酸盐水泥、矿渣硅酸盐水泥、火山灰硅酸盐水泥和粉煤灰硅酸盐水泥。特种水泥包括油井水泥、大坝水泥、快硬水泥、抗硫酸盐水泥、中热水泥、低热水泥和白水泥等。

美国硅酸盐系水泥分类方法相对简单，主要包括五种不含矿物掺和料的水泥[15]：类型Ⅰ为通用型水泥，类型Ⅱ为中等抗硫酸盐水泥及中热水泥，类型Ⅲ为高早强水泥，类型Ⅳ为低热水泥，类型Ⅴ为高抗硫酸盐水泥。另外 ASTMC 596 还包括矿渣水泥和火山灰水泥[16]。

由于欧盟各国在欧盟统一标准前已有符合各国国情的标准，欧盟的水泥标准是各国协商的产物，其标准[17] 包含了五大类 27 种普通水泥、7 种抗硫酸盐水泥、3 种低早强高炉矿渣水泥、2 种低早强抗硫酸盐高炉矿渣水泥。

日本水泥包括允许掺 0~5％混合材的六种水泥，普通、早强、超早强、中热、低热、抗硫酸盐水泥[18]。另外还有矿渣水泥、火山灰水泥以及粉煤灰水泥，其最高允许掺量依次为 70％、30％及 30％。

### 1.3.1.2　矿物组成

硅酸盐水泥熟料的主要矿物组成包括硅酸三钙（$3CaO \cdot SiO_2$ 或 $C_3S$）、硅酸二钙（$2CaO \cdot SiO_2$ 或 $C_2S$）、铝酸三钙（$3CaO \cdot Al_2O_3$ 或 $C_3A$）、铁铝酸四钙（$4CaO \cdot Al_2O_3 \cdot Fe_2O_3$ 或 $C_4AF$），其中各化合物的含量依次为：CaO 约 62％~67％，$SiO_2$ 约 20％~24％，$Al_2O_3$ 约 4％~7％，$Fe_2O_3$ 约 2％~6％。硅酸盐水泥熟料矿物的主要成分是 $C_3S$ 和 $C_2S$，其中 $C_3S$ 是水泥熟料中含量最多的组分，通常占材料总量的 50％以上。水泥各单一矿物水化特点不同，对水泥性能的影响各异。通过调整水泥熟料中各矿物组成的比例而获得不同性能的水泥品种是水泥性能调节的主要技术手段。例如，美国 ASTM 标准的五类水泥的矿物成分及细度如表 1-1 所示，不同水泥品种的差异主要体现在矿物组成的比例和水泥粉体的细度。同时，表 1-1 给出了中国中、低热水泥，中、高抗硫酸盐水泥的矿物组成及细度要求[19,20]。虽然两国对中低热水泥和中高抗硫酸盐水泥矿物组成的具体要求存在一定差异，但基本原理是一致的，即通过调整 $C_3S$ 和 $C_3A$ 的含量来控制水泥的抗硫酸盐性能及水化放热量。水泥的细度也是控制水泥放热的重要因素，即水泥细度越高，水化越快，放热速率越快；并且水泥细度决定了粉磨时的能耗，水泥越细，粉磨能耗越高。在水泥行业，水泥细度通常用粉体材料的比表面积来表征，并采用透气法进行测量，但该方法难以准确获得水泥粉体材料的比表面积，激光粒度法越来越多地应用于水泥基材料的细度测试。

**表 1-1　常见水泥的矿物组成、细度[19-21]**

| ASTM 类型 | ASTM 设计目标 | 组成/% | | | | 细度/（$m^2$/kg） |
| --- | --- | --- | --- | --- | --- | --- |
| | | $C_3S$ | $C_2S$ | $C_3A$ | $C_4AF$ | |
| Ⅰ | 一般用途 | 45~65 | 6~21 | 6~12 | 6~11 | 334~431 |
| Ⅱ | 中抗硫酸盐-中热 | 48~68 | 8~25 | 4~8 | 8~13 | 305~461 |
| Ⅲ | 高早强 | 48~66 | 8~27 | 2~12 | 4~13 | 387~711 |
| Ⅳ | 低热 | 37~49 | 27~36 | 3~4 | 11~18 | 319~362 |
| Ⅴ | 抗硫酸盐 | 47~64 | 12~27 | 0~5 | 10~18 | 312~541 |

| 中国标准 | 组成/% | | | | 细度/(m²/kg) |
|---|---|---|---|---|---|
| | C₃S | C₂S | C₃A | C₄AF | |
| 中抗硫酸盐 | ≤55 | | ≤5 | | ≥280 |
| 高抗硫酸盐 | ≤50 | | ≤3 | | ≥280 |
| 低热 | | ≥40 | ≤6 | | ≥250 |
| 中热 | ≤55 | | ≤6 | | ≥250 |

注：所有水泥在90天龄期时达到几乎相同的强度。

## 1.3.2 骨料

骨料，即在混凝土中起骨架或填充作用的粒状松散材料。骨料作为混凝土的主要原料，占混凝土体积的65%～75%。我国规定粒径大于4.75mm的骨料称为粗骨料，主要包括碎石及卵石两种。碎石是天然岩石经机械破碎、筛分制成的粒径大于4.75mm的岩石颗粒。卵石是由自然风化、水流搬运和分选、堆积而成的粒径大于4.75mm的岩石颗粒。卵石和碎石颗粒的长度大于该颗粒所属相应粒级的平均粒径2.4倍者为针状颗粒，厚度小于平均粒径0.4倍者为片状颗粒（平均粒径指该粒级上、下限粒径的平均值）。建筑用卵石、碎石应满足国家标准GB/T 14685—2022《建设用卵石、碎石》[22] 的技术要求。

粒径在4.75mm以下的骨料称为细骨料，俗称为砂。砂按产源分为天然砂和人工砂两类。天然砂是由自然风化、水流搬运和分选、堆积形成的粒径小于4.75mm的岩石颗粒，但不包括软质岩、风化岩石的颗粒。天然砂包括河砂、湖砂、山砂和淡化海砂。人工砂是天然岩石经机械破碎、筛分并经除土处理的机制砂和混合砂的统称。建筑用砂应满足我国标准GB/T 14684—2022《建设用砂》[23] 的技术要求。

随着对混凝土功能性要求的提高，特种骨料被越来越多地应用于混凝土中，如重骨料和轻骨料。轻骨料被越来越多地应用于混凝土中，大大降低混凝土的容重，改善了混凝土的保温性、抗裂性、吸声等性能。轻骨料包括天然轻骨料（例如浮石、火山渣）、工业废料（例如粉煤灰陶粒、膨胀矿渣珠）、人造轻骨料（页岩陶粒、黏土陶粒、膨胀珍珠岩）。重骨料也被应用于辐射防护等特殊工程。本小节主要讨论粗骨料和细骨料。

### 1.3.2.1 骨料种类

岩浆岩、沉积岩、变质岩是三种最基本的岩石[24]。岩浆岩指直接由地球深处的岩浆侵入地壳内或喷出地表后冷凝而形成的岩石，又可分为侵入岩和喷出岩（火山岩），主要包括花岗岩、闪长岩、辉长岩、辉绿岩、玄武岩等。岩浆岩的性质不仅受岩石的矿物成分的影响，而且受岩石形成过程中岩浆的冷却速度以及形成岩粒大小的影响。

沉积岩是由沉积作用形成的岩石，指暴露在地壳表层的岩石在地球发展过程中遭受各种外力的破坏，破坏产物在原地或经过搬运沉积下来，再经过复杂的成岩作用而形成的岩石。沉积岩的分类比较复杂，一般可按沉积物质分为母岩风化沉积、火山碎屑沉积和生物遗体沉积。沉积岩主要包括石灰岩、砂岩、页岩等。

变质岩是岩浆岩和沉积岩经历过变质作用形成的岩石，指地壳中原有的岩石受构造运动、岩浆活动或地壳内热流变化等内应力影响，使其矿物成分、结构构造发生不同程度的变化而形成的岩石，又可分为正变质岩和副变质岩，主要包括大理石、板岩、片麻岩、石英岩等。

岩石种类对岩石的性能影响很大，美国混凝土协会（ACI）给出了一个骨料的基本性能的范围值，如表 1-2 所示。用作普通混凝土粗细骨料的岩石大多数是沉积岩。

表 1-2　骨料基本性能[25]

| 孔隙率/% | 吸水率/% | 表观密度/(kg/m³) | 线性热膨胀系数/(10⁻⁶/℃) | 弹性模量/GPa | UCS/MPa | ACV/% | 安定性(MgSO₄，损失)/% | |
|---|---|---|---|---|---|---|---|---|
| 粗骨料 1%~10% | 细骨料：0.2%~2%<br>粗骨料：1%~10% | 1.6~3.2，但 2.5~3.0 更常见 | 骨料颗粒 2~16 | 7~70（泊松比为 0.1~0.3） | 岩芯 70~276 | 14~30 | 细骨料<br>粗骨料 | 1~10<br>1~12 |

注：UCS 为抗压强度，ACV 为压碎指标。

### 1.3.2.2　骨料对混凝土性能的影响

骨料的各种性能直接影响新拌及硬化混凝土的性能，包括骨料的密度（孔隙率）、吸水率和表面潮湿状态、骨料级配、形状及表面粗糙度、针片状含量、含泥量、骨料的压碎强度、抗磨性能、弹性模量以及坚固性、骨料的岩相组成等。

骨料的密度（取决于孔隙率及孔隙结构）是骨料最重要的特征之一。骨料中的孔隙一部分是开口的（可被水饱和），一部分是闭口的（不可被水饱和），通常绝大部分孔隙为开口孔隙。骨料的开口孔隙率直接影响混凝土的吸水率，从而影响骨料和混凝土的耐久性，尤其是抗冻融循环。并且，吸水率和表面吸水状态均影响混凝土配合比设计中的用水量以及骨料的体积等。骨料的形状和级配影响各材料颗粒间的相互填充，表面粗糙度影响骨料与水泥浆的黏度，从而影响新拌混凝土的黏度、屈服应力和密度，硬化混凝土的强度等。骨料的压碎强度、弹性模量、磨耗指标和坚固性等影响混凝土的强度、弹性模量和尺寸温度性和耐久性。岩相分析是测试岩石微观结构的技术手段，是混凝土骨料分析不可缺少的技术，主要可用于分析骨料的组成及其相对含量，测量骨料的物理和化学性质及潜在的有害物质（例如碱活性成分），对比已知性能的骨料和未知骨料等。合理表征骨料性能对选择混凝土用骨料和科学合理利用骨料具有重要意义。

### 1.3.3　外加剂

混凝土外加剂是指为改善和调节混凝土的性能而掺加的物质，其掺量一般不大于水泥质量的 5%。混凝土外加剂产品的质量必须符合国家标准《混凝土外加剂》（GB 8076—2008）[26]的规定。随着混凝土技术的进步及工程对混凝土要求的提高，外加剂已成为混凝土中不可缺少的组分，是混凝土性能调控的最重要技术手段。混凝土外加剂按其主要功能可分为以下几类：

① 改善混凝土拌和物流变性能的外加剂。包括各种减水剂、增稠剂、引气剂等。

② 调节混凝土凝结时间的外加剂。包括缓凝剂、早强剂和速凝剂等。

③ 改善混凝土耐久性的外加剂。包括引气剂和阻锈剂等。

④ 改善混凝土收缩性的外加剂，包括减缩剂和内养护剂等。

⑤ 改善混凝土其它性能的外加剂。包括加气剂、膨胀剂、防冻剂及着色剂等。

减水剂是所有混凝土外加剂中最重要的一种。在保持新拌混凝土和易性相同的情况下，能显著降低用水量的外加剂称为减水剂。减水剂品种繁多，根据减水率可分为普通减水剂及高效减水剂或超塑化剂（减水率≥10%）；根据减水剂的功能性可以分为缓凝型减水剂、引气型减水剂、早强性减水剂、减缩性减水剂等；按化学成分可主要分为木质素磺酸盐类、聚羧酸盐类、氨基磺酸盐类、三聚氰胺磺酸盐类等减水剂。减水剂的应用可降低用水量，提高强度，改善耐久性，还可以节约水泥，减少干缩开裂等[27]。鉴于减水剂巨大的经济及技术效益，几乎所有混凝土都使用减水剂。

减水剂大部分是分子量较低的聚合物电解质，其碳氢链上带有许多极性官能团，这些官能团与水泥颗粒具有较强的亲和力，减水剂通过范德华力或静电力吸附在水泥颗粒表面，亲水基团则伸入水中。减水剂在水泥颗粒表面的吸附过程极为复杂，是减水剂研究的核心问题之一。减水剂一般是表面活性剂，降低水的表面张力，降低水泥-水分散体系总能力，从而提高分散体系的热力学稳定性，这样有利于水泥颗粒的分散。减水剂主要通过静电斥力和空间位阻作用分散水泥颗粒，如图1-4所示。静电斥力作用是指水泥颗粒表面吸附带有同种电荷的减水剂分子，颗粒与颗粒之间因静电斥力而相互排斥，起到分散效果。空间位阻是指水泥颗粒表面吸附的减水剂分子的长分子链伸展在水中产生位阻，使水泥颗粒不能靠近而絮凝。目前的高效减水剂以聚羧酸系为主要品种。高效减水剂正向着低掺量、高效能及复合化的方向发展。

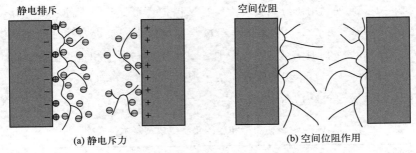

(a) 静电斥力　　　　　　　　　　　(b) 空间位阻作用

图 1-4　减水剂作用的两种机理[28]

调节凝结时间的外加剂主要通过控制水泥颗粒在水溶液中释放离子来达到调凝效果。通常认为，水泥水化首先是水泥矿物在水溶液中的离子化，随着离子浓度的升高直至饱和，固相开始析出，因此如能控制水泥矿物中离子的溶出速率，便能控制水泥的水化速度。例如，促凝剂应能促进水泥中阴阳离子的溶出，水化初期硅酸根离子的溶出速率最慢，因此，促凝剂应能促进硅酸根离子的溶出。而缓凝剂则应能延缓水泥中阴阳离子的溶出，水化初期铝酸根离子溶出速率最快，因此，缓凝剂应能缓解铝酸根离子的溶出。

在混凝土中引入微米级、均匀分布的气泡是提高混凝土抗冻性的主要技术手段，并且引气还能改善混凝土的流变性能，因此，引气剂是极为重要的一种混凝土外加剂。引气剂均是表面活性剂，由极性基团和非极性基团组成，前者亲水而疏气，后者亲气而疏水。掺入引气剂后，降低了水的表面张力，使水溶液易于起泡。与减水剂不同，引气剂的界面活性作用主要发生在液-气界面，而不是液-固界面。引气剂溶于水中后，在搅拌作用下在液体中引入一定气体，非极性亲气基团伸入空气中，极性亲水基团伸入水中，在气泡表面形成一层含有表面活性剂分子的液膜，表面活性剂对液膜具有稳定性作用。

### 1.3.4　矿物掺和料

矿物掺和料（或辅助性胶凝材料）已成为混凝土中必不可少的组分，包括天然火山灰粉、工业废料（粉煤灰、矿渣、硅灰）、石灰石粉、稻壳灰、偏高岭土等。一些矿物掺和料是火山灰活性的（例如粉煤灰、硅灰），一些矿物掺和料是水硬性的（例如矿渣），一些矿物掺和料是惰性的（例如石灰石粉）。在混凝土材料中合理地利用矿物掺和料，不仅在经济上和环保上具有优势，而且对混凝土各方面的性能都有改善作用。由于天然火山灰粉只存在于少量地区，量少不宜得，所以用得相对较少。鉴于技术上、经济上，以及环保方面的优势，工业废料是混凝土用矿物掺和料的主要来源。近年来，随着新能源、新技术的发展，工业副产品/废料的来源逐渐萎缩，石灰石粉逐渐成为混凝土中的主要掺和料之一。

#### 1.3.4.1　矿渣

矿渣是冶炼生铁时从高炉中排出的一种废渣，当排出废渣自然冷却时，冷却废渣不具有水硬性；当排出废渣急冷成小颗粒后，磨细成粉末，便具有了较高的水硬性，因此也称为磨细粒化高炉矿渣。急冷工艺使矿渣中的氧化物保持无定形而具有较高活性。每生产1吨生铁，可产生0.25～1吨的矿渣，具体产量取决于铁矿石的品位及冶炼技术。我国是冶炼生铁大国，每年矿渣产量很高，合理利用矿渣既变废为宝，又保护环境。矿渣中的主要氧化物成分包括$CaO$、$SiO_2$、$Al_2O_3$等（见表1-3），其化学组成与硅酸盐水泥接近，并且磨细矿渣的勃氏比表面积为$400～500m^2/kg$时具有较好的水硬性，其细度亦与水泥相近。因此，在混凝土中矿渣可以大掺量地取代水泥，日本标准规定矿渣水泥中的矿渣掺量可高达$70\%$[17]，欧盟标准规定矿渣水泥中的矿渣掺量可高达$90\%$[18]。

表1-3　典型矿物掺和料的化学组成及基本性质[21]

| 项目 | F级粉煤灰 | C级粉煤灰 | 矿渣 | 硅灰 |
|---|---|---|---|---|
| $SiO_2$ 含量/% | 35 | 35 | 35 | 90 |
| $Al_2O_3$ 含量/% | 23 | 18 | 12 | 0.4 |
| $Fe_2O_3$ 含量/% | 11 | 6 | 1 | 0.4 |
| $CaO$ 含量/% | 5 | 21 | 40 | 1.6 |
| $SO_3$ 含量/% | 0.8 | 4.1 | 9 | 0.4 |
| $Na_2O$ 含量/% | 1 | 5.8 | 0.3 | 2.5 |
| $K_2O$ 含量/% | 2 | 0.7 | 0.4 | 2.2 |
| 碱当量/% | 2.2 | 6.3 | 0.6 | 1.9 |
| 烧失量/% | 2.8 | 0.5 | 1 | 3 |
| 勃氏比表面积/(m²/kg) | 420 | 420 | 400 | 20000 |
| 相对密度 | 2.38 | 2.65 | 2.94 | 2.4 |

### 1.3.4.2 粉煤灰

粉煤灰是从燃煤电厂煤燃烧后的烟气中捕集的细灰，是燃煤电厂排出的主要固体废物。目前，我国的电力能源仍以火力发电为主，煤炭是电力生产的基本燃料。我国巨大的工业需电量促进了燃煤电厂粉煤灰的排放，2020年粉煤灰排放量达6.5亿吨，是我国排量较大的工业废渣之一。大量的粉煤灰不加处理，就会产生扬尘，污染大气；若排入水系会造成河流淤塞，而其中的有毒化学物质还会对人体和生物造成危害。粉煤灰作为混凝土掺和料较好地解决了粉煤灰的有效利用问题。

粉煤灰颜色在乳白色到灰黑色之间变化。通过粉煤灰的颜色可间接判断粉煤灰的含碳量及细度，颜色越深粉煤灰粒度越细，含碳量越高。粉煤灰可分为低钙粉煤灰和高钙粉煤灰，美国称为C级灰和F级灰，CaO含量大于10%为C级灰，低于10%为F级灰。通常高钙粉煤灰的颜色偏黄，低钙粉煤灰的颜色偏灰。高钙灰具有一定的水硬性，而低钙灰只具有火山灰活性。其化学组成见表1-3。

在显微镜下观察，粉煤灰是由结晶体、玻璃体及少量未燃炭组成的一个复合粉体，其中结晶体包括石英、莫来石、磁铁矿等，玻璃体包括大量光滑的薄壁空心球形颗粒（见图1-5）、少量的形状不规则孔隙少的小颗粒、疏松多孔且形状不规则的玻璃体球等，未燃炭多呈疏松多孔形式。不管高钙灰或低钙灰，都含有60%~85%的玻璃体，10%~30%的结晶体，约5%的未燃炭。

### 1.3.4.3 硅灰

硅灰也叫微硅粉或凝聚硅灰，是冶炼硅铁和工业硅（金属硅）时电炉内产生的大量挥发性很强的$SiO_2$和Si气体排出后与空气迅速氧化冷凝沉淀而成。硅灰容重较小，颗粒极细，呈球形（见图1-6），主要化学成分为$SiO_2$（见表1-3）。由于硅灰的超细颗粒及极高的火山灰活性，硅灰在混凝土中不但可填充水泥等颗粒间的孔隙，还可以发生火山灰反应，显著提高混凝土的力学性能。但由于其粒径小，比表面积极大，需水量较高，会显著增加混凝土的黏度。

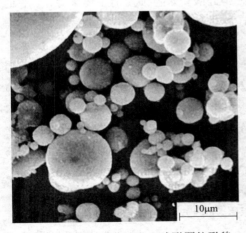

图1-5　粉煤灰中薄壁空心球形颗粒形貌

图1-6　硅灰球形颗粒形貌

# 1.4 新拌水泥基材料

新拌混凝土的性能及操作直接决定硬化混凝土能否达到设计服役性能要求。自水与水泥接触起，混凝土内部立即发生了复杂的物理化学变化，经过搅拌、运输、浇筑、收面、养护等施工工艺后，新拌混凝土在混凝土结构中凝结硬化，逐渐进入结构服役阶段。在新拌混凝土阶段，可能出现的问题包括混凝土开裂、凝结时间不正常、离析泌水、流动度不足或损失过快等，直接影响混凝土的施工质量或施工便利性。针对上述常见新拌混凝土存在的问题，虽然行业内已经提出了各种应对措施，在一定程度上解决了一些问题，但一方面，随着工程结构复杂程度的提高，对混凝土材料性能提出了更高的要求；另一方面，新材料的应用，导致了更多新问题。解决问题的根本是掌握水泥混凝土材料表面现象背后的本质，这需要借助于先进的分析测试技术。

## 1.4.1 水泥的水化

硅酸盐水泥的水化是一个非常复杂的、非均质的多相化学反应过程。自水与水泥接触开始，水泥的水化反应便开始，并一直进行，水泥基材料的结构会随着水泥水化反应逐渐演变，由流动状态逐渐变为塑性状态，直至凝结硬化。通过水泥的水化反应，松散的水泥粉体颗粒变成了具有胶结性的水泥浆体，进而黏结各种不同粒径的粗细骨料，形成水泥混凝土。水泥水化过程直接影响新拌水泥的流变、收缩、力学、耐久等性能，水泥水化机理极为复杂，至今仍存在较多争议。

单一矿物水化机理及速度各不相同，彼此之间相互影响。对单一矿物的水化过程进行分析有助于理解水泥的水化过程。硅酸钙（$C_3S$ 和 $C_2S$）的水化产物包括 C-S-H 凝胶和氢氧化钙，C-S-H 凝胶的化学组成成分不固定，常随着液相中钙离子的浓度、温度、使用的添加剂、养护程度而发生变化，而且形态不固定。氢氧化钙晶体相是 $C_3S$ 的主要水化产物，是硅酸盐水泥呈碱性的原因。$C_3S$ 反应速率快，放热量较大，是硅酸盐水泥强度的主要来源。$C_2S$ 的水化过程与 $C_3S$ 相似，但其反应过程缓慢很多，且放热量小。反应方程式（式中，$1cal = 4.1840J$）如下：

$$2C_3S + 6H \longrightarrow C_3S_2H_3(\text{C-S-H 凝胶}) + 3CH(\text{氢氧化钙}) + 120cal/g \qquad (1-1)$$

$$2C_2S + 4H \longrightarrow C_3S_2H_3(\text{C-S-H 凝胶}) + CH + 62cal/g \qquad (1-2)$$

$C_3A$ 的水化产物的组成与结构受溶液中的铝酸根离子和钙离子浓度的影响很大，它对水泥的早期水化、放热和浆体的流变性能起着重要的作用。大量研究认为，$C_3A$ 遇水后能够立即在表面形成一种具有六边形特征的初始胶凝粒子，开始时其结晶度很差也很薄，呈不规则卷层物，随着水化的继续进行，这些卷层物生长成结晶度较好的，成分为 $C_4AH_{19}$ 和 $C_2AH_8$ 的六边形板状物。这种六边形水化物是亚稳的，并能转化成稳定的 $C_3AH_6$ 立方体晶体颗粒。这种反应速率极快，放热量大，是水泥出现闪凝的原因，因此，需要对该反应加以控制。

通过在水泥中添加石膏，可有效控制 $C_3A$ 的水化反应。在有石膏存在的情况下，熟料中的 $C_3A$ 首先与水泥石膏反应生成钙矾石（AFt），若石膏在 $C_3A$ 完全水化前耗尽，则钙矾石

与 $C_3A$ 反应生成单硫型水化硫铝酸钙（AFm）。

$$12C_3A + 126H \longrightarrow 6C_2AH_8 + 6C_4AH_{13} \tag{1-3}$$

$$C_3A + 3C\hat{S} \cdot H_2 + 26H \longrightarrow C_3A \cdot 3C\hat{S} \cdot 32H(钙矾石) + 300cal/g \tag{1-4}$$

$$2C_3A + C_3A \cdot 3C\hat{S} \cdot 32H + 4H \longrightarrow 3C_3A \cdot C\hat{S} \cdot 12H \tag{1-5}$$

铁铝酸四钙的水化与铝酸三钙的水化过程相似，只是反应速率很慢，而且产物是含铁和铝的固溶体。

$$C_4AF + 13H \longrightarrow C_4AFH_{13} \tag{1-6}$$

$$C_4AF + 3C\hat{S} \cdot H_2 + 26H \longrightarrow C_4AF \cdot 3C\hat{S} \cdot 32H \tag{1-7}$$

各单体矿物水化硬化体强度随时间的变化如图 1-7 所示。可以看出，$C_3S$ 是水泥早期强度的主要来源，且其长期强度高；$C_2S$ 水化速率慢，但其后期（约 1 年）强度可达到 $C_3S$ 的水平；$C_4AF$ 和 $C_3A$ 的强度较低。

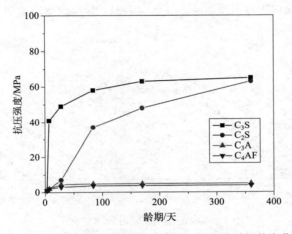

图 1-7　硅酸盐水泥单一矿物硬化体抗压强度随时间的变化[29]

经典水泥水化理论认为水泥的水化是溶解-沉淀过程[30]，可以分为诱导期、潜伏期和加速期（如图 1-8 所示）。一旦水泥与水接触后，立即发生溶解，矿物中的碱离子、钙离子、氢氧根离子、硫酸根离子、硅酸根离子和铝酸根离子释放到水溶液中，产生一定的溶解热，溶液 pH 值升高。随着离子浓度的升高，氢氧化钙、钙矾石、C-S-H 凝胶析出，并在水泥颗粒表面

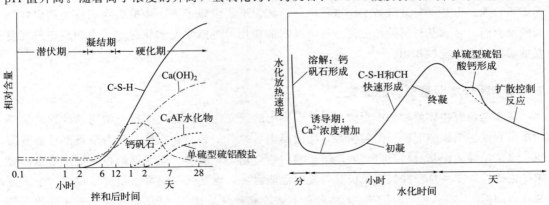

图 1-8　水泥水化过程

形成一层保护膜，导致水泥水化速率降低，形成潜伏期。随着水化的进一步进行，颗粒表面的保护膜破裂，水化速率加快，在水化后期，水化速率开始减慢，受扩散速率控制。

经过近百年的发展，硅酸盐水泥熟料化学理论已较为成熟，但现有理论仍不完善，并不能解释所有现象。经典水泥水化理论受到越来越多的质疑和挑战，随着测试技术的发展，例如核磁共振、电镜技术、水化微量热仪等，一些经典水化理论已被证明是错误的[7]。例如，研究认为保护膜的形成并不是水化诱导期形成的原因，地球化学溶解理论正在被用于解释水泥水化的潜伏期，另外，后期水化由扩散速率所控制这一经典水泥水化理论也被证明是错误的[7]。

随着水泥水化的进一步发展，浆体中固相增加，液相减少。原本被液相占据的空间逐步被固相取代，固相间相互搭接，开始失去流动性达到水泥的初凝，进一步水化使固体间搭接点更多，浆体的强度逐渐增加直到浆体完全失去流动性，达到水泥的终凝。在水化的过程中，浆体中的孔隙率随水化的进行而逐渐减小（见图1-9），强度也随之增加。

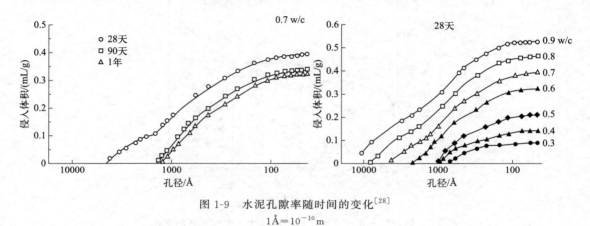

图 1-9　水泥孔隙率随时间的变化[28]

$1\text{Å}=10^{-10}\,\text{m}$

水泥的水化直接影响了水泥的力学性能、耐久性和施工性能等。为保证水泥产品的质量稳定性和工程可应用性，各国对水泥的物理、化学、物相组成均进行了规定，例如，水泥的矿物组成、碱含量、不溶物含量、氧化镁含量、氯离子含量、凝结时间、安定性、强度、颗粒细度或比表面积等。以上性能指标的规定使水泥成为成熟的工业产品，而被大量应用于土木工程行业。但是，对硅酸盐水泥水化机理的认识不清阻碍了进一步提高水泥性能和研发新型胶凝材料，水泥基材料的性能先进检测技术的应用对理解水泥水化理论、推动新型胶凝材料的研发具有决定性作用。

## 1.4.2　新拌水泥基材料的流变

流变是研究物体流动和变形的科学，混凝土的流变性不仅影响混凝土的流动性即浇筑时的难易程度，更影响混凝土的匀质性，即混凝土各组分的相对稳定性。随着泵送高性能混凝土、高流动性水泥基材料及自密实混凝土的广泛应用，对混凝土流变性的控制提出了更高要求。因此，流变性是新拌混凝土极其重要的性能之一，也是当今混凝土研究领域的一个重点和热点问题[31]。新拌水泥基材料某种意义上来说是种"液体"，但其流变性比普通液体（例如水和油）复杂很多，因为水泥基材料是由多种有机、无机材料复合而成的，各组成对新拌水泥基材料流变性能的影响各异，而水泥基材料的浇筑方式、环境温度的变化使情况更为复杂。

水泥浆体可视为水泥颗粒分散在水中的悬浮浆体，在不考虑水泥水化的情况下，水可能以三种形式存在，水分子包裹在水泥颗粒周围形成一层水膜，水分子以自由水的形式存在于颗粒之间，水泥颗粒因静电力絮凝包裹了一部分水，该部分水对浆体的流动性没有贡献。浆体的流变性及稳定性（泌水性）取决于浆体中三种形式水的数量、水泥颗粒级配及其相互作用、水的黏度等因素。各因素间相互影响，其耦合作用非常复杂。可以通过物理或化学的手段改变各因素的影响规律。例如，通过在水中添加增稠剂增加液相的黏度，降低了浆体的流动性，但提高了浆体的稳定性；通过在浆体中添加减水剂增加固体颗粒间的排斥作用，释放被包裹的水，增加浆体的流动性。水泥砂浆可视为砂粒分散在水泥浆体中，当然，砂粒颗粒较粗，不存在水泥颗粒类似的絮凝作用。水泥砂浆的稳定性和流变性取决于砂粒的级配、砂与水泥浆的比例、水泥浆本身的流变性能。类似地，混凝土可视为粗骨料分散在砂浆中，混凝土的稳定性和流变性取决于粗骨料的级配、粗骨料与砂浆的比例、砂浆本身的流变性能。通过以上简单的水泥基材料的物理模型可以认识到水泥基材料流变性及稳定性的影响因素及其复杂性。结合流变分析和微观结构测试分析是深入理解流变性的影响因素及作用机理，进而形成调控技术的基础。

混凝土坍落度试验是评价混凝土工作性的方法，由于其操作简单、仪器设备便宜，该方法广泛应用于全世界的工程实际中。通过混凝土坍落度试验可以评价混凝土的流动性、黏聚性和泌水性，实际上该方法利用了流变原理，是最原始的流变测试方法。基于相同原理，坍落度筒法被用于测试浆体的流变性能。显然，坍落度筒法对混凝土的流变性能给出了定性或半定量的评价，没有建立与混凝土的本征流变参数的关系。这些参数只有通过先进流变仪才能获得，通过对浆体施加一定的激励（例如剪切应变、剪切应力等），测试浆体的响应，而获得包括表观黏度、屈服应力、触变性、弹性模量、损耗模量、阻尼系数等参数。丰富的流变参数为理解新拌水泥基材料的组成、结构与性能的关系提供了一个良好的视角，由于混凝土粗骨料颗粒较粗，普通流变仪不能测试混凝土的流变性能，因此，世界各国的研究人员研发了各种不同的混凝土流变仪，例如 ICAR rheometer、ConTec Viscometer 等。

研究者们基于流变测试结果，为描述水泥基材料的流变性能提出了各种不同的模型：

Bingham 模型
$$\tau = \tau_0 + \eta_p \dot{\gamma} \tag{1-8}$$

Hereshel-Bulkley 模型
$$\tau = \tau_0 + K \dot{\gamma}^n \tag{1-9}$$

Bingham 修正模型
$$\tau = \tau_0 + \eta_p \dot{\gamma} + c \dot{\gamma}^2 \tag{1-10}$$

Casson 模型
$$\tau = \tau_0 + \eta_\infty \dot{\gamma} + 2(c\tau_0)^{1/2} \dot{\gamma}^{1/2} \tag{1-11}$$

式中，$\tau$ 是剪切应力；$\tau_0$ 是屈服应力；$\eta_p$ 是塑性黏度；$K$ 是稠度系数；$n$ 是流变指数；$c$ 是常数；$\dot{\gamma}$ 是剪切速率；$\eta_\infty$ 是极限黏度，即在极高剪切速率下的黏度。

### 1.4.3 新拌水泥基材料的收缩

水泥基材料在硬化前产生的收缩是混凝土材料开裂的主要原因之一。因此，掌握混凝土的收缩机理是避免水泥基材料收缩开裂的前提。水泥与水发生反应会产生一定的化学收缩，即反应物的体积大于生成物的体积。文献［32］根据反应物和生成物的密度及体积计算出了水泥中各矿物的收缩值（表1-4）。在水泥熟料四种矿物中收缩值最大的是 $C_3A$，收缩值最小的是 $C_2S$。

**表 1-4　水泥单一矿物的化学收缩[32]**

| 矿物 | 化学收缩/（$cm^3/g$） |
|------|------|
| $C_3S$ | 0.0052 |
| $C_2S$ | 0.0400 |
| $C_4AF$ | 0.1113 |
| $C_3A$ | 0.1785 |

除化学收缩外，水泥基材料在凝结硬化前还可能经历塑性收缩和自收缩。塑性收缩是指水泥基材料在凝结硬化过程中，即仍处于塑性状态时由于失水引起的收缩。自收缩是指浆体与外界没有水分交换的情况下产生的体积收缩，由 Kelvin 和 Laplace 方程控制，即在水泥浆体的毛细孔内形成凹液面，在毛细孔壁产生拉应力，导致收缩。混凝土水灰比较高时，混凝土的自收缩不明显。当水灰比降至一定程度（<0.42）时，自收缩现象开始变得明显，且随着水胶比的降低而愈发明显，对于具有较低水胶比的现代高强混凝土而言，自收缩是影响混凝土质量极为重要的因素。

# 1.5　硬化水泥基材料

### 1.5.1　微观结构

硬化混凝土由固相、液相和气相所组成，其固相包括未水化水泥颗粒及矿物掺和料颗粒、水泥水化物、砂和石，气相主要是指混凝土的孔隙，液相是指存在于混凝土内部的水分。固液气三相的比例以及空间分布决定了混凝土材料各方面的性能，即组成与微结构决定了性能。硬化混凝土材料具有不均质性、多物相性、随时间演变等规律，因此其微结构极为复杂。

宏观尺度上，混凝土可视为界面过渡区、水泥水化物及骨料。界面过渡区与水泥水化物母体的性质完全不同，其特点是高水灰比、高孔隙率、氢氧化钙晶体取向生长、裂缝密集（见图 1-10）。由于以上特点，界面过渡区是混凝土的薄弱环节，其厚度大约为 $100\mu m$。混凝土受压破坏时，界面过渡区是裂缝的源头和裂缝发展优先经过的部位。界面过渡区也是外部介质渗入混凝土内部的主要通道，因而是影响混凝土强度和耐久性的主要因素。

由水泥水化方程可知，水泥水化产物主要包括 C-S-H 凝胶、氢氧化钙晶体、硫铝酸盐水化物（钙矾石晶体和单硫型硫铝酸钙）。

① C-S-H 凝胶是硅酸盐水泥的主要水化产物，占水泥石体积的 50%～60%，具有极高的比表面积（100～700$m^2$/g），C-S-H 凝胶呈层状结构，其范德华力是水泥石强度的主要来源，

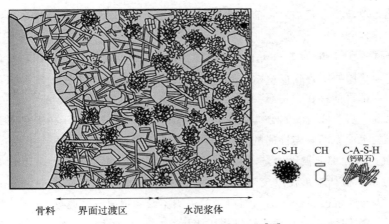

骨料　界面过渡区　水泥浆体

图 1-10　界面过渡区微观结构[28]

钙硅比不固定（约 1.5～2.0），所带结合水数量不等，受水泥水化、环境温度等的影响，C-S-H 凝胶的微观形貌为结晶性较差的纤维状物体，如图 1-11(a) 所示。

(a) 针状钙矾石及纤维状C-S-H凝胶　　　(b) 六方片状钙矾石

(c) 六方片状氢氧化钙

图 1-11　典型水泥石组分微观形貌

② 氢氧化钙晶体约占水泥石体积的 20％～25％，其表面积较小，强度较弱，是水泥石强度低和耐久性差的主要原因，其微观形貌与天然羟钙石相似，呈六方片状，如图 1-11(c) 所示。

③ 硫铝酸盐水化物包括钙矾石（AFt）和单硫型水化硫铝酸钙（AFm），占水泥石体积的 15％～20％，两种硫铝酸盐成分的具体比例取决于石膏和 $C_3A$ 的比例，水化反应先生成钙

矾石，后转化为单硫型硫铝酸钙，前者是针状晶体，后者是六方片状晶体，两者的强度均不高，如图 1-11(a) 和（b）所示。

④ 水泥颗粒大小一般为 $1\sim80\mu m$，水泥颗粒的水化是由外及里的过程，水化产物逐渐包裹未水化的水泥核阻碍了内核的继续水化，另外，水源不足导致水化不能继续。这些未水化核在很长时间内都可能存在，是混凝土自身具有一定自愈合能力的原因。

水泥与水混合后，除少量水分挥发掉外，多数水分以不同形式存在于水泥石中，水泥石中的液相是影响水泥石的收缩性能的主要因素，水在水泥石中的存在形式主要有：

① 水蒸气。大孔部分被水填充，剩余空间是与环境温、湿度和压力平衡的水蒸气。

② 毛细孔水。包括较小孔隙（<50nm）中的毛细孔水和较大孔隙（>50nm）中的自由水，前者的失去影响混凝土的收缩，而后者的失去不影响混凝土的收缩。

③ 吸附水。在固体表面由于氢键的作用吸附了约 5 个水分子层的水，厚度约为 1.5nm，这部分水在干燥至 30% 时可失去，影响混凝土的收缩。

④ 层间水。在 C-S-H 凝胶层状结构间通过氢键强力吸附的单层水分子，干燥至相对湿度为 11% 时可失去，极大影响 C-S-H 的收缩，而导致混凝土的收缩。

⑤ 化学结合水。水泥水化反应所结合到水化物中的水，干燥过程中不失去，只有加热到 $900\sim1000℃$ 才会失去。化学结合水量可用于测定水泥水化度。

Feldman 提出的与 C-S-H 凝胶有关的水的模型如图 1-12 所示。

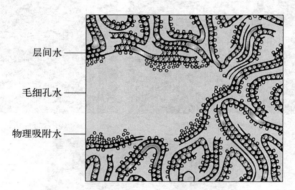

图 1-12　Feldman 提出与 C-S-H 凝胶相关的水的不同存在形式[33-34]

水泥石是典型的多孔材料，其孔隙结构极其复杂，表现在：①孔径跨度大，从 nm 级至 mm 级（见图 1-13）；②孔形状各异，有球形孔，有不规则孔，有层状间隙；③孔隙内部可能饱水、含部分水，也可能不含水；④随时间变化，随着水泥水化度的提高，孔隙率逐渐下降，并细化。水泥中的孔隙可主要分为：

① 凝胶孔，即 C-S-H 凝胶中的层间孔隙，其孔径约为 0.5~2.5nm，约占 C-S-H 凝胶的 28%。凝胶孔对水泥基材料的强度和抗渗性无害，但对干缩和徐变有一定影响。

② 毛细孔，孔径大于 50nm，毛细孔的含量主要取决于水灰比，毛细孔对强度和抗渗性有害，对干缩和徐变有重大影响。

③ 气泡，即水泥搅拌期间引入或夹杂的空气在水泥硬化后形成的孔隙，包括两种气泡，一种是搅拌过程中夹杂的空气泡，尺寸一般为 mm 级；另一种是搅拌过程中引入的气泡，尺寸一般为 $50\sim200\mu m$。这些孔隙对混凝土的强度和抗渗性均有害。

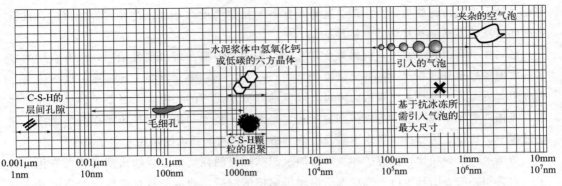

图 1-13　硬化水泥石中的孔隙尺寸[26]

　　由于多孔材料的广泛性，已有许多孔隙结构的测试方法，主要包括：图像法、压汞法、等温吸附法、吸水动力法、X 射线小角度散射法、X 射线层析摄像法、氯离子渗透法以及核磁共振法等[35]。以上各种方法的测试原理、试件的处理、测试范围、测试精度差异较大，以至于各种方法的测试结果和适用范围各不相同。尤其是对于具有极其复杂孔结构的水泥基材料，各种方法的测试结果可能差异更大。

## 1.5.2　力学性能

　　力学性能是硬化混凝土在工程应用中最重要的性能之一，尤其是抗压强度，是混凝土质量验收的核心指标，而 28 天抗压强度是工程中最常用的指标。自 19 世纪以来，人们已认识到水胶比与水泥基材料抗压强度的关系，水胶比越高，抗压强度越低。水胶比高导致水泥基材料强度低的根本原因是孔隙率随水胶比的升高而增加（如图 1-14 所示），即对于水泥石这种多孔材料而言，强度与胶空比存在式(1-12)的关系。

$$f_c = ax^3 \qquad\qquad (1\text{-}12)$$

　　式中，$f_c$ 为水泥石的强度；$a$ 为常数；$x$ 为胶空比。

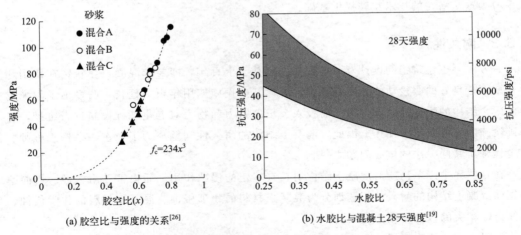

(a) 胶空比与强度的关系[26]　　　　(b) 水胶比与混凝土28天强度[19]

图 1-14　混凝土胶空比、水胶比与强度的关系（1psi＝6894.75Pa）

　　其它力学性能指标也表现出与抗压强度相同的规律，例如抗折强度，与钢筋的黏结强度等，并且水泥基材料的抗渗性、耐久性等指标均与抗压强度存在一定的相关性。因此，抗压强度间接反映了水泥基材料的总体性能。

虽然较早认识到了水泥基材料强度与孔隙率的关系，但在减水剂发明前，没有合适的技术将水泥较好地分散在水中，而无法降低水泥石的孔隙率，因此混凝土的强度一度被认为存在极限。直至减水剂技术出现后，可最大限度地降低水泥石的孔隙率，混凝土的强度亦可达数百兆帕。混凝土极限强度不断提高的过程，是混凝土技术和研究水平不断提升的表现，在此过程中，孔隙结构分析、微观形貌及组分分析等先进检测技术的应用起到了关键作用。

与纯水泥材料相比，掺有矿物掺和料的水泥基材料的强度发展规律出现了较大变化，由于矿物掺和料的火山灰效应，强度发展出现了明显的滞后，即水泥基材料后期的强度发展空间仍较大。随着矿物掺和料在混凝土中的广泛应用，水泥基材料的28天强度已不能很好表征其后期强度，许多标准开始采用56天抗压强度指标。对于混凝土这种复合材料而言，其强度比水泥石强度更为复杂。如前所述，混凝土可看作是骨料、水泥石和界面过渡区三相组成的复合材料。因此，混凝土强度受这三种因素的综合影响。对于普通混凝土而言，骨料强度的影响经常被忽略，因为混凝土受荷载破坏时，薄弱环节均在界面过渡区及水泥石中。但对于高强混凝土而言，骨料强度对混凝土的强度影响很大，骨料强度越高，混凝土强度越高。混凝土强度取决于水灰比、养护条件、引气等因素的影响。通常认为混凝土中引入1%的气体，强度降低5%。混凝土强度发展是个动态过程，受养护条件影响极大，养护条件包括养护的时间与养护的温度及湿度，良好的养护条件是保证混凝土强度正常发展的必要条件。界面过渡区是混凝土的薄弱环节，通过添加矿物掺和料、化学外加剂，降低水灰比等措施可大大强化界面过渡区，而提高混凝土的强度。另外，混凝土的强度受测试条件的影响，即测试试件的尺寸、试件饱水度、加载速率等。

经过全世界混凝土科研人员的长期研究，混凝土材料已能达到与钢材相当的抗压强度，但其抗拉性能及韧性远不能与钢材相比，混凝土材料只能作为抗压材料使用，如何通过材料改性进一步提高混凝土材料的韧性和抗拉性能是混凝土技术发展的重要方向，先进的检验测试手段为这些潜在的技术突破提供基础。

## 1.5.3 耐久性

一般混凝土建筑物的设计寿命均在几十年甚至上百年，即要求混凝土建筑物在使用环境中长期保持良好的服役功能。随着各国大规模基础设施使用年限的延长，凸显出了越来越多的混凝土结构的耐久性问题，每年需投入大量的财力和物力对老化基础设施进行维护，确保基础设施的安全及正常使用。因此，混凝土结构的耐久性问题成为了业主、结构工程师、材料工程师所共同关注的核心问题之一。

在自然界中许多物质对混凝土结构均具有一定的侵蚀作用，而损害其耐久性。可简单地将钢筋混凝土结构的耐久性问题划分为混凝土材料的物理侵蚀、混凝土材料的化学侵蚀、与钢筋锈蚀相关的侵蚀作用三大类。

混凝土材料的物理侵蚀主要包括表面磨损、冻融破坏、盐结晶破坏等，混凝土的表面磨损主要是指混凝土路面在汽车等交通工具作用下的磨耗，还有混凝土表面受水流冲刷的磨蚀，以及水流冲刷过程中形成的气泡引起的气蚀。冻融破坏是指混凝土内部孔隙中的水在低温下结冰，产生体积膨胀导致混凝土孔隙压力增加，压力增加至一定值时孔壁开裂，孔壁开裂导致更多的水分侵入混凝土内部，在冻融作用下加速了混凝土性能的劣化。混凝土冻融破坏是寒冷地区普遍存在的侵蚀，在混凝土中引入一定孔径及间距的气泡是一种普遍接受的可以有效提高混凝土抗冻性的技术措施。其机理是，在混凝土中引入一定间距的气泡，混凝土毛细管内部的水在结冰的过程中向四周扩散，在合适距离范围内如果存在一个孔隙，结冰产生的压力使水渗入孔中，能够缓解压力而不引起混凝土开裂，如图 1-15 所示。盐结晶破坏是盐溶液侵入混凝土孔隙中，随着孔隙水的蒸发，孔隙溶液中的盐浓度逐渐升高，盐浓度至过饱和时，盐结晶析出而在孔壁产生结晶压，导致混凝土开裂剥蚀。显然，盐结晶破坏主要是由于过饱和盐溶液的结晶引起的，因此，防止水分挥发或降低孔隙溶液盐浓度是降低盐结晶破坏的主要技术措施。

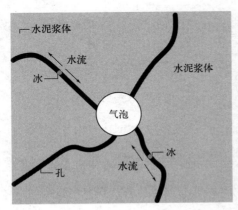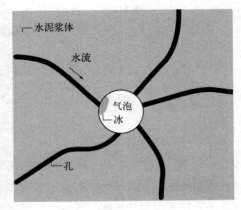

图 1-15　引气在冻融过程中的减压作用[26]

混凝土的化学侵蚀主要是指水泥混凝土中的组分与外界侵入的物质发生化学反应而形成有害作用，包括硫酸盐侵蚀、钙溶蚀、酸侵蚀以及碱骨料反应。化学侵蚀的主要危害包括水泥水化产物中的钙离子流失以及生成膨胀性产物而导致开裂剥落。与混凝土物理侵蚀的防治措施不一样，混凝土的化学侵蚀防治主要从化学角度考虑，辅以物理方面的措施。

值得一提的是碱骨料反应是混凝土内部已有组分（活性骨料和碱金属离子）发生的化学反应，形成了具有膨胀效应的凝胶，当外界水分渗入混凝土内部后，碱硅酸盐凝胶吸水肿胀而产生破坏，如图 1-16 所示。碱骨料反应也因其产生后具有难以修补的特点，被称为混凝土的"癌症"。显然，碱骨料反应主要与活性骨料、碱离子和水有关，缺一不可。因而，防治碱骨料反应主要从三方面出发，使用非碱活性的骨料，降低混凝土中碱含量，在混凝土服役过程中防止水分侵入。其中，鉴别骨料的碱活性是最为重要和困难的。

硫酸盐侵蚀是指硫酸根离子与混凝土中水泥水化物之间的化学反应，形成有害化合物，而导致混凝土出现各种劣化现象，包括组成和结构的变化、强度下降、表面剥离、体积膨胀、开裂等。硫酸盐侵蚀可能发生的化学反应如图 1-17 所示，主要可分为钙矾石型、石膏型及 C-S-H 凝胶型。显然，水泥水化的多数产物都可能产生硫酸根离子的侵蚀，例如 C-S-H 凝胶可能在硫酸镁侵蚀下形成没有胶凝性的 MSH 和石膏，而氢氧化钙在硫酸根离子的作用下形成膨胀性石膏，单硫型硫铝酸钙和未水化的 $C_3A$ 可能在硫酸根离子作用下形成膨胀性的钙矾石。从化学角度改善水泥混凝土抗硫酸盐侵蚀性能的技术措施是降低 $C_3A$ 含量和 $Ca(OH)_2$ 含量。

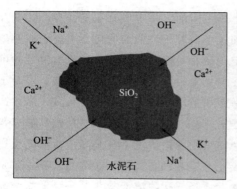 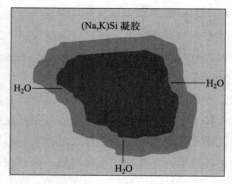

图 1-16  碱骨料反应示意图

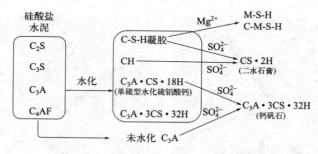

图 1-17  水泥水化物中可能存在的硫酸盐侵蚀

钙溶蚀是指在纯水或酸的作用下 C-S-H 凝胶分解成氢氧化钙和硅胶而丧失胶凝性。该侵蚀易出现于大坝等水利设施和工业废水管道等部位。

钢筋与混凝土形成的组合结构是现代基础设施建设最主要的建筑材料，两者的组合充分发挥了钢筋受拉性能以及混凝土的受压性能，而混凝土的碱性保证内部钢筋不锈蚀也是两者能复合使用的前提条件之一。在混凝土的高碱性环境下，钢筋表面形成一层致密的钝化膜而防止钢筋锈蚀，而在一些特殊条件（例如混凝土碱性降低和氯离子存在）下，钢筋的钝化膜消失而开始发生电化学锈蚀。钢筋的锈蚀产生体积膨胀（见图 1-18，体积膨胀最大可达 6 倍以上），导致包裹钢筋的混凝土开裂，而影响钢筋混凝土结构的承载力和外观。

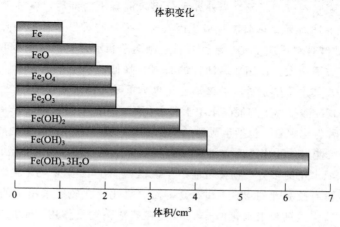

图 1-18  钢筋锈蚀产物体积膨胀率

钢筋锈蚀是钢筋混凝土结构中最为突出的耐久性问题。因此，碳化和氯离子侵蚀亦成为了钢筋混凝土结构研究的重点问题。其中涉及三个基本问题，如何提高混凝土的抗碳化能力和抗氯离子侵蚀能力，如何检测混凝土的抗碳化能力和抗氯离子侵蚀能力，以及如何预测碳化和氯离子侵蚀。

# 1.6　小结

经过百余年的发展，混凝土研究已从较为粗糙的方式向精细化转变。随着结构复杂性和功能性要求的提高，对混凝土材料的性能要求随之提高，相应地，对混凝土材料的研究也越来越精细化。混凝土作为最大宗的建筑材料，正在朝着高强高性能、绿色化、功能化的方向发展。先进检测技术在混凝土材料领域的应用为持续推动混凝土技术的发展提供了基础，包括孔结构检测技术、微观形貌检测技术、物相分析技术、核磁共振技术、红外光谱技术、交流阻抗技术、氯离子渗透检测技术、钢筋锈蚀监测技术、水泥水化监测技术、流变性能检测技术等。

# 参考文献

［1］ China Cement Association. China cement almanac，2001-2022.

［2］ Benhelal E，Zahedi G，Shamsaei E，et al. Global strategies and potentials to curb $CO_2$ emissions in cement industry. Journal of Cleaner Production，2013，51：142-161.

［3］ Xu D，Cui Y，Li H，et al. On the future of Chinese cement industry. Cement and Concrete Research，2015，78：2-13.

［4］ Shi C，Jiménez A F，Palomo A. New cements for the 21st century：the pursuit of an alternative to Portland cement. Cement and Concrete Research，2011，41：750-763.

［5］ Ludwig H M，Zhang W. Research review of cement clinker chemistry. Cement and Concrete Research，2015，78：24-37.

［6］ Scrivener K L，Juilland P，Monteiro P J. Advances in understanding hydration of Portland cement. Cement and Concrete Research，2015，78：38-56.

［7］ Scrivener K L，Nonat A. Hydration of cementitious materials，present and future. Cement and Concrete Research，2011，41：651-665.

［8］ 硫铝酸盐水泥：GB/T 20472—2006.

［9］ 王燕谋，苏慕珍，张量. 硫铝酸盐水泥［M］. 北京：北京工业大学出版社，1999.

［10］ Provis J L，Palomo A，Shi C. Advances in understanding alkali-activated materials. Cement and Concrete Research，2015，78：110-125.

［11］ Shi C，Krivenko P，Roy D. Alkali-activated cements and concretes. Taylor and Francis，Abingdon，UK，2006.

［12］ 张宇震，王建军. 中国铝酸盐水泥生产与应用［M］. 北京：中国建材工业出版社，2014.

[13] 邓德华.提高镁质碱式盐水泥性能的理论与应用研究.长沙：中南大学，2005.

[14] 通用硅酸盐水泥：GB 175—2007.

[15] 波特兰水泥：ASTMC 150.

[16] 混合水硬性水泥：ASTMC 596.

[17] 波特兰水泥：JISR 5210.

[18] 通用水泥的组成、规范和相符性标准：EN 197.

[19] 抗硫酸盐硅酸盐水泥：GB/T 748—2023.

[20] 中热硅酸盐水泥、低热硅酸盐水泥：GB/T 200—2017.

[21] Kosmatka S H，Wilson M L. Design and control of concrete mixtures. 15th edition. Portland Cement Association.

[22] 建筑用卵石、碎石：GB/T 14685—2022.

[23] 建筑用砂：GB/T 14684—2022.

[24] Alexander M，Mindess S. Aggregates in concrete. Taylor and Francis，Abingdon，UK，2010.

[25] Guide for Use of Normal Weight and Heavyweight Aggregates in Concrete：ACI 221R-96.

[26] 混凝土外加剂：GB 8076—2008.

[27] 缪昌文.高性能混凝土外加剂［M］.北京：化学工业出版社，2008.

[28] Mehta P K. Concrete：microstructure，properties and materials. Preticehall International，2006，13：499-499.

[29] Ramachandran V S. Concrete admixtures handbook：properties，science，and technology. Noyes Pubilications，1997.

[30] Taylor H F W. Cement chemistry. Thomas Telford Publishing，1997.

[31] Roussel N. Understanding the rheology of concrete. Woodhead Publishing，2012.

[32] Holt E E. Early age autogenous shrinkage of concrete. VTT Building and Transport，2001.

[33] Feldman R F. Sorption and length-change scanning isotherms of methanol and water on hydrated Portland cement. Proc. 5th Int. Symp. Chem. Cem. ，1970，3：53-66.

[34] Feldman R F. The flow of helium into the interlayer spaces of hydrated cement paste. Cement and Concrete Research，1971，1：285-300.

[35] Aligizaki K K. Pore structure of cement-based materials：testing. Interpretation and Requirements，September 22，2005 by CRC Press.

# 第 2 章

# 颗粒材料颗粒尺寸测试分析

## 2.1 引言

混凝土是由大量不同粒径的颗粒材料胶结而成的，颗粒材料的粒径分布范围为 $10^{-9} \sim 10^{-2}$ m，颗粒材料的特征直接影响混凝土的各项性能，因此，正确表征颗粒材料的特征显得尤为重要。占混凝土体积 60% 以上的粗细骨料的粒径达到厘米级，其颗粒尺寸可通过简单的筛分法进行表征，将不在本章中介绍，本章主要介绍水泥基粉体材料的颗粒尺寸测试。

许多学科均涉及颗粒材料的研究，例如复合材料、建筑材料、能源、冶金、石油工业、农业、食品工业、医药等。鉴于颗粒材料的重要性及广泛性，衍生出了粉体工程学学科，该学科已成为现代科技综合化趋势下多学科综合形成的新型交叉学科，粉体工程学以粉体颗粒作为物质存在的特殊形式为认识基点，将探索粉体颗粒及有关过程的规律和解决应用问题作为目标。颗粒的体相性质包括颗粒的大小、形状、比表面积、电学性质和光学性等。粉体的物理、化学性质随着粒径的改变而改变，尤其是当粒径进入纳米尺寸时，粉体具有尺寸效应、表面效应、量子尺寸效应及宏观量子隧道效应等特点，从而使微粒结构非常特殊，表现出奇异的物理化学性质。"粒度"是其诸多物理化学性质中最重要的特征值。"粒度"是指颗粒的大小。由于粉体形状各异，无法用同一方法来精确描述其大小，因此引入"粒径"的概念，所谓"粒径"，即表示颗粒的尺寸大小。对于同一颗粒，由于测量方法的不同，所得粒径值也不尽相同。

应用于水泥混凝土中的水泥基粉体材料包括水泥、粉煤灰、硅灰、磨细高炉矿渣、石灰石粉、纳米二氧化钛、纳米氧化硅等，其粒径跨度从纳米至数百微米，颗粒材料的粒径大小及其分布对水泥基材料的水化过程、流变性能、微结构发展以及最终的硬化体性能影响极大[1-6]。因此，通过改变水泥基材料的颗粒特征以改善新拌及硬化水泥基材料的性能是水泥混凝土技术领域的重要技术手段之一，而表征粉体材料颗粒特征参数的方法显得尤为重要。并且，水泥基材料的粒度及分布取决于材料的加工及生产工艺，选择合理的水泥基材料粒度分布是控制水泥工业能耗的重要措施之一。因而，水泥基材料的粒度分布是选择和评价粉体材料制备工艺及方法，以及材料生产过程控制的重要依据。水泥基材料与液相接触后立即发生水化反应，接触面积的大小决定了水化速率，因此，水泥基材料的比表面积的大小是粉体材料的另一重要特征参数。

颗粒材料通常是由大量粒径不一或粒径相同的颗粒材料组成的颗粒群。单一颗粒材料粒径的表征是颗粒群粒度分布表征的基础，颗粒群的粒度特征参数是单一颗粒粒径的统计结果。

（1）单一颗粒材料

形状规则的颗粒材料可以用某个特征值来表示它的大小，例如正方体颗粒可以用边长来表示大小，而球形可以用直径来表示。但绝大多数颗粒材料的形状是不规则的，很难用一个特征值来准确描述其大小。因此，提出了当量直径来表征不规则颗粒的大小。当量直径是通过测定某些与颗粒大小有关的性质，推导出与线性量纲相关的参数。几种常见的当量直径表示方法如下[7-10]：

① 球当量径　球当量径是用与不规则颗粒具有相同参数的球体直径来表征的，即实际颗粒与球形颗粒的某种性质类比得到的粒径。具体的参数包括体积直径、比表面积、面积直径等，见表 2-1。

表 2-1　颗粒的球当量径

| 名称 | 符号 | 计算式 | 物理意义 |
| --- | --- | --- | --- |
| 体积直径 | $d_V$ | $\sqrt[3]{3V/\pi}$ | 与颗粒具有相同体积的圆球直径 |
| 面积直径 | $d_S$ | $\sqrt{S/\pi}$ | 与颗粒具有相同表面积的圆球直径 |
| 体积面积直径（比表面积） | $d_{SV}$ | $d_S^2/d_V^2$ | 与颗粒具有相同外表面积和体积比的圆球直径 |
| 阻力直径 | $d_d$ | 阻力 $F_R = \psi v^2 d_d^2 \rho$ 当 $R_e < 0.5$ 时 | 在黏度相同的流体中，以同一速度并与颗粒具有相同运动阻力的球径 |
| 自由沉降直径 | $d_f$ | 自由沉降末速度 $v_v = \sqrt{\dfrac{\pi d_f(\rho_s - \rho_1)g}{6\psi\rho_1}}$ | 与颗粒同密度球体，在密度和黏度相同的流体中，与颗粒具有相同沉降速度球体的直径 |
| Stokes 直径 | $d_{skt}$ | $\sqrt{18v\eta/g(\rho_s - \rho_1)}$ | 层流区（$R_e < 0.5$） |

注：$V$ 为颗粒的体积，$cm^3$；$S$ 为颗粒的比表面积，$cm^2/g$；$v$ 为颗粒在流体中的运动速度；$\rho_1$ 为液体的密度，$g/cm^3$；$\rho_s$ 为颗粒的密度，$g/cm^3$；$\eta$ 为介质黏度，$Pa \cdot s$；$g$ 为重力加速度，$9.8m/s^2$；$\varphi$ 为介质阻力系数；$\rho$ 为介质密度。

② 圆当量径　圆当量径是与不规则颗粒具有相同参量的圆的直径，即颗粒的投影图像与圆的某种性质类比所得到的粒径，如表 2-2 所示。该粒径多适用于薄片状颗粒。

表 2-2　颗粒的圆当量径

| 名称 | 符号 | 计算式 | 物理意义 |
| --- | --- | --- | --- |
| 投影面积直径 | $d_s$ | $\sqrt{\dfrac{4A}{\pi}}$ | 与颗粒在稳定位置投影面积（$A$）相等的圆面积直径 |
| 随机定向投影面积直径 | $d_p$ | $\sqrt{\dfrac{4A_1}{\pi}}$ | 与任意位置颗粒投影面积（$A_1$）相等的圆面积直径 |
| 周长直径 | $d_\pi$ | $\dfrac{L}{\pi}$ | 与颗粒投影外形周长（$L$）相等的圆直径 |

③ 三轴径　以颗粒外接四方体的长（$l$）、宽（$b$）、高（$h$）定义的粒度平均值为三轴平

均值，如表 2-3 所示。

表 2-3    三轴径计算公式

| 序号 | 计算式 | 名称 | 物理意义 |
|---|---|---|---|
| 1 | $\dfrac{l+b}{2}$ | 三轴平均径 | 平面图形的算术平均径 |
| 2 | $\dfrac{l+b+h}{2}$ | 三轴平均径 | 算术平均径 |
| 3 | $\sqrt{lb}$ | 三轴几何平均径 | 平面图形的几何平均径 |
| 4 | $\sqrt[3]{lbh}$ | 三轴几何平均径 | 与颗粒外接长方体体积相等的立方体的棱长 |
| 5 | $\dfrac{3}{\dfrac{1}{l}+\dfrac{1}{b}+\dfrac{1}{h}}$ | 三轴调和平均径 | 与颗粒外接长方体比表面积相等球的直径或立方体棱长 |

④ 定向径    定向径是显微镜下平行于一定方向测得的颗粒的大小，包括：①费雷特径（$d_f$），即沿一定方向测得的颗粒投影轮廓两边界平行线间的距离，如图 2-1(a) 所示。对一个颗粒而言，费雷特径因所取方向不同而异，可按若干方向的平均值计算；②马丁径（$d_m$），即沿一定方向将投影面积二等分的线段长度，如图 2-1(b) 所示；③最大定向径（$d_{max}$）沿一定方向测得的颗粒投影轮廓最大割线的长度，如图 2-1(c) 所示。显然，不同方法得到的粒径大小是不一致的。④投影圆当量径（$d_c$），即与投影面积相等的圆的直径，如图 2-1(d) 所示。

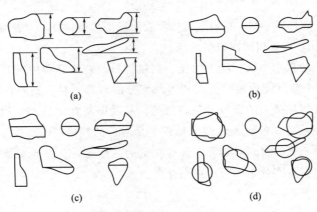

(a)　　　　　　　　　　　(b)

(c)　　　　　　　　　　　(d)

图 2-1    各种投影粒径

（2）颗粒群

颗粒群是指含有许多颗粒的粉体或分散体系中的分散相。颗粒粒度都相等或近似相等的，称为单粒度或单分散的体系，而实际颗粒群所含颗粒的粒度大都有一个分布范围，常称为多粒度的、多谱的或多分散的体系。颗粒分布范围越窄，其分布的分散程度就越小，集中度也越高。

在粉体样品中，某一粒度大小（用 $D_p$ 表示）或某一粒度大小范围（用 $\Delta D_p$ 表示）内的颗粒（与之相对应的颗粒个数为 $n_p$）在样品中出现的质量分数（％），即为频率或频度，用 $f(D_p)$ 或 $f(\Delta D_p)$ 表示。样品中的颗粒总数用 $N$ 表示，各参数间的关系如下：

$$f(\Delta D_p) = \frac{n_p}{N} \times 100\%$$ (2-1)

这种频率与颗粒大小的关系，称为频率或频度分布。把颗粒大小的频率分布按一定方式累积，便得到相应的累积分布。一般有两种累积方式，一种是按粒径从小到大进行累积，称为筛下累积；另一种是从大到小进行累积，称为筛上累积。水泥基材料一般采用筛下累积。可以用简单的绘图和函数形式来表示颗粒群粒径的分布状态以及颗粒的粒度。

颗粒群的粒度测试中，可采用不同的方法来表征颗粒群粒度的大小。假设颗粒群的粒径分别为 $d_1$、$d_2$、$d_3$、$\cdots$、$d_n$，相对应的颗粒个数为 $n_1$、$n_2$、$n_3$、$\cdots$、$n_n$。

$$f(d) = n_1 d_1 + n_2 d_2 + n_3 d_3 + \cdots + n_n d_n = \sum nd$$ (2-2)

若将粒径不同的颗粒群想象成由直径 $D$ 均一球形颗粒组成的，那么其平均粒径可表示为：

$$D_{nL} = \frac{\sum nd}{\sum n}$$

$$D_{LS} = \frac{\sum nd^2}{\sum nd}$$

$$D_{SV} = \frac{\sum nd^3}{\sum nd^2}$$

$$D_{VM} = \frac{\sum nd^4}{\sum nd^3}$$

式中，$D_{nL}$ 为个数长度平均径；$D_{LS}$ 为长度表面积平均径；$D_{SV}$ 为表面积体积平均径，又称 Sauter 平均径；$D_{VM}$ 为体积四次矩平均径。

水泥基材料中一般采用个数长度平均径。颗粒材料的粒度分布中有几个常用概念，中位粒径 $D_{50}$：把样品的个数（或质量）分成相等两部分的颗粒粒径；最频粒径（$D_{m0}$）：在颗粒群中个数或质量出现概率最大的颗粒粒径。另外，实践中还常用到 $D_{97}$ 和 $D_{90}$ 等指标，分别表示粉体材料的累积粒度分布数达到 97% 和 90% 所对应的粒径，该参数常用于表征粉体较粗部分的粒度指标。由于颗粒材料粒径分布具有一定的离散性，其分布可能符合一定的概率分布函数，常见函数包括正态分布和对数正态分布。

（3）比表面积

比表面积是指单位质量物料所具有的总面积，单位为 m²/g 或 m²/kg，分外比表面积和内比表面积两类。对于多孔材料如硬化水泥基材料的比表面积即为内比表面积，而对于水泥基粉体材料的比表面积为外比表面积。除粒径外，比表面积是表征水泥基粉体颗粒粗细程度的重要参数。

# 2.2 颗粒尺寸测试方法

## 2.2.1 颗粒粒径测试方法

由于颗粒材料广泛存在于各学科中，基于各类原理，已提出许多颗粒粒径的测试方法[11-26]，主要有：

（1）筛分法

筛分是让粉体通过一系列不同筛孔的标准筛，将其分离成若干个粒级，再分别测量，求得以质量分数表示的粒度分布。试验采用的国际标准筛制一般是 Tyler（泰勒）标准，常用单位为目数 m，即筛网上 1 英寸（1in＝25.4mm）长度内的网孔数。由于筛分法所测试的颗粒粒径下限为 $38\mu m$，且具有人为因素影响大、重复性差、速度慢等缺点，不适用于表征较细颗粒材料的粒度分布。在水泥材料的筛分试验中，通常称取一定量的水泥材料在 $80\mu m$ 的负压筛上进行筛分，计算 $80\mu m$ 负压筛上的筛余量，以此表征水泥的细度。由于该方法简单，且不能完整表征的水泥粗细程度，将不在本小节中详细介绍。

（2）显微镜图像分析法

将显微镜放大后的颗粒图像通过 CCD 摄像头和图形采集卡传输到计算机中，由计算机对这些图像进行边缘识别等处理，计算出每个颗粒的各种投影粒径，再统计出所设定的粒径区间的颗粒数量，就可以得到粒度分布。图像分析法可以采用光学显微镜成像，也可以采用电子显微镜成像；后者用于粒度更小的颗粒，但样品准备更复杂。显微镜图像分析法具有允许测试者直接观察测试样品的形貌，并直接测量其尺寸的优点。值得一提的是，显微镜图像分析法通常只能观测极少量的样品颗粒，例如 1g 粒径为 $10\mu m$ 的粉体材料含有 $7.6\times10^{8}$ 个颗粒，而熟练操作员分析颗粒材料的图片 1 天只能分析 2000 个颗粒，即分析完 1g 颗粒样品的图片需要熟练操作员分析 $3.8\times10^{5}$ 天。如何获取具有代表性的样品是图像分析法的关键。另外，图像分析法还涉及一个不确定性问题，即测量的颗粒粒径属于哪种粒径（图 2-2），这对试验结果影响很大。显然，显微图像法所测的粒径是等效投影面积直径。综上，图像分析法可用于观察颗粒材料的形貌和粒径，但很难测试粒度分布很宽的粉体材料的统计意义上的粒度分布。

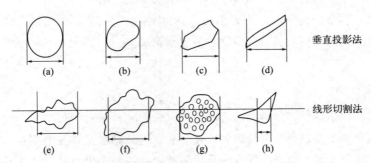

图 2-2　显微镜下常用的粒度表示法

（3）沉降法

沉降法是涂料和陶瓷工业测试粉体材料粒度分布的传统方法。该方法是通过颗粒在液体中沉降速度来测量粉体材料粒度分布的，其测试原理是：在具有一定黏度的粉末悬浊液内，颗粒受到上浮力、重力以及黏滞阻力的作用，液体中的颗粒在重力作用下开始沉降，颗粒的沉降速度与颗粒的大小有关，大颗粒的沉降速度快，小颗粒的沉降速度慢，根据颗粒的沉降速度不同来测量颗粒的大小和粒度分布（如图2-3所示）。颗粒的沉降符合斯托克斯（Stokes）沉降原理：

$$v = \frac{(\rho_p - \rho_1)gd^2}{18\mu} \tag{2-3}$$

式中，$v$是沉降速度；$\rho_p$是固体颗粒的密度；$\rho_1$是分散介质密度；$g$为重力加速度；$d$是固体颗粒直径；$\mu$是分散介质黏度。

由于重力法沉降时间长，从Stokes公式中可以看到，沉降速度与颗粒直径的平方成正比。比如两个粒径比为1:10的颗粒，其沉降速度之比为1:100，即细颗粒的沉降速度要慢很多。为了加快细颗粒的沉降速度，通常采用离心加速缩短试验时间：

$$v = \frac{(\rho_p - \rho_1)\omega^2 rd^2}{18\mu} \tag{2-4}$$

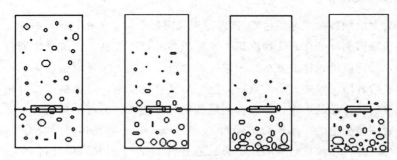

图2-3　沉降法测试原理

显然，沉降法测试的颗粒直径是上文中提到的Stokes直径。由于Stokes公式的适用条件，沉降法所能测试的颗粒直径范围在$2 \sim 50\mu m$，因为当粒径小于$2\mu m$时，布朗运动将占据主导作用，Stokes公式不再适用；而当粒径大于$50\mu m$时，颗粒沉降将被乱流所控制，Stokes公式不再适用。基于Stokes原理以及不同的沉降速度测试手段，发展出了不同的沉降颗粒粒度分布测试方法，包括固定吸管法、天平法、X射线法[12-15] 等。除测试范围具有一定限制以外，沉降法还有测试时间较长、对温度控制要求高的特点。因此，在水泥基材料中的应用不广泛。

（4）电感应法

电感应法又叫库尔特法，是由美国人库尔特（Coulter）于20世纪50年代发明的一种粒度测试方法，最早用于测试血球的计数和粒径分布。电传感法是将被测颗粒分散在导电的电解质溶液中。在该导电液中放置一开有小孔的隔板，并将两个电极分别于小孔两侧插入导电液中。在电压差作用下，颗粒随导电液逐个地通过小孔。每个颗粒通过小孔时产生的电阻变化表现为电压脉冲，这个电压脉冲与颗粒体积或直径成正比。仪器对脉冲按其大小归档（颗粒体积或粒度的间隔），进行计数，因此可以给出颗粒体积或粒度（体积直径）的个数分布。同时，也可给出单位体积导电液中的总粒数和各档的粒数，通常测量的颗粒粒径范围约为$0.5 \sim 1000\mu m$。库尔特法的优点是测量快速，每分钟可计数数万个颗粒，需样量少，再现性较好。虽然这种方法原理简单，并被成功应用于血液的测量，但是应用于水泥基材料的粒径测量还有一定局限性，主要有以下几个原因：①由于测试需要悬浊液具有导电性，颗粒必须充分分散在电解质溶液中，但水泥颗粒分散在电解质溶液中会产生水化反应，而影响其测试直径；②仪器设备需要进行较为复杂的校正；③测试粒径取决于小孔的大小，而小于 $1\mu m$ 的水泥基材料颗粒很难单独通过小孔，而大颗粒可能在通过小孔前就发生沉降。该方法测量的是等效电阻径，即在相同条件下与实际颗粒产生相同电阻效果的球形颗粒的直径。综上，该方法较少应用于水泥基材料。

（5）激光粒度分析法

激光粒度分析法是水泥混凝土领域应用最为普遍的颗粒粒度分析测试方法，将在本章中详细介绍。

（6）动态光散射法

动态光散射法是测量亚微米级颗粒粒度的一种常规方法。此技术具有准确、快速、可重复性好等优点，已经成为表征纳米级颗粒粒径分布比较常规的方法。动态光散射法是检测颗粒的布朗运动速度或扩散行为，并通过斯托克斯-爱因斯坦方程将颗粒扩散行为与粒径相关联的测试技术。技术上，是通过用激光照射粒子的悬浊液，分析散射光的光强波动来实现的。

（7）小角度 X 射线散射法

小角度 X 射线散射法可用于 $1\sim30nm$ 尺寸范围内的颗粒粒度分析。在某些条件（窄尺寸分布、适当的仪器配置和理想化的形状）下，$100nm$ 以上的颗粒也可进行分析。在理想情况下，这种方法可以快速测量平均粒径和粒径分布、表面积，有时还可以确定颗粒形状。该分析技术与其他粒度分析方法相比具有一些优势。例如，小角度 X 射线散射法可用于分析团粒的平均粒径以及当中主要颗粒的平均粒径，这是动态光散射法无法实现的；与其他方法相比，小角度 X 射线散射法对样品的干燥和制备过程没有严格限制，这对于在干燥和制样过程中易出现物相变化的样品尤为重要。当然，小角度 X 射线散射法也有它的局限性：首先，它本身不能有效地区分来自颗粒或微孔的散射；其次，对于密集的散射体系，会发生颗粒散射之间的干涉效应，将导致测量结果有所偏低。

### 2.2.2　比表面积测试方法

比表面积的测试方法已较成熟，通常采用 BET 氮气吸附法，美国材料与测试协会（ASTM）、国际标准化组织（ISO）以及我国都制定了相应标准[20-22]。氮气吸附法具有可靠性高、重复性好的特点，被认为是测试粉体材料比表面积的标准方法，亦被广泛应用于测试各种粉体材料的比表面积，包括水泥基材料。但该方法需要较为精密和贵重的仪器，多数水泥混凝土实验室没有该设备。因此，在水泥基材料领域采用了更为简单的气体透过法，即勃氏比表面积法。

# 2.3　测试原理

## 2.3.1　激光粒度分析法

当光线通过不均匀介质时，会发生偏离其直线传播方向的散射现象，散射光形式中包含有散射体大小、形状、结构以及成分、组成和浓度等信息。因此，利用光散射技术可以测量颗粒群的浓度分布与折射率大小，还可以测量颗粒群的尺寸分布。激光粒度分析法是基于 Fraunhofer 衍射及米式衍射理论而建立的。光的衍射是光波在传播过程中遇到障碍物后，偏离其原来的传播方向进入障碍物的几何影区内，并在障碍物后的观察屏上呈现光强分布不均匀的现象（颗粒不存在时，在衍射场中得到一集中光斑；存在时，衍射图样由中心的亮斑和由中心向外一圈一圈越来越弱的亮环组成）。光源和观察屏距离衍射物都相当于无限远时的衍射即 Fraunhofer 衍射，其衍射场可在透镜的后焦面上观察到。米氏散射理论：光束遇到颗粒阻挡发生散射现象，散射光的传播方向将与主光束的传播方向形成一个夹角 $\theta$，$\theta$ 角的大小与颗粒的大小有关，颗粒越大，产生的散射光的 $\theta$ 角就越小；颗粒越小，产生的散射光的 $\theta$ 角就越大。即小角度（$\theta$）的散射光是由大颗粒引起的；大角度（$\theta_1$）的散射光是由小颗粒引起的，并且散射光的强度代表该粒径颗粒的数量。当然，光的散射模式取决于颗粒直径与入射光的波长的比值。这样，采用不同波长的入射光测量不同角度上的散射光的强度，就可以获得范围极宽的样品的粒度分布。英国马尔文（Malvern）公司采用的入射光波长为 632.8nm 和 466nm。激光粒度分析仪（图 2-4）具有测量范围宽（0.02～2000 $\mu$m）、测量速度快、重复性好、精度高等优点。马尔文公司在该仪器的生产和研究方面处于技术领先地位，我国一些企业也生产了激光粒度分析仪，如济南润之科技有限公司。值得一提的是，不同公司制造的激光粒度分析仪的测试结果可能不一样，因为不同公司用的算法、入射光光源等基本条件可能存在不一致。

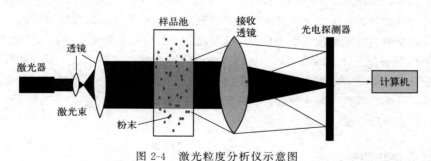

图 2-4　激光粒度分析仪示意图

## 2.3.2　动态光散射法

动态光散射法为纳米颗粒的粒径分布测量提供了一个解决方案。该方法中计算粒径的算法基于颗粒的布朗运动，因此，该方法适用于布朗运动明显的小颗粒（一般小于 1 $\mu$m），而不适用于大颗粒。悬浮于液体中的纳米/亚微米级颗粒由于悬浮介质分子间的相互作用而持续做不规则的布朗运动。在布朗运动的斯托克斯-爱因斯坦理论中，在浓度很低的情况下，颗粒的运动是由悬浮流体的黏度、温度和颗粒的大小决定的。当温度和黏度已知时，通过对液体颗粒运动的测量，就可以确定其直径。在低浓度情况下，这个直径是指水动力粒径。

## 2.3.3　小角度 X 射线散射法

小角度 X 射线散射效应来自物质内部 1～100nm 量级范围内电子密度的起伏，当一束极细的 X 射线穿过超细粉末层时，经粉末颗粒内电子的散射，X 射线在原光束附近的极小角域内分散开来，其散射强度分布与粉末粒度及分布密切相关。

### 2.3.4 透气法

气体透过法（又称透气法）是测定气体透过粉末层的通过速率来计算粉末比表面积的，当然也可用于测量颗粒材料的一种当量粒径，即比表面平均径。其测试原理为：流体透过粉末床的通过速率或所受的阻力与粉末的粗细或比表面积的大小有关。当气体流动时，气体将从颗粒的缝隙中穿过。粉体越细，表面积越大，对流体的阻力也越大，使单位时间内透过单位面积的流体量越小。即当粉体床的空隙率不变时，流体通过粗粉末比通过细粉末的流速大。透过率或流速容易测量，只要找出它们与粉末比表面积的定量关系，便可计算粉末的比表面积。

根据一定量的空气通过具有一定空隙率和固定厚度的粉体层时，所受阻力不同而引起流速的变化来测定水泥的比表面积，在一定空隙率的粉体层中空隙的大小和数量是颗粒尺寸的函数，同时也决定了通过料层的气流速度。

### 2.3.5 BET 比表面积测试法

BET 比表面积测试法是基于 Brunauer、Emmett 以及 Teller 提出的 BET 方程而建立的，其原理是当固体表面暴露在外界气体中时，接触气体的表面会吸附所接触的气体分子，这种吸附是可逆的，并且在不同的气体分压下气体吸附量符合 BET 方程，通过多点或单点吸附测试，可获得材料的所有表面单层吸附气体分子的质量，从而获得粉体材料的比表面积。因为常温下固体吸附气体的量极其微小很难检测，因此通常降低吸附环境温度来增加其气体吸附量（一般是 $-192℃$，液氮温度），同时氮气因为其价廉易得，不具有腐蚀性，不会对固体结构产生任何影响，所以常被用作吸附质。

# 2.4 取样/样品制备

### 2.4.1 取样

无论采用哪一种粒度分布测试方法，都是用少量样品来表征大量产品粒度分布特征的。所以制备能充分反映整个产品颗粒特性的样品对于任何一种颗粒材料粒度表征均至关重要。取样过程看似简单，实则要求很高，所以其重要性往往容易被忽视，这将直接导致测试结果不能正确反映整个物料的粒度分布情况。从大批物料中取样到逐步分至测量样品，一般包括大批物料中取实验室样品，实验室样品中取分析样品。

水泥在生产、包装、运输、存储等过程中，粗、细颗粒往往容易发生离析。如堆放的物料细粒集中在中部，粗粒集中在周围；料袋中水泥边缘处的粗料的比例多于中心处；等等。了解颗粒的分离倾向有助于科学取样。取样的基本原则是：①只要有可能就要在物料移动时取样，这一点适合在生产过程中取样。②多点取样。在不同部位、不同深度取样，每次取样点不少于四个，将各点所取的样混合后作为实验室样品。③取样方法要固定，要根据具体情况制定严格的操作规程来规范取样工作，避免取样的随意性。

完成实验室取样后，在分析前应缩分至适合试验分析的量，主要方法有：①勺取法，将样品充分混合均匀（将试样装到容器中剧烈摇动或放到玻璃板上充分搅拌）后多点取样。②锥形四分法，将试样全部倒到玻璃板上，充分混合后堆成圆锥形用薄板从顶部中心处呈"十"字形切开，取对角的两份混合后再进行上述过程，直到取得适量为止。要注意的是料堆必须是规则的圆锥形，两个切割平面的交线要与轴重合。③仪器缩分法，如用叉溜式缩分器、盘式缩分器等。经缩分后的样品为测量样品。

### 2.4.2　激光粒度分析法的分析样品制备

激光粒度分析法可以采用湿法和干法测量。湿法是粒度分析法中最基本、最常用和最可靠的方法，该方法要求将测试样品完全分散在介质中，难点在于如何确保颗粒完全分散在介质中。干法测试直接将粉体材料通过压缩空气喷入检测池内进行测量，该方法的优点是操作简单、不需要选择分散介质和分散方法，但该测试方法的准确性和重复性较差。因此，一般建议采用湿法进行水泥基材料的粒度分布测试。

采用上述的取样方法获得数克样品后，将样品放入105℃的烘箱干燥至恒重，并在干燥箱中冷却至室温后，将样品分散到乙醇中。由于颗粒间的静电、表面能作用，水泥颗粒往往会发生多个颗粒结团形成"团粒"的现象。"团粒"是妨碍准确进行粒度分布测量的原因之一。因此，在测量粉体材料粒度分布前必须将"团粒"分散开，而分散效果是影响粒度分布测试的关键因素。常用的分散手段包括机械搅拌、添加分散剂以及超声分散，为确保分散效果，三种分散方式可同时采用。一般粒度分析仪上都配有搅拌装置和超声分散装置，需要选择合适的分散剂来分散水泥基材料颗粒，例如聚羧酸系减水剂。

### 2.4.3　动态光散射法的分析样品制备

采用上述的取样方法获得样品后，将样品放入105℃的烘箱干燥至恒重，并在干燥箱中冷却至室温。将待测样品放入仪器样品池至温度平衡，并保证待测样品中没有气泡。样品典型的浓度范围在0.001～1mg/mL或者颗粒密度在$10^9$～$10^{12}$个/mL之间。可将浓度适当调整，使样品的散射光强度符合仪器检测要求。样品溶液的液面高度应在1.5cm以上。

### 2.4.4　小角度X射线散射法的分析样品制备

取无小角度X射线散射效应的火棉胶和分析纯丙酮配制成浓度为50～100g/L的火棉胶丙酮溶液。称取一定量的待测粉末，倒入一定体积的火棉胶丙酮溶液，采用超声波分散器对上述悬浊液进行分散。将分散均匀的溶液置于烘箱内，在温度为20～50℃和相对湿度为50%的条件下，将其缓慢干燥成片。其中，对试片的要求如下：

① 待测粉末在试片中的体积分数小于3%；

② 试片的厚度控制在X射线的吸收衰减率的50%～70%；

③ 待测粉末颗粒在试片测试的有效尺寸范围内分布均匀。

如果某些粉末装入干粉试样皿中，能满足上述三项要求时，可不制成试片，而直接用于测试。

### 2.4.5　透气法的分析样品制备

采用上述的取样方法获得样品后，将样品放入105℃的烘箱干燥至恒重，并在干燥箱中冷却至室温。

### 2.4.6　BET 比表面积测试法的分析样品制备

在采用气体吸附法测试粉体材料比表面积前，需要对粉体材料进行脱气（outgas）处理，去除颗粒材料表面吸附的各类杂质，而提供一个清洁的颗粒材料表面，以正确反映粉体材料的吸附特性。脱气处理要注意避免改变材料原有的性质。通常的脱气程序如下：①称取适量的样品放入样品盒中，精确至 0.1mg；②将盛有样品的样品盒放入排气装置中，抽取真空（保持 1Pa 的真空度至少 30min）并加热至 150℃并保持至少 12h，具体的干燥时间取决于样品的水汽含量。另外，还可以采用加热并通惰性气体的方式进行脱气处理。一般情况下，试样脱气的条件主要受加热温度、加热时间和真空度的影响。脱气的最佳温度可以通过热重分析或使用不同的脱气温度和时间试错的方法来确定。

# 2.5　测试过程及注意事项

## 2.5.1　激光粒度分析法

测试过程及注意事项如下[17-19]：

① 打开仪器，根据仪器使用说明，热机一段时间。打开泵机和超声仪，根据需要设置泵机的速度、超声仪的强度和搅拌的速度。

② 设定测试样品的光学参数，各种材料的折射率可以在仪器使用手册或物理化学手册上找到。需要注意的是，使用规定折射率为粉体材料的折射率与分散介质的折射率的比值。

③ 背景测定。在加入测试粉体样品前，需要将分散介质（如需要可加入分散剂）加入样品槽中进行背景测定。测试时确保背景液体流过激光束，并且液体中不含气泡。背景值应不超过仪器推荐值。如果背景值超过仪器推荐值，根据仪器推荐的方法将背景值调至可接受范围。

④ 称取适量的样品，加入分散介质中，需要注意的是加入粉体材料的量应能达到仪器设备合适的光散射条件。

⑤ 待粉体材料在分散介质中充分分散并稳定后开始测试，具体测试时间可根据样品测试的重复性来确定。

⑥ 选择需要的输出试验结果。

⑦ 试验完成后，对仪器进行反复冲洗，直至获得仪器推荐的背景值。

## 2.5.2　动态光散射法

测试过程及注意事项如下[23]：

① 打开仪器，预热 30min，使激光稳定。

② 检查样品池，确保样品窗未吸附气泡。如果有气泡，在插入仪器前，轻敲样品池，释放气泡，不要摇晃样品池，这可能将气泡引入，确保样品正确插入样品池。

③ 设置测量温度。一般实验在 25.0℃下进行，测量前，将温度调至 25.0℃，保温 2min。

④ 每个样品测量 3 次，以保证实验的可重复性。测量时间应根据仪器的情况以及样品的粒径大小和散射特征来决定。

⑤ 纳米尺寸的粒子对激光的散射强度与分子质量或 $d$ 成正比（$d$ 指粒子的直径）。所以大粒子的散射光的强度大于小粒子。最好在分析前排除灰尘的影响，尤其是当粒子粒径尺寸很小或折射率很小时。试管、样品瓶和试剂瓶应保持密封状态，以减少污染。溶剂应当过滤到 $0.2\mu m$ 以下。每隔一段时间检测溶剂的背景散射，确保其在仪器允许的范围之内，并记录以便与后期对照。

⑥ 减少样品池暴露于外部环境的时间以减少污染的可能性。在检测之前，避免样品池与任何其他容器界面的不必要接触。定期检查样品池表面是否刮伤或有沉积物，这会影响测量结果。使用高质量的擦镜纸擦拭样品池表面，并且用无磨损无颗粒的拭子清理样品池内表面。

⑦ 当测量结束后，立即将样品倒出且用过滤的溶剂或去离子水冲洗样品池。不允许样品在样品池中干燥。

### 2.5.3 小角度 X 射线散射法

测试过程及注意事项如下[24]：

① 接通各有关设备电源，待仪器稳定后，按有关仪器说明书，调整好小角度 X 射线散射仪。测试样品时，同样的负荷条件下，加上多层滤波片，记下仪器的"0"位强度。

② 放置样品于样品夹上。

③ 逐点进行散射强度（$I_a$）的测量。

④ 取下试样，将测角仪重新置于"0"位，然后再次测出"0"位强度，它同①的测试结果偏差应小于 15%，否则，应重新开始测试。

⑤ 将样品置于入射狭缝前，逐点测出背景强度（$I_b$）。

⑥ 取 $I = I_a - I_b$，即为样品在各角度下的 X 射线散射强度。

⑦ 该方法适用于测定颗粒尺寸在 1~30nm 范围内的粉末粒度分布。

### 2.5.4 透气法

测试过程及注意事项如下[25]：

（1）测定粉体材料密度

① 样品应预先通过 0.90mm 方孔筛，在（110±5）℃温度下烘干 1h，并在干燥器内冷却至室温［室温应控制在（20±1）℃］。

② 称取样品 60g，精确至 0.01g。在测试其他材料时，可按实际情况增减称重材料质量。

③ 将无水煤油注入李氏瓶至"0mL"到"1mL"之间刻度线后（选用磁力搅拌此时应加入磁力棒），盖上瓶塞放入恒温水槽内，使刻度部分浸入水中［水温应控制在（20±1）℃］，恒温至少 30min，记下无水煤油的初始（第一次）读数（$V_1$）。

④ 从恒温水槽取出李氏瓶，用滤纸将李氏瓶细长颈内没有煤油的部分仔细擦干净。

⑤ 用小匙将水泥样品一点点地装入李氏瓶中，反复摇动（亦可用超声波振动或磁力搅拌等），直至没有气泡排出，再次将李氏瓶静置于恒温水槽，使刻度部分浸入水中，恒温至少

30min，记下第二次读数（$V_2$）。

⑥ 第一次读数和第二次读数时，恒温水槽的温度差不大于 0.2℃。

（2）设备漏气性检查

将透气圆筒上口用橡皮塞塞紧，接到压力计上，用抽气装置从压力计一臂抽出部分气体，然后关闭阀门，观察是否漏气，如发现漏气，可用活塞油脂加以密封，如图 2-5 所示。

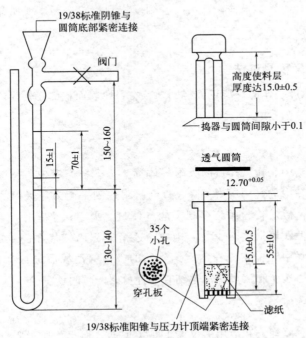

图 2-5　比表面积 U 形压力计示意图[25]

（3）空隙率选择

PⅠ、PⅡ型水泥采用 0.5±0.005 的空隙率，其它水泥或粉料可选用 0.530±0.005，如采用该空隙率不能将粉样压至试验规定位置，可改变空隙率。

（4）确定试验样品量

按式（2-5）确定样品量：

$$m = \rho V(1 - \varepsilon) \tag{2-5}$$

式中，$m$ 是测试样品质量；$\rho$ 是样品密度；$V$ 是试验层体积，该体积通过水银进行校正；$\varepsilon$ 是空隙率。

（5）试样层制备

将穿孔板放入透气圆筒的凸缘上，用捣棒把一片滤纸放到穿孔板上，边缘放平并压紧，称取确定的试验样品量，精确至 0.001g，倒入圆筒。轻敲圆筒的边，使水泥层表面平坦，再放入一片滤纸，用捣器均匀捣实试料直至捣器的支持环与圆筒顶边接触，并旋转 1～2 圈，慢慢去除捣器。穿孔板上的滤纸直径为 12.7mm，每次测定需使用新滤纸。

（6）透气试验

把装有试料层的透气圆筒下锥面涂一层活塞油脂，然后把它插入压力计顶端锥形磨口处，旋转1~2次，保证紧密连接不漏气，并不振动所制备的试料层。

打开微型电磁泵慢慢从压力计一臂中抽出空气，直至压力计内液面上升至扩大部下端时关闭阀门，当压力计内液体的凹液面降到第一条刻度线时开始计时，当液体凹液面下降到第二条刻度线时，停止计时，记录液面从第一条刻度线到第二条刻度线所需的时间，以秒为单位，并记录下试验温度。

## 2.5.5 BET比表面积测试法

凡是根据BET原理制作的，能正确得到颗粒材料比表面积的任何仪器均可以采用，主要包括以下三种方法[20-22]：

（1）容量法

在非连续式容量法中，让已知量的吸附气体逐步进入样品室中。每次样品吸附气体，并因此在有限的不变容积中的气体压力下降，直到吸附达到平衡为止吸附的气体量是进入量管中的气体量与吸附平衡后量管和样品中剩余的气体量之差，这个量用气体状态方程来确定。此体积必须在吸附等温线测量之前或之后确定，这个体积用氦气在测量的温度下进行标定。对于某些吸附氮气的材料，标定应在测定了氦气的吸附等温线后进行。在连续式容量法中，进入的吸附气体量可由压差和流过标准毛细管或计量阀的时间计算。

（2）重量法

重量法和容量法在原理上和应用的仪器上是类似的。但是，所吸附气体质量是通过测量样品质量的增加得到的，不需要测量死体积，从而简化了测试过程。在连续式重量法中，用一个灵敏的微量天平测量吸附的气体质量同压力的关系，而且在测量前需要测量天平和样品在吸附气体中于室温下的浮力。借助于平衡臂设备，采用致密的与样品密度相同的平衡重补偿，可以消除天平和样品的浮力，测量过程中温度保持恒定。在非连续式重量法中，逐步引入吸附气体，而压力保持不变，直到样品的质量达到一个恒定值为止。

（3）气相色谱法

氮（或氢）气为吸附气体，氦（或氢）气为载气，两种气体以一定比例混合后，在接近大气压力下流过样品，用热导池监测混合气体的热导率。调节氦（或氢）气流量，用皂泡流量计测量。调节氮（或氢）气流量，待两路气体混合均匀后，再用皂泡流量计测量混合气体的总流量。然后接通电源，调节监视器零点。待仪器稳定后，把装有液体氮或液体氧的杜瓦瓶套在样品管上，当吸附达到平衡时，热导池检出一个吸附峰。当液氮移开样品时，热导池又检出一个与吸附峰极性相反的脱附峰。每次测量后，必须注射已知体积的纯吸附气体来标定检测器。样品峰和标准峰的大小应当类似。通常，由脱附峰计算吸附的气体量。因为脱附峰比较对称且很陡，容易积分；同时又与注射纯吸附气体时产生的标准峰极性一致。为防止热扩散的干扰，要用已知体积的纯吸附气体来标定，样品的检测峰和标准峰的大小应当类似。

# 2.6 数据采集和结果处理

### 2.6.1 激光粒度分析法

多数激光粒度分析仪在测试结束后，可给出粉体材料的粒度分布结果，具体形式用户可根据需要进行选择：

① 表格法：用表格的方式将粒径区间分布、累计分布一一列出的方法。

② 图形法：在直角坐标系中用直方图和曲线等形式表示粒度分布的方法。

③ 函数法：用数学函数表示粒度分布的方法。这种方法一般在理论研究时用。

水泥基材料的粒度分析结果通常采用图像法中的曲线累计形式表示。典型水泥粒度分布曲线如图 2-6 所示，虚线为粒径频度分布曲线；实线为筛下累积曲线。另外，还有 $D_{10}$、$D_{50}$ 及 $D_{90}$ 等特征参数来表征水泥基材料粒度分布情况。

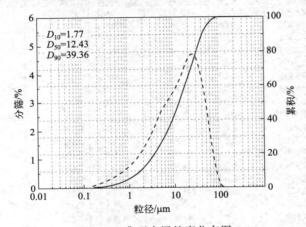

图 2-6 典型水泥粒度分布图

激光粒度分析仪的精度较高，其重复性：$1\mu m$ 为 $0.01\%$，$7\mu m$ 为 $0.18\%$；再现性：$1\mu m$ 为 $0.1\%$，$7\mu m$ 为 $0.5\%$。

### 2.6.2 动态光散射法

对于单分散样品，所有颗粒的粒径都具有相同的尺寸，即没有分布，当得到其相关方程后可用一个简单的函数进行拟合：

$$g_1(\tau) = A\exp(-\Gamma\tau) \tag{2-6}$$

式中，$g_1$ 是通过相关器得到的相关函数；$\tau$ 是相关时间，通过拟合可以得到两个未知数 $A$ 和 $\Gamma$。其中，$A$ 为相关函数的平台高度，代表了样品的信噪比。正常情况，$A$ 小于1，而 $A$ 越接近于1说明测试的信噪比越高。而 $\Gamma$ 是相关方程的衰减率，其单位为 $s^{-1}$，与颗粒的运动速度，即扩散系数相关：

$$\Gamma = q^2 D \tag{2-7}$$

$q$ 为一个光学常数。

$$q = \frac{4\pi n}{\lambda}\sin\frac{\theta}{2} \tag{2-8}$$

式中，$n$ 为溶剂的折射率；$\lambda$ 为激光的波长；$\theta$ 为观测角度。

颗粒的扩散系数 $D(\mu m^2/s)$，与颗粒的粒径，也称作水动力直径 $D_H$，可通过斯托克斯-爱因斯坦方程联系起来：

$$D = \frac{k_B T}{3\pi\eta D_H} \tag{2-9}$$

式中，$k_B$ 为玻尔兹曼常数；$T$ 为环境温度，K；$\eta$ 为溶剂黏度，cP（$1cP = 10^{-3}Pa \cdot s$）。

然而，大多数情况下，样品是多分散的。那么自相关函数是所有粒子衰减的总和：

$$g_1(\tau) = \sum_1^n G(\Gamma_i)\exp(-\Gamma_i\tau) \tag{2-10}$$

其中 $n$ 定义了有多少组拟合参数，每一组包括一个衰减率 $\Gamma_i$，对应为一个粒径组分 $D_i$，和一个强度参数 $G_i$。拟合结果可得到一组数据如图 2-7 所示。

| 粒径 $d$/nm | 强度 /% | 粒径 $d$/nm | 强度 /% | 粒径 $d$/nm | 强度 /% |
|---|---|---|---|---|---|
| 0.4000 | 0.0 | 13.54 | 0.0 | 458.7 | 5.1 |
| 0.4632 | 0.0 | 15.69 | 0.0 | 531.2 | 3.1 |
| 0.5365 | 0.0 | 18.17 | 0.0 | 615.1 | 1.4 |
| 0.6213 | 0.0 | 21.04 | 0.0 | 712.4 | 0.4 |
| 0.7195 | 0.0 | 24.36 | 0.0 | 825.0 | 0.0 |
| 0.8332 | 0.0 | 28.21 | 0.0 | 955.4 | 0.0 |
| 0.9649 | 0.0 | 32.67 | 0.0 | 1106 | 0.0 |
| 1.117 | 0.0 | 37.84 | 0.0 | 1281 | 0.0 |
| 1.294 | 0.0 | 43.82 | 0.0 | 1484 | 0.0 |
| 1.499 | 0.0 | 50.75 | 0.0 | 1718 | 0.0 |
| 1.736 | 0.0 | 58.77 | 0.0 | 1990 | 0.0 |
| 2.010 | 0.0 | 68.06 | 0.0 | 2305 | 0.0 |
| 2.328 | 0.0 | 78.82 | 0.1 | 2669 | 0.0 |
| 2.696 | 0.0 | 91.28 | 1.0 | 3091 | 0.0 |
| 3.122 | 0.0 | 105.7 | 2.7 | 3580 | 0.0 |
| 3.615 | 0.0 | 122.4 | 5.1 | 4145 | 0.0 |
| 4.187 | 0.0 | 141.8 | 7.6 | 4801 | 0.0 |
| 4.849 | 0.0 | 164.2 | 9.8 | 5560 | 0.0 |
| 5.615 | 0.0 | 190.1 | 11.4 | 6439 | 0.0 |
| 6.503 | 0.0 | 220.2 | 12.2 | 7456 | 0.0 |
| 7.531 | 0.0 | 255.3 | 12.1 | 8635 | 0.0 |
| 8.721 | 0.0 | 295.3 | 11.2 | $1.000\times10^4$ | 0.0 |
| 10.10 | 0.0 | 342.0 | 9.5 | | |
| 11.70 | 0.0 | 396.1 | 7.4 | | |

图 2-7 动态光散射法测试数据结果示例

当以粒径为横坐标，强度为纵坐标作图就得到了粒径分布图，如图 2-8 所示。

## 2.6.3 小角度 X 射线散射法

对于一稀疏的球形颗粒系，并考虑到仪器狭缝高度的影响，入射 X 射线束在角度 $\varepsilon$ 处的散射强度为：

$$I(\varepsilon) = C\int_{-\infty}^{\infty} F(t)\,\mathrm{d}t \int_{x_0}^{x_n} w(x)x^3\Phi^2(\xi)\,\mathrm{d}x \tag{2-11}$$

式中 $\xi = \frac{\pi x}{\lambda}\sqrt{\varepsilon^2 + t^2}$；

$\Phi(\xi) = 3(\sin\xi - \xi\cos\xi)/\xi^3$;

　　$C$——综合常数；

　　$F(t)$——狭缝权重函数。

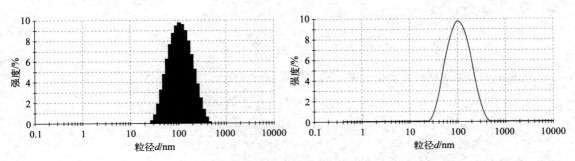

图 2-8　动态光散射法测试所得粒度分布图示例

　　将所测粉末的大致粒度范围（$x_0 \sim x_n$）分割成 $n$ 份。以粒度分布函数 $w_j$（未经归一化）表示区间 $x_{j-1} \sim x_j$ 内的分布函数 $w(x)$ 的平均值，这样可将式（2-11）中 $w_1$，$w_2$，…，$w_j$，…，$w_n$ 提出积分符号之外。在各区间内以 $\varepsilon_i = \dfrac{2\sqrt{5}}{\pi}\left(\dfrac{\lambda}{x_i + x_{i-1}}\right)$ 为散射角测得 $n$ 个散射强度 $I(\varepsilon_i)$，可将式（2-11）转化为 $n$ 元线性方程组：

$$I(\varepsilon_i) = \sum_{j=1}^{n} a_{ij} w_j \tag{2-12}$$

其中，
$$a_{ij} = I(\varepsilon) = C\int_{-\infty}^{\infty} F(t)\,\mathrm{d}t \int_{x_0}^{x_n} x^3 \Phi^2(\xi)\,\mathrm{d}x$$

　　测出仪器狭缝权重函数 $F(t)$ 后，可借助计算机通过数值积分法将方程组中 $n \times n$ 个系数（$a_{ij}$）逐一计算得到。求解线性方程组（2-12），即可得到各区间粒度分布函数 $w_j$（未经归一化）。如此，各区间的粒度分布频度 $\bar{q}_j$ 和体积分数 $\Delta Q_j$ 可通过式（2-13）和式（2-14）计算得到。

$$\bar{q}_j = w_j \Big/ \sum_{k}^{n} w_k \Delta x_k \quad (j = 1, 2, \cdots, n) \tag{2-13}$$

$$\Delta Q_j = \bar{q}_j \Delta x_j \times 100\% \quad (j = 1, 2, \cdots, n) \tag{2-14}$$

## 2.6.4　透气法

　　当被测试样的密度、试料层中的空隙率与标准样品相同，试验时的温度与校准温度之差 ≤3℃时，可按式（2-15）计算。

$$S = \frac{S_s \sqrt{T}}{\sqrt{T_s}} \tag{2-15}$$

　　如试验时的温度与校准温度之差＞3℃时，则按式（2-16）计算：

$$S = \frac{S_s \sqrt{\eta_s}\sqrt{T}}{\sqrt{\eta}\sqrt{T_s}} \tag{2-16}$$

　　式中，$S$ 为被测试样的比表面积，$\mathrm{cm^2/g}$；$S_s$ 为标准样品的比表面积，$\mathrm{cm^2/g}$；$T$ 为被测试样试验时，压力计中液面降落测得的时间，s；$T_s$ 为标准样品试验时，压力计中液面降落测得的时间，s；$\eta$ 为被测试样试验温度下的空气黏度，$\mu Pa \cdot s$；$\eta_s$ 为标准试样试验温度下的空气黏度，$\mu Pa \cdot s$。

当被测试样的试料层中的空隙率与标准样品试料层中的空隙率不同，试验时的温度与校准温度之差≤3℃时，可按式（2-17）计算。

$$S = \frac{S_s \sqrt{T}(1-\varepsilon_s)\sqrt{\varepsilon^3}}{\sqrt{T_s}(1-\varepsilon)\sqrt{\varepsilon_s^3}} \qquad (2-17)$$

如试验时的温度与校准温度之差＞3℃时，则按式（2-18）计算：

$$S = \frac{S_s \sqrt{\eta_s}\sqrt{T}(1-\varepsilon_s)\sqrt{\varepsilon^3}}{\sqrt{\eta}\sqrt{T_s}(1-\varepsilon)\sqrt{\varepsilon_s^3}} \qquad (2-18)$$

式中，$\varepsilon$ 为被测试样试料层中的空隙率；$\varepsilon_s$ 为标准样品试料层中的空隙率。

当被测试样的密度和空隙率均与标准样品不同，试验时的温度与校准温度之差≤3℃时，可按式（2-19）计算。

$$S = \frac{S_s \rho_s \sqrt{T}(1-\varepsilon_s)\sqrt{\varepsilon^3}}{\rho \sqrt{T_s}(1-\varepsilon)\sqrt{\varepsilon_s^3}} \qquad (2-19)$$

如试验时的温度与校准温度之差＞3℃时，则按式（2-20）计算：

$$S = \frac{S_s \rho_s \sqrt{\eta_s}\sqrt{T}(1-\varepsilon_s)\sqrt{\varepsilon^3}}{\rho \sqrt{\eta}\sqrt{T_s}(1-\varepsilon)\sqrt{\varepsilon_s^3}} \qquad (2-20)$$

式中，$\rho$ 为被测试样的密度，$g/cm^3$；$\rho_s$ 为标准试样的密度，$g/cm^3$。

水泥比表面积应由两次透气试验结果的平均值确定。如两次试验结果相差 2％以上时，应重新试验。计算结果保留到 $10cm^2/g$。

当同一水泥手动勃氏透气仪测定的结果与自动勃氏透气仪测定的结果有争议时，以手动勃氏透气仪测定结果为准。

### 2.6.5　BET 比表面积测试法

BET 气体吸附方程为：

$$\frac{p/p_0}{V(1-p/p_0)} = \frac{C-1}{V_m C} \times p/p_0 + \frac{1}{V_m C} \qquad (2-21)$$

式中，$V$ 为氮气吸附量，$V_m$ 为单层氮气吸附量。令 $p/p_0$ 为 $X$，$\dfrac{p/p_0}{V(1-p/p_0)}$ 为 $Y$，$\dfrac{C-1}{V_m C}$ 为 $A$，$\dfrac{1}{V_m C}$ 为 $B$，便得到一条斜率为 $A$，截距为 $B$ 的直线方程：$Y = AX + B$，在相对压力 $p/p_0$ 为 0.05～0.30 范围内通常是线性的，而端点可能会偏离直线，计算时应舍去。

通过一系列相对压力 $p/p_0$ 和吸附气体量 $V$ 的测量，由 BET 图或最小二乘法求出斜率 $A$ 和截距 $B$ 值，并可推导出单层容量和 BET 参数 $C$。$C$ 值可表示吸附剂和吸附介质间的相互作用力，但不能用作定量计算吸附热。吸附气体量 $V$ 可分别通过容量法、重量法和凝胶色谱法来获得。一般情况下，氮气吸附法的 $C$ 值较大，常在 100～200 之间。当 $C$ 值较大而 $B$ 值较小时，$A \approx 1/V_m$，则 BET 方程可简化为：

$$V_{m,sp} = V(1-p/p_0) \qquad (2-22)$$

式中，$V_{m,sp}$ 是单点法得出的单层气体吸附量。通常单点法所得结果相对于多点的误差不大于 5%，采用单点测量时，相对压力 $p/p_0$ 在 0.2~0.3 范围内。显然，单点吸附法测试更简单、便捷，但精度低于多点吸附法。获得氮气吸附量后，可通过下式换算成气体的体积。

$$V_m = \frac{1}{A+B} \tag{2-23}$$

$$C = \frac{A}{B} + 1 \tag{2-24}$$

$$S = \frac{V_m \sigma N}{V_0} \tag{2-25}$$

式中，$\sigma$ 为单个气体分子横截面积；$N$ 为阿伏伽德罗常数；$V_0$ 为 1mol 气体的体积。氮气分子横截面积为 $0.162nm^2$，则比表面积可按下式计算。

$$S_w = \frac{4.35V_m}{m} \tag{2-26}$$

$$S_v = S_w \rho \tag{2-27}$$

式中，$S_w$ 是单位质量比表面积，$m^2/g$；$S_v$ 是单位体积比表面积，$m^2/cm^3$。测试结果保留至 3 位有效数字。

如果将粉体材料的比表面积等效为直径相同的球形材料，可以获得等效球体的粒径：

$$d = \frac{6}{S_w \rho} \times 10^3 \tag{2-28}$$

## 2.7 结果的解释和应用

激光粒度分析法获得的颗粒材料直径是球形等效径，粒度测试结果是统计结果，不应过分强调某个粒径的颗粒含量，例如 $D_{10}$、$D_{50}$、$D_{90}$ 均是统计概念。可以表征粉体材料颗粒的粗细程度。粒度分布曲线是研究粉体材料的颗粒堆积的必需参数，也是指导水泥生产厂家优化粉磨工艺的必需参数。

动态光散射法和小角度 X 射线散射法可用于纳米级水泥基材料（如硅灰）的颗粒粒度的分析测试。

透气法的测试结果是基于气体阻力与比表面积成比例的假设，其测试结果受试样的空隙率和试样层的制备影响较大，可以整体反映颗粒材料的粗细程度。由于其设备简单、操作方便及原理可靠性，该方法被广泛应用于水泥工业中，但该方法的测试结果不能反映颗粒的粒度分布情况，并且测试的比表面积与真实值可能存在一定差异。

由于其原理的可靠性、测试结果的再现性，BET 吸附法被认为是测量颗粒材料比表面积的标准方法。

## 2.8 与其他测试方法的比较

美国国家标准研究院（National Institute for standards and technology，NIST）开展了水

泥粒度分析的 Round Robin 试验[27]。不同方法测试的不同水泥的粒径中值如图 2-9 所示。由于该试验只测试了有限的样品，所以测试结果的普遍性还有待进一步确认。但获得的初步性结论仍具有较强的参考意义：

① 根据测试的一种样品来看，湿法和干法激光粒度分析获得的结果非常接近，更普遍性的规律仍有待进一步确认。

② 电感应法测试结果与其它方法的结果可比性不强。

③ 电镜法的测试结果离散性较大，或高或低于其它方法的测试结果。

④ 沉降法似乎与平均值较为接近。

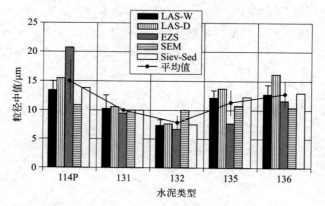

图 2-9 不同方法获得的不同水泥的粒径中值[27]
图中 LAS-W 是湿法激光粒度分析，LAS-D 是干法激光粒度分析，
EZS 是电感应法粒度分析，SEM 是电镜图像分析法，Siev-Sed 是沉降筛法

Arvaniti[28] 等研究了水泥基矿物掺和料（supplementary cementing materials，SCM）的粒度和比表面积的测试方法。结果表明，

① 粉体材料的"团粒"现象极大影响了测试结果，测试前需要将样品完全分散，尤其是筛分法和激光粒度分析法。

② 当采用透气法来测量 SCM 的比表面积时，很难形成指定空隙率的样品层，尤其是硅灰。

③ BET 法的测试结果大于勃氏法的测试结果。

④ 激光粒度分析法的测试结果受到测试样品的光学性质的影响。

⑤ 光学显微镜图像法的测试结果大于激光粒度分析法。

Li[29] 等比较了激光粒度法、图像分析法、超声法和聚焦光束反射测量法（focused-beam reflectance measurement）测量粉体材料的粒度，结果表明，对于球形颗粒，这几种方法的测试结果较为吻合，但对于非球形颗粒测试结果差异较大。

Ferro[30] 等采用水筛法和激光粒度分析法对比研究了 30 多个土壤样品的粒度分布，结果表明水筛法高估了黏土细颗粒的含量。

Lange[31] 等对比研究了超细颗粒（小于 1μm）粒度分布的试验方法，结果表明，对于平均粒径而言，沉降浊度法（turbidimetry）是最有效的方法，随后是动态光散射法，静态光散射法仅对粒径分布很窄的颗粒材料有效；而对于粒度分布而言，离心沉降法和电子显微图像分析法是最为有效的，而动态光散射法仅对粒径分布很窄的颗粒有效，激光衍射法和电阻法均不适合于测试超细颗粒。

Goertz 等[32] 比较研究了小角度 X 射线散射（small angel X-ray scattering）、透射电镜（transmission electron microscopy）、分析超离析法（Analytical ultracentrifuge）测试纳米颗粒粒度，结果表明，小角度 X 射线散射法可以较好地表征纳米材料的粒度分布。

Harrigan 等[33] 比较了激光粒度分析法、勃氏比表面积法和 BET 比表面积法测试水泥颗粒的比表面积，如图 2-10 所示。激光粒度分析法测试比表面积是根据测试出的粒度分布，假设颗粒为球形颗粒而计算出的比表面积，共测试了 30 余种水泥，结果表明无论是勃氏比表面积法还是激光粒度分析法的测试结果与 BET 法测试的结果均相差较远。BET 法测试的水泥颗粒的比表面积为 $686\sim2000m^2/kg$，而勃氏比表面积法测试的比表面积为 $345\sim549m^2/kg$。毫无疑问，BET 法测试的颗粒材料的比表面积是最准确的，因为该方法不存在颗粒形状的假设。而激光粒度分析法和勃氏比表面积法均是基于球形假设建立的试验方法，这也是勃氏比表面积法和激光粒度分析法测试结果比真实值偏小的原因。当然，Harrigan 等人认为虽然激光粒度分析法和勃氏比表面积法给出了小于真实值的结果，但激光粒度分析法可同时给出大于 $45\mu m$ 颗粒的含量，该结果与筛分法结果较为接近。

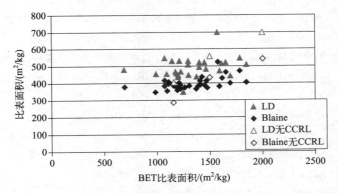

图 2-10　激光粒度分析法和勃氏比表面积法与 BET 法比表面积的关系
图中 LD 是激光粒度分析法，Blaine 是勃氏比表面积法

# 2.9　小结

水泥基颗粒材料的粗细程度是影响水泥基材料性能的主要因素，因此，准确地表征其粒度及其分布具有重要的意义。实践中，可以通过粉体材料的粒径分布和比表面积来表征颗粒材料的粗细程度及粒径分布情况。水泥基材料的测试粒度分布方法主要包括激光粒度分析法（包括干法和湿法）、图像法、电感应法、沉降法等。其中最常用的是激光粒度分析湿法，该方法具有基本原理可靠、操作简便、速度快、测试范围宽、结果重复性好等优点，被广泛地应用于水泥基材料领域，但该方法不适用于测试粒径小于 $1\mu m$ 的粒度分布，并且测试结果依赖于测试样品的光学性质。其它粒度分布测试方法由于具有不同的局限性，被少量应用于水泥基材料，似乎逐渐被激光粒度分析法所取代。对于纳米级的水泥基材料（例如硅灰）而言，

也有许多不同方法可选用，例如动态光散射法、小角度 X 射线散射法等。

BET 法是测试颗粒材料比表面积最精确的方法，勃氏比表面积法和激光粒度分析法测试的比表面积远小于 BET 法，这可能是由于该两种方法都假设颗粒为球形所致。

# 参考文献

[1]  Bentz D P，Garboczi E J，Haecker C J，et al. Effects of cement particle size distrubtion on performance properties of Portland cement-based materials. Cement and Concrete Research，1999，29：1663-1671.

[2]  Bentz D P. Blending different fineness cements to engineer the properties of cement-based materials. Magazine of Concrete Research，2010，5：327-338.

[3]  Banfill P F G. Rheology of fresh cement and conrete. Rheology Reviews，2006：61-130.

[4]  李化建，盖国胜，黄佳木，等.粉体材料粒度的测定和粒度分布表示方法.建材研究与应用，2002，2：34-37.

[5]  董青云.颗粒特性对水泥性能的影响及分析方法.四川水泥，2001，1：9-12.

[6]  Ahmad S. Effect of fineness of cement on properties of fresh and hardened concrete. 27th Conference on Our World in Concrete and Structures：29-30 August 2002，Singapore.

[7]  任俊，沈健，卢寿慈.颗粒分散科学与技术 [M].北京：化学工业出版社，2005.

[8]  Paint and Surface coatings-theory and practice；Ed. R. Lambourne Ellis Horwood Ltd. 1993. ISBN 0-13-030974-5PGk

[9]  Allen. Particle Size Measurement；T. Chapman & Hall. 4th Edition，1992. ISBN 04123570.

[10]  Beckers G J J，Veringa H J. Some restrictions in particle sizing with the Horiba CAPA-500. Powder Technology，1990，60：245-248.

[11]  水泥细度检验方法筛析法：GB/T 1345—2005.

[12]  Determination of particle size distribution by gravitational liquid sedimentation methods——Part 1：General principles and guidelines：ISO 13317-1：2001.

[13]  Determination of particle size distribution by gravitational liquid sedimentation methods——Part 2：Fixed pipette method：ISO 13317-2：2001.

[14]  Determination of particle size distribution by gravitational liquid sedimentation methods——Part 3：X-ray gravitational technique：ISO 13317-3：2001.

[15]  Determination of particle size distribution by gravitational liquid sedimentation methods——Part 4：Balance method：ISO 13317-4：2014.

[16]  Determination of particle size distributions——Electrical sensing zone method：ISO 13319：2007.

[17]  Standard Test Method for Particle Size Distribution of Catalytic Materials by Laser Light Scattering：ASTM D4464.

[18]  Standard Test Method for Determining Particle Size Distribution of Alumina or Quartz：ASTM C1070.

[19]  Standard Guide for Powder Particle Size Analysis by Laser Light Scattering：ASTM E2651.

[20]  Standard Test Method for Advanced Ceramic Specific Surface Area by Physical Adsorption：ASTM C1274.

[21] Determination of specific surface area of solids by gas adsorption using the BET method：ISO 9277.

[22] 气体吸附 BET 法测定固态物质比表面积：GB/T 19587.

[23] http：//www. nanoctr. cas. cn/kycg2017/bz2017/yynmcljcypjbz/201709/t20170927_4865148. html

[24] 纳米粉末粒度分布的测定 X 射线小角散射法：GB/T 1322.

[25] 水泥比表面积测定方法 勃氏法：GB/T 8074.

[26] 水泥取样方法：GB/T 12573.

[27] https：//www. nist. gov/publications/measurement-particle-size-distribution-portland-cement-powder-analysis-astm-round-robin.

[28] Arvaniti E，Juenger M C G，Bernal S A，et al. Determination of particle size，surface area，and shape of supplementary cementitious materials by different techniques. Materials and structures，2015，48：3687-3701.

[29] Li M，Wilkinson D，Patchigolla K. Comparison of particle size distributions measured using different techniques. Particulate Science and Technology，2005，23：265-284.

[30] Ferro V，Mirabile S. Comparing particle size distribution analysis by sedimentation and laser diffraction method. Journal of Agricultural Engineering，2009，40：35-43.

[31] Lange H. Comparative test of methods to determine particle size and particle size distribution in the submicron range. Particle and Particle Systems Characterization，1995，12：148-157.

[32] Goertz V，Dingenouts N，Nirschl H. Comparison of nanometric particle size distributions as determined by SAXS，TEM and analytical ultracentrifuge. Particle and Particle Systems Characterization，2010，26：17-24.

[33] http：//onlinepubs. trb. org/onlinepubs/nchrp/nchrp_rrd_382. pdf

# 第 3 章

# 水泥的水化热测试技术

## 3.1 引言

　　热量变化是自然界中普遍的现象，它几乎伴随着所有的状态变化：化学反应、生物反应和物质交换等过程。量热法是测量各种过程中所涉及的热量（例如化学反应热和相变潜热等）的方法。实际热量变化的测量是在常温下用等温量热计或非等温量热计测量系统吸收或放出热量后温度的变化，进而计算样品物理或化学变化所吸收或放出的热量。

　　水泥在水化过程中会发生一系列的物理化学反应，产生大量热量。水泥水化产生的热量可能导致混凝土内部的温度升高，由此产生的热应力可能引起温度裂缝，从而影响混凝土，特别是大体积混凝土的力学性能和耐久性。因此，预测和调控水泥水化产生的温度变化可以有效降低由于热应力带来的混凝土的性能损失。水泥的水化热测试是用于测试水泥水化过程产生热量和吸（放）热速率的技术。目前，量热法是测试水泥在水化过程中的放热速率和放热量的一种常用测试手段，一些方法测定放热量及放热速率（如等温量热法），另一些测试水化温度变化（如绝热水化温升法）。在水泥领域中，有很多不同类型的商品化等温量热仪可直接测量水泥浆体的放热速率和放热量，常见的有 TAM Air（TA Instruments，美国）、I-Cal（Calmetrix，美国）、MC CAL（C3Prozess-und Analysentechnik，德国）、ToniCAL Ⅲ 和 ToniCAL TRIO（Toni Technik，德国）和 C80（Setaram，法国）等。（半）绝热量热仪用来测试绝热状态下混凝土或砂浆在硬化过程中的温度变化。这种方法操作相对简单，可以测量浆体、砂浆及混凝土的温度变化。

　　等温量热法和（半）绝热水化温升法是测量水泥水化热最常用的方法，大多数无机非金属材料实验室中也往往采用这两种方法，基于此，本章将重点介绍这两种方法。

## 3.2 测试方法及原理

### 3.2.1 等温量热法

　　等温量热法是在恒温环境下测量水泥在水化过程中的热功率（放热速率、总放热量）随时间变化的实验室方法，最早应用于生物领域，随着技术的发展逐步拓展至化工、军工和建材等领域。该方法的基本原理是热电效应，即将热量转换为电信号输出，再与计算机相结合实现数据的自动读取、保存和分析[1]。如图3-1所示，等温量热仪主要由控温模块、测试模块和数据输出模块组成：①控温模块包含恒温槽、热沉等，其早期采用水浴控温，现代采用半导体技术空气循环控温。其中，热沉可理解为一个热容量很大的良好热导体，样品放出的热量可以被其快速吸收，而自身的温度并不发生改变。②测试模块包括样品池、参比池、热流传感器等。样品池和参比池被铝制散热装置包围，热流传感器位于样品池和参比池下方，并紧密接触。样品放出的热量经热流传感器流向热沉，并在热流传感器中形成一个正比于热流速度的电势信号，通过热电转换得到电压信号，进而进行数据的采集。参比池的设置主要是为了减小系统误差。③数据输出模块包括电路放大器、电脑等。输出的电压信号通过电路放大器和相应的处理软件转换得到水泥水化的热功率。试验样品热功率为样品池热功率与参比池热功率的差值，通过热功率对时间积分得试验样品某一龄期的水化热，单位为 $J \cdot g^{-1}$。

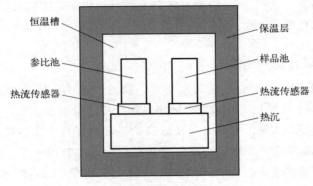

图 3-1　等温量热仪结构示意图

## 3.2.2　（半）绝热水化温升法

（半）绝热水化温升法是依据量热计在恒定的温度环境中，直接测定水泥基材料（因水泥水化产生）的温度变化，通过体系的热容和散热常数计算某龄期水化完成后量热计内保存的热量以及在水化过程中散失的热量，这两种热量的总和为水泥水化过程所释放的热量。

绝热水化温升法要求样品处于绝热状态，通过测量温度（$T$）变化评价水化过程中的水化速度。根据试样环境温度控制方式不同，绝热法主要分为：①利用加热的水套包裹试样；②加热环绕试样的空气；③加热放置试样的容器，使试样在水化过程中与外界介质无热交换。为了确保样品处于绝热状态，需要校正测试过程的热损失，计算仪器的热损失系数，或直接测量绝热状态下的热流传感器。绝热水化温升法通过外部热量供应，保持样品温度与周围环境的温度相同（温度损失＜0.02K/h）。Bamforth使用标准的实验室加热炉控制绝热介质空气温度，当测量完全水化的混凝土试件时，加热至80℃的热损失为0.08℃/h；瑞典的Emborg开发的装置精确度更高，70℃时最大热损失为0.008℃/h；法国水硬性胶凝材料研究所研制的量热计中间为一圆桶容器，外面环绕电加热线圈，加热到60℃的热损失在0.008～0.013℃/h之间。需要注意的是，加热放置试样容器的量热计和加热空气介质的量热计的区别在于：前者在加热放置试样容器的同时也要加热空气。

半绝热水化温升法主要是依靠某种方式隔热，减少热量从混凝土试样上损失的速率，不使用外加热源提高仪器的绝热效率，隔热的方式主要有两种：保温瓶、使用一层聚苯乙烯或等效保温材料等。半绝热水化温升法要求体系的热量损失<100J/(h·K)。测量量热计内水泥胶砂（因水泥水化产生）的温度变化，通过计算量热计内积蓄和散失的热量总和，求得水泥某龄期内的水化放热。

### 3.2.3　溶解热法

溶解热法通过测试未水化水泥和部分水化水泥在酸中溶解放出的热量，以两者的热量差反映水泥水化放热。溶解热法的测量原理基于赫斯定律（Hess's law），即化学反应的热效应只与体系的初态和终态有关而与反应的途径无关。

将未水化和水化7天的水泥净浆磨细，加入硝酸和氢氟酸的混合溶液中，分别测定温度和灼烧后的质量。需要注意的是，溶解热法不能连续测试水泥浆体的水化热，可以用于一定龄期的水泥净浆的水化放热测试。

### 3.2.4　水化热测试方法的比较

溶解热法可测量水泥水化前7天的水化热，欧洲标准 EN 196-8（2010）和美国标准 ASTM C186（2013）中均采用了该方法。溶解热法适用于硅酸盐水泥、普通水泥、矿渣水泥、火山灰水泥、粉煤灰水泥、中热水泥及低热矿渣水泥任何水化龄期的水化热测定。与（半）绝热水化温升法相比，溶解热法测定过程耗时短，实验误差小。缺点（表3-1）是：①试验需要使用高腐蚀性强酸，具有一定危害；②不适合水泥24h内的水化热测定，因为此时水泥水化不完全，含有较多的自由水，试验时水泥磨细后由于潮湿而结团，容易黏附在试验仪器上，从而导致试验结果失真；③只能计算水泥水化过程中某一龄期的水化热值，较难确切地知道水泥在水化过程中达到最高温度时所发生的时间段；④操作过程需要注意诸多细节，如酸液搅拌棒的位置、转速；保温水槽的温度是否一致；贝式温度计尾部的蜡容易脱落，再次涂蜡后必须重新标定；所用化学试剂的存放；测量过程中加样速度在2min内应保持缓慢而均匀，过快会导致早期溶解热过高；⑤对于掺辅助性胶凝材料的水泥，由于部分辅助性胶凝材料不能完全溶解，影响试验结果的稳定性。

（半）绝热水化温升法操作简单、无化学试剂参与，在时间-温度曲线中能直观地获取温峰值，以及达到温峰值所需的时间。由于大体积混凝土的热损失可忽略不计，因此可采用绝热水化温升法测试大体积混凝土的温度变化。类似于半绝热量热仪，将全绝热量热仪完全绝热屏蔽，防止样品的热量交换，全绝热量热仪可应用于实际工程中[2]。但在测试过程中也存在一些缺点：①前期准备操作复杂，不同操作人员对试验结果影响较大，试验误差易超过±10J/g；②热量计容量和热量计散热常数在标定过程中，其计算方法存在误差，且平行组的误差较大，导致结果不准确；③对于3天后的水泥水化温度变化较小的情况难以监测，不适合长龄期的水化热测试。

与溶解热法和（半）绝热水化温升法相比，等温量热法具有以下优势：①测试温度范围大，可以测试不同温度下的水化热，为不同环境的施工提供数据支持；②适用于大规模试验，能独立且同步测量多个样品的水化热值；③样品处理简单，完成一个样品的制作仅需10min左右，人为误差因素较少，测试的误差可以控制在±2J/g；④等温量热法可以完整地表征水泥水化的全部过程，并且可以直接提供水泥水化的放热速率曲线和累积放热量曲线。

另外，等温量热法和（半）绝热温升法采用的测试样品尺寸不同。等温量热法主要用于测量1~100g的小样品，其中包括净浆、砂浆或细骨料混凝土。而（半）绝热温升法主要用来测量500~1000g的大样品，其中包括净浆、砂浆或混凝土，可以测量10kg重的混凝土，甚至用来测量骨料最大粒径为16mm的混凝土。此外，等温量热法用于测试样品的热功率（放热速率），而（半）绝热温升法用来测试样品的温度变化。当样品的比热容已知时，将（半）绝热温升曲线求导可以得到等温量热曲线，通过将等温量热曲线积分也可以得到（半）绝热量热曲线。等温量热法直接测试水泥水化过程中的水化速率，因此，等温量热法比（半）绝热温升法更适合定量分析。（半）绝热温升法操作较为简单，仅测量温度变化，没有校准过程，因此，（半）绝热温升法常用于工程中进行质量控制。

**表 3-1    水化热测试方法的特点**

| 测试方法 | 优点 | 缺点 | 适用性 | 对应标准 |
|---|---|---|---|---|
| 等温量热法 | • 可重复性高<br>• 可测不同温度下水化热<br>• 精度高，反映更多水化细节<br>• 可与其他测试方法结合 | • 测试成本高<br>• 测试过程需考虑多因素影响<br>• 样品相对较少 | 水泥净浆、砂浆、细骨料混凝土 | ASTM C1679-17 |
| （半）绝热温升法 | • 测试方法操作简单，成本低<br>• 测试方法成熟，实际工程应用方便<br>• 连续性测试 | • 通过温度计算热量<br>• 内部温度升高会改变水泥反应<br>• 重复性低 | 水泥净浆、砂浆、混凝土 | GB/T 12959—2008<br>EN196-9：2003 |
| 溶解热法 | • 有标准作为依据，测试细节详实；<br>• 测试的水化时间较为灵活 | • 采用高腐蚀性强酸<br>• 重复性低<br>• 非连续性测试<br>• 通过温度计算热量 | 水泥净浆 | GB/T 12959—2008<br>ASTM C186-1998<br>EN196-8：2003 |

# 3.3  取样/样品制备

### 3.3.1  等温量热法

取样的数量对数据会有一定的影响。样品数量较多时，由于水泥水化，温度升高，将促进水泥进一步水化放热[3]，这种情况不能再视为等温测量。因此，在等温量热测试中需要控制好样品的质量大小，一般推荐的水泥浆体质量为5~10g。

对于等温量热法来说，主要有两种方法制备水泥浆和砂浆，列举如下：

① 外部搅拌法：将水泥浆和砂浆搅拌好后，从大量的混合物中取少量样品测量水化热，这个方法的缺点是难以保证样品的代表性，尤其是在混合物出现离析的情况下。因此，不建议采用该方法进行定量研究，但可用于定性研究。如果能保证从混合物中取出均匀的样品，

也可采用该方法进行定量测试。

② 内部搅拌法：预先称量安瓿瓶中的样品，并在安瓿瓶内部进行搅拌，这也是研究水泥早期水化（10min 以内）最有效的方法[4]。为避免影响甚至损坏量热仪，难以在安瓿瓶内部采用传统的搅拌方法，混合物的搅拌强度较低。因此，量热仪中水泥浆体的水化速率将低于标准搅拌的水泥浆体的水化速率。而且，这个方法不适用于低水胶比的胶凝材料。如果低水胶比胶凝材料的早期水化可以忽略，建议在量热仪外部混合均匀后，将一定量的浆体倒入安瓿瓶中，再采用等温量热仪进行测试。

搅拌速率也会对水泥的水化热结果产生影响，搅拌速率越快，样品接触越多，水泥水化越充分，样品的放热速率也越高。因此推荐使用机械搅拌方式代替手动搅拌。

### 3.3.2 （半）绝热水化温升法

对于（半）绝热水化温升法，主要采用搅拌机制备水泥浆和砂浆。依次把称好的标准砂和水泥加入搅拌锅中，慢速搅拌 30s 后徐徐加入已称量好的拌和水，并开始计时，慢速搅拌 60s，然后快速搅拌 60s。加水时间在 20s 内完成。

# 3.4  测试过程及注意事项

### 3.4.1  测试过程

（1）等温量热法

开机：打开仪器开关，设定仪器温度，稳定 8h，打开计算机。

样品准备：在安瓿瓶中称量一定量的参比样品，用盖子密封后放入仪器中。称量一定量的水泥，用针管吸入一定量的拌和水。

测试：将参比样品放入相应的参比池中，放回砝码并盖上盖子。打开软件，设置参数后开始运行初始基线，等基线平稳之后，结束基线校正。快速注入拌和水。仪器开始自动记录热量变化数据。

数据保存：达到测试龄期之后，在软件中结束测量并保存文件。

（2）（半）绝热水化温升法

首先用湿布擦拭搅拌锅和搅拌叶，然后依次把称量好的标准砂和水泥加入搅拌锅，搅拌完成后迅速取下搅拌锅，用天平称取 2 份质量为（800±1）g 的胶砂，分别装入已准备好的 2 个截锥形圆筒内，盖上盖子，在圆筒内胶砂中心部位用捣棒捣一个洞，分别移入对应保温瓶中，放入套管，盖好带有温度计的软木塞并密封。

从加水时间算起，第 7min 读取第一次温度，即初始温度。

读完温度后移入恒温水槽固定，间隔读取温度直至试验测定结束。

取下软木塞，取出截锥形圆筒，打开盖子，取出套管，观察套管中、保温瓶中是否有水，如有水此试验作废。

### 3.4.2 注意事项

（1）仪器

在进行水化热测定前，应注意如下步骤：①根据试验的精度、样品数量、温度范围和稳定性等需要，选择合适的水化热量热仪；②校准量热仪的恒温器温度；③有必要的话，测量装样品的安瓿瓶水蒸气蒸发产生的误差；④如果需要长期进行水化热测试，外界环境宜稳定；⑤如果测量低温下的水化热（约 10℃），宜将量热仪放置在相似温度的环境中，否则，仪器可能出现冷凝问题，甚至可能损坏仪器。

（2）校准

为了确保测试数据的稳定和准确，需要注意以下几点：①在试验过程中，校准系数和基线应保持稳定；②应每隔 3 个月进行一次校准；③当试验条件发生变化，比如安瓿瓶类型、温度和样品数量等，应重新校准仪器；④基线测量应不小于 10h，建议测量 48h 的基线；⑤试验样品、试验样品瓶、参比样品、参比样品瓶及拌和水等试验用材料放置于恒温箱（与仪器同温）中恒温 24h 以上。

（3）搅拌

搅拌强度对水泥的水化速率具有一定的影响，如图 3-2 所示，从图中可以看出，当搅拌强度增大，即搅拌均匀充分时，水泥的水化加速期将提前[5]。

搅拌过程影响水泥的水化动力学，测量水泥水化热应注意如下问题：①根据混合物的流动性，选择合适的搅拌方式；②当在量热仪外部搅拌并取样时，应保证样品的代表性；③黏性大的混合物不适合在量热仪内部搅拌；④注水搅拌时，应尽可能快速完成搅拌；⑤由于量热仪内部温度和室温存在差异，注水搅拌可能会增加额外的热量，应在量热仪中稳定原材料的性能；⑥测量混合物的初始水化速率和放热量，应取较少的样品，测量混合物的后期活性时，应取较多的样品。

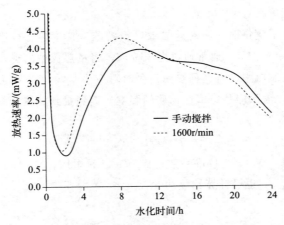

图 3-2　搅拌强度对水泥水化速率的影响[5]

（4）测量

在测量过程中，需要注意如下问题：①选取合适的参比材料，尽可能和样品的比热容接近（±10％），石英砂和水是比较理想的参比材料[3]，需要根据样品的质量计算参比样品的质量，保证测试水泥样品和参比样品的热容一致。硬化后的水泥浆不适宜作参比材料，因为它仍然会产生热量。对于复合材料，必须考虑各个组分的热容来确定参比样品的质量，例如，对于由水泥（C）、水（W）和砂（S）组成的水泥砂浆样品，可用公式（3-1）计算参比样品（R）的质量；②当测量长期水化热（7～14 天）时，稳定的基线、合适的参照组、合适的样品数量和稳定的室温是十分必要的。

$$m_R = \frac{c_C m_C + c_W m_W + c_S m_S}{c_R} \tag{3-1}$$

式中，$m$ 为物质的质量，g；$c$ 为物质的比热容，J/（g·K）。

（5）评价

水化热试验结束后，在处理数据时，应注意如下问题：①应明确热功率的主体，是水泥、水泥浆，或是水泥砂浆？②对于外部搅拌测量的水化放热量，应减少外界温度带来的影响；③测量快速水化过程时，应采用 Tian 方程进行校正，需确定量热仪的时间常数。

# 3.5　数据采集和结果处理

本节将讨论一些等温量热法和（半）绝热水化温升法中的数据采集和结果处理。

## 3.5.1　等温量热法

为了测试样品水化过程中的热量变化，等温量热仪应尽量避免环境的影响，宜放在恒温环境中。尽管量热仪有自己的温度控制系统，但由于仪器的密封性问题，稳定的实验室温度有利于提高量热仪的精度。

当用量热仪进行定量测试时，应对其参数进行校准，其中包括校准系数、基线和时间常数。校准系数 $\varepsilon$（单位：W/V），通常通过电子校准，将量热仪中的热流传感器的电压转化成热功率。当装样品的安瓿瓶中没有任何热量产生时对应于基线 $U_0$。当测量 7 天水化热时，应先测量 1～2 天的基线，消除样品中惰性物质的影响。当测量到热流传感器的电压为 $U$ 时，热功率 $P$ 可由下式计算：

$$P = \varepsilon(U - U_0) \tag{3-2}$$

式中，$P$ 是热功率，W；$\varepsilon$ 是校准系数，W/V；$U$ 是电压，V；$U_0$ 是基准电压，V。

在式（3-2）的基础上，也可计算比热功率：

$$p = \frac{\varepsilon(U - U_0)}{m} \tag{3-3}$$

式中，$m$ 是样品中水泥（胶凝材料）的质量，g。

第三个校准参数是时间常数，可用 Tian 方程校正时间常数，等温量热仪的时间常数是

$100\sim1000\mathrm{s}$，相对于水泥水化来说可忽略 Tian 方程，但测试水泥早期水化时应考虑时间常数。

等温量热仪相对比较稳定，其校准参数可保持较长时间的恒定[3]，人们常常会跳过校准这个步骤。然而，当仪器出现故障时，应对仪器进行校准，否则将带来试验误差。因此，建议每隔 3 个月对等温量热仪进行一次常规校准[3]。当温度、安瓿瓶的类型、样品质量或类型发生变化时，应重新校准基线。

室温的稳定性、参比样品、校准系数、基线等均影响试验的精度，例如，校准系数的误差对 1 天和 7 天的测试结果产生同样的误差，基线误差对于 30min 内的早期水化放热的影响不大，时间常数和 Tian 方程对试验结果影响较大。据统计，同一实验室的理想标准偏差为 $5\sim7\mathrm{J/g}$，不同实验室的标准偏差为 $13.6\mathrm{J\cdot g^{-1}}$[6]。

### 3.5.2 （半）绝热水化温升法

同样，为了测试样品在水化过程中的温度变化，量热仪应尽量避免环境的影响，宜保持试验温度的稳定性。在 EN 196-9（2010）[7] 中，规定试验温度为（20±1）℃，允许偏差为±0.5℃。考虑到热损失的稳定性问题，量热仪周围的风速应小于 0.5m/s。

根据测试的温度和时间曲线，可通过下式计算水化热（J/g）：

$$Q = \frac{c}{m_c}\Delta T + \frac{1}{m_c}\int_0^t \alpha \Delta T \mathrm{d}t \tag{3-4}$$

其中，$m_c$ 是水泥质量，g；$t$ 是水化时间，h；$c$ 是装样品量热仪的比热容，J/(K·g)；$\alpha$ 是量热仪的热损失系数，J/K；$\Delta T$ 是装样品的量热仪和参照组量热仪的温度差，K。

水泥和砂的比热容为 0.8J/(K·g)，水的比热容为 3.8J/(K·g)（略低于自由水，因为用于水泥水化的水具有略低的比热容），钢容器的比热容为 0.5J/(K·g)[7,8]。

根据 EN196-9（2010）[7]，量热仪的测量偏差是 5J/g，同一个实验室同一水泥的测量偏差不应超过 14J/g，不同实验室的测量偏差不应超过 42J/g。

## 3.6 结果的解释和应用

量热法是用来研究水泥水化动力学和水化反应程度的，图 3-3 是典型的等温量热曲线[1]，图 3-3(a) 是水泥随着时间变化的水化放热速率曲线，可将其划分成如图 3-4 所示的不同阶段，比如初始阶段（诱导前期、溶解期）、诱导期、加速期和减速期[9-12]。

图 3-3(b) 是水泥在水化过程中的放热量，从图中可以看出，CEM I 在早期产生了更多的水化热，在初始的几分钟，由于水泥和水接触，水泥的矿物相溶解，以及少量水泥和水反应，水化放热量急剧增大。

假定水泥的水化速率仅和水化程度及温度有关，在已知样品热功率和活化能的情况下，可通过等温量热曲线计算半绝热水化温升曲线，反之亦然[14]。

### 3.6.1 水化程度

当水泥的矿物相已知时，水泥的水化热可近似转换成水化程度，即采用不同时刻的水化

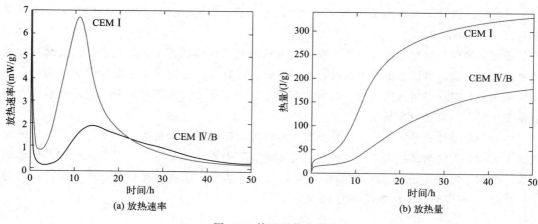

(a) 放热速率       (b) 放热量

图 3-3 等温量热曲线

CEM I 为波特兰水泥；CEM IV/B 为火山灰水泥[1]

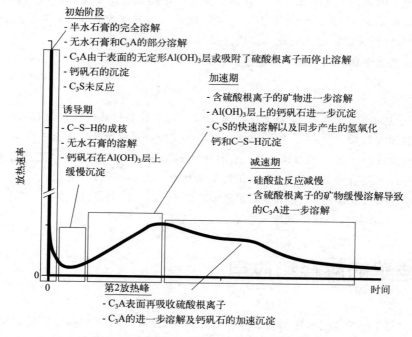

**初始阶段**
- 半水石膏的完全溶解
- 无水石膏和 $C_3A$ 的部分溶解
- $C_3A$ 由于表面的无定形 $Al(OH)_3$ 层或吸附了硫酸根离子而停止溶解
- 钙矾石的沉淀
- $C_3S$ 未反应

**诱导期**
- C–S–H 的成核
- 无水石膏的溶解
- 钙矾石在 $Al(OH)_3$ 层上缓慢沉淀

**加速期**
- 含硫酸根离子的矿物进一步溶解
- $Al(OH)_3$ 层上的钙矾石进一步沉淀
- $C_3S$ 的快速溶解以及同步产生的氢氧化钙和 C–S–H 沉淀

**减速期**
- 硅酸盐反应减慢
- 含硫酸根离子的矿物缓慢溶解导致的 $C_3A$ 进一步溶解

**第 2 放热峰**
- $C_3A$ 表面再吸收硫酸根离子
- $C_3A$ 的进一步溶解及钙矾石的加速沉淀

图 3-4 普通硅酸盐水泥水化的不同阶段[13]

放热量与水泥完全反应的水化放热量的比值来近似为水化程度。不同的水泥矿物相焓变见表 3-2[12]。因此，如果水泥的矿物相已知，可用 Bogue 计算式[11] 或 XRD 定量分析计算水泥的水化程度及水化过程。通过 XRD 分析，结合水泥矿物相的溶解焓变和水化产物的沉积焓变，从而得到等温量热曲线[10-11,15-16]，如图 3-5 所示[10-11]。

**表 3-2 水泥矿物相完全水化的焓变[12]**

| 矿物相 | 完全水化的焓变/(J/g) |
| --- | --- |
| $C_3S$ | $-517 \pm 13$ |
| $C_2S$ | $-262$ |

| 矿物相 | 完全水化的焓变/(J/g) |
|---|---|
| $C_3A$ | $-1672$[①] $\sim -1144$[②] |
| $C_4AF$ | $-418$[③] |

① 和石膏反应生成 AFt。
② 和石膏反应生成 AFm。
③ 和过量的氢氧化钙反应生成水榴石。

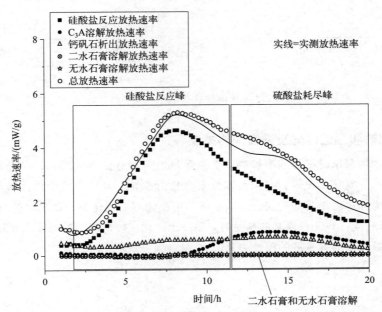

图 3-5　波特兰水泥水化的实测曲线和 XRD 计算曲线[10-11]
w/c＝0.50，23℃

## 3.6.2　温度对水化的影响

随着温度的升高，未水化水泥颗粒的溶解速率和水化产物的沉积速率随之增大，如图 3-6 所示[17]。随着温度的升高，$C_3S$ 的水化放热峰以及硫酸盐的反应峰随之前移。

## 3.6.3　水灰比对水化的影响

水灰比对水泥水化的影响如图 3-7 所示，随着水灰比的减小，反而促进了未水化矿物相的溶解[18]。然而，从长期来看，随着水灰比的减小，提供给水泥水化的自由水减少，降低了水泥的水化程度[19]。

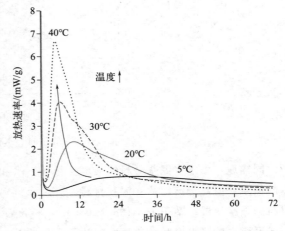

图 3-6　温度对 CEM I 42.5 水泥水化热的影响[17]
w/c＝0.40

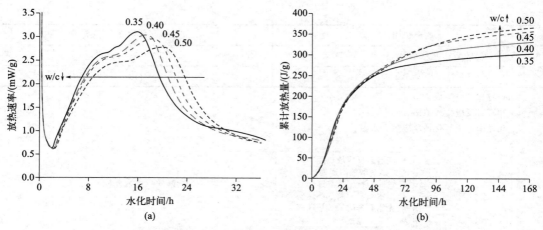

图 3-7 水灰比对 CEM I52.5 水泥放热速率[18] (a) 和放热量 (b) 的影响[19]

### 3.6.4 水化热和凝结时间及强度间的关系

由于拌和物的凝结时间受胶凝材料、水和骨料之间相对比例的影响，混合物的水化热和凝结时间难以建立直接的关系。对于大多数水灰比为 0.35～0.5 的传统水泥基材料来说，初凝时间可近似为加速期出现的时间，终凝时间可近似为 $C_3S$ 水化热峰值出现的时间。如图 3-8 所示，当水灰比一定、改变粉煤灰的掺量时，第一个水化热峰出现的时间或水化热达到 50J/mL 时的时间与凝结时间具有良好的线性关系。

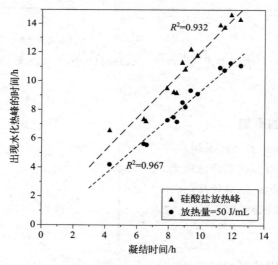

图 3-8 凝结时间与水化热的关系[20]

同样地，由于水泥基材料的强度受骨料、水和孔隙率的影响，难以直接建立水化热和强度的关系。但对于给定的水泥基材料，可以通过建立水化热和强度之间的关系，预测水泥基材料的强度发展。基于 EN 196 (2005)[21] 标准砂浆和 ASTM C1702 (2014)[22] 水化热的标准，可建立砂浆强度和水化热之间的关系，见图 3-9[23]。

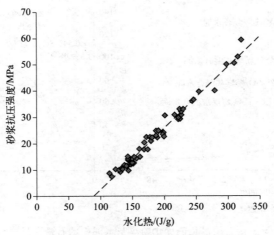

图 3-9  水化热和强度之间的关系[23]

### 3.6.5  石膏对硅酸盐水泥的影响及石膏掺量的优化

硅酸盐水泥主要由 $3CaO \cdot SiO_2$（$C_3S$）、$2CaO \cdot SiO_2$（$C_2S$）、$3CaO \cdot Al_2O_3$（$C_3A$）和 $4CaO \cdot Al_2O_3 \cdot Fe_2O_3$（$C_4AF$）四种矿物相组成，其中表 3-3 列出了 $C_4AF$ 和 $C_3A$ 在不同水化龄期下的总水化放热量。掺石膏后，$C_4AF$ 和 $C_3A$ 在前 30min 的水化速率减慢，水化放热降低。石膏可以有效控制 $C_4AF$ 和 $C_3A$ 的快速水化，但是不影响其后期的水化。需要注意的是，无论是否掺石膏，工业 $C_4AF$ 比合成 $C_4AF$ 释放出更多的水化热，这可能是因为工业 $C_4AF$ 具有更高的反应活性。

表 3-3  合成 $C_4AF$、工业 $C_4AF$ 和合成 $C_3A$ 在有石膏和无石膏情况下的总放热[24]

| 时间 | 单位 | 合成 $C_4AF$+石膏 | 合成 $C_4AF$ | 工业 $C_4AF$+石膏 | 工业 $C_4AF$ | $C_3A$+石膏 | $C_3A$ |
|---|---|---|---|---|---|---|---|
| 0.5h | kJ/kg | 156 | 318 | 224 | 404 | 373 | 542 |
| | kcal/lb | 17 | 35 | 24 | 44 | 40 | 59 |
| 1d | kJ/kg | 632 | 521 | 667 | 687 | 977 | 1077 |
| | kcal/lb | 69 | 57 | 72 | 75 | 106 | 117 |
| 3d | kJ/kg | 776 | 586 | 811 | 693 | 1436 | 1180 |
| | kcal/lb | 84 | 64 | 88 | 75 | 156 | 128 |
| 7d | kJ/kg | 864 | 676 | 966 | 821 | 1543 | 1230 |
| | kcal/lb | 94 | 73 | 105 | 89 | 167 | 134 |

优化硅酸盐水泥中的石膏含量是水泥工艺中的主要任务之一[25-27]。除了通过强度优化，通过水化热优化石膏含量也不失为一个可行的方法。在粉煤灰水泥的水化热曲线中，可以明显看到石膏的反应峰，如图 3-10 所示[25]。

通过测试 24h 的水化热和强度，分别确定最佳石膏含量，如图 3-11 所示[1]。从图中可知，水化热和强度方法的试验结果相似，强度测试确定的最佳石膏含量是 2.9%，水化热测试确定的最佳石膏含量是 3.0%。

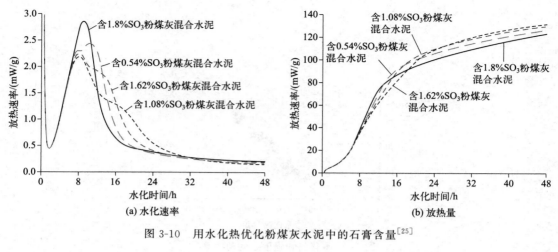

图 3-10　用水化热优化粉煤灰水泥中的石膏含量[25]

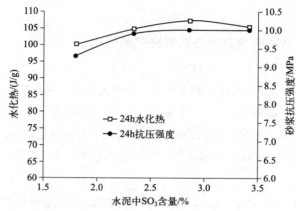

图 3-11　水化热法和强度法确定粉煤灰水泥的最佳石膏含量[1]

### 3.6.6　辅助性胶凝材料的活性

用辅助性胶凝材料取代水泥，或者不改变水泥用量的前提下额外添加辅助性胶凝材料是辅助性胶凝材料的常见应用方式，借助等温量热仪可以测试辅助性胶凝材料的活性。通过掺入惰性材料区分辅助性胶凝材料的填料效应，石英粉和石灰石粉是理想的惰性材料。填料效应可定义为材料自身不参与反应，为水化产物提供晶核，通过增加有效水灰比来提高水泥基材料的水化程度[28-30]。粉煤灰和矿渣具有火山灰效应，粉煤灰、矿渣和致密硅灰可增大水泥基材料的水化放热量，而非致密硅灰和煅烧黏土具有更高的火山灰效应，可以进一步增大水化放热，如图 3-12 所示[31]。等温量热仪的缺点是不能准确评估低活性辅助性胶凝材料（如粉煤灰）的活性，也不能准确评估辅助性胶凝材料的后期活性，因此可以用热重分析、原位 XRD 和 XRD 定量分析等方法综合评估辅助性胶凝材料的活性。

### 3.6.7　表征晶核效应

当在水泥中掺入粒径较小的辅助性胶凝材料时，辅助性胶凝材料会加速水化产物的沉积，

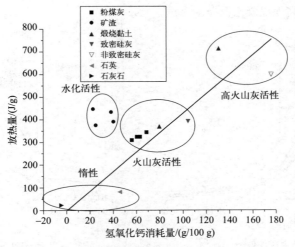

图 3-12　辅助性胶凝材料放热量与其消耗的氢氧化钙量的关系[31]

从而加速水泥的水化反应，提高水泥的水化程度。从图 3-13（a）可以看出，随着石灰石粉比表面积的增大，水泥浆的加速期缩短，$C_3S$ 水化放热峰值增大，$C_3S$ 放热峰的曲线斜率增大[32]。而且，在 $C_3S$ 水化放热峰里出现了双驼峰，这说明可能形成了碳铝酸钙。从图 3-13（b）可以看出，石灰石粉的掺入增大了水泥浆体的标准化水化总放热量。这表明，石灰石粉的比表面积越大，晶核效应越明显，从而显著影响水泥浆体的水化动力学。

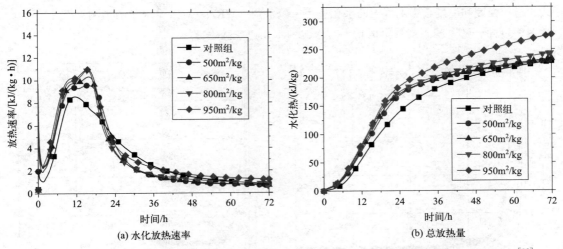

(a) 水化放热速率　　　　　　　　　　　　(b) 总放热量

图 3-13　石灰石粉的比表面积对水泥浆体水化热特性的影响（水泥：石灰石粉＝75％：25％）[32]

## 3.6.8　表征稀释效应

当掺入活性较低的辅助性胶凝材料取代水泥时，辅助性胶凝材料的掺入降低了水泥熟料的相对含量，并降低了水化产物的含量。从图 3-14（a）可以看出，掺入矿粉的水泥体系（N3，N7）的放热峰比纯水泥体系（N1）出现得晚，当矿粉用量分别为 25％和 50％时，加速期分别为 9.95h 和 9.8h[33]。矿粉的掺入延迟了水化反应的潜伏期和加速期。此外，掺入矿粉

（N3，N7）会降低超高强混凝土的总水化热。

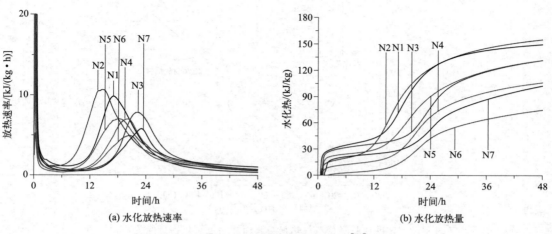

(a) 水化放热速率　　　　　　　　(b) 水化放热量

图 3-14　超高强混凝土的水化热[33]

### 3.6.9　外加剂对水泥水化的影响

有机和无机外加剂的一个主要功能是调节水泥基材料的水化过程[34-35]，等温量热仪可有效测试外加剂对水泥水化速率的影响[4]，尤其是测试水泥和外加剂的适应性问题。外加剂吸附在水泥颗粒的表面，影响水泥水化速率，改变水泥水化过程。外加剂的品种、掺量、掺入方式、搅拌强度和温度会影响水泥的水化速率。减水剂（WRA）对水泥水化的影响见图 3-15[36]，从图中可知，随着减水剂掺量的增大，水泥的水化速率随之减小。

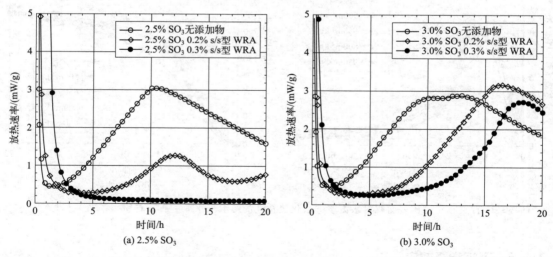

(a) 2.5% SO₃　　　　　　　　　(b) 3.0% SO₃

图 3-15　减水剂对水泥水化的影响（SO₃ 代表可溶性硫酸盐）[36]

减水剂的掺入方式对水泥水化也有一定的影响，但聚羧酸酯醚类减水剂（PCE）和苯磺酸甲醛缩聚类减水剂（SNF）的掺入方式对水泥水化的影响是不同的，如图 3-16 所示[37]。和对照组相比，掺入减水剂延迟了水泥的水化，PCE 比 SNF 对水泥水化的延迟作用更明显。对于 PCE 来说，采用同掺法和后掺法对水泥水化的影响较小；然而，对于 SNF 来说，相对于同掺法，后掺法延迟了水泥的水化速率，后掺法的减水剂吸附量也更小[38]。

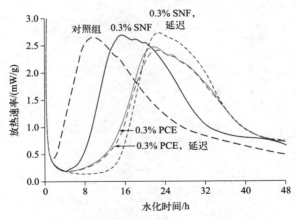

图 3-16　掺入方式对水泥水化的影响[37]

当需要使用多种外加剂使得混凝土同时具有多种特殊性能时，由于外加剂的化学成分复杂，很难预测外加剂之间的相互作用，所以混掺外加剂可能使混凝土的水化特性难以预估。如图 3-17 所示，使用 D 型和 F 型减水剂能够有效延迟水泥水化，但是添加了 C 型速凝剂之后，并没有显著加速水泥水化，当 C 型速凝剂掺量增加一倍时也没有得到改善。这说明 D 型和 F 型减水剂抑制了水泥水化，添加 C 型速凝剂无法恢复水化，这说明了混掺外加剂对水泥水化的影响十分复杂。

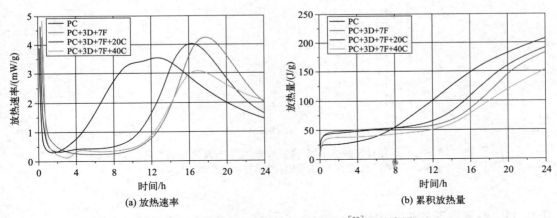

(a) 放热速率　　　　　　　　　　　　(b) 累积放热量

图 3-17　混掺外加剂对水泥水化的影响[39]（见彩图）
PC 为对照组，普通硅酸盐水泥。D、F、C 分别代表符合 ASTM C494 的
D 型减水剂、F 型减水剂、C 型速凝剂。数字代表外加剂与水泥的比例

## 3.6.10　干混砂浆

干混砂浆通常是一种复杂的混合物，尤其是快硬型干混砂浆，通常是二元或三元胶凝组分的铝酸钙或硫铝酸钙水泥与硫酸钙的混合物，有时也会掺入波特兰水泥。关于这种干混砂浆，基于水化动力学研究，采用等温量热仪可以有效优化其胶凝材料组成。硫酸钙掺量对铝

酸钙-半水石膏混合物水化的影响如图 3-18 所示[15]，无水石膏掺量对波特兰水泥-硫铝酸钙-无水石膏混合物水化的影响如图 3-19 所示[40]。

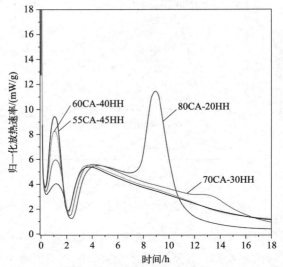

图 3-18　硫酸钙对铝酸钙-半水石膏混合物水化的影响[15]
CA 为铝酸钙，HH 为半水石膏，水灰比为 0.40，20℃

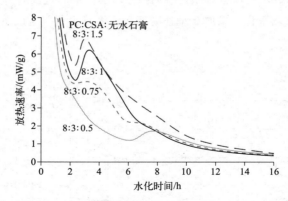

图 3-19　无水石膏对波特兰水泥-硫铝酸钙-无水石膏混合物水化的影响[40]
PC 为波特兰水泥，CSA 为硫铝酸钙水泥，水灰比为 0.50，20℃

### 3.6.11　监测水泥的长期水化

等温量热法在很长一段时间内都被认为只适用于测试水泥在 14d 内的水化热，因为等温量热法主要是测试水化样品与参比样品之间的热流瞬时值，即水化放热速率，是影响该种测试方法准确性的重要因素，当 14d 后水化放热速率较慢，单位时间释放的水化热很小，使得仪器本身允许的热漂移值偏大，不能满足试验精度的要求。但是近期的研究表明[41]，等温量热法能监测不同水灰比的硅酸盐水泥、粉煤灰混掺硅酸盐水泥浆体在 365d 后的水化热，如图 3-20 所示，重复试验的结果波动较小，基线在 365d 内保持平稳，且采用水化热测试的水化程度结果与 XRD 定量分析的结果一致。

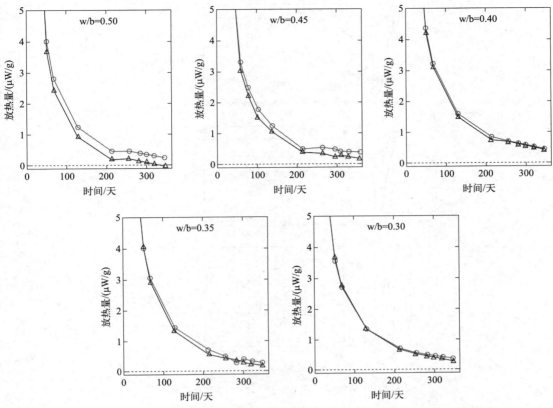

图 3-20　不同水灰比的硅酸盐水泥浆体的长期水化热（不同线条代表重复测量）[41]

### 3.6.12　碱激发材料的水化

为了较好和全面评价碱激发水泥及混凝土的性能，有必要对碱激发水泥的水化化学及微观结构进行深入了解。尽管人们已对硅酸盐水泥的水化进行了大量的研究，但它的水化机理还不是完全清楚。胶凝材料的特性随其来源而变化，因而碱激发水泥的水化比硅酸盐水泥的水化更为复杂。激发剂的种类与掺量对碱激发水泥的水化机理也有很大影响。因为碱激发胶凝材料种类较多，本小节以碱矿渣水泥为例，分析其水化放热特征。水泥化学中的水化是指水泥与拌和水之间的化学反应，而本小节所说的水化则是指磨细矿渣在有激发剂的条件下与水之间的化学反应。

人们对碱-矿渣水泥的水化放热特性也已进行大量的研究，并认识到矿渣本身的特性、激发剂的种类及掺量对碱-矿渣水泥的水化放热特征都有非常大的影响。Shi 和 Day[42] 测试了掺不同类型激发剂的碱-矿渣水泥的水化放热曲线，并将其分为三类（见图 3-21）。

第一类放热曲线，只在最初的几分钟出现一个放热峰，例如在 20℃和 50℃下，磨细高炉矿渣与水或 $Na_2HPO_4$ 溶液混合时，在 72h 内仅出现一个很小的放热峰，浆体可能会凝结，也可能不凝结，取决于矿渣的性质[42]。

当磨细高炉矿渣与水接触时，在 $OH^-$ 的极化作用下，矿渣颗粒表面的 Si—O 键、Al—O 键及 Ca—O 键会断裂[43]，并以 $H_2SiO_4^{2-}$、$H_3SiO_4^-$、$H_4AlO_4^-$ 及 $Ca^{2+}$ 的形式进入水中。由

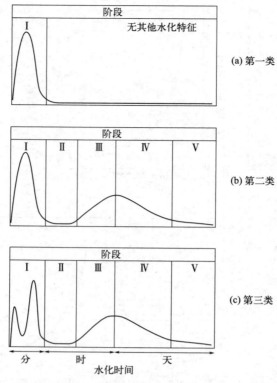

图 3-21  碱激发矿渣水泥的三种类型放热曲线[42]

于 Ca—O 键比 Si—O 键和 Al—O 键要弱得多，水中 $Ca^{2+}$ 浓度远高于（$H_2SiO_4)^{2-}$、$(H_3SiO_4)^-$、$(H_4AlO_4)^-$，因而在矿渣颗粒表面迅速形成富 Si、Al 层[44]，它吸收水中部分 $H^+$，从而导致液相中 $OH^-$ 浓度增加，pH 值增大。但是 $OH^-$ 浓度仍不足以使 Si—O 键和 Al—O 键断开形成相当数量的 C-S-H、C-A-H 或 C-A-S-H。虽然提高温度可以增进 $OH^-$ 的极化作用[43]，但即使温度达 50℃时也观察不到加速水化放热峰[42]。唯一很小的初始放热峰是由于矿渣颗粒润湿和它表面吸附了某些离子而引起的。加水 24h 后采用环境扫描电镜也观察不到明显的水化现象[45]，在 150d 后才有少量的 C-S-H 形成[44]。

第二类水化放热曲线与硅酸盐水泥水化类似，在诱导前期有一个初始放热峰，而诱导期结束后出现了水化加速形成的放热峰。第一个峰是由于矿渣颗粒的润湿和溶解引起的，第二个峰则可归结于矿渣水化的加速。NaOH-矿渣水泥的水化就是典型的例子[42]。激发剂的种类、掺量及水化时的温度均明显地影响这两个峰的位置和面积大小。

由于激发剂有很高的 pH 值，溶液中的 $OH^-$ 不仅可以破坏 Ca—O 键，还使相当数量的 Si—O 键和 Al—O 键断裂，由于 $Ca(OH)_2$ 的溶解度远大于 C-S-H、C-A-H 及 C-A-S-H，因此不会沉淀，而在矿渣表面迅速形成一个由低 Ca/Si 比的 C-S-H、C-A-H 和 C-A-S-H 组成的薄层。NaOH 激发的矿渣水泥在常温下（23℃）水化 20min 后就可以用扫描电镜观察到一薄层水化产物[46]。诱导期似乎与 C-S-H 和 C-A-H 的形成没有关系，可能与水化产物的特性相关。

第三类水化放热曲线在诱导期之前出现一个主初始峰和一个附加初始峰，在诱导期之后出现一个加速峰，主初始峰可能比附加初始峰强，也可能弱，这取决于水化温度和激发剂的性质。矿渣在 $Na_2SiO_3$、$Na_2CO_3$、NaF（25℃）、$Na_3PO_4$ 和 NaF（50℃）激发的水化属于这种类型。主初始峰可以归结于矿渣颗粒的润湿和溶解，附加初始峰则是由于从矿渣颗粒溶解出来的 $Ca^{2+}$ 和由激发剂溶解出来的阴离子或阴离子基团之间的反应[42,47] 所引起的。其反应及反应产物对水泥浆体的凝结时间和强度有重要的影响[48]。用核磁共振法也证实了矿渣颗粒溶解出来的 $Ca^{2+}$ 与用水玻璃激发时水玻璃中的硅酸根离子的反应生成物为 C-S-H[49]，由于主初始峰和附加初始峰出现的时间很接近，它们能合并成为一个峰，这取决于激发剂的种类和掺量、矿渣活性及水化温度，如在 50℃时用 $Na_2SiO_3$ 或 $Na_2CO_3$ 作为激发剂，两个峰就合并成为一个峰[42,47]。

使用两种或两种以上的复合激发剂时，激发剂的种类和掺量都影响碱矿渣水泥的水化放热特性。增加 NaOH 的掺量能够增强和加速反应的放热峰，而增加 $Na_2CO_3$ 掺量则延后和抑制这个放热峰[48]。化学外加剂也影响碱-矿渣水泥的水化放热，在水玻璃-矿渣水泥中掺加乙烯共聚物基高效减水剂，明显延缓其水化放热，而掺加聚丙烯酸酯基高效减水剂则有加速的作用[50]。如图 3-22 所示，1%和 2%的减水剂会推迟碱-矿渣水泥的水化，而 3%的减水剂加速了早期水化[51]。

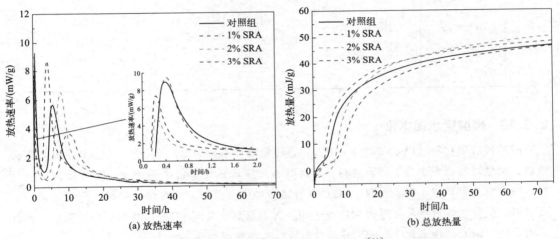

(a) 放热速率          (b) 总放热量

图 3-22　聚醚减水剂对碱-矿渣水泥水化的影响[51]（见彩图）

许多研究已证实水泥在某时刻的水化放热总量可用下面半经验公式来描述[52-56]：

$$P = P_\infty \frac{K_T(t-t_0)}{1+K_T(t-t_0)} \tag{3-5}$$

式中　$P$——水化龄期 $t$ 时的总放热量，kJ/kg；

　　　$P_\infty$——水化龄期 $t_c$ 时的总放热量，kJ/kg；

　　　$K_T$——在养护温度 $T$ 时水化放热速率常数，$h^{-1}$；

　　　$t$——在温度 $T$ 时实际水化龄期，h；

　　　$t_0$——诱导期结束的时间，h。

参数 $P$ 和 $K$ 可以通过对水化热曲线进行非线性回归求得，也可以根据 $1/P$ 与 $1/(t-t_0)$ 间的线性关系进行回归获得。Knudsen[52] 发现，水化放热速率常数 $K_T$ 等于 $t_{50}$ 的倒数，$t_{50}$ 为达到理论水化放热总量一半时所需要的时间。

表 3-4 为不同研究人员得到的碱-矿渣水泥水化动力学参数及表观活化能。从表中可见，表观活化能与激发剂有关。当其 $Na_2O$ 量固定时，NaOH 激发的矿渣水泥表观活化能较 $Na_2SiO_3$ 激发的矿渣水泥低。另外，表观活化能随激发剂掺量的增加而降低[57]。

**表 3-4 不同碱-矿渣水泥水化动力学参数及表观活化能**

| 编号 | 矿渣 | 激发剂 | 水固比 | 温度/℃ | $t_{50}$/h | $P_\infty$/(kJ/kg) | 活化能/(kJ/mol) |
|---|---|---|---|---|---|---|---|
| 1 | 高炉矿渣[53] | 50%波特兰水泥 | 0.4 | 27 | 83.61 | 125 | 49.1 |
| 2 | 磷矿渣[58] | 3%NaOH（以 $Na_2O$ 计） | 0.4 | 38<br>60<br>46 | 34.57<br>9.86<br>5.46 | 108<br>107<br>196 | 38.89 |
| 3 | 磷矿渣[54] | 3%$Na_2O \cdot SiO_2$（以 $Na_2O$ 计） | 0.4 | 58<br>46 | 3.21<br>23.25 | 201<br>367 | 64.62 |
| 4 | 高炉矿渣（600m²/kg）[55] | 7.5%$Na_2O \cdot SiO_2$（以 $Na_2O$ 计） | 0.7 | 58<br>20 | 9.61<br>22.75 | 402<br>390 | 53.63 |
| 5 | 高炉矿渣（440m²/kg）[56] | 4%$Na_2O \cdot SiO_2$（以 $Na_2O$ 计） | | 40<br>60<br>25 | 11.31<br>3.25 | 289<br>261<br>131 | 57.6 |
| | | | | 35<br>45<br>60 | | 117<br>112<br>61 | |

### 3.6.13 磷酸镁水泥水化

磷酸镁胶凝材料（以下简称为 MPC），也称磷酸镁水泥，是以氧化镁（MgO）、可溶性磷酸盐、少量缓凝剂和水为主要原材料，通过酸碱反应形成化学键进而产生一定强度的胶凝材料，一定意义上类似于陶瓷材料。MPC 具有诸多的优良性能，已在快速抢修、危废处理、人造材料、生物医学材料等领域得到广泛应用。等温量热法是测定 MPC 放热反应过程的一种合适的方法。磷酸钾镁水泥（MKPC）的典型放热速率曲线如图 3-23 所示。

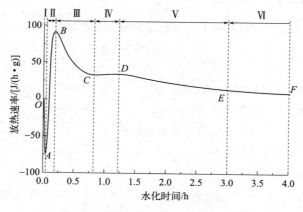

图 3-23 磷酸钾镁水泥的水化特性[60]

MPC 的水化进程可划分为五个阶段：①磷酸盐迅速溶解于水中，这一阶段持续时间极短，体系快速吸热[59]，如式（3-6）～式（3-8）所示，主要的离子为 $H^+$、$H_2PO_4^-$ 和 $HPO_4^{2-}$；②微溶的 MgO 溶解，体系由吸热转变为放热，与此同时，体系中由磷酸盐电离出的 $H^+$ 加快 MgO 的溶解，大量放热，并生成鸟粪石晶核；③体系中的 $Mg^{2+}$ 与水分子生成配合物 $[Mg(H_2O)_6]^{2+}$，如式（3-9）所示，这可能解释了第一个放热峰值（图 3-23 中 Ⅱ 和 Ⅲ 阶段之间），MPC 浆体开始逐渐失去流动性，并伴随着鸟粪石晶核的生长；④随着 $KH_2PO_4$ 和 MgO 的不断溶解，溶液中溶解的磷酸盐种类丰富，$K^+$ 易与 $[Mg(H_2O)_6]^{2+}$ 配合物反应生成磷酸盐。一旦达到 $KMgPO_4 \cdot 6H_2O$ 的溶度积，它将通过式（3-10）～（3-12）反应析出。鸟粪石晶核生长、扩散并相互接触，包括加速生长期和减速生长期；$KMgPO_4 \cdot 6H_2O$ 的形成和/或结晶过程被证明是一个放热过程，因此该过程对应于第二个放热峰（图 3-23 中的 Ⅳ 和 Ⅴ 阶段），其形状较第一个放热峰宽；⑤体系的水化反应达到平衡，进入稳定期（Ⅵ），水化放热也基本稳定。

$$KH_2PO_4 = K^+ + H_2PO_4^- \tag{3-6}$$

$$H_2PO_4^- = H^+ + HPO_4^{2-} \tag{3-7}$$

$$HPO_4^{2-} = H^+ + PO_4^{3-} \tag{3-8}$$

$$Mg^{2+} + 6H_2O = [Mg(H_2O)_6]^{2+} \tag{3-9}$$

$$[Mg(H_2O)_6]^{2+} + H_2PO_4^- + K^+ = KMgPO_4 \cdot 6H_2O + 2H^+ \tag{3-10}$$

$$[Mg(H_2O)_6]^{2+} + HPO_4^{2-} + K^+ = KMgPO_4 \cdot 6H_2O + H^+ \tag{3-11}$$

$$[Mg(H_2O)_6]^{2+} + PO_4^{3-} + K^+ = KMgPO_4 \cdot 6H_2O \tag{3-12}$$

MPC 中早期反应的热演化随磷酸盐的种类和数量而变化[61]。如图 3-24 所示，$NH_4H_2PO_4$ 制备的 MPC 放热速率和累积放热量最高，其次是 $KH_2PO_4$ 和 $NaH_2PO_4$ 制备的 MPC。由于 MgO 的溶解和鸟粪石的形成和/或结晶可能同时发生，所以在磷酸铵镁水泥体系反应的早期通常只有一个放热峰。

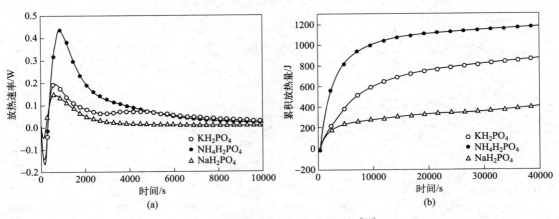

图 3-24　不同 MPC 的水化热曲线[61]
M/P 质量比＝4，硼砂/M＝8%，w/b＝0.20

MPC 在凝结和硬化过程中的高热输出受到许多因素的影响，如 M/P 比（氧化镁/磷酸盐）[61-62]、缓凝剂[62] 和水/胶比（w/b）[62]。从放热速率曲线 [见图 3-25（a）] 可以看出，吸热谷随着 M/P 摩尔比的增加而缩小，几乎看不见。M/P 比越高，大放热峰值出现的时间越早，因此可以预期 MKPC 的凝结时间会随着 M/P 比的降低而降低[62]。由于 K-鸟粪石的形成占了浆体放热的很大一部分，所以总热量对反应产物的量很敏感。图 3-25（b）比较了五种不同 M/P 比的磷酸钾镁水泥浆体的累积放热量。高 M/P 比的混合物放热速率较快，但最终产生的总热量较低。这意味着反应产物的数量随着 M/P 比的增加而减少[62]。

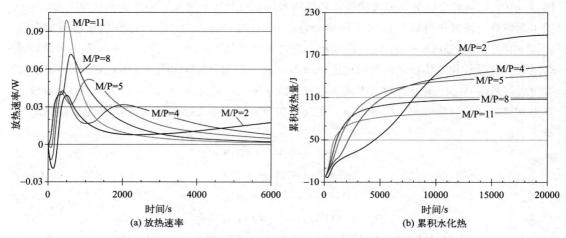

图 3-25　不同 M/P 对磷酸钾镁水泥的水化放热的影响[62]

　　一般来说，添加缓凝剂会降低 MPC 的放热速率。硼砂为 MPC 中常用的缓凝剂，从图 3-26（a）可以看出，随着硼砂用量的增加，初始吸热谷增强，两个放热峰变弱变宽。此外，达到放热峰值的时间延迟，特别是第二个放热峰值的时间明显延迟，这表明硼砂具有有效的延缓水化的作用。这一趋势与其他研究者的工作[63-65]一致，他们注意到凝结时间和温升随缓凝剂掺量的不同而显著变化。图 3-26（b）显示，与对照组的磷酸钾镁水泥相比，含有硼砂的 MKPC 在初始阶段产生的累积水化热要低得多，而最终的水化热略有下降[62]。

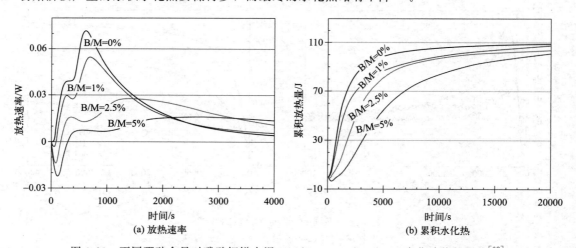

图 3-26　不同硼砂含量对磷酸钾镁水泥（M/P＝8，w/b＝3.3）水化放热的影响[62]

# 3.7 小结

水化热测试是研究水泥基材料水化动力学和预测大体积混凝土温度应力变化的有效技术。等温量热法、（半）绝热水化温升法和溶解热法各有优点和不足。溶解热法不适用于24h内的水化热测定，（半）绝热水化温升法不适用于后期的水化热测试，但能给科研工作者和工程技术人员提供一定的数据参考，在实际工程应用中具有切实可行的指导意义。等温量热法测试样品尺寸较小，且测试成本高，但操作简单，数据全面，重复性好，能单独且同步测试多个样品。在选择水泥基材料水化热测试方法前，需先了解测试目的、水泥特性及各方法的适用性和优缺点。

目前等温量热法和（半）绝热水化温升法为两种常用的水化热测试技术，在水泥的水化动力学、水泥基材料的性能预测、矿物掺和料以及外加剂在水泥基材料中的应用、不同水泥基材料的水化等方面的应用，为水化热测试技术在水泥基材料研究中的应用提供参考。

# 参考文献

[1] Scrivener K，Snellings R，Lothenbach B. A practical guide to microstructural analysis of cementitious materials. Crc Press Boca Raton，FL，USA：2016.

[2] Gibbon G J，Ballim Y，Grieve G R H. A low-cost，computer-controlled adiabatic calorimeter for determining the heat of hydration of concrete. Journal of Testing and Evaluation，1997，25(2)：261-266.

[3] Wadsö L. Operational issues in isothermal calorimetry. Cement and Concrete Research，2010，40(7)：1129-1137.

[4] Wadsö L. Applications of an eight-channel isothermal conduction calorimeter for cement hydration studies. Cement international，2005(5)：94-101.

[5] Voss H，du Inner M d C F F. École polytechnique fédérale de Lausanne.

[6] Lipus K，Baetzner S. Determination of the heat of hydration of cement by isothermal conduction calorimetry. Cement Int，2008，4：92-105.

[7] B. S. En，196-9：2010，Methods of Testing Cement-Heat of Hydration-Semi Adiabatic Method，BSI，London.

[8] Gascón F，Varadé A. The systematic uncertainty of the heat of hydration of cement. Review of scientific instruments，1993，64(8)：2353-2360.

[9] Bensted J. Some applications of conduction calorimetry to cement hydration. Advances in Cement Research，1987，1(1)：35-44.

[10] Jansen D，Goetz-Neunhoeffer F，Lothenbach B，et al. The early hydration of Ordinary Portland Cement（OPC）：An approach comparing measured heat flow with calculated heat flow from QXRD. Cement and Concrete Research，2012，42(1)：134-138.

[11] Jansen D，Neubauer J，Goetz-Neunhoeffer F，et al. Change in reaction kinetics of a Portland cement caused by a superplasticizer—Calculation of heat flow curves from XRD data. Cement and Concrete Research，2012，42(2)：327-332.

[12] Taylor H F W. Cement chemistry，Thomas Telford London1997.

[13] Jansen D，Goetz-Neunhoeffer F，Stabler C，et al. A remastered external standard method applied to the quantification of early OPC hydration. Cement and Concrete Research，2011，41（6）：602-608.

[14] Wadsö L. An experimental comparison between isothermal calorimetry，semi-adiabatic calorimetry and solution calorimetry for the study of cement hydration. Nordtest report TR，2003，522.

[15] Bizzozero J. Hydration and dimensional stability of calcium aluminate cement based systems. Epfl，2014.

[16] Hesse C，Goetz-Neunhoeffer F，Neubauer J. A new approach in quantitative in-situ XRD of cement pastes：Correlation of heat flow curves with early hydration reactions. Cement and Concrete Research，2011，41(1)：123-128.

[17] Lothenbach B，Alder C，Winnefeld F，et al. Einfluss der temperatur und lagerungsbedingungen auf die festigkeitsentwicklung von morteln und betonen in warmen sommermonaten kann eine abnahme der 28-tage-druckfestigkeit von betonen und morteln beobachtet werden（"Sommerloch"）. laboruntersuchungen mit vier schweizerischen zementen bei 5℃，20℃，30℃ und 40℃ unter feuchten und trockenen lagerungsbedingungen zeigen，dass bei guter nachbehandlung（feuchte lagerung）bei 30℃ und 40℃ gegenuber der Lagerung bei 20℃ eine nur um $1N/mm^2$ bis $3N/mm^2$ geringere 28-Tage-Festigkeit von mortel-und Betonproben auftritt，wahrend bei ungenugender nachbehandlung（trockene Lagerung）um $3N/mm^2$ bis $8N/mm^2$ geringere festigkeiten und eine erhohte kapillarporositat beobachtet werden. Beton Dusseldorf，2005，55(12)：604.

[18] Danielson U. Heat of hydration of cement as affected by water-cement ratio.

[19] Lothenbach B，Scrivener K，Hooton R D. Supplementary cementitious materials. Cement and concrete research，2011，41(12)：1244-1256.

[20] Zunino F，Bentz D P，Castro J. Reducing setting time of blended cement paste containing high-$SO_3$ fly ash（HSFA）using chemical/physical accelerators and by fly ash pre-washing. Cement and Concrete Composites，2018，90：14-26.

[21] B. S. En，196-1. Methods of testing cement. Determination of strength，British Standards Institute，2005.

[22] A. C1702，Standard test method for measurement of heat of hydration of hydraulic cementitious materials using isothermal conduction calorimetry，2014.

[23] Courtesy of Aalborg portland，Aalborg. Denmark.

[24] Wang H，De Leon D，Farzam H. C- sub 4- AF Reactivity-Chemistry and Hydration of Industrial Cement. ACI Materials Journal，2014，111(2)：201.

[25] Lerch W. The influence of gypsum on the hydration and properties of Portland cement pastes，2008.

[26] F. J. Tang，Optimization of sulfate form and content，1992.

[27] Tang F J，Gartner E M. Influence of sulphate source on Portland cement hydration. Advances in Cement Research，1988，1(2)：67-74.

[28] Berodier E, Scrivener K. Understanding the filler effect on the nucleation and growth of C-S-H. Journal of the American Ceramic Society, 2014, 97(12): 3764-3773.

[29] Deschner F, Winnefeld F, Lothenbach B, et al. Hydration of Portland cement with high replacement by siliceous fly ash. Cement and Concrete Research, 2012, 42(10): 1389-1400.

[30] Scrivener K L, Lothenbach B, De Belie N, et al. TC 238-SCM: hydration and microstructure of concrete with SCMs. Materials and Structures, 2015, 48(4): 835-862.

[31] Suraneni P, Weiss J. Examining the pozzolanicity of supplementary cementitious materials using isothermal calorimetry and thermogravimetric analysis. Cement and Concrete Composites, 2017, 83: 273-278.

[32] Wang D, Shi C, Farzadnia N, et al. A quantitative study on physical and chemical effects of limestone powder on properties of cement pastes. Construction and Building Materials, 2019, 204: 58-69.

[33] Shi C, Wang D, Wu L, et al. The hydration and microstructure of ultra high-strength concrete with cement-silica fume-slag binder. Cement and Concrete Composites, 2015, 61: 44-52.

[34] Cheung J, Jeknavorian A, Roberts L, et al. Impact of admixtures on the hydration kinetics of Portland cement. Cement and Concrete Research, 2011, 41(12): 1289-1309.

[35] Ramachandran V S. Concrete admixtures handbook: properties, science and technology, William Andrew, 1996.

[36] Sandberg P J, Roberts L R. Cement-admixture interactions related to aluminate control. Journal of ASTM International, 2005, 2(6): 1-14.

[37] Winnefeld F. Influence of cement ageing and addition time on the performance of superplasticizers. ZKG International, 2008, 61(11): 68-77.

[38] Uchikawa H, Sawaki D, Hanehara S. Influence of kind and added timing of organic admixture on the composition, structure and property of fresh cement paste. Cement and Concrete Research, 1995, 25(2): 353-364.

[39] Wang H, Qi C, Parks K, et al. Complex Admixture Combinations. Concrete International, 2009, 31(1): 37-42.

[40] Pelletier L, Winnefeld F, Lothenbach B. The ternary system Portland cement-calcium sulphoaluminate clinker-anhydrite: hydration mechanism and mortar properties. Cement and Concrete Composites, 2010, 32(7): 497-507.

[41] Linderoth O, Wadsö L, Jansen D. Long-term cement hydration studies with isothermal calorimetry. Cement and Concrete Research, 2021, 141: 106344.

[42] Shi C, Day R L. A calorimetric study of early hydration of alkali-slag cements. Cement and Concrete Research, 1995, 25(6): 1333-1346.

[43] Teoreanu I. The interaction mechanism of blast-furnace slags with water. The role of the activating agents, IL Cemento, 1991, 2: 91-97.

[44] Rajaokarivony-Andriambololona Z, Thomassin J H, Baillif P, et al. Experimental hydration of two synthetic glassy blast furnace slags in water and alkaline solutions (NaOH and KOH 0.1 N) at 40 C: structure, composition and origin of the hydrated layer. Journal of Materials Science, 1990, 25(5): 2399-2410.

[45]    Jiang W, Silsbee M R, Roy D M. Alkali activation reaction mechanism and its influence on microstructure of slag cement. Amarkai and Congrex Göteborg Gothenburg, Sweden, 1-9.

[46]    Shi C. Early hydration and microstructure development of alkali-activated slag cement pastes. X Intern. Cong. Chem, Cem (Goteborg), 1997, 3.

[47]    Shi C, Day R L. Some factors affecting early hydration of alkali-slag cements. Cement and Concrete Research, 1996, 26(3): 439-447.

[48]    Fernández-Jiménez A, Palomo A. Alkali-activated fly ashes: properties and characteristics. 1332-1340.

[49]    Brough A R, Atkinson A. Sodium silicate-based, alkali-activated slag mortars: part I. Strength, hydration and microstructure. Cement and Concrete Research, 2002, 32(6): 865-879.

[50]    Puertas F, Fernández-Jiménez A. Mineralogical and microstructural characterisation of alkali-activated fly ash/slag pastes. Cement and Concrete composites, 2003, 25(3): 287-292.

[51]    Zhang W, Xue M, Lin H, et al. Effect of polyether shrinkage reducing admixture on the drying shrinkage properties of alkali-activated slag. Cement and Concrete Composites, 2023, 136: 104865.

[52]    Knudsen T. On particle size distribution in cement hydration. 1-170.

[53]    Roy D M. Hydration, structure, and properties of blast furnace slag cements, mortars, and concrete, 444-457.

[54]    Shi C, Li Y, Tang X. A preliminary investigation on the activation mechanism of granulated phosphorus slag. J. Southeast Univ. Nanjing PR China, 1989, 19: 141-145.

[55]    Huanhai Z, Xuequan W, Zhongzi X, et al. Kinetic study on hydration of alkali-activated slag. Cement and Concrete Research, 1993, 23(6): 1253-1258.

[56]    Fernández-Jiménez A, Puertas F. Influence of the activator concentration on the kinetics of the alkaline activation process of a blastfurnace slag. Materiales de Construcción, 1997, 47(246): 31-42.

[57]    Usherov-Marshak A V, Krivenko P V, Pershina L A. The role of solid-phase basicity on heat evolution during hardening of cements. Cement and Concrete Research, 1998, 28(9): 1289-1296.

[58]    Shi C, Tang X, Li Y. Thermal activation of phosphorus slag. Il Cemento, 1991, 88(4): 219-225.

[59]    Wescott J, Nelson R, Wagh A, et al. Low-level and mixed radioactive waste in-drum solidification. Practice Periodical of Hazardous, Toxic, and Radioactive Waste Management, 1998, 2(1): 4-7.

[60]    Dai F, Wang H, Ding J, et al. Effect of magnesia/phosphate ratio on hydration processes of magnesium phosphate cement. JCCS, 2017, 45: 1144-1152.

[61]    汪宏涛, 丁建华, 张时豪, 等. 磷酸镁水泥水化热的影响因素研究. 功能材料, 2015, 22: 22098-22102.

[62]    Qiao F, Chau C K, Li Z. Calorimetric study of magnesium potassium phosphate cement. Materials and Structures, 2012, 45(3): 447-456.

[63]    Yang Q, Wu X. Factors influencing properties of phosphate cement-based binder for rapid repair of concrete. Cement and Concrete Research, 1999, 29(3): 389-396.

[64]    Hall D A, Stevens R, El-Jazairi B. The effect of retarders on the microstructure and mechanical properties of magnesia-phosphate cement mortar. Cement and Concrete Research, 2001, 31(3):

455-465.

[65] You C，Qian J，Qin J，et al. Effect of early hydration temperature on hydration product and strength development of magnesium phosphate cement（MPC）. Cement and Concrete Research，2015，78：179-189.

# 第 4 章

# 水泥基材料核磁共振氢谱测试分析

## 4.1 引言

自美国物理学家 Bloch 和 Purcell 在 1945 年发现核磁共振现象以来,核磁共振技术很快成为一种重要的现代分析手段。经过长期的研究与探索,核磁共振技术逐步从固体物理学发展到化学分析、生物医学、医疗诊断、材料科学等领域。高场核磁共振技术对仪器要求很高和高昂的价格使得在某些领域应用受到限制,而低场或超低场的 NMR/MRI 谱仪系统相对便宜很多。低场脉冲核磁共振分析测量仪器采用的是钕铁硼永磁材料作为场源,使价格很大程度降低,并且对背景场强均匀性要求降低,放弃对于化学位移的分辨,利用脉冲序列实现定量分析,这使低场核磁共振技术得到广泛应用。低场核磁共振技术主要应用于岩石、石油、食品检测和水泥混凝土材料等领域[1]。在水泥混凝土材料领域,低场核磁共振技术的优势在于其是一种快速、准确、无损并且可以连续测量的方法,可以直接以材料内部孔隙内的水分子为探针,实现原位探测和连续监测。该方法不需要对样品进行干燥或注入液体等处理,因此不会破坏样品内部的精确信息。低场核磁共振技术由于其工作频率较低,不可以区分质子的化学位移,因此常通过弛豫时间来反映样品的特性。对于样品弛豫时间的研究可以得到物质间相互作用的信息,比如氢质子所处的化学环境。对水泥混凝土材料进行弛豫时间的测定则可以得到样品中水所处的状态,比如,可以判定是毛细孔水还是凝胶孔水等,同时基于水的弛豫信号量与水量的对应关系,可以进一步表征各种不同状态水的含量。因此,氢质子低场核磁共振技术在水泥混凝土材料中有着广泛的应用前景[2]。

## 4.2 测试方法及原理

### 4.2.1 核磁共振基本原理

核磁共振[3] 研究的是具有自旋的原子核,如 $^1H$、$^{19}F$、$^{31}P$、$^{23}Na$、$^{13}C$ 等。自旋原子核有自旋量子数 $I$ 和磁矩 $\mu$,其自旋动量 $P$ 和磁矩 $\mu$ 为:

$$P = \frac{h}{2\pi} \sqrt{I(I+1)} \qquad\qquad (4\text{-}1)$$

$$\mu = \gamma P \qquad\qquad (4\text{-}2)$$

式中，$\gamma$ 为旋磁比，对 $^1$H 而言，这个 $\gamma$ 值为 42.58MHz/T；$h$ 为普朗克常数。自旋量子数 $I \neq 0$ 的原子核，处在恒定的外磁场 $H_0$ 中，核磁矩 $\mu$ 与 $H_0$ 相互作用，则 $\mu$ 要发生一定的取向与进动。进动的频率 $\omega_0$ 称为拉莫尔频率：

$$\omega_0 = \gamma H_0 \qquad\qquad (4\text{-}3)$$

对于被磁化后的核自旋系统，如果在垂直于静磁场的方向加一个射频场 $H_1$，而且让其频率 $\omega = \omega_0$，那么，根据量子力学原理，核自旋系统将发生共振吸收现象，即处于低能态的核自旋将通过吸收射频场提供的能量，跃迁到高能态，这种现象称为核磁共振。

## 4.2.2 弛豫现象

在射频场施加以前，系统处于平衡状态，宏观磁化矢量 $M$ 与静磁场 $H_0$ 方向相同；射频场作用期间，磁化矢量偏离静磁场方向；射频场作用结束后，核自旋从高能级的非平衡状态恢复到低能级的平衡状态，宏观磁化矢量恢复到平衡状态的过程叫作弛豫[4]。

弛豫过程分为两种：纵向弛豫过程和横向弛豫过程。设 $H_0$ 的方向为 $z$ 方向，射频场作用后，$M$ 被分解成 $xy$ 平面的分量（垂直于静磁场方向的横向分量）$M_{xy}$ 和 $z$ 方向的分量（平行于静磁场方向的纵向分量）$M_z$。横向弛豫过程以横向磁化矢量 $M_{xy}$ 的衰减为标志，横向磁化矢量从最大值衰减至最大值的 37% 即 $1/e$ 时所需的时间定义为 $T_2$，$T_2$ 弛豫曲线遵循指数规律：

$$M_{xy}(t) = M_{xy}(0)e^{-t/T_2} \qquad\qquad (4\text{-}4)$$

式中，$M_{xy}(t)$ 为弛豫开始 $t$ 时刻的横向磁化矢量；$M_{xy}(0)$ 为弛豫刚开始那一刻的最大横向磁化矢量；$T_2$ 为横向弛豫时间。

横向弛豫过程中，自旋体系内部，即自旋与自旋之间发生能量的交换，使磁化矢量进动的相位从有规则分布趋向无规则分布。此时，自旋系统的总能量没有变化，自旋与晶格或环境之间不交换能量，所以，从微观机制上考虑，又把这个弛豫过程叫作自旋-自旋弛豫（spin-spin relaxation）。

纵向弛豫过程以磁化强度纵向分量 $M_z$ 的恢复为标志。纵向磁化矢量从零恢复至最大值的 63% 即 $1-1/e$ 时所需的时间定义为 $T_1$ 时间，$T_1$ 弛豫曲线遵循指数规律：

$$M_z(t) = M_z(0)(1 - 2e^{-t/T_1}) \qquad\qquad (4\text{-}5)$$

式中，$M_z(t)$ 为弛豫开始 $t$ 时刻的纵向磁化矢量；$M_z(0)$ 为最大纵向磁化矢量；$T_1$ 为纵向弛豫时间。

在纵向弛豫过程中，自旋系统与晶格或环境之间交换能量，因此，从微观机制上，又把它称作自旋-晶格弛豫（spin-lattic relaxation）。两种弛豫的示意图如图 4-1 所示。

NMR 弛豫时间是重要而且有用的参数，弛豫时间所反映的弛豫过程实质上是一种能量的传递，即自旋核系统与环境或体系内部的相互作用。这也意味着即便是相同的原子核，如果所处的化学和物理环境不同时，其弛豫时间也将表现出不同。例如，同样是水分子，但水分子与其它分子相互作用的差别会表现为弛豫特性的差异，利用弛豫的不同可以区分不同状态的水分子。

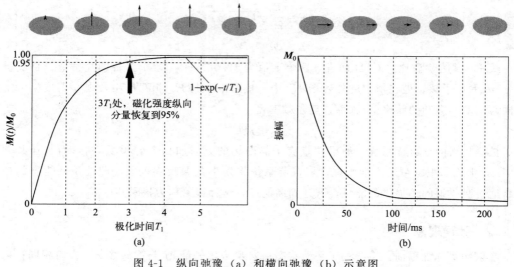

图 4-1　纵向弛豫（a）和横向弛豫（b）示意图

图（a）中 $M_0$ 为 $M_z(0)$，图（b）中 $M_0$ 为 $M_{xy}(0)$

## 4.2.3　弛豫时间的测量

### 4.2.3.1　$T_1$ 的测量

测量 $T_1$ 的方法很多，这里介绍反转恢复法（inversion recovery，IR），这是一种常用的测量 $T_1$ 的方法，精度高，测量范围大，其基本原理是利用式（4-5）在不同的时间点 $t=\tau_1$，$\tau_2$，$\tau_3$……测得从 $-M_0$ 直至 $M_0$ 之间的各个 $M_z$，从而求得 $T_1$。为此，需在样品上施加 $180°$—$\tau$—$90°$ 脉冲序列，工作过程如图 4-2 所示。

平衡情况下，沿 $x$ 方向加 $180°$ 脉冲，使磁化矢量由 $M=M_0$ 倒转到 $-z$ 方向，即 $M_z=-M_0$，$M_{xy}=0$。脉冲结束后，$M_z$ 由 $-M_0$ 向 $+M_0$ 恢复即进行纵向弛豫，但 $M$ 的横向分量 $M_{xy}$ 仍为零。当 $180°$ 脉冲结束后经过时间 $\tau_1$，$M_z=M_{\tau_1}$，由于弛豫是自由进动的缘故，$M_{xy}=0$ 不变。为了测量 $M_{\tau_1}$，必须将 $M_z=M_{\tau_1}$ 变成横向分量，以便利用接收线圈将感生电动势变成 FID。此时在 $x$ 方向再加上一个 $90°$ 脉冲，这样 $M_{\tau_1}$ 若为负值则被转到 $-y$ 方向，这时可观察到 FID 最初幅值，它与 $M_{\tau_1}$ 成正比，且为负值。等足够时间使 $M_z$ 恢复到平衡状态 $M_0$ 后，再测 $t=\tau_2>\tau_1$ 时的 $M_{\tau_2}$。测量步骤与测 $M_{\tau_1}$ 相同。测出 $t=\tau_3$，$\tau_4$，$\tau_5$……时的 $M_{\tau_3}$，$M_{\tau_4}$，$M_{\tau_5}$ 等一系列 $M_z$ 值，从中可计算 $T_1$。从 $T_1$ 测量过程中可以看出，$T_1$ 的测量速度非常慢，因为必须等到磁化矢量 $M$ 恢复到平衡状态，才可以测量下一个点。

### 4.2.3.2　$T_2$ 的测量

如前所述，横向弛豫过程是由于样品中各磁矩所受局部磁场不同，它们的相位由一致渐趋不一致而造成的。在此过程中磁化强度矢量 $M$ 的横向分量 $M_{xy}$，按指数规律衰减，其时间常数 $T_2$ 定义为横向弛豫时间。在实际测量中，由于主磁场不均匀，$M_{xy}$ 的衰减极大地加快，相应的时间常数变成 $T_2^*$，$T_2^* \ll T_2$（图 4-3）。

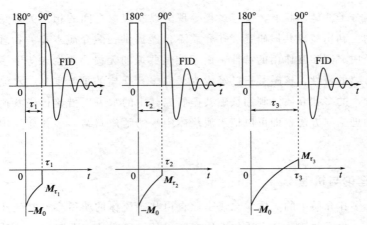

图 4-2　反转恢复法测 $T_1$ 时的 $180°—\tau—90°$ 脉冲序列

$$\frac{1}{T_2^*}=\frac{1}{T_2}+\frac{1}{T_{2m}}\tag{4-6}$$

式中，$T_{2m}$ 是由主磁场不均匀而引入的量，它与样品特性无关。因此 $T_2$ 测量的主要任务是去除主磁场不均匀的影响，一般采用自旋回波法（CPMG）来实现。自旋回波法（CPMG）中所加脉冲序列为：

$$\{(90°)_x—[\tau—(180°)_y—\tau—echo]_m—TR\}_n\tag{4-7}$$

式中，$m$ 指回波个数，$n$ 指平均（或重复）次数，TR 为恢复时间。90°脉冲之后，$M_z=0$，$M_{xy}=M_0$，随后在接收线圈中产生 FID，$M_{xy}$ 逐渐衰减。由于外磁场总是不均匀的，FID 衰减时间常数为 $T_2^*$。为了消除外磁场不均匀的影响，在经过 $\tau=T_E/2$ 后施加 180°脉冲，在接收线圈中将重新出现一个幅值先增长，后衰减的射频信号，在 $t=T_E$ 处出现最大值，这一信号就是自旋回波，最大值决定于样品本身的横向弛豫时间 $T_2$，改变 180°脉冲个数可以得到不同时间间隔下的自旋回波，从而求得 $T_2$。

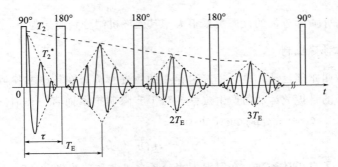

图 4-3　自旋回波脉冲序列（CPMG）示意图

从 $T_2$ 的测量可见，$T_2$ 测量要比 $T_1$ 快得多，因为在采集回波过程中，不用等到 M 恢复到平衡状态。

## 4.2.4　多孔介质中流体的弛豫

多孔介质包含的范围非常广泛，如含油的岩芯、食品、胶体、生物器官等。多孔介质的孔隙结构、孔内分子的运动状态、反应过程等现象以及现象之间的相互关系是多孔介质研究领域的重要课题。利用核磁共振研究多孔介质不仅能提供孔隙介质本身的物理信息，还能反映流体与孔隙介质之间相互作用的特性。由于核磁共振的无损、非侵入等诸多优点，以及只对孔隙间流体敏感的特性，核磁共振已经成为研究多孔介质的重要工具。水泥混凝土材料本质上就是一种含水的多孔介质，利用核磁共振研究其中的水可以借鉴核磁共振在研究其它多孔介质时发展的理论与方法，即可以把水泥浆体中水的弛豫归结为多孔介质中受限流体的弛豫问题。

### 4.2.5　弛豫理论与机理

研究发现，多孔介质中的流体弛豫速率比自由状态流体的快得多，其弛豫机理也比自由流体要复杂得多。除了与流体和介质的性质有关以外，研究认为孔隙中流体弛豫的加强很大程度上是由界面现象引起的，即流体分子与孔隙界面之间存在的相互作用导致了弛豫速率的变化[5-7]。

在解释多孔介质中流体弛豫加快的问题上，Brownstein 和 Tarr 提出了普遍适用的受限流体的弛豫模型（称为 BT 模型）。该模型认为流体弛豫行为受到如下因素的影响：①表面流体弛豫机制；②分子自扩散弛豫机制；③自由流体弛豫机制。

根据这一理论，孔隙中流体的 $T_1$ 和 $T_2$ 弛豫时间可用下式表示：

$$\frac{1}{T_2} = \frac{1}{T_{2S}} + \frac{1}{T_{2B}} + \frac{1}{T_{2D}} \tag{4-8}$$

$$\frac{1}{T_1} = \frac{1}{T_{1S}} + \frac{1}{T_{1B}} \tag{4-9}$$

式中，$\frac{1}{T_{1S}}$ 和 $\frac{1}{T_{2S}}$ 是来自多孔介质表面弛豫的贡献；$\frac{1}{T_{1B}}$ 和 $\frac{1}{T_{2B}}$ 是来自流体本身的弛豫贡献；$\frac{1}{T_{2D}}$ 是来自分子扩散的弛豫贡献。

这三类弛豫与介质和流体的性质关系很大，其弛豫机制分别简述如下：

#### （1）表面流体弛豫机制

自扩散运动或叫布朗运动，是分子普遍存在的物理行为。在核磁共振测量过程中，被测质子会由于水分子的自扩散运动而产生位移，对于非限制扩散而言，在时间间隔 $t$ 内，分子扩散的平均距离 $\langle X \rangle$（root mean square distance）：

$$\langle X \rangle = \sqrt{6Dt} \tag{4-10}$$

式中，$D$ 为分子自扩散系数，在室温下水分子自扩散系数约为 $D = 2 \times 10^{-5}\,\text{cm}^2/\text{s}$。因此，在 1 秒钟的测量时间内，水分子扩散距离约为 110 微米，1 毫秒的测量时间里，水分子扩散距离约 3.5 微米。这样的距离比水泥浆体中绝大部分的孔径（一般在 1 微米以下）要大得多。因此，在核磁共振的测量过程中，分子扩散运动将使得分子与介质表面发生相互作用。

在固/液界面发生的水分子与介质表面的相互作用中，可能会发生两种弛豫过程：一是质子将能量传给介质表面颗粒，从而产生纵向弛豫 $T_1$；二是自旋相位发生不可恢复的散相，产生横向弛豫 $T_2$。

多孔介质的组成对表面弛豫有较大影响，顺磁物质如铁、锰、镍、铬等有很强的弛豫作用，因而含顺磁物质较多的介质中流体的弛豫一般都很快。多孔介质弛豫作用的强弱常用表面弛豫速率来表征，$\rho_1$ 和 $\rho_2$ 分别代表纵向弛豫速率和横向弛豫速率。

表面弛豫的另一个重要特征与介质表面积有关，介质比表面积（多孔介质孔隙表面积 $S$ 与孔隙体积 $V$ 之比）越大，则弛豫越强，反之越弱。因此表面弛豫可表示为：

$$\frac{1}{T_{1S}} = \rho_1 \left(\frac{S}{V}\right)_{pore} \tag{4-11}$$

$$\frac{1}{T_{2S}} = \rho_2 \left(\frac{S}{V}\right)_{pore} \tag{4-12}$$

综上所述，流体分子扩散到介质孔隙表面，分子中的核自旋在介质表面发生弛豫，流体分子（如水分子），扩散速度足够快，使得单孔道内的弛豫是孔道内所有核自旋弛豫的平均，因而单个孔道内流体弛豫为单指数弛豫，表达式为：

$$\boldsymbol{M}_1(t) = \boldsymbol{M}_1(0) \left\{ 1 - \exp\left[-\rho_1 \left(\frac{S}{V}\right)_{pore} t\right] \right\} \tag{4-13}$$

$$\boldsymbol{M}_2(t) = \boldsymbol{M}_2(0) \exp\left[-\rho_2 \left(\frac{S}{V}\right)_{pore} t\right] \tag{4-14}$$

式中，$\boldsymbol{M}_1(t)$ 和 $\boldsymbol{M}_2(t)$ 分别表示 $t$ 时刻的纵向磁化矢量和横向磁化矢量；$\boldsymbol{M}_1(0)$ 和 $\boldsymbol{M}_2(0)$ 分别表示初始 0 时刻的纵向磁化矢量和横向磁化矢量。

**（2）分子自扩散弛豫机制**

当静磁场不均匀时，分子扩散会造成 $T_2$ 弛豫（即相位分散），而纵向弛豫 $T_1$ 不受影响。这个机制可用图 4-4 说明。

在图 4-4 中，假设在 CPMG 的 90°脉冲到来时，分子位于 A 处，之后分子中的自旋磁化矢量被翻转到 $xy$ 平面，在 180°脉冲到来时，分子扩散到位置 B 处并以 $f_0(B)$ 的频率进动，在产生自旋回波的 $T_E$ 时间，该分子扩散到 C 处，并以 $f_0(C)$ 的频率进动，由于磁场不均匀，位置 A→B 之间的磁场高于 B→C 之间的磁场，因而 A→B 之间的进动频率高于 B→C 之间的进动频率，给分子自旋造成附加的相位分散，从而在 $T_E$ 时刻不能获得完整的重聚焦回波。

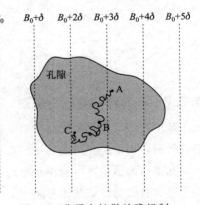

图 4-4 分子自扩散弛豫机制

实际上大量的分子在无规则地运动，各自都产生不同的相位分散，这种相位分散不能用 180°脉冲来重聚焦，从而产生扩散弛豫。对纯液体而言，扩散弛豫的大小可表示为：

$$\frac{1}{T_{2D}} = \frac{D(\gamma G T_E)^2}{12} \tag{4-15}$$

式中，$D$ 是扩散系数；$\gamma$ 是旋磁比；$G$ 是磁场梯度，G/cm（$1G = 10^{-4}T$）；$T_E$ 为回波时间。

在多孔介质的核磁共振研究中，静磁场梯度有两个来源：一是磁体造成的静磁场梯度；

二是由多孔介质磁导率分布不均匀造成的所谓内磁场梯度。后一种情况中，假设介质磁导率和流体磁导率分别为 $X_p$ 和 $X_1$，那么由磁导率差异引起的静磁场变化：

$$\Delta B_0 = \Delta X B_0 \tag{4-16}$$

式中，$\Delta X = X_p - X_1$ 称为磁导率变化率，$B_0$ 为外加静磁场的强度。

此外，这样的静磁场梯度还与介质孔隙结构有关系：

$$G = \frac{\Delta B_0}{R} \tag{4-17}$$

式中，$R$ 为 $\Delta B_0$ 变化的距离（孔隙半径），与孔隙结构有关。

从式(4-15)可见，扩散弛豫与回波时间 $T_E$ 和静磁场梯度大小有关，但根据 Kleinberg 等人的研究结果，在回波时间 $T_E$ 很短时，静磁场比较低并且二者满足下述条件：

$$B_0 T_E / 2 \leqslant 0.5 G \cdot s \tag{4-18}$$

此时扩散弛豫可以忽略不计。在低场核磁共振研究水泥浆体的实验中，静磁场 $B_0$ 一般较低，回波时间也很短。以本试验为例，静磁场 $B_0 = 530G$，回波时间 $T_E$ 一般在 0.0001s 左右，$B_0 T_E / 2 = 0.0265 \leqslant 0.5 G \cdot s$。因此扩散弛豫的影响可以忽略。

（3）自由流体弛豫机制

对一般流体而言，流体弛豫 $T_{2B}$ 的数值通常在 2～3s，要比 $T_2$ 大得多。多孔介质中流体本身的弛豫与表面弛豫相比弱得多，所以在多孔介质的研究和应用中一般可以忽略。

综合以上三种弛豫机制可见，在低场核磁共振和短回波时间的条件下，扩散弛豫可以忽略，而自由流体弛豫较表面弛豫弱得多也可以忽略。因此，表面弛豫机制是控制多孔介质中流体弛豫的主要机制，总的弛豫可以近似为：

$$\frac{1}{T_1} = \frac{1}{T_{1S}} = \rho_1 \frac{S}{V} \tag{4-19}$$

$$\frac{1}{T_2} = \frac{1}{T_{2S}} = \rho_2 \frac{S}{V} \tag{4-20}$$

## 4.2.6　多孔道的弛豫与反演

从上节中可知，多孔介质中流体的自身弛豫和扩散弛豫均可忽略，两种弛豫均受比表面积的控制，即单个孔道内的 $T_1$ 和 $T_2$ 与孔的比表面积 $S/V$ 有直接的对应关系。虽然多孔介质单个孔道内的弛豫可以看作是单指数弛豫，但多孔介质是由不同大小的孔组成的，每种尺寸的孔隙有自己的特征弛豫时间 $T_{1i}$ 或 $T_{2i}$，因此，在多孔介质中存在多种指数衰减过程，总的弛豫为这些弛豫的叠加。其表达式为：

$$\boldsymbol{M}_1(t) = \boldsymbol{M}_1(0) \sum P_i \left[ 1 - 2\exp\left(\frac{-t}{T_{1i}}\right) \right] \tag{4-21}$$

$$\boldsymbol{M}_2(t) = \boldsymbol{M}_2(0) \sum P_i \exp\left(\frac{-t}{T_{2i}}\right) \tag{4-22}$$

式中，$\boldsymbol{M}_1(t)$ 和 $\boldsymbol{M}_2(t)$ 分别表示 $t$ 时刻总的纵向磁化矢量和横向磁化矢量；$\boldsymbol{M}_1(0)$ 和 $\boldsymbol{M}_2(0)$ 分别表示初始 0 时刻总的纵向磁化矢量和横向磁化矢量；$T_{1i}$ 和 $T_{2i}$ 分别表示第 $i$ 组分的纵向和横向弛豫时间，跟所在孔的比表面积或孔径有关；$P_i$ 表示第 $i$ 组分在总磁化矢量中所占的比率。

在实际测量中，以 $T_2$ 为例，获得的是 $T_2$ 衰减曲线，如图 4-5 所示。这个衰减信号是由许多不同孔隙中流体的衰减信号叠加而成的。较大孔隙对应的弛豫时间较长，较小孔隙对应的弛豫时间较短。

对多孔介质系统的弛豫特性进行研究，一般需要采用数学手段对所测得的弛豫信号进行反演计算以获得弛豫时间谱。所谓反演就是从总衰减曲线中求得各弛豫分量 $T_{1i}$ 和 $T_{2i}$ 及其对应的份额即 $P_i$。其本质就是解如式(4-21)的多指数求和方程，在数学上就是求解第一类 Fredholm 积分问题，这是一个非适定问题，也就是说存在许多不同的 $T_1$ 或 $T_2$ 分布都能很好地拟合到原始弛豫衰减曲线，这种相似性增大了反演过程的难度。能用来求解的方法有：奇异值分解法、变换反演算法、非线性最小二乘法等，由于涉及到过多的数学过程不是本章的重点，此处不展开详述。反演结果可以反映孔隙中的流体含量、弛豫特性以及孔径分布等信息。

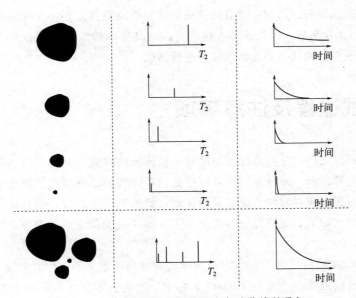

图 4-5　多孔介质内多指数弛豫衰减曲线的叠加

### 4.2.7　实验仪器

实验所用仪器以国产苏州纽迈分析仪器股份有限公司生产的 PQ-001 型（Niumag，PQ-001）核磁共振分析仪为例，如图 4-6 所示。该仪器采用"一箱式"设计并选用优质大磁体；仪器分析速度快、操作简便、校正简单稳定，准确性和重复性表现优异，同一样品在相同条件不同时段的测量相对误差小于 0.5%。样品无需特别制备，可实现无损检测，已在食品、石化、建材等领域得到广泛应用[8-9]。

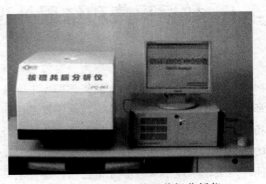

图 4-6　PQ-001 型核磁共振分析仪

主要指标有：磁体系统包括一台永久磁体，磁场强度为 0.53T，对应质子的共振频率为 22.6MHz，磁场均匀度在 $4×10^{-5}$；磁体采用高精准电子恒温控制系统，腔体控温精度为 ±0.02℃，整个实验期间温度设定为 32℃；射频场脉冲频率范围在 1～30MHz，射频频率控制精度为 0.01Hz，射频功率放大器的峰值输出功率大于 20W，线性失真度小于 0.5%；信号接发方式为数字正交检波，接收机增益大于 40dB，最大采样带宽大于 300kHz；采样峰点数可达 20000 个，最短回波时间小于 160μs，样品弛豫时间测量范围在 80μs～18s；有效样品检测最大尺寸 25mm×25mm×30mm，样品管外径为 15mm（标配）；选配的多指数反演软件可进行 $T_1$、$T_2$、$T_2^*$ 的反演拟合。

# 4.3 取样/样品制备

低场核磁共振仪器对样品制备没有特殊的要求，样品直径需要小于采样室样品管的直径（25mm），水泥与水拌和后可以直接装入样品管内（高度一般需小于 20mm），然后放入仪器进行连续测试，或者达到某个水化龄期时再进行测试。

# 4.4 测试过程及注意事项

在正式开始测试之前，首先将标准油样放入磁体箱内并完成系统参数的设置工作，然后将需要进行实验的样品放入磁体箱内，对该样品设置合理的序列参数。如果想对样品进行连续测试，则可以直接在仪器软件上设置采样计划，如果不连续测试，则直接备注样品名称后测试即可。仪器所在的实验室室温应不高于 30℃，高于此温度易引入误差，在夏季应采用空调控温。

在进行 CPMG 实验时，由于 CPMG 序列实验对样品中发生的自扩散很敏感，任何多余的运动都会导致信号的变形。在进行 CPMG 实验时，请注意不要让仪器发生振动或样品发生移动。

# 4.5 数据采集和结果处理

低场核磁共振法测试过程主要是仪器对样品中可移动的氢质子信号进行采集，典型的纵向弛豫和横向弛豫信号峰点曲线如图 4-7 和图 4-8 所示。无论是纵向弛豫还是横向弛豫信号量都与氢质子含量成正比关系，而水泥样品中由于只有水分子中存在可移动的氢质子，因此低场核磁共振仪器得到的信号量与可移动的水分子质量是成正比的。对低场核磁共振仪器得到的信号量数据进行反演（一般用仪器自带的反演软件即可完成该项工作），反演波峰则可以象征性地表示水泥中水分子分布信息，而且也可以间接表征孔径的分布情况。

对低场核磁数据的处理则主要根据所研究内容进行不同的处理方式，可以将信号衰减曲

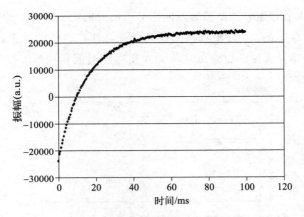

图 4-7　采用 IR 序列测得的纵向弛豫恢复信号峰点

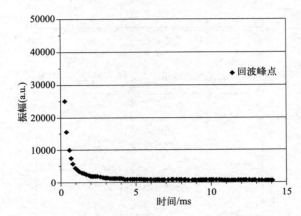

图 4-8　CPMG 脉冲序列测得的横向弛豫衰减信号峰点

线的第一波峰点作为总信号量，得到水泥水化中信号量随水化时间的演变曲线，对该曲线数据进行适当公式的推导可以得到水泥水化动力学过程不同的转折点以及每个时刻的水化程度等。如果利用低场核磁共振方法进行水化连续测试，则会得到大量的实验数据，此时可以借助 Excel 的 VBA 编程功能或其他编程语言，对数据进行批量处理。

# 4.6　结果的解释和应用

### 4.6.1　氢质子弛豫谱与新拌浆体中水的状态与分布

新拌浆体注入样品管后即可测试，以加水时间为零起点，将不同组成的浆体加水 15 分钟后测得的弛豫信号经反演处理后得到 $T_1$ 分布谱图，如图 4-9（水泥净浆的对比）和图 4-10（复合浆体的对比）所示[9-11]。

正如 4.2.5 节中关于多孔介质中流体的弛豫机理所介绍的那样，多孔介质中流体的弛豫主要受制于表面弛豫机制，即固相介质的比表面积越大，水分子与固相表面发生碰撞产生弛豫的概率越大，进一步说，水分子所在孔径越小弛豫时间就越短（把孔假设成圆柱孔或球状孔等）。由此可以从水的弛豫时间的长短判断水分子所处的固相环境。综合图 4-9 和图 4-10 来看，不同组成的新拌浆体的 $T_1$ 分布具有相似的特征，即在较长的弛豫时间段内（10～30ms 范围内）分布有一个信号强度非常强的主峰，在短弛豫时间段内（0.01～2ms 范围内）分布有信号不太显著的次峰（0.35SP 除外）。

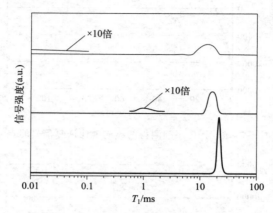

图 4-9　水泥净浆水化 15 分钟时的 $T_1$ 分布图
———— 0.35SP；———— 0.35；———— 0.28

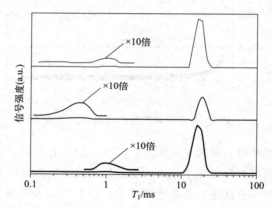

图 4-10　复合浆体水化 15 分钟时的 $T_1$ 分布图
———— 0.35；———— 0.35F10；———— 0.35S10
0.35F10 表示样品的水胶比为 0.35 且粉煤灰掺量为 10%，0.35S10 表示水胶比为 0.35 且硅灰掺量为 10%

　　初始水化的浆体由于水泥水化反应程度很低，浆体尚处于塑性可流动状态，此时的浆体可以简化为由水和水泥颗粒组成的悬浮体系。由于水泥（包括粉煤灰和硅灰在内的粉体）颗粒粒径通常在微米级的范围内，属于微细粉体的范畴，在水泥-水体系中，由于静电引力、热运动、范德华力等作用，水泥颗粒极易絮凝成团状网络结构，将一部分自由水包裹在其中。这部分水由于被限制在结构较为紧密的絮团结构中，受固相表面的作用也较为强烈，其弛豫时间大大缩短。除此之外，浆体中绝大部分的水则填充在未絮凝的水泥颗粒或絮团的间隙，由于此时浆体水化程度低，固相比表面积还未显著增长，对这部分水的弛豫影响有限。所以，在早期浆体的 $T_1$ 分布图谱中，弛豫时间较长的主峰表示分布在水泥颗粒间较自由的水；而弛豫时间明显变短的次峰则表示浆体中絮凝结构中的水。

对比图 4-9 中三种净浆浆体的 $T_1$ 分布曲线，水灰比为 0.28 和 0.35 的浆体的主峰顶点位置分别为 14.17ms 和 16.30ms，而掺高效减水剂 0.35SP 的则为 21.54ms。可见水灰比越小的浆体，填充在颗粒间隙的水的 $T_1$ 分布趋短，而在同等水灰比的前提下，由于高效减水剂良好的分散效应，$T_1$ 分布趋向于长弛豫时间段。由于次峰对应于絮凝结构中的水，因而其分布位置主要受制于影响絮凝结构生成的因素，例如粉体颗粒细度、水灰比、搅拌方式等，而高效减水剂的分散效应抑制了絮凝结构的生成，因此在 0.35SP 试样的 $T_1$ 分布图中没有出现次峰。

图 4-10 中是水胶比相同的净浆和复合浆体的 $T_1$ 分布图，谱图的形态类似于净浆，其中主峰对应浆体中较自由的水而次峰则对应絮凝结构中的水。由于水胶比相同，浆体内颗粒间距相近，因而主峰峰点位置也相近，分别为 16.30ms、18.74ms、16.29ms。此外在未掺入高效减水剂的前提下，复合浆体中也易形成絮凝结构，出现了显著的次峰[12]。

图 4-11 展示了水化早期（15min 至 3 天）水泥浆体中水的分布情况。在新拌浆体初始水化阶段，水主要分布在 50～200nm（水灰比 0.35 的浆体）或 30～150nm（水灰比 0.28 的浆体）的孔隙中，这部分孔隙主要是水泥颗粒间隙的毛细孔。另有少量水分布在 15～35nm（水灰比 0.35 的浆体）或 5～10nm（水灰比 0.28 的浆体）的孔隙中，这部分主要是水泥颗粒外部水化产物中的凝胶孔。水化 1h 左右，由于处在诱导期，水的分布峰变化不大。但是 3h 后随着加速期的到来，水的分布峰出现了显著的变化。首先是峰的包络面积不断降低，这是由于浆体中的物理结合水量的减少；其次峰的位置逐步向小孔隙移动，水化 24h 左右，水主要分布在 2～30nm 的孔隙中，这对应于水泥颗粒水化产物的凝胶孔。水化 1～3 天，尽管水的分布峰包络的面积还在进一步降低，但是由于水化反应的放缓，分布峰的变化也同样变小。水化 3 天左右，硬化浆体中的水进一步集中分布在 1～15nm 的凝胶孔中[13]。

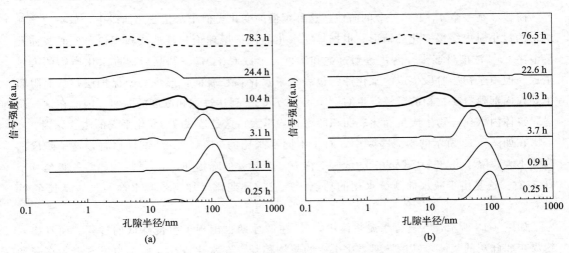

图 4-11　水泥浆体中水的分布随时间的变化
(a) w/c=0.35；(b) w/c=0.28

## 4.6.2　氢质子弛豫时间与水化过程的关系

将水化 15 分钟～72 小时内不同时间点测得的各浆体的 $T_1$ 分布数值作加权处理，以计算所得的加权平均值表征此时浆体中水的弛豫特征。$T_1$ 加权平均值的计算方法如下式：

$$T_{1w} = T_{11}P_1 + T_{12}P_2 + \cdots + T_{1i}P_i = \sum T_{1i}P_i \qquad (4\text{-}23)$$

式中，$T_{1w}$ 表示 $T_1$ 加权平均值；$T_{1i}$ 表示第 $i$ 个特征弛豫时间；$P_i$ 表示对应 $T_{1i}$ 的信号强度在总信号强度中所占的比率。

根据本书中关于 BT 快弛豫理论的叙述，多孔介质的弛豫主要受制于表面弛豫机制的影响，介质比表面积越大，对水分子弛豫时间的影响越强，$T_1$ 也越短。在水泥浆体水化凝结过程中，大量的水化产物填充或细化了浆体的微孔结构，浆体的比表面积不断增大，因此随着反应的进行，$T_1$ 加权平均值也逐步减小。如图 4-12 和图 4-13 所示，无论是水泥净浆还是复合浆体，$T_1$ 加权平均值随水化时间的增长逐步降低。根据 $T_1$ 下降曲线速率的不同，可以将下降的过程划分为明显的 4 个阶段[9-11]。

（1）初始期（阶段 1）——0.0~0.25h

初始期是以加水时间为零起点至水化 15min 这一较短的时期。尽管此时整体水化反应程度很低，但部分易水解和活性强的矿物如 $C_3A$ 已经发生反应，产物包裹在颗粒表面。通常，自由状态的水的 $T_1$ 可达数秒，受固相颗粒表面的影响，水化 15min 时，新拌浆体中水的 $T_1$ 已经显著降低。对应于净浆 0.28、0.35、0.35SP 试样中水的 $T_1$ 已分别降至 13.14ms、16.20ms、21.68ms，对应于复合浆体 0.35、0.35F10、0.35S10 试样中水的 $T_1$ 分别为 16.20ms、16.45ms、16.78ms。显然，类似于 $T_1$ 分布图谱中主峰峰点位置的情形，水灰比小的浆体内水的平均弛豫时间也短，而高效减水剂的分散作用则延长了弛豫时间；当水胶比相同时，浆体中水的 $T_1$ 也相近。

（2）诱导期（阶段 2）——0.25~2h

阶段 2 是一个 $T_1$ 下降平缓的阶段，这种缓慢的变化类似于水化放热曲线中，放热速率在最初的数小时内缓慢变化的情形。根据早期水化的保护层理论和延迟成核理论，此时浆体孔溶液中 $Ca^{2+}$ 浓度将逐步升高并达到过饱和浓度，形成 $Ca(OH)_2$ 结晶后促进水化产物的大量生成。但由于初始阶段生成的水化产物包裹在未水化颗粒表面，形成一个保护层，从而阻碍了颗粒内部熟料矿物相的溶解产生 $Ca^{2+}$，延缓了 $Ca^{2+}$ 到达过饱和浓度的时间。因此在这一阶段，浆体内水化产物生成量和比表面积的增长均不大，这是造成 $T_1$ 变化平缓的主要原因。

在如图 4-12 所示的水泥净浆中，对于不同水灰比的 0.35、0.28 试样而言，这一阶段的降幅不大，除了 0.35SP 试样在 0.25~1h 内有一个较大的降幅外，$T_1$ 缓降的趋势一直延续至 4h 左右。这是由于减水剂延缓水化的功能，造成诱导期比未加高效减水剂的浆体延长至 4h 左右。

如图 4-13 所示，在复合水泥浆体中，$T_1$ 在诱导期也出现了缓慢降低的过程。而且掺入粉煤灰和硅灰的浆体，其诱导期要比未掺的浆体稍长。在水化放热实验中也发现，粉煤灰和硅灰也会引起诱导期的延长，采用低场核磁共振的方法得到了相同的结论。在早期的浆体中，粉煤灰通常扮演着非活性填充料的作用，客观上提高了与水泥反应的水量，同时也降低了孔溶液中 $Ca^{2+}$ 的浓度。此外，粉煤灰的低钙富硅表面也容易吸收 $Ca^{2+}$，从而降低了孔溶液中 $Ca^{2+}$ 的浓度。所以，粉煤灰通过延长 $Ca^{2+}$ 达到过饱和浓度的时间而延长了诱导期。在低水胶比的浆体中，掺入硅灰也会延长浆体的诱导期。这是由于硅灰粒径小，易于吸附或聚集在水泥颗粒表面，这不利于熟料相的溶解；同时硅灰也容易形成团絮并包裹部分浆体中的水，减少了可供水泥水化的水量。所以，掺入硅灰也使浆体水化的诱导期被延长。

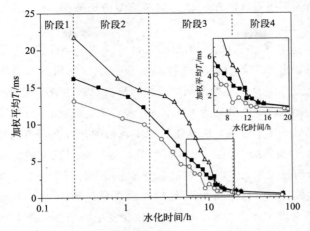

图 4-12　水泥净浆中水的 $T_1$ 随水化时间的变化

—△— 0.35SP；　—■— 0.35；　—○— 0.28

### （3）加速期（阶段 3）——2～20h

诱导期结束后，随着包裹在水泥颗粒表面的保护层破裂，新的表面得以跟水接触反应，使得加速期开始。这一阶段约持续 18h，其间由于 $Ca^{2+}$ 达到过饱和浓度后 $Ca(OH)_2$ 开始结晶沉淀，促进了 $C_3S$ 的水化并生成大量 C-S-H 凝胶产物。凝胶产物填充并细化了浆体的孔隙结构，浆体中的水逐步填充在不同大小的微孔内。由于凝胶产物巨大的比表面积，浆体的比表面积也随之迅速增大，受固相表面的影响，随着水化时间的增长，水的 $T_1$ 在这一阶段显著降低。

在水泥净浆中，对于单位质量的浆体而言，由于低水灰比浆体内固相含量比高水灰比的浆体要高且颗粒间距要小，因此微结构越紧密孔结构越细化，固相表面的影响越强，因而在相同的水化时间，水灰比为 0.28 的试样其 $T_1$ 要比 0.35 的低。在同样水灰比的条件下，由于高效减水剂对颗粒的分散作用和延缓水化作用，在相同的水化时间，0.35 试样的 $T_1$ 又比 0.35SP 的要低。

在复合浆体中，尽管三种浆体中水的 $T_1$ 都呈下降趋势，但在相同的水化时间，各自的下降程度并不一致。对于掺入粉煤灰的 0.35F10 浆体而言，由于此时粉煤灰的活性还未被激发，只有水泥在继续水化，所以每单位质量的浆体中，水化产物的生成量相对于同水胶比的净浆要少。因而粉煤灰浆体中水的弛豫受到固相表面的影响要弱于净浆中的水，从而导致 $T_1$ 在同样的水化时间内略长。在掺入硅灰的 0.35S10 浆体中，硅灰此时的活性也较弱，因而在水化约 7h 之前，水化产物仍然较少，其 $T_1$ 也较净浆的要长。但在浆体中饱和氢氧化钙溶液的环境下，硅灰低钙富硅的表面层活性也逐渐被激发，加上硅灰颗粒粒径很小，极易成为 C-S-H 凝胶或氢氧化钙产物结晶的成核点，从而促进了水化反应的进行。7h 后，硅灰对浆体中水化产物生成的促进作用导致了 $T_1$ 的迅速降低，甚至超过了净浆。

在水化 8～12h 的范围内，无论是水泥净浆还是复合浆体（除了掺入高效减水剂的

0.35SP）均出现了一段"台阶"，即在此段时间内，$T_1$ 下降的趋势被打断，出现了不降反升的阶段（详见图 4-12 和图 4-13 中的小图）。类似的现象在其它文献中亦有报道[14]。产生这一现象的原因可以归结为钙矾石（$C_6A\bar{S}_3H_{32}$）向单硫型硫铝酸盐（$C_4A\bar{S}H_{18}$）的转变，该反应如下式所示：

$$C_6A\bar{S}_3H_{32}+2C_3A+22H \longrightarrow 3C_4A\bar{S}H_{18} \tag{4-24}$$

水化反应开始后，水泥中的石膏首先与 $C_3A$ 反应生成钙矾石，当反应进行至约 8 小时后，石膏的量被消耗完，而多余的 $C_3A$ 则继续跟钙矾石反应生成单硫型硫铝酸盐。由于单硫型硫铝酸盐的密度比钙矾石大（分别为 $1.99g/cm^3$ 和 $1.75g/cm^3$）且具有较好的结晶度，这种转变就会在浆体内部引入化学收缩，而且使得原本疏松的微细孔转变为较大的孔隙，固相的比表面积下降，导致 $T_1$ 的增大。由以上分析可见，这一转变发生的前提是浆体中有一定量的钙矾石生成且石膏消耗完毕而 $C_3A$ 应过量。当参加反应的石膏与 $C_3A$ 摩尔比小于 3 时，将有单硫型硫铝酸盐生成。本实验中所用水泥 $C_3A$ 的含量达到 10.4% 而石膏的含量为 4.2%，参加反应的石膏与 $C_3A$ 摩尔比为 0.8，符合上述转变发生的条件。图 4-12 中显示，掺高效减水剂的 0.35SP 浆体中，$T_1$ 下降的曲线在 8~12h 的范围内却没有出现"台阶"，这可能是由于高效减水剂的聚合物分子吸附在钙矾石晶须表面抑制了甚至停止了钙矾石的结晶生长所致。此外，在复合浆体中"台阶"的出现要比净浆中出现的时间早约 2h，这是由于粉煤灰和硅灰的掺入促进了水泥的水化，从而使这一转变提前出现。

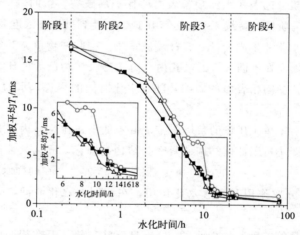

图 4-13　复合水泥浆体中水的 $T_1$ 随水化时间的变化

■—— 0.35；○—— 0.35F10；△—— 0.35S10

（4）稳定期（阶段 4）——20~72h

水化加速期过后，尽管水化仍在继续但 $T_1$ 的变化趋于平缓。此时浆体已经凝结固化，微结构也已经初步形成。浆体内的水除了转变为化学结合水外，其余主要以物理结合的形式存在于浆体中成为毛细水或凝胶水。水化至 72 小时，0.28、0.35 和 0.35SP 试样的 $T_1$ 分别为 0.31ms、0.42ms 和 0.44ms，由此可见对水灰比相同的浆体，尽管高效减水剂会延缓浆体最初一段时间的水化，一度使 $T_1$ 较未掺高效减水剂的浆体的 $T_1$ 要长，但水化至 72h 后高效减水剂对 $T_1$ 的影响已经很小，两者 $T_1$ 的差值也缩小至 0.02ms。相比不同水灰比浆体之间，

$T_1$ 仍然相差 0.11ms。对于 0.35、0.35F10 和 0.35S10 三种浆体，水化 72h 后三者的 $T_1$ 分别为 0.42ms、0.87ms 和 0.39ms。由于硅灰的火山灰活性发挥作用要早于粉煤灰以及硅灰本身细小的粒径都有利于水化产物的生成和固相比表面积的增长，因而硅灰浆体的 $T_1$ 要比净浆的低，而粉煤灰浆体的 $T_1$ 要比净浆的长。

### 4.6.3　氢质子弛豫信号量与水化过程中物理结合水的演变关系

采用 IR 脉冲序列测 $T_1$ 时，由于化学结合水中质子的信号在 $\pi/2$ 脉冲后衰减很快，以至于难以被仪器采集到，故实际测得的信号是物理结合水中质子的信号。又由于共振信号的强度与样品中发生共振的质子数目成正比，所以实际采集到的信号强度正比于样品中物理结合水量。为了增加不同浆体之间的可比性，把初始 15 分钟时测得的信号总量设定为 100%，将随后不同水化时间测得的总信号量与之相比，从而反映浆体内物理结合水的相对含量随水化时间的变化规律，如图 4-14 和图 4-15 所示。随着水化反应的进行，越来越多的物理结合水转变为化学结合水，因此不同浆体的总信号量均呈下降趋势。如同弛豫时间的降低那样，物理结合水信号量的降低也是伴随水化进程而发生的，也可以划分为特征显著的四个阶段。

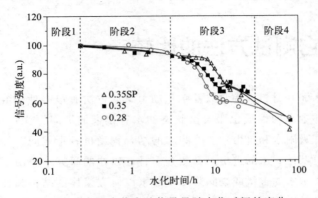

图 4-14　水泥净浆中总信号量随水化时间的变化

对于水泥净浆，如图 4-14 所示，在诱导期（阶段 2），由于水化产物生成量少，水的消耗慢，在此阶段不同浆体的信号量降幅很小。在加速期（阶段 3），随着水化反应的加速进行，物理结合水转变为化学结合水的速度加快，信号量的变化曲线也随之大幅降低。在相同的水化时间，水灰比小的试样比水灰比大的试样信号量下降得更快，而同等水灰比条件下，高效减水剂的掺入使信号量的降低幅度减小。在稳定期（阶段 4），尽管如前所述，这一阶段的 $T_1$ 变化趋缓，但由于水化反应仍在进行，例如 $C_2S$ 开始水化，因此总信号量仍然有显著的下降。

对于掺入粉煤灰的复合浆体（图 4-15），由于粉煤灰的活性未激发，在浆体中仅作为惰性填充料。所以，更多的水提供给水泥水化，这就有助于水泥的水化和水化产物的生成，也加速了水的消耗。因而水化至相同的时间，粉煤灰浆体 0.35F10 中物理结合水的信号量下降得最快。但是在 4.6.2 节中提到，粉煤灰浆体的 $T_1$ 下降得却比其它浆体的要慢。这一相对比的情形说明，粉煤灰的掺入促进了复合浆体中水泥的水化，使物理结合水的消耗更快；而考虑粉煤灰在内的复合浆体整体的水化产物量和水化程度却比净浆要低。

对于掺入硅灰的复合浆体 0.35S10（图 4-15），由于硅灰一开始（阶段 1 和阶段 2）易于

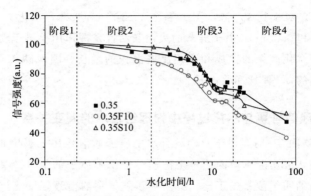

图 4-15　复合浆体中总信号量随水化时间的变化

形成团絮而包含浆体中的部分水，抑制了浆体中物理结合水的消耗，所以在几乎 7 小时之前，硅灰浆体中物理结合水的降低幅度一直小于其它两种浆体。但在 7 小时之后，由于硅灰细小的粒径有助于 C-S-H 凝胶和氢氧化钙的成核结晶，促进了水泥的水化，因而加快了物理结合水的消耗，信号量也迅速下降到低于水泥净浆。

# 4.7　与其它测试方法的比较

　　通常研究硬化水泥基材料中的水以及水化动力学的方法有很多种，由于水泥浆体结构和组成的复杂性，浆体中水的性质也跟自由状态的水有很大的不同。首先水的存在形态多样，有化学结合水、物理吸附水和自由水，这些水的结合程度也各不相同；其次由于浆体微孔结构网络交错连通的复杂性，水的进出路径复杂多样。以往的研究中采用了各种技术手段，目的是定量地测定浆体中水的含量或去除浆体中的水以研究浆体的结构和性能。通常熟知的定量测定浆体中水的含量方法有炉干法、真空法、冻干法、溶液取代法、D 干燥法、P 干燥法、热分析法、中子散射法和低场核磁共振法。其中可以真正实现无损、连续检测并且可以快速定量区分硬化水泥基材料中不同状态的水的方法只有低场核磁共振法和中子散射法。总的来说，低场核磁共振法主要有快速、无损和连续的优势。低场核磁共振法通过仪器快速采样［几秒到几分钟，依据样品不同时间有些不同，一般采用 CPMG 脉冲序列或反转恢复序列（IR）方法对水泥样品进行采样，采样时间一般少于 2min 1 次］，可以快速捕获样品中水含量的动态变化。低场核磁共振法无损检测体现在其对样品要求极低，样品不需要任何处理，可以原位进行检测，不需要预干燥，不会对样品产生任何破坏。低场核磁共振法连续测试体现在其可以对同一个样品连续不间断测试，可以设置采样计划原位跟踪监测样品中不同状态水的演变，并且可以间接表征样品微结构的变化情况。

# 4.8　小结

　　综上所述，低场核磁共振法在水泥混凝土领域是一种比较新颖的方法，该方法可以快速得到水泥样品中水的分布、含量以及水的状态和演变。通过连续地监测水泥样品中水的各种变化，可以得到水泥样品水化动力学过程的变化情况，进而进一步了解水泥样品在水化硬化过程中的细节。水分子中氢质子弛豫行为的测量是该方法的核心，其中弛豫时间和弛豫信号量是两个关键指标。弛豫信号量与材料中除化学结合水以外的物理结合水量成正比关系，而根据多孔介质弛豫理论，弛豫时间的长短又跟水分所在孔隙的大小和比表面积存在直接关联。因此，氢质子弛豫行为的测量可以在无损、连续、快速的前提下获取材料内部水分含量及其所在孔隙结构的双重信息。相较于传统研究方法而言具有独特的优势，可以作为一种补充方法，使得水泥混凝土领域研究方法更加完善，并且为进一步探索水泥水化动力学及其微结构的形成发展提供强有力的支持。

# 参考文献

[1] Halperin W P, Jehng Y, Song Y. Application of spin-spin relaxation to measurement of surface area and pore size distributions in a hydrating cement paste. Magnetic Resonance Imaging, 1994, 12: 169-173.

[2] Gorce J, Milestone N B. Probing the microstructure and water phases in composite cement blends. Cement and Concrete Research, 2007, 37: 310-318.

[3] George C, 肖立志, Manfred P. 核磁共振测井原理与应用 [M]. 北京: 石油工业出版社, 2007.

[4] 陈权. 岩石核磁共振及其在渗流力学和油田开发中的应用研究. 武汉: 中国科学院武汉物理与数学研究所, 2001.

[5] 王为民. 核磁共振岩石物理研究及其在石油工业中的应用. 武汉: 中国科学院武汉物理与数学研究所, 2001.

[6] Brownstein K R, Tarr T C. Importance of classical diffusion in NMR studies of water in biological cells. Physical Review A, 1979, 19: 2446-2453.

[7] McDonald P J, Korb J P, Mitchell J, et al. Surface relaxation and chemical exchange in hydrating cement pastes: A two-dimensional NMR relaxation study. Physical Review E, 2005, 72: 11409-11417.

[8] 姚武, 佘安明, 杨培强. 水泥浆体中可蒸发水的1H核磁共振弛豫特征及状态演变. 硅酸盐学报, 2009, 37: 1602-1606.

[9] 佘安明. 水泥浆体中水的状态演变及其与浆体水化过程和微结构的关系. 上海: 同济大学, 2010.

[10] She A, Yao W, Wei Y. In-situ monitoring of hydration kinetics of cement pastes by low field NMR. Journal of Wuhan University of Technology-Materials Science Edition, 2010, 25: 692-695.

[11] 佘安明, 姚武. 质子核磁共振技术研究水泥早期水化过程. 建筑材料学报, 2010, 13: 376-379.

[12] She A, Yao W. Probing the hydration of composite cement pastes containing fly ash and silica fume by proton NMR spin-lattice relaxation. Science in China-Technological Sciences, 2010, 53: 1471-1476.

[13] She A, Yao W, Yuan W. Evolution of distribution and content of water in cement paste by low field nuclear magnetic resonance. Journal of Central South University, 2013, 20: 1109-1114.

[14] Faure P F, Rodts S. Proton NMR relaxation as a probe for setting cement pastes. Magnetic Resonance Imaging, 2008, 26: 1183-1196.

# 第 5 章

# 水泥基材料自收缩测试

## 5.1 引言

Lynam 于 20 世纪 30 年代首次观察到水泥基材料的自收缩（autogenous shrinkage）现象[1]，亦被称为自干燥（self-desiccation）体积变形[2-3]。而由于传统混凝土强度较低，水灰比较大，自收缩现象不明显，且在实际工程中混凝土的干燥收缩远大于自收缩，因此学术界及工程界一直都没有重视混凝土的自收缩现象。近年来，工程应用的现代混凝土强度不断提高，水灰比不断降低，导致自收缩变形显著，出现了大量由其引起的开裂现象，影响了混凝土的耐久性，因此其得到了学术界及工程界的广泛重视[4-6]，特别是高强、超高强混凝土的出现和广泛应用使得近些年对于自收缩的研究开展得更为广泛。普遍认为混凝土的自收缩现象随水灰比的降低而更为显著[7-8]，根据 Powers 模型水灰比为 0.42（近些年的一些研究也认为此水灰比应为 0.39）是水泥混凝土自收缩变形的临界点。由于水泥种类，矿物掺和料等因素的影响，临界水灰比在 0.36~0.48 之间变动[7]。

在过去的几十年里，研究者们提出了自收缩的不同定义，主要有三类：①在早期，自收缩被定义为由水化产物和反应物之间体积差[9] 产生的化学收缩，或称为 Le Chatelier 收缩[10]，这个定义强调了自收缩的化学反应来源，而忽略了内部干燥引起的收缩；②自收缩被定义为由于水泥水化作用引起基体孔隙内相对湿度降低，导致孔隙内毛细压力升高而引起的收缩，即自干燥收缩[11-13]，这是目前最为普遍接受的定义；③自收缩是化学收缩和自干燥收缩的总和[1,14]。而根据混凝土初始结构形成阶段划分，自收缩可分为塑性阶段自收缩（结构形成之前）及硬化阶段自收缩（结构形成之后）。前者的自收缩与化学收缩引起的绝对体积变化一致；后者的自收缩则可被视为等同于自干燥收缩。尽管研究者对自收缩的定义仍存在争议，有一点却是被广泛接受的，即自收缩应该是混凝土独立于周围温湿度变化和外部负载产生的自体变形，而化学收缩是自收缩的原始驱动力。

水泥水化引起的自干燥收缩的驱动力主要包括三种：①表面张力[15-16]：研究表明，水泥颗粒表面张力的变化会导致水泥浆体体积收缩或膨胀。颗粒表面的吸附水增加，表面张力减少，从而导致体系膨胀，反之则引起收缩[16]。当水泥基材料的内部相对湿度高于 75％时，表面张力并不对自收缩起主导作用[11]。②拆开压（拆散压力）：产生于有吸附水分子层的两非常接近的固体表面之间的相互吸引力作用，主要和两表面相互作用的吉布斯能总和有关。此作用力的数量级在 1MPa 左右，通常在高相对湿度的情况下对体系收缩变形影响显著[17-18]。部分研究者认为不应低估它对于自收缩的整体影响，因此在预测自收缩时也经常被加入计算[18]。而另外一部分研究者则认为拆开压在自干燥的相对湿度范围内（75％～100％）的变化很小，因此其不应成为自收缩的主要原因[11,19]。③毛细压力/毛细负压：在水泥基材料中，其是指非饱和孔中气液弯月液面处气体与液体的压力之差。它被认为是自收缩的主要原因，在内部相对湿度高于 45％ 时作用显著[11,20-21]。

水泥基材料与水接触后经历三个不同阶段：塑性、凝结和硬化阶段[22]。在塑性阶段，水泥浆中的所有孔都充满水，此阶段的体积变形主要来自水泥水化所产生的化学收缩[7,11]，该收缩不产生内部应力，因此是无害的。研究人员在测定水泥基材料的自收缩变形时通常不考虑这一阶段的体积变形。一旦水泥的刚性结构开始形成，即进入凝结阶段，毛细孔中的部分水被逐渐消耗，在孔隙中开始形成空气和孔溶液的弯月液面。一般认为混凝土中干燥顺序是从大孔开始，逐渐向小孔发展，混凝土中内部相对湿度下降，根据 Kelvin-Laplace 方程，毛细压力开始上升，形成孔隙水压力和导致体积收缩[7,23]。随着水化的进行，浆体进入硬化阶段，孔隙中的相对湿度不断下降，毛细压力提升更为显著。因为硬化水泥会约束变形，而在内部形成内应力，当此应力超过硬化水泥的抗拉强度时，产生裂纹[6,24]，从而影响混凝土结构的耐久性。

目前存在多种测定水泥基材料自收缩的实验方法，其测试原理、样品尺寸和形状、测试起止时间点等各不相同，因此，不同测试方法得到的试验结果可能存在一定差异。本章主要讨论几种常用的自收缩测试方法的原理、测试过程及注意事项、数据采集及结果处理、测试优缺点以及一些改进建议等。

# 5.2  测试方法及原理

基于不同的水泥基材料自收缩概念，以及所依据的不同国家标准，自收缩的测试方法多样。根据测试方法原理的差异，可将测试方法分为直接测试法和间接测试法，如图 5-1 所示。直接测试法是通过测试试件长度或体积的变化来反映水泥基材料的收缩变形，而间接测试法是通过监测与收缩密切相关的参数来反映水泥基材料的收缩，主要包括内部相对湿度、内部应力及孔隙压力等。本章重点介绍直接测试法，并简要探讨间接测试法的相关原理。在直接测试法中，体积测试法通常是在恒定温度下测量相对小体积的水泥浆体样品的体积变化，而长度测试法的应用相对更广，亦适用于混凝土样品。另外，长度测试法有一个潜在假设，即水泥基材料体积变形是各向同性的，研究中常简单地认为长度测试的结果为体积测试的结果的 1/3[8]。

## 5.2.1  体积测试法

自收缩的体积测试法可以分为膜（membrane）法或浮力法[8,12]和毛细管（capillary tube）方法[8]，两者的测试原理并不相同。体积法可以从浇筑水泥浆开始测量，但密封试样用橡胶膜的刚度对水泥浆体凝结硬化前的测试数据有一定的影响。

膜法（或浮力法）最早是由 Yates[26] 在 20 世纪 40 年代提出的。其原理是将浆体密封在

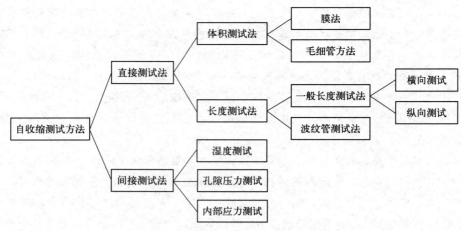

图 5-1　自收缩测试方法分类[25]

橡胶膜内,由于浆体自收缩造成的体积变化会导致其在液体中的浮力发生改变,而此变形可以通过记录橡胶膜内样品在液体中的浮力随时间的变化来进行评估。该测试方法受水泥浆体的泌水(尤其常见于高水灰比浆体)和环境温度的变化影响[7,8],其原因是水泥浆泌出的水被重吸收会引起体积膨胀,而环境温度则会影响液体的密度进而影响测得的自收缩变形。

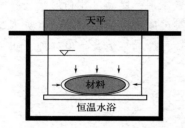

图 5-2　采用橡胶膜进行
自收缩测试[27]

Justnes 等[27] 于 1996 年对 Yates 的方法进行改进,提出了如图 5-2 所示的实验装置。针对泌水的问题,一些研究人员通过旋转充满水泥浆的橡胶膜以避免泌水[28,29],此方法也被运用在长度法的测试中。虽然采用旋转的方式可大幅降低浆体的泌水,但仍不能完全消除泌水的影响。另外,旋转水泥浆体有可能造成基体微观结构的改变[29]。为了提高测试的可重复性和准确性以及消除浸没液体温度变化带来的影响,Loukili 等人[30] 在测试过程中控制水浴的温度,并监测了相应的重量变化。他们还研制了避免水位变化和水浴温度梯度的测试设备[31]。

毛细管方法通常用于测量水泥基材料的 Le Chatelier 收缩/化学收缩,较少用于自收缩。目前的测试装置沿用了由 Tazawa 和 Miyazawa[32] 开发的实验装置(如图 5-3 所示)。这种测试 Le Chatelier 收缩的方法已经形成规范,如 ASTM C1608-17[33],标准中包括测定体积变化(Procedure A)和质量变化(Procedure B)两种测试过程。水泥水化导致的化学收缩可以通过插在水泥浆体顶部毛细管中的弯月液面精确读出[如图 5-3(b)所示]。虽然毛细管方法简单且容易执行,但尤其是当样品厚度较大及试样水灰比较低时[34],测试结果的离散性较大,且受热效应的影响也较明显。

## 5.2.2　长度测试法

### 5.2.2.1　一般长度测试法(美国材料测试与标准协会 ASTM C157[35] 与日本混凝土协会 JCI[12, 36])

一般长度测试法测定硬化水泥基材料时有固定支撑,所测得的结果比体积法稳定。该方

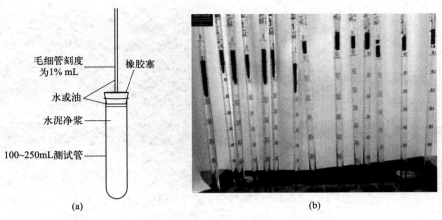

图 5-3 水泥浆 Le Chatelier 收缩（化学收缩）的测试[31]

法适用于水泥净浆、砂浆及混凝土（取决于模具的大小）。通常的密封方法有两种：①测试过程中样品与模具不分离并且共同密封；②样品脱模后密封再进行测量。第一种做法通常是将水泥基材料浇筑在一个刚性模具中，密封（通常采用铝箔纸包裹）后，采用传感器在单独一端或者两端测定试样的长度变化。第二种做法则是在样品具有足够刚度后（通常通过测定凝结时间确定），将样品脱模后包裹铝箔纸并测定其长度变化。

根据测定选用的采集传感器种类，可将长度测试法分为接触法和非接触法。目前研究采用较多的接触式传感器包括千分表、接触型直线位移传感器（linear variable differential transformer，LVDT）[37] 和埋入式电阻应变器[38] 等。采用接触式传感器测量时，需要待试件硬化脱模后进行，因此无法测定样品凝结硬化前尺寸的变化[8]。非接触式传感器包括常见的激光传感器及电涡流式传感器，由于非接触式传感器在测试过程中不需要与试件接触，可测试凝结硬化前的水泥基材料尺寸变化，目前应用较为广泛。上述传感器的自收缩测试仪器均已商品化，可在市场上购买。另外还有一些新兴的传感器也被用于测试水泥基材料的自收缩，例如图 5-4（c）中的光纤光栅（fiber bragg grating，FBG）传感器[39]。对于传感器的选择，应考虑具体的应用要求，如精度及工作条件等。另外需注意不同的传感器弹性模量不同，对测试结果会有不同的影响。

在自收缩测试中，样品放置方式有水平或者垂直放置两种。水平放置较为常见，因为它可以减少样品在测量过程中受重力的影响。JCI 建议混凝土采用横向测试[36]，而 ASTM C157[35]、中国水工测试方法[40] 及 Nawa 等[41] 则采用纵向的测试方法，如图 5-5（b）所示。

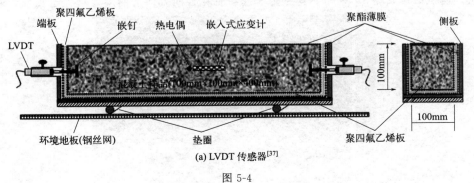

(a) LVDT 传感器[37]

图 5-4

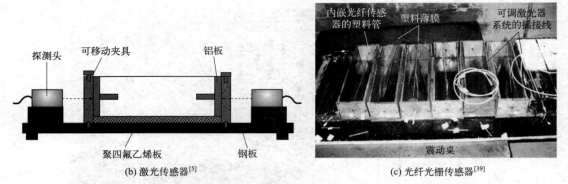

(b) 激光传感器[5]

(c) 光纤光栅传感器[39]

图 5-4　测试自收缩变形中采用的不同种类的传感器

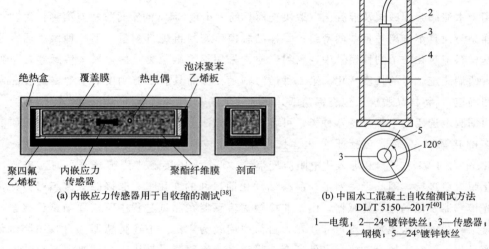

(a) 内嵌应力传感器用于自收缩的测试[38]

(b) 中国水工混凝土自收缩测试方法
DL/T 5150—2017[40]

1—电缆；2—24°镀锌铁丝；3—传感器；
4—钢模；5—24°镀锌铁丝

图 5-5　内嵌型传感器测定自收缩的变形

## 5.2.2.2　波纹管测试法（ASTM C1698-09[42]）

波纹管测试法最早是由 Jensen 和 Hansen 提出来的[43]。该方法在将浆体样品加入波纹管内后即可开始变形监测，不需要等到浆体硬化。其不仅满足了一般长度测试法对试件凝结硬化的要求，而且测试的试件长度变形反映的是体积变形，不需要进行体积变形与长度变形间的转换，测试装置如图 5-6 所示。这是由于波纹管在径向方向上的刚度远大于纵向，通过几

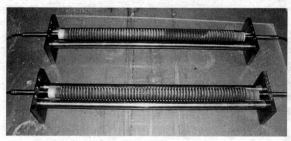

图 5-6　波纹管自收缩测试装置[44]

何方法可以证明如果流体与波纹管的变形协同一致，在变形的过程中，能有效地将体积变形转化成线性变形[39,40]。不过，由于其装置的形状，仍将其分类在长度测试法中。这种方法已被业界广泛采用，并成为了规范测试方法，本章将详细叙述其操作过程和注意事项。

### 5.2.3 间接测试法

间接测试法通常是根据自收缩的机理，监测相应参数，建立该参数与收缩变形的关系来间接反映水泥基材料的自收缩变形，例如内部相对湿度和毛细压力。

内部相对湿度的下降是自收缩发展最直接的原因。许多研究发现自收缩和相对湿度之间大致呈线性关系［如图 5-7（a）所示][6,11]。水泥在水化过程中，会形成凝胶孔和毛细孔，水化硅酸钙（C-S-H）凝胶孔的尺寸为纳米级，饱和状态时其内部的相对湿度高于80%。由于自干燥作用，毛细孔部分失水从而产生毛细压力[11]。近期的研究发现推导 Kelvin-Laplace 计算毛细压力的过程与弯月液面的形成无直接关系，换言之，毛细压力在任意相对湿度条件下及任何孔尺寸中都会发展，更加印证了其对于自收缩变形的重要作用[19]。可见不管是试件内部相对湿度还是毛细压力都可用来表征水泥基材料的自收缩，其中用于表征最大充满孔溶液的孔尺寸的参数叫作 Kelvin 半径[2,11]。相对湿度和毛细压力及 Kelvin 半径之间的关系可以由图 5-7（b）表示。这些关系和相应的方程既有利于研究自收缩，亦可预测水泥基材料的自收缩。

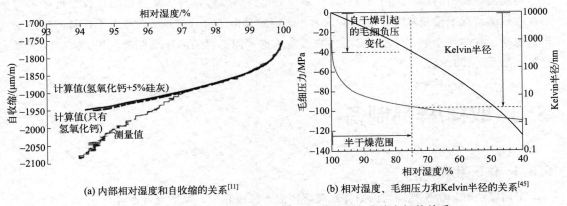

(a) 内部相对湿度和自收缩的关系[11]　　　　(b) 相对湿度、毛细压力和Kelvin半径的关系[45]

图 5-7　相对湿度、毛细压力、Kelvin 半径和自收缩之间的关系

圆柱形孔内相对湿度可通过 Kelvin/Kelvin-Cohan 方程计算[46]。

$$\ln(\text{RH})_k = \frac{-2\gamma M\cos\theta}{\rho r R T} \tag{5-1}$$

其中$(\text{RH})_k$是由于在不同尺寸孔中形成弯月液面而变化的相对湿度（其与总体相对湿度 RH 的关系需要考虑由于孔溶液中溶液组分不同而导致的相对湿度变化 $\text{RH}_s$）；$\gamma$是孔溶液的表面张力，N/m；$r$是 Kelvin 半径，m；$M$是水的摩尔质量（0.01802kg/mol）；$\theta$是孔溶液与孔壁（固体）之间的接触角；$\rho$是水的密度；$R$是气体常数[8.314J/(mol·K)]；$T$是绝对温度，K。这个方程表明，内部相对湿度的减小，导致干燥逐步由大孔发展至小孔。如果考虑固体表面的吸附水，则方程中的 Kelvin 半径$r$需要转换成$r-2t$（$t$为吸附水的厚度，可通过相对湿度进行计算[16]，即 Kelvin-Cohan 方程）。而毛细压力则可以由 Laplace 方程计算：

$$\sigma_{cap} = \frac{2\gamma}{r} \tag{5-2}$$

通过方程(5-1)和方程(5-2)，可以建立相对湿度和毛细压力的关系，通常称为 Kelvin-Laplace 关系式。

毛细压力与自收缩之间的关系最早由 Biot 等[47] 提出，并且已经被广泛应用于自收缩的预测中[11,48]。水泥基材料由于毛细压力产生的自收缩变形计算公式为 Biot-Bishop 方程，见方程(5-3)。方程中的饱和度是对原始公式中的 Bishop 参数$\chi$[49] 的近似，针对两者之间的关系，文献中进行了大量的讨论[50,51]。

$$\varepsilon = \frac{S\sigma_{cap}}{3}\left(\frac{1}{K} - \frac{1}{K_s}\right) \tag{5-3}$$

式中，$\varepsilon$ 是线性应变或收缩；$S$ 是饱和度（饱和分数）；$K$ 是多孔材料的体积弹性模量，Pa；$K_s$ 是在多孔材料中固体框架的体积弹性模量，Pa。这个方程适用于完全饱和的线弹性材料，忽略了水泥基材料的黏塑性变形的影响。另外，采用方程(5-1)和方程(5-3)来预测自收缩时，最关键的参数是 Kelvin 半径。预测 Kelvin 半径最常用的方法是结合压汞和化学收缩方法，详见参考文献[2,46]。由于压汞只能反映出相互连通孔隙体积，测得的数据比实际的数据偏小，预测结果值得商榷。也有研究采用压汞结合低场核磁共振氢谱的方法来预测 Kelvin 半径及内部相对湿度，通过统计学分析，其预测结果也在合理范围内[52]。

特别需要指出的是，采用公式(5-3)来预测得到的变形量与实际测得的自收缩量在相对湿度较低的情况下偏差较大[11]。目前认为，此偏差是由于公式(5-3)只考虑了材料的弹性变形而忽略了黏弹性变形。对于这部分的变形需考虑水泥基材料的徐变性能，相关实验及预测详见文献[50,53,54]。

# 5.3 取样/样品制备

## 5.3.1 体积测试法

采用膜法时，将搅拌均匀的新拌水泥浆体灌入橡胶膜中，保证密封即可。

采用毛细管法时，则需要将新拌水泥浆体放置在不同尺寸的容器中，并在容器密封盖的上部装好毛细管，然后把油或水立即加入管中水泥浆体的表面上。如果采用油，需要先在样品表面加一层水，在水泥水化水分不足时补充水源而阻止干燥收缩[7]。在读取弯月液面读数时可借助染料着色于液面提高读数的准确性，还可通过摄像机自动读数。另外对于样品的厚度也需要加以控制，文献[46]比较了不同厚度的水泥样品对于测试准确性的影响，推荐采用的样品厚度为 5mm。注意此样品厚度也需要针对不同的样品特性进行调整。

## 5.3.2 长度测试法

长度测试法中采用 ASTM C157 和 JCI 的试验方法进行实验时要将测试头埋入样品内，所以首先需要将测试头预先装入模具中。不同测试方法对装料的过程做了详尽规定，我国水工测试标准中要求将混凝土拌和物分三层装入模具中，人工插捣或振动台振捣密实。而 ASTM

C157 也要求对混凝土进行有效振捣。

采用波纹管测试时，波纹管的尺寸选择根据样品的种类决定。测试水泥浆体采用的是长度约 400mm，直径约 30mm 的聚乙烯波纹管。水泥浆体等样品则要求有足够的流动性，可更密实填充波纹管。

# 5.4 测试过程及注意事项

## 5.4.1 体积测试法

膜法将搅拌好的新拌水泥浆填充到塑料（或橡胶）袋中并密封，然后立即浸入到液体中，将样品和上方的天平相连接，通过测定质量随时间的变化得到样品体积的变化。对浆体样品一方面要求利于灌入橡胶袋中，另一方面，浆体不能有泌水现象。该方法仪器设备要求不高，操作简便，易于在实验室中进行，但存在几个明显缺点[55,56]：①橡胶膜较薄弱，只适合水泥净浆和砂浆，不能用于混凝土；②忽略了水泥基材料水化反应释放的热量的影响；③水泥浆体强度太低的时候，早期难以克服橡胶膜的摩擦而导致测得的自收缩不准确；④密封性较难保证，导致水或油浸入样品。

浸泡液体可采用水或油，如果选择水，需要特别注意密封性能，因为水渗入橡胶膜会改变浆体的水灰比。大部分的研究者选择油，需要注意的是油与橡胶膜不能起反应，常用的有石蜡油和硅油。

毛细管法测试时，上部的水源只能补充浆体试件上部的水分，而难以补充试件底部和中部的水分。因此，需注意测试结果中的化学收缩可能依旧存在一定的自干燥收缩。

## 5.4.2 长度测试法

一般长度测试方法是将水泥混凝土浇筑在固定形状的模具（模具可为棱柱形或圆柱形，亦可如波纹管法采用波纹管）中，脱模后采用传感器测量，或不脱模直接采用非接触传感器或嵌入传感器测量长度变形。试验中特别要注意密封及环境温度的控制。在我国的水工混凝土试验规程中要求在试验前在密封桶内衬橡皮板或涂 0.3～0.5mm 厚的沥青隔离层[40]。除了波纹管可以采用水浴或油浴养护之外，其它的测试方法需要将样品密封并放置在控温环境中。由于不同测试方法的样品尺寸不同，一般规范中对于试件的尺寸及特性要求见表 5-1，可作为选择测试方法时的参考。另外也有一些其它的专利和文献提到了采用不同的尺寸的模具来测试自收缩，但这些方法的原理都是长度测试，而且应用不是非常广泛，因此不一一详述。由于自收缩测试对环境因素的影响特别敏感，除了需要将试件密封之外，很多测试也需要控制由于水泥水化放热造成的温度变化。比较常见的是在混凝土中埋入温度传感器，然后根据混凝土的温度膨胀系数，扣除这部分温度造成的样品变形的影响。

表 5-1 不同规范规定的试件尺寸及特性要求

| 规范名称 | 测试的样品及要求 | 参考文献 |
| --- | --- | --- |
| ASTM C1698-09 | 可用于水泥净浆、砂浆和混凝土，需要有足够的流动性 | [42] |

| 规范名称 | 测试的样品及要求 | 参考文献 |
|---|---|---|
| ASTM C157 | 样品为长方体，砂浆采用 25mm×25mm×285mm，混凝土采用 100mm×100mm×285mm | [35] |
| 中国 DL/T 5150—2001 | 圆柱形样品，尺寸：高度为 500～600mm，直径为 200mm | [40] |
| JCI | 长方体混凝土试样，尺寸为 100mm×100mm×400mm | [36] |

在波纹管测试中，先将波纹管一端密封，灌入样品后在振动台上振动密实，之后将另外一端封闭。灌入样品时需要将波纹管放置在金属管（或其他可用于支撑软管的支架）内支撑，同时不能拉伸波纹管[42,43]，否则会导致测试偏差。将密封后的波纹管放入油浴中进行控温测量。放置波纹管时，需要注意试件是否平直，两端与传感器的接触是否良好等。位移传感器可放置在试件两端，也可固定试件一端，另一端放置传感器。关于波纹管测试中相关因素的影响在文献 [29,55,57] 中有较详细的描述，其中最重要的有：

① 样品泌水。若样品由于配合比的原因产生泌水，样品放置的方向不同，会导致测试结果不同。通常波纹管测试采取横向放置的方式，由于波纹管的长宽比很大，竖直放置重力影响很大。横向放置产生的泌水会引起早期膨胀。因此可以采用旋转波纹管的方法来减小泌水的影响。

② 波纹管尺寸的影响。虽然理论上尺寸对实验结果影响不大，但实际操作中，由于不同尺寸的波纹管在油浴中达到温度平衡的时间不同和存在管壁摩擦的影响，测试结果会有所不同。根据文献 [57]，较大的波纹管（内直径 60mm）测得的自收缩结果比小波纹管（内直径 20mm）测得的结果高约 20%。因此，试验中采用规定的相同尺寸波纹管十分重要。

③ 波纹管弹性特性/刚度的影响。根据规范，应选择厚度为 0.2mm 的低密度聚乙烯波纹管，而由模具施加的最大纵向约束应力约 0.001MPa[42]。如采用中、高密度的聚乙烯波纹管，早期测得的自收缩值会稍低于低密度波纹管测得的数值，但混凝土凝结硬化之后，波纹管弹性对测试结果的影响不大。

④ 波纹管内空气的影响。根据文献 [57]，波纹管内有部分空气并不会对实验结果造成大的影响，只要保证样品能基本充满波纹管，形成连续相即可。但如果波纹管内有大量的空气（超过波纹管总体积的 1/3），可能会影响凝结后一小时之内的实验结果。

⑤ 文献 [56] 对波纹管测试方法进行了改进，采用非接触法测定长度变化，减小了传感器和波纹管端头之间的接触，从而提高了所谓的体积和长度变化的转变率（由于此方法的优势就在于将体积变形转化为长度变形，这个转化率理论上来说应该是 1，但是通常测得的转化率只能达到 0.87 左右，而文献中将转化率提高到了 0.97）。

# 5.5 数据采集和结果处理

## 5.5.1 自收缩零点的测试和确定

处理自收缩数据前，首先需要确定自收缩的零点。因为早期水泥基材料处于塑性状态，微小的应力都会导致很大的形变。为了能准确测定自收缩，需要确定水泥混凝土从塑性状态到固态转化的时间点,否则测试结果将相差巨大[29]。目前的资料对自收缩的零点无统一定义,有研究采用水泥混凝土的初凝时间作为零点[58],有的则用水泥混凝土的终凝时间作为零点[9,59]。不仅定义不明确,而且作为自收缩零点参考点,凝结时间的测定也较为模糊。目前虽有如 ASTM C403[60] 和 ASTM C191[61] 这样测定凝结时间的规范,或者用灌入阻力仪等方法[62] 来测定凝结时间,但测试结果离散性较大。另外,不同自收缩零点的定义在物理意义上也有值得商榷之处,例如,用初凝时间作为自收缩零点,测定的收缩包括化学收缩和自干燥收缩。一些研究采用浆体浇筑后一天作为自收缩测量的起点,显然,测试结果也包括了化学收缩和自干燥收缩。

有研究者[29] 利用统计学分析方法,详细分析了采用波纹管法测试自收缩过程中操作者、零点选取、旋转试件及温度等对于测定结果的影响,得出零点选取对于数据结果影响显著。已有文献虽没有统一自收缩零点的取值,但一些研究中提出的确定自收缩零点的方法具有较好的参考意义。

① 采用化学收缩和自收缩形变曲线的分离点作为自收缩零点[5]。该方法基于对自收缩和化学收缩产生的原理,水泥混凝土还处于塑性阶段时,孔隙均处于饱水状态,仅有化学收缩,而随着水化的进行,孔隙中的相对湿度开始降低,自收缩随之发生,化学收缩也一直伴随发生,故两种收缩的曲线会在自收缩出现的时间点上出现分离[5]。

② 采用新拌水泥混凝土的电导率的变化率作为确定自收缩零点的依据。该方法能反映出孔溶液相连的情况。随着水泥水化,新拌浆体的电导率会下降,对电导率曲线进行微分可得到电导率的变化率,这个变化率从下降到上升的转折点被认为是固态结构的形成,也就是自收缩零点[8]。

③ 利用声音传播速度变化来确定自收缩零点。水泥混凝土从浆体状态到固体状态转变时,声音动力急剧增加,这是由于水泥混凝土孔结构中的水被消耗而被空气取代,导致声音的传播速度发生变化[63]。与之类似的是采用超声波来测定零点。

④ 利用毛细压力的急剧增加点作为自收缩零点[64]。目前对于毛细压力的测定还只能停留在早期十几小时,虽然采用陶瓷材料对仪器进行了改进,但测试时间仍不理想。如能更好延长测定时间,对于自收缩的研究将大有裨益。

⑤ 文献 [65] 提出采用切比雪夫多项式的回归分析程序与前述的第一种方法结合能减小自收缩零点确定的变异性,在特定时间点计算瞬时时间导数。目前该方法还未被广泛应用。

## 5.5.2 结果处理

试验过程中,需记录样品的质量,用于验证试验过程中未有质量损失,保证测试仅为自收缩变形;记录样品的初始长度,可以通过用同一传感器测定标准杆来确定;记录成型时间,包括水与水泥初始接触的时间、搅拌时间、浇筑时间以及开始测试时间。采用下式计算自收缩应变:

$$\varepsilon_{\text{vol}} = \frac{\Delta V_{\text{paste}}(t)}{V_{\text{paste}}(t')} = 3 \times \frac{\Delta l_{\text{paste}}(t)}{l_{\text{paste}}(t')} \tag{5-4}$$

式中,$\Delta V_{\text{paste}}(t)$ 是在时刻 $t$ 材料的体积变形,mL;$V_{\text{paste}}(t')$ 是初始测定的材料体积,mL。这两个量也可以采用长度进行计算,故 $\Delta l_{\text{paste}}(t)$ 是时刻 $t$ 样品的长度变化率,$l_{\text{paste}}(t')$ 则是初始测定的样品长度。

为提高测试准确性，至少测定两个相同试件，并同时考虑试验过程中引入的误差，例如，传感器的测量误差，在水浴或者油浴中由于水或者油的震动导致的误差，以及样品的尺寸误差等。

# 5.6 结果的解释和应用

波纹管测得的连续性自收缩典型数据如图 5-8 所示，该自收缩数据的测试零点为终凝时间。图中的数据反映了水泥基材料自收缩过程中经历的几个阶段，第一阶段，虽然浆体已凝固，但其弹性模量很小，刚度很低，故此时的变形很大；第二个阶段为稳定收缩阶段，收缩量不大，且收缩率随时间而减小。一些研究者在该阶段观察到了部分膨胀现象，膨胀率的大小与相应的配比及材料有关[66]。对于膨胀现象的解释主要有两种：① 由于钙矾石的生成引起了浆体的膨胀[28]；② 体系泌水，虽然泌水不一定可见，但轻微泌出的水重新吸入基体依然会造成体系的膨胀[67]。

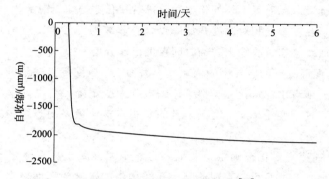

图 5-8　水泥净浆的自收缩变形[11]

## 5.6.1 水泥矿物组成对自收缩的影响

水泥的自收缩变形大于砂浆和混凝土的自收缩，这是因为砂浆和混凝土中的骨料不发生收缩，且骨料的弹性模量大，一定程度上起到了限制变形的作用。因此，骨料对自收缩的影响主要取决于骨料的体积分数及弹性模量[9]。

自收缩变形和水泥的矿物组成密切相关[65]。水泥的熟料相中，$C_3A$ 和 $C_4AF$ 对自收缩的影响大于 $C_2S$ 和 $C_3S$。不同品种的水泥也对自收缩影响较大，文献 [68] 比较了普通硅酸盐水泥（OPC）、高性能水泥和低强度水泥（LPC）之间自收缩的不同。如图 5-9 所示，可以看出，高强高性

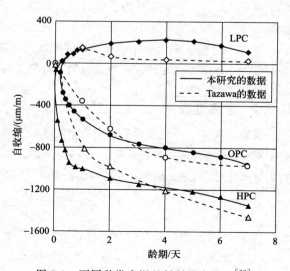

图 5-9　不同种类水泥基材料的自收缩[68]

能水泥（HPC）的自收缩比普通硅酸盐水泥大，以水灰比 0.3 为例，前者的自收缩是后者的 1.6 倍。

## 5.6.2　水灰比对自收缩的影响

　　水灰比是影响水泥基材料自收缩最重要的一个因素。因为毛细压力和 Kelvin 孔尺寸成反比，水灰比越小，同等体系内的水由于水化消耗后被干燥的孔会越多，尺寸也越小，相应的毛细压力则越大[65]。图 5-10 展示了不同水灰比下水泥基材料的自收缩。如前所述，当小于临界水灰比（0.42）时，自收缩将急剧增大，可见图 5-10。

## 5.6.3　辅助胶凝材料对自收缩的影响

　　虽然辅助胶凝材料对自收缩的影响与材料的特性有关，如材料的细度以及材料的化学成分等，但是从已有文献来看，普通硅酸盐水泥中加入矿渣、偏高岭土和硅灰都会增大自收缩，而加入粉煤灰则可以有效地减小自收缩[69,70]。这是由于矿渣、偏高岭土和硅灰的火山灰反应活性比粉煤灰大，而火山灰反应也会消耗水而使得自干燥的作用更加显著。而当粉煤灰取代了水泥，其火山灰反应主要发生在后期，且大部分粉煤灰仅作为不发生反应的填料。不同掺量的粉煤灰对普通硅酸盐水泥的自收缩的影响参见图 5-11[68]。另外，矿渣、硅灰和偏高岭土增大普通硅酸盐水泥的自收缩是由于细化了孔结构，增加了毛细压力和内应力。特别值得注意的是在研究辅助胶凝材料对自收缩的影响时，必须考虑材料的细度[65]。

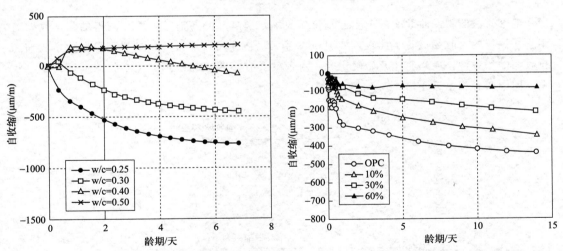

图 5-10　水灰比对水泥基材料的自收缩的影响[68]　　图 5-11　粉煤灰掺量对水泥基材料的自收缩的影响[68]

## 5.6.4　其它因素对自收缩的影响

　　水泥基材料的自收缩还受到许多其它因素的影响。例如温度，如果升高体系的温度，体系的自收缩会急剧增加。另外，内养护也是影响自收缩的一个重要因素，如在浆体中加入高吸水性树脂（superabsorbent polymer，SAP）[68,71] 或者轻骨料（light weight aggregate，LWA）[22,72] 都会大幅度减小自收缩。这也成为目前改善自收缩十分有效的方法。

# 5.7 与其它测试方法的比较

如前所述，水泥基材料自收缩的测试方法较多，各种方法得出的试验结果可能差异也较大。但在各种方法间建立一定的关系，对于理解各文献中不同的研究结果具有重要意义。首先，最常用的 ASTM C157 的一般长度测试法和 ASTM C1698-09 的波纹管法之间的比较如图 5-12 所示。由于 ASTM C157 的方法需要经过一天再拆模，所以两者的比较从成型后 24 小时进行。可以看到，如果以 24 小时为起始点，两者测出的自收缩一致性非常高。

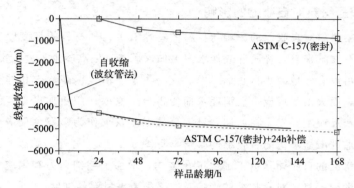

图 5-12　一般长度测试法和波纹管法测得自收缩值的比较[65]

毛细管法测得的收缩实际上主要是化学收缩。文献［65］把毛细管法测得的化学收缩与用膜法测得的自收缩进行了比较，如图 5-13 所示。图中可以非常清楚地看到早期化学收缩和自收缩的一致性，而当浆体开始硬化时，两者就会有很明显的差别。化学收缩远远大于自收缩，图中两者相差近 4 倍。

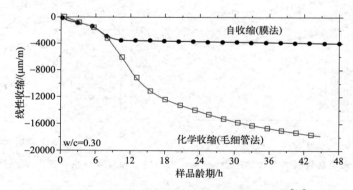

图 5-13　毛细管法和膜法测得自收缩值的比较[65]

文献［65］还比较了体积法和长度测试法的自收缩测试结果（见图 5-14），可以看出，虽然测试方法的原理和操作过程差别很大，从终凝开始，一般长度测试法、膜法、波纹管法测得的自收缩发展速率和最终的数值都具有很高的可比性。

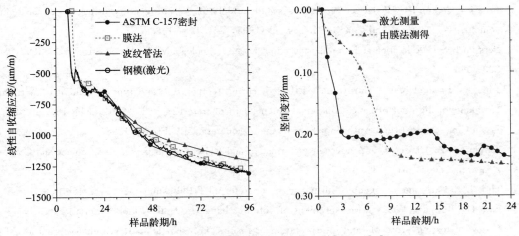

图 5-14　自收缩体积法和长度测试法的比较[65]

# 5.8 小结

　　水泥基材料的自收缩是指试件在恒定温度及与外界环境没有水分交换的情况下发生的体积变化。已有自收缩测试方法可分为直接测试法和间接测试法两类，其中直接测试法包括体积测试法和长度测试法。

　　体积测试法中的浮力法使用最早，也最为常见，但主要适用于水泥净浆和砂浆，且测试结果离散性较大。体积测试法中的毛细管方法常用于测定水泥的化学收缩，实际上该方法测定的是化学收缩和自干燥收缩的综合体积变化。

　　长度测试法分为一般长度测试法和波纹管测试法。一般长度测试法为测试样品提供了稳定支点，测试的稳定性高，但是若采用接触式传感器需从试件凝固之后开始测量。测试的传感器包括接触式和非接触式，接触式传感器准确性较高。非接触式传感器对混凝土本身没有约束，得到的数值误差较小。波纹管测试法克服了体积测试法和一般长度测试法的缺点，可从浆体样品成型开始测定，且环境对其影响较小，是目前为止水泥基材料自收缩的最佳测试方法。

　　间接测试法是通过检测与收缩有关的物理参数间接得出样品的收缩变化，例如相对湿度、毛细压力等。该方法得到的结果在一定范围内和实际测试结果比较一致，但主要与自干燥收缩相关。

　　在选择水泥基材料自收缩测试方法前，需先了解测试样品的要求，以及各方法的适用性及优缺点。不同测试方法得到的数据较为接近，说明几种常见水泥基材料的测试方法的可靠性较强。需要强调的是，进行数据处理时应特别注意自收缩零点的选择。

# 参考文献

[1]　Lynam C G. Growth and movement in portland cement concrete. Oxford University Press，London，1934.

[2]  Hua C，Acker P，Ehrlacher A. Analyses and models of the autogenous shrinkage of hardening cement paste. Cement and Concrete Research，1995，25：1457-1468.

[3]  Persson B. Self-desiccation and its importance in concrete technology. Materials and Structures，1997，30：293-305.

[4]  Lura P，Breugel K V，Maruyama I. Effect of curing temperature and type of cement on early-age shrinkage of high-performance concrete. Cement and Concrete Research，2001，31：1867-1872.

[5]  Japan Concrete Institute. Autogenous shrinkage of concrete. CRC Press，1998.

[6]  Jensen O M，Hansen P F. Autogenous deformation and RH-change in perspective. Cement and Concrete Research，2001，31：1859-1865.

[7]  Holt E E. Early age autogenous shrinkage of concrete. VTT Publishing，2001：2-184.

[8]  Sant G，Lura P，Weiss J. Measurement of volume change in cementitious materials at early ages：review of testing protocols and interpretation of results. Transportation Research Record Journal of the Transportation Research Board，2006，1979：21-29.

[9]  Tazawa E，Miyazawa S. Influence of constituents and composition on autogenous shrinkage of cementitious materials. Magazine of Concrete Research，1997，49：15-22.

[10]  Chateliter H L. Sur les changements de volume qui accompagnent le durcissement des ciments，1900.

[11]  Lura P，Jensen O M，Breugel K V. Autogenous shrinkage in high-performance cement paste：An evaluation of basic mechanisms. Cement and Concrete Research，2003，33：223-232.

[12]  Tazawa E，Miyazawa S，Kasai T. Chemical shrinkage and autogenous shrinkage of hydrating cement paste. Cement and Concrete Research，1995，25：288-292.

[13]  Tazawa E，Miyazawa S. Influence of cement and admixture on autogenous shrinkage of cement paste. Cement and Concrete Research，1995，25：281-287.

[14]  Early age cracking in cementitious systems，（n. d.）. http：//www. rilem. org/gene/main. php? base＝500219&-id _ publication＝89（accessed January 31，2016）.

[15]  Wittmann F. Surface tension shrinkage and strength of hardened cement paste. Matériaux et Construction，1968，01：547-552.

[16]  Badmann R，Stockhausen N，Setzer M J. The statistical thickness and the chemical potential of adsorbed water films. Journal of Colloid and Interface Science，1981，82：534-542.

[17]  Beltzung F，Wittmann F H. Role of disjoining pressure in cement based materials. Cement and Concrete Research，2005，35：2364-2370.

[18]  Wittmann F H，Beltzung F，Zhao T J. Shrinkage mechanisms，crack formation and service life of reinforced concrete structures. International Journal of Structural Engineering，2009，01：13-28.

[19]  Rahman S F，Grasley Z C. The significance of pore liquid pressure and disjoining pressure on the desiccation shrinkage of cementitious materials. International Journal of Advances in Engineering Sciences and Applied Mathematics，2017，09：87-96.

[20]  Bentz D P，Garboczi E J，Quenard D A. Modelling drying shrinkage in reconstructed porous materials：application to porous Vycor glass. Modelling and Simulation in Materials Science and Engineering，1999，06：211-236.

[21]  Pichler C，Lackner R. A multiscale creep model as basis for simulation of early-age concrete behavior. Computers and Concrete，2008，05：295-328.

[22] Famili H，Saryazdi M K，Parhizkar T. Internal curing of high strength self consolidating concrete by saturated lightweight aggregate-effects on material properties. International Journal of Civil Engineering，2012，10：210-221.

[23] Bentz D P. A review of early-age properties of cement-based materials. Cement and Concrete Research，2008，38：196-204.

[24] Bentz D P，Jensen O M. Mitigation strategies for autogenous shrinkage cracking. Cement and Concrete Composites，2004，26：677-685.

[25] Hu Z，Shi C，Cao Z，et al. A review on testing methods for autogenous shrinkage measurement of cement-based materials. Journal of Sustainable Cement-Based Materials，2013，02：161-171.

[26] Yates J C. Effect of calcium chloride on readings of a volumeter inclosing Portland cement pastes on linear changes of concretes. Highway Research Board Proceedings，1942，21：294-304.

[27] Justnes H，Gemert A V，Verboven F，et al. Total and external chemical shrinkage of low w/c ratio cement pastes. Advances in Cement Research，1996，8：121-126.

[28] Mohr B J，Hood K L. Influence of bleed water reabsorption on cement paste autogenous deformation. Cement and Concrete Research，2010，40：220-225.

[29] Wyrzykowski M，Hu Z，Ghourchian S，et al. Corrugated tube protocol for autogenous shrinkage measurements：review and statistical assessment. Materials and Structures，2017，50：1-14.

[30] Loukili A，Chopin D，Khelidj A，et al. A new approach to determine autogenous shrinkage of mortar at an early age considering temperature history. Cement and Concrete Research，2000，30：915-922.

[31] Loukili A，Khelidj A，Richard P. Hydration kinetics，change of relative humidity，and autogenous shrinkage of ultra-high-strength concrete. Cement and Concrete Research，1999，29：577-584.

[32] Tazawa E，Miyazawa S. Autogenous shrinkage of cement paste with condensed silica fume. 4th CANMET-ACI International Conference on Fly Ash，Silica Fume，Slag and Natural Pozzolans in Concrete，1992，13：875-894.

[33] ASTM C1608-12，Standard Test Method for Chemical Shrinkage of Hydraulic Cement Paste，ASTM Int. West Conshohocken，PA，2007：1-5.

[34] Scrivener K，Snellings R，Lothenbach B. A practical guide to microstructural analysis of cementitious materials. CRC Press，2016.

[35] ASTM：C157/C157M-08，Standard Test Method for Length Change of Hardened Hydraulic-Cement Mortar and Concrete，ASTM Int. 08 (2008) 1-7.

[36] Japan Concrete Institute. Technical Committee report on autogenous shrinkage，2002.

[37] Amin M N，Kim J S，Dat T T，et al. Improving test methods to measure early age autogenous shrinkage in concrete based on air cooling. The IES Journal Part A：Civil and Structural Engineering，2010，3：244-256.

[38] Yang Y，Sato R，Kawai K. Autogenous shrinkage of high-strength concrete containing silica fume under drying at early ages. Cement and Concrete Research，2005，35：449-456.

[39] Wong A C L，Childs P A，Berndt R，et al. Simultaneous measurement of shrinkage and temperature of reactive powder concrete at early-age using fibre Bragg grating sensors. Cement and Concrete Composites，2007，29：490-497.

[40]  水工混凝土试验规程：DL/T5150-2001.

[41]  Nawa T，Horita T，Ohnuma H. A study on measurement system for autogenous shrinkage of cement mixes. Concrete Floors and Slabs，2002：281-290.

[42]  ASTM，ASTM C1698-09：Standard test method for autogenous strain of cement paste and mortar，i，2009：1-8.

[43]  Jensen O M，Hansen P F. A dilatometer for measuring autogenous deformation in hardening portland cement paste. Materials and Structures，1995，28：406-409.

[44]  Bouny V B，Mounanga P，Khelidj A，et al. Autogenous deformations of cement pastes：part Ⅱ. w/c effects，micro-macro correlations，and threshold values. Cement and Concrete Research，2006，36：123-136.

[45]  Lura P，Wyrzykowski M，Griffa M. Handout of the course：shrinkage and cracking of concrete：mechanisms and impact on durability，2013：1-16.

[46]  Chen H，Wyrzykowski M，Scrivener K，et al. Prediction of self-desiccation in low water-to-cement ratio pastes based on pore structure evolution. Cement and Concrete Research，2013，49：38-47.

[47]  Biot，Maurice A. General theory of three dimensional consolidation general theory of three-dimensional consolidation. Journal of Applied Physics，1941，12：155-164.

[48]  Grasley Z C，Leung C K. Desiccation shrinkage of cementitious materials as an aging，poroviscoelastic response. Cement and Concrete Research，2011，41：77-89.

[49]  Bishop A W，Blight G E. Some aspects of effective stress in saturated and partly saturated soils. Géotechnique，1963，13：177-197.

[50]  Gawin D，Pesavento F，Schrefler B A. Modelling creep and shrinkage of concrete by means of effective stresses. Materials and Structures，2007，40：579-591.

[51]  Pereira J M，Coussy O，Alonso E，et al. Is the degree of saturation a good candidate for Bishop's χ parameter? Recercat Principal，2010，02：913-919.

[52]  Hu Z，Wyrzykowski M，Scrivener K，et al. A novel method to predict internal relative humidity in cementitious materials by 1H NMR. Cement and Concrete Research，2018，104：80-93.

[53]  Hua C，Ehrlacher A，Acker P. Analyses and models of the autogenous shrinkage of hardening cement paste Ⅱ. Modelling at scale of hydrating grains. Cement and Concrete Research，1997，27：245-258.

[54]  Hu Z，Wyrzykowski M，Lura P，et al. Prediction of autogenous shrinkage of cement pastes as poro-visco-elastic deformation. Cement and Concrete Research，2019，126：105917.

[55]  Lura P，Sant G，Lura P，et al. Measurement of volume change in cementitious materials at early ages-Review of testing protocols and interpretation of results. Transportation Research Record Journal of the Transportation Research Board，2006，1979：21-29.

[56]  Gao P，Zhang T，Luo R，et al. Improvement of autogenous shrinkage measurement for cement paste at very early age：Corrugated tube method using non-contact sensors. Construction and Building Materials，2014，55：57-62.

[57]  Qian T，Jensen O M. Effect of some parameters on the formation of chloroform. 1st International Conference Microstructure Relative Durable Cement Composition，2008：1501-1511.

[58]  Mazloom M，Ramezanianpour A A. Setting times and autogenous shrinkage before demoulding of

high-strength concrete. SR University，2002.

[59] Lura P，Jensen O M，Weiss J. Cracking in cement paste induced by autogenous shrinkage. Materials and structures，2009，42：1089-1099.

[60] Standard Test Method for Time of Setting of Concrete Mixtures by Penetration Resistance：ASTM C403.

[61] American Society for Testing and Materials. Standard Test Method for Time of Setting of Hydraulic Cement by Vicat Needle：ASTM C191-13. ASTM Stand. B. i，2014：1-8.

[62] 普通混凝土拌合物性能试验方法标准：GB/T 50080—2002.

[63] Couch W J，Lura P，Jensen O M，et al. Use of acoustic emission to detet cavitation and solidification （time zero）in cement pastes. RILEM Conference. 2006.

[64] Yue L，Li J. Capillary tension theory for prediction of early autogenous shrinkage of self-consolidating concrete. Construction and Building Materials，2014，53：511-516.

[65] Sant G. Examining volume changes，stress development and cracking in cement based systems. Master's Thesis，Purdue University，West Lafayette，2007.

[66] Coussy O，Dangla P，Lassabatère T，et al. The equivalent pore pressure and the swelling and shrinkage of cement-based materials. Materials and Structures，2004，37：15-20.

[67] Snoeck D，Jensen O M，Belie N D. The influence of superabsorbent polymers on the autogenous shrinkage properties of cement pastes with supplementary cementitious materials. Cement and Concrete Research，2015，74：59-67.

[68] Lura P. Autogenous deformation and internal curing of concrete. Technische Universiteit Delft，2003.

[69] Craeye B，Schutter G D，Desmet B，et al. Effect of mineral filler type on autogenous shrinkage of self-compacting concrete. Cement and Concrete Research，2010，40：908-913.

[70] Termkhajornkit P，Nawa T，Nakai M，et al. Effect of fly ash on autogenous shrinkage. Cement and Concrete Research，2005，35：473-482.

[71] Jensen O M，Hansen P F. Water-entrained cement-based materials- I . Principles and theoretical background. Cement and Concrete Research，2001，31：647-654.

[72] Ji T，Zhang B，Zhuang Y，et al. Effect of lightweight aggregate on early-age autogenous shrinkage of concrete. ACI Materials Journal，2014，111：355-364.

# 第6章

# 水泥基材料流变性能测试

## 6.1 引言

　　流动可视为广义的变形，变形也可视为广义的流动，而科学流变学的诞生至今还不足一个世纪的时间。流变学（rheology）的概念则是由美国物理学家 E. C. Bingham 于 1920 年首次提出的，随后几年随着流变学会的成立和流变学报（Journal of rheology）的创办，流变学作为一门新的学科正式诞生。流变学是研究物体在外力作用下流动和变形的科学，它是介于物理、化学、医学、生物和工程技术之间的一门边缘交叉的科学。流变学的研究对象几乎包括了所有的物质（即液体、气体和固体），综合研究各种物质的蠕变和应力松弛现象、屈服值以及材料的流变模型和本构方程。经过将近一个世纪的发展和完善，流变学已广泛应用到化工、石油、水利、生物工程、轻工、食品、材料等各学科。

　　随着水泥与混凝土学中新工艺和新结构的出现，为进一步解决混凝土材料的快硬、高强和轻质，同时还有抗裂性强、变形性小的问题，流变学逐渐被引入混凝土的研究之中。1954年第二届国际流变学会议和 1960 年第四届水泥化学国际会议中的一些论文反映了流变学在水泥混凝土学中的初步成就[1]。水泥混凝土流变学的研究主要分为水泥硬化前和硬化后两个阶段。本章主要介绍新拌水泥基材料的流变学特性❶。水泥基材料流变学主要研究水泥浆体、砂浆和混凝土拌和物在剪切应力作用下黏、塑和弹性的演变过程。严格来说，流变学是描述流体流动与变形的科学，而水泥混凝土材料在硬化前主要以黏塑性状态存在，且具有触变可逆的结构。幸运的是，流变学在悬浮液体系中有广泛的应用。因此，在水泥基材料流变学中，通常将新拌砂浆或混凝土看成是骨料颗粒悬浮在水泥浆体中的悬浮液，而水泥浆体则是胶凝材料颗粒悬浮在水中的悬浮液。水泥基材料流变学是研究在不同剪切速率下其抵抗剪切流动能力的科学，通常采用流动曲线进行表示。首先对水泥基材料流变学的一些基本参数进行简要的介绍。

　　（1）静态屈服应力和动态屈服应力

　　由于水泥基材料是具有触变行为的悬浮液，在恒定较低剪切速率下会发生弹性变形和流

---

　　❶　本章再次出现的水泥基材料均表示水泥硬化前的新拌水泥基材料。

动，剪切应力较小时水泥基材料作弹性变形，当剪切应力达到一定值时，水泥基材料开始发生流动，随后仅需较小的剪切应力即可维持水泥基材料的流动，如图 6-1 所示，使水泥基材料开始发生流动的最大剪切应力即为静态屈服应力（static yield stress），而维持材料流动的剪切应力即动态屈服应力（dynamic yield stress）。动态屈服应力的确定一般都是通过将流动曲线进行外推，得到在剪切速率为零时的剪切应力，但正是由于其并非直接测试出来的，如何定义屈服应力❶和屈服应力是否真实存在至今仍处于争论之中[2]。尽管如此，仍可以将屈服应力看作是流变模型中的一个参数而不是材料的真实性能来应用到大多数的实际工程中[3]。

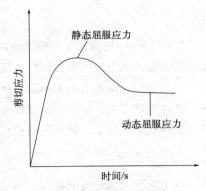

图 6-1　恒定较低剪切速率下
剪切应力随时间的变化[4]

（2）黏度

当水泥基材料在剪切应力作用下发生流动时，剪切应力与剪切速率的比例系数即为黏度（viscosity），用 $\eta$ 表示。当黏度为恒定值时，材料的流变特性可通过牛顿模型（Newtonian model）进行表征：

$$\tau = \eta \dot{\gamma} \tag{6-1}$$

式中，$\tau$ 为剪切应力，Pa；$\eta$ 为黏度，Pa·s；$\dot{\gamma}$ 为剪切速率，$s^{-1}$。然而对于大多数材料而言，其黏度随剪切速率而变化，流体表现为非牛顿模型：

$$\tau = \eta(\dot{\gamma})\dot{\gamma} \tag{6-2}$$

通常所说的黏度单位是 Pa·s，也就是动力黏度（dynamic viscosity），而动力黏度与密度的比值就是运动黏度（kinematic viscosity），其单位是 $m^2/s$：

$$\nu = \frac{\eta}{\rho} \tag{6-3}$$

表观黏度（apparent viscosity）表示在流动曲线某一点到原点的斜率，其大小取决于剪切速率和剪切应力。微分黏度（differential viscosity）表示剪切应力与剪切速率的导数，即：

$$\eta_{\text{diff}} = \frac{\partial \tau}{\partial \dot{\gamma}} \tag{6-4}$$

塑性黏度（plastic viscosity）表示在剪切速率趋近于无穷大时微分黏度的值：

$$\mu = \eta_{\text{pl}} = \lim_{\dot{\gamma} \to \infty} \frac{\partial \tau}{\partial \dot{\gamma}} \tag{6-5}$$

与塑性黏度相反，当剪切速率趋近于零时的微分黏度即零切黏度（zero shear viscosity）：

$$\eta_0 = \lim_{\dot{\gamma} \to 0} \frac{\partial \tau}{\partial \dot{\gamma}} \tag{6-6}$$

不同于匀质性的流体，在悬浮液中存在着相对黏度（relative viscosity）的概念，也就是悬浮溶剂或溶液的黏度与悬浮颗粒黏度的比值：

---

❶　为简洁起见，本章后续所出现的屈服应力均表示动态屈服应力，而静态屈服应力会如实说明。

$$\eta_r = \frac{\eta}{\eta_s} \tag{6-7}$$

根据 Barnes 的理论[5]，悬浮液的黏度是由胶体颗粒相互作用力、布朗作用力、颗粒间黏滞力形成的，其中胶体颗粒间的相互作用力是范德华力、静电斥力与空间位阻力的相互作用。由于水泥基材料是由大小不一的固体颗粒形成的悬浮液，固体颗粒的范围从亚微米级到厘米级，在微米级以下，颗粒间的静电力、范德华力以及布朗运动对水泥颗粒的运动有显著的影响，而在微米级以上，颗粒间的相互碰撞和摩擦则是主要影响因素。

（3）触变性

由于絮凝网状结构的存在，部分水泥基材料的流动曲线依赖于剪切速率和时间的变化，表现为在恒定剪切速率作用下黏度随时间的增加逐渐降低，当撤销剪切应力后絮凝结构逐渐恢复，黏度又逐渐上升，水泥基材料的这种性质称之为触变性（thixotropy）。水泥浆体触变性的实质是浆体的絮凝结构受剪切破坏到网络结构重建的恢复过程，而混凝土材料由于粗细骨料的影响，其触变性与水泥浆体的触变性存在着差别。新拌混凝土是具有触变性的可塑性流体，在剪切应力作用下具有转变为流态的性能。

作为黏塑性材料，新拌水泥基材料需要克服屈服应力后才能发生流动，且剪切应力与剪切速率成线性关系，可用非牛顿流体中的宾汉姆（Bingham）模型进行表征，如式（6-8）和式（6-9）所示：

$$\dot{\gamma} = 0, \tau < \tau_0 \tag{6-8}$$

$$\tau = \tau_0 + \mu\dot{\gamma}, \tau \geq \tau_0 \tag{6-9}$$

式中，$\tau$ 为剪切应力，Pa；$\tau_0$ 为屈服应力，Pa；$\mu$ 为塑性黏度，Pa·s；$\dot{\gamma}$ 为剪切速率，$s^{-1}$。宾汉姆模型中的流变参数即屈服应力和塑性黏度为恒定值（图 6-2），能够描述水泥浆体、砂浆及部分混凝土的流变性能。但 De Larrard 等人[6] 研究发现，由于水泥基材料中粗骨料和浆体絮凝作用的存在，常常会发生剪切增稠或剪切稀化的现象，导致剪切应力与剪切速率呈非线性关系，且有时会出现经宾汉姆模型推导出的初始屈服应力为负值的情况。针对上述情况，赫谢尔-巴尔克利模型（Herschel-Bulkley model）能够更为准确地表示具有剪切增稠或剪切稀化行为的水泥基材料[6]，其表达式如式（6-10）和式（6-11）所示：

$$\dot{\gamma} = 0, \tau < \tau_0 \tag{6-10}$$

$$\tau = \tau_0 + k\dot{\gamma}^n, \tau \geq \tau_0 \tag{6-11}$$

式中，$\tau$ 为剪切应力，Pa；$\tau_0$ 为初始屈服应力（屈服应力），Pa；$k$ 和 $n$ 分别表示稠度和幂律指数。当 $n > 1$ 时，流体表现为剪切增稠行为；当 $n < 1$ 时，流体表现为剪切稀化行为；当 $n = 1$ 时，流体即为宾汉姆流体。宾汉姆模型与赫谢尔-巴尔克利模型的关系如图 6-3 所示。实验结果[5] 显示，采用赫谢尔-巴尔克利模型表征水泥基材料的流变特性时，其回归变异系数接近于 1%，能够更好地描述水泥基材料的流变特性，而且经赫谢尔-巴尔克利模型拟合得到的屈服应力总是正值，流变指数又可以不断变化，弥补了宾汉姆模型只能描述线性关系的缺陷，但对比采用宾汉姆模型和赫谢尔-巴尔克利模型得到的屈服应力与坍落度的关系可以发现，赫谢尔-巴尔克利屈服应力不能准确地反映坍落度的变化情况，而且在流变参数的实际工程应用过程中，赫谢尔-巴尔克利模型中的三个参数很难进行控制。

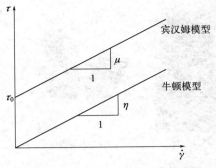
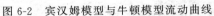

图 6-2 宾汉姆模型与牛顿模型流动曲线

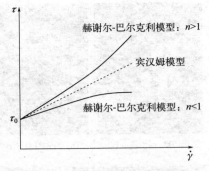

图 6-3 宾汉姆模型与赫谢尔-巴尔克利模型流动曲线

针对自密实混凝土和高流动性混凝土中的剪切增稠行为和采用宾汉姆模型表征流变性能时得到负屈服应力的情况，Feys 等人[7,8] 引入了改进宾汉姆模型（modified Bingham model）：

$$\dot{\gamma}=0, \tau < \tau_0 \tag{6-12}$$

$$\tau = \tau_0 + \mu\dot{\gamma} + c\dot{\gamma}^2, \tau \geqslant \tau_0 \tag{6-13}$$

式中，$\tau$ 和 $\tau_0$ 分别为剪切应力和屈服应力，Pa；$\mu$ 为塑性黏度，Pa·s；$\dot{\gamma}$ 为剪切速率，$s^{-1}$；$c$ 为二阶系数，Pa·$s^2$。与赫谢尔-巴尔克利模型相比，改进宾汉姆模型不含变量指数，且无低剪切速率时的局限性，适用于表征具有剪切增稠行为的水泥基材料流变特性。

除上述三个模型之外，还有一些其他的模型能够反映水泥浆体的流变性，比如幂律模型、卡森模型等，但这些模型局限性很大，不适用于表征含有粗细骨料的水泥基材料的流变特性，而尽管赫谢尔-巴尔克利模型、改进宾汉姆模型能够更准确地表征水泥基材料的流变性能，但由于上述两个模型中参数比较多，在实际应用过程中无法准确地进行控制，而宾汉姆模型仅包含屈服应力和塑性黏度两个基本物理参数，因此宾汉姆模型是描述水泥基材料流变特性的最常用模型，大多数流变仪均是基于宾汉姆模型进行流变参数的计算和推导的。本章重点讲述基于宾汉姆模型的水泥基材料流变性能的测试方法。

# 6.2 测试方法及原理

水泥基材料的流变参数主要通过流变仪或黏度计进行测试，但流体所受到的剪切应力 $\tau$ 与剪切速率 $\dot{\gamma}$ 并不能直接测量，而是通过对测试中采集到的扭矩 $T$ 和转速 $N$ 进行数学转换得到的。常用的流变测量仪器有毛细管型流变仪、转子型流变仪、组合式转矩流变仪、震荡式流变仪等，而应用于水泥基材料的流变仪大多是转子型流变仪。水泥基材料的转子型流变仪又可分为平行板型、同轴圆筒型和叶片型流变仪。由 de Larrard 等在法国路桥研究中心研制的 BTRHEOM 流变仪是最为常见的平行板型流变仪，能够测试 7 L 的水泥基材料拌和物，轻巧灵便，方便携带，但价格昂贵。最为著名的同轴圆筒型流变仪则是由冰岛研发的 BML 系列流变仪和 ConTec 流变仪，而由 ICAR 在得克萨斯大学研制出的 ICAR 流变仪是最常见的叶片型流变仪，其大小与手钻相当，简易轻便，操作简单。除此之外，还有 Tattersall 两点式流变仪、IBB 流变仪、MRC 流变仪、A. I. Laskar 等研制的流变仪，如图 6-4 所示。

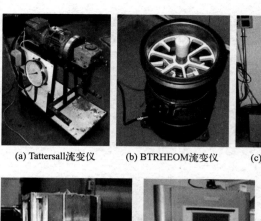

(a) Tattersall流变仪　　(b) BTRHEOM流变仪　　(c) BML流变仪　　(d) ICAR流变仪

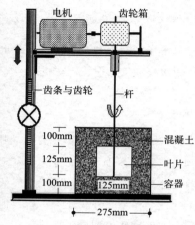

(e) IBB流变仪　　(f) ConTec流变仪　　(g) Laskar等研制的流变仪[9]

图 6-4　常见的水泥基材料流变仪

　　本章重点介绍采用 ICAR 叶片流变仪和 ConTec Visco 5 流变仪测试新拌水泥基材料的流变性能。ICAR 流变仪是国际骨料研究中心（ICAR）在德克萨斯大学研发的一种便携式叶片流变仪，能够测试粗骨料粒径在 19mm 以内的自密实混凝土及坍落度高于 50mm 的普通混凝土，叶片的旋转速度为 0.001～0.6r/s。ICAR 流变仪由叶片、电流机、电源线、支架、电脑和圆筒组成，筒容量为 20 升，叶片为四叶片，直径和高度均为 127mm。ConTec Visco 5 流变仪是典型的能够测试水泥浆体、水泥砂浆和坍落度高于 120mm 的混凝土流变性能的同轴圆筒流变仪，其能测试的混凝土的最大粗骨料粒径为 22mm。在 ConTec Visco 5 流变仪中，外筒的转速范围是 0.05～0.65r/s，能测试扭矩的范围是 0.27～27N·m。ICAR 流变仪和 ConTec Visco 5 同轴圆筒流变仪的内置软件均基于宾汉姆模型（Bingham model）对扭矩和转速进行线性拟合，然后根据 Reiner-Riwlin 公式推导出流变参数，但对于 ICAR 叶片流变仪仍有其它处理方法来计算流变参数。因此，本节以 ICAR 流变仪和 ConTec Visco 5 流变仪为例，分别分析其测试原理。

## 6.2.1　ICAR 流变仪工作原理

　　ICAR 流变仪虽然为叶片流变仪，但在进行流变参数的推导时，仍然可以看作是同轴圆筒流变仪进行分析。图 6-5 为同轴圆筒流变仪的俯视图，仅考虑环状部分的混凝土，且叶片顶部和底部的部分混凝土忽略不计。假定在转动过程中，混凝土发生层流，忽略惯性效应，且与内筒接触的混凝土的速率等于内筒的速率。

圆环内任意一点的速率梯度为速率对所在半径的导数，根据乘积法则，速率梯度为角速度和剪切速率的和：

$$\frac{\mathrm{d}v}{\mathrm{d}r}=\frac{\mathrm{d}(r\omega)}{\mathrm{d}r}=\omega+r\frac{\mathrm{d}\omega}{\mathrm{d}r} \tag{6-14}$$

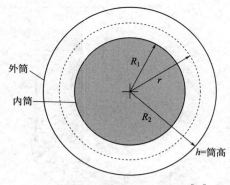

图 6-5　同轴圆筒流变仪俯视图[10]

剪切速率为：

$$\dot{\gamma}=r\frac{\mathrm{d}\omega}{\mathrm{d}r} \tag{6-15}$$

剪切速率和速率梯度随半径变化而变化。在半径为 $r$ 处的剪切速率下产生的扭矩值 $T$ 为：

$$T=2\pi r^2 h\tau \tag{6-16}$$

其中 $h$ 为内筒的高度，$\tau$ 为半径为 $r$ 处圆柱表面的剪切应力：

$$\tau=\frac{T}{2\pi r^2 h} \tag{6-17}$$

对于 Bingham 流体：

$$\tau=\tau_0+\mu\dot{\gamma} \tag{6-18}$$

将公式(6-17)和公式(6-18)代入公式(6-15)，得到：

$$r\frac{\mathrm{d}\omega}{\mathrm{d}r}=\frac{T}{2\pi r^2 h\mu}-\frac{\tau_0}{\mu} \tag{6-19}$$

假定整个环状混凝土全部流动，如图 6-6(a) 所示，积分范围为：当 $r=R_1$ 时，$\omega=\Omega$；当 $r=R_2$ 时，$\omega=0$。则有：

$$\int_{\Omega}^{0}\mathrm{d}\omega=\int_{R_1}^{R_2}\left(\frac{T}{2\pi r^3 h\mu}-\frac{\tau_0}{\mu r}\right)\mathrm{d}r \tag{6-20}$$

$$\Omega=\frac{T}{4\pi h\mu}\left(\frac{1}{R_1^2}-\frac{1}{R_2^2}\right)-\frac{\tau_0}{\mu}\ln\frac{R_2}{R_1} \tag{6-21}$$

公式(6-21)即为 Reiner-Riwlin 公式。

当拌和物不全部流动时，如图 6-6(b) 所示，在剪切应力等于屈服应力处停止流动，积分范围为：当 $r=R_1$ 时，$\omega=\Omega$；当 $r=(T/2\pi h\tau_0)^{1/2}$ 时，$\omega=0$。此时 Reiner-Riwlin 公式为：

$$\int_{\Omega}^{0}\mathrm{d}\omega=\int_{R_1}^{(T/2\pi h\tau_0)^{1/2}}\left(\frac{T}{2\pi r^2 h\mu}-\frac{\tau_0}{\mu r}\right)\mathrm{d}r \tag{6-22}$$

$$\Omega=\frac{T}{4\pi h\mu}\left(\frac{1}{R_1^2}-\frac{2\pi h\tau_0}{T}\right)-\frac{\tau_0}{2\mu}\ln\frac{T}{2\pi h\tau_0 R_1^2} \tag{6-23}$$

式中，$\Omega$ 为转速，rad/s；$T$ 为扭矩，N·m；$h$ 为内筒高度，m；$R_1$ 为内筒半径，m；$R_2$ 为外筒半径；$\tau_0$ 为屈服应力，Pa；$\mu$ 为塑性黏度，Pa·s。

有效半径处的剪切应力即屈服应力，其计算公式为：

$$R_{2,\mathrm{eff}}=\sqrt{\frac{T}{2\pi h\tau_0}} \tag{6-24}$$

通过测得的内筒转速及对应的扭矩，经规划求解后可得到相应的屈服应力和塑性黏度值。

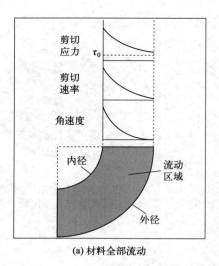
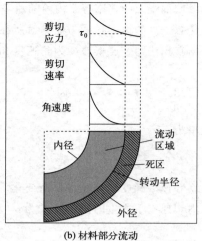

(a) 材料全部流动　　　　　　　　　　(b) 材料部分流动

图 6-6　同轴圆筒流变仪中的材料流动情况[10]

　　实际上，忽略叶片上下部分的混凝土和叶片环内混凝土对流变参数的结果有很大的影响，针对这一情况，Laskar 等人[9,11] 推导出了混凝土叶片流变仪中剪切应力与扭矩、剪切速率及转速之间的关系，并用于其发明的叶片流变仪之中。其推导过程如下：在通过叶片流变仪测试新拌混凝土的流变参数时，流变仪筒中的混凝土可以分六部分进行考虑，叶片流变仪中的速度分布及具体参数如图 6-7 和图 6-8 所示，其中 $R_1$ 和 $R_2$ 分别表示叶片的半径和外筒的半径，m；$H$ 表示叶片的高度，m；$Z_1$ 和 $Z_2$ 表示叶片上下部分混凝土的高度，m。总扭矩 $T$ 可根据每部分的分扭矩进行加和得到，分扭矩的计算过程如下：

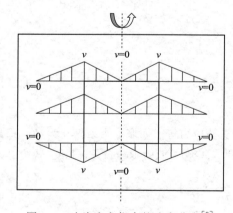
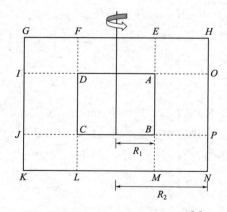

图 6-7　叶片流变仪中的速度分布[9]　　　　图 6-8　叶片流变仪的垂直视图[9]

### （1）圆柱 ABCD 部分的混凝土（$V_1$）

　　假设叶片转动的角速度为 $\omega$，沿半径方向剪切速率的变化可表示为 $\dot{\gamma} = (\omega R_1)/R_1$，这一部分混凝土的总扭矩为：

$$T_1 = (\tau_0 + \mu\omega) \times 2\pi R_1^2 H \tag{6-25}$$

（2）圆柱 BCLM 部分的混凝土（$V_2$）

考虑从转轴沿 BC 方向半径为 $r$ 处的流体元 $dr$，剪切速率为 $\dot{\gamma} = \omega r / Z_2$，这一部分混凝土的总扭矩为：

$$T_2 = \int_0^{R_1} \left( \tau_0 + \mu \frac{\omega r}{Z_2} \right) \times 2\pi r^2 \, dr = \frac{2\pi R_1^3}{3} \tau_0 + \frac{\pi R_1^4 \omega}{2Z_2} \mu \tag{6-26}$$

（3）圆柱 ADFE 部分的混凝土（$V_3$）

同圆柱 BCLM 部分相似，圆柱 ADFE 部分的总扭矩可计算为：

$$T_3 = \int_0^{R_1} \left( \tau_0 + \mu \frac{\omega r}{Z_1} \right) \times 2\pi r^2 \, dr = \frac{2\pi R_1^3}{3} \tau_0 + \frac{\pi R_1^4 \omega}{2Z_1} \mu \tag{6-27}$$

（4）空心圆柱 CLKJ-BMNP 部分的混凝土（$V_4$）

如图 6-9 所示，假设从外筒底部沿垂直方向距离为 $z$ 时的流体层为 $dz$，在流体元区域内的剪切力为：

$$dF = \left( \tau_0 + \mu \frac{v_r}{g} \right) \times 2\pi R_1 \, dz = \left( \tau_0 + \mu \frac{vz}{Z_2 g} \right) \times 2\pi R_1 \, dz \tag{6-28}$$

式中，$g = R_2 - R_1$ 为混凝土转动的有效环距离，m；$v_r$ 为半径 $r$ 处混凝土的速度；$v$ 为与叶片边缘接触部分混凝土的速度（$v = \omega R_1$）。这一部分混凝土的总扭矩为：

$$T_4 = R_1 \int_0^{Z_2} dF = 2\pi R_1^2 Z_2 \left( \tau_0 + \frac{\omega R_1 \mu}{2g} \right) \tag{6-29}$$

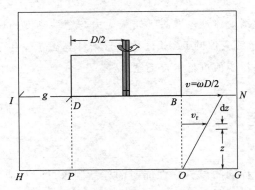

图 6-9　叶片和外筒的部分截面图[9]

（5）空心圆柱 DFGI-AOHE 部分的混凝土（$V_5$）

类似于 $V_4$ 部分的混凝土，$V_5$ 部分的总扭矩可通过下式进行计算：

$$T_5 = R_1 \int_0^{Z_1} dF = 2\pi R_1^2 Z_1 \left( \tau_0 + \frac{\omega R_1 \mu}{2g} \right) \tag{6-30}$$

（6）空心圆柱 DCJI-ABPO 部分的混凝土（$V_6$）

沿 AB 或 CD 方向的剪切速率可表示为 $\dot{\gamma} = (\omega R_1) / g$，这一部分混凝土的总扭矩为：

$$T_6 = \left( \tau_0 + \mu \frac{v}{g} \right) \times 2\pi R_1^2 H \qquad (6\text{-}31)$$

假设在测试过程中叶片处于流变仪筒的正中心，且叶片上下部分混凝土的高度一致，即 $Z_1 = Z_2 = Z$，则有 $T_2 = T_3$，$T_4 = T_5$。根据文献 [12,13] 可知叶片内部的混凝土，也就是 $V_1$ 部分的混凝土不会发生相对流动，其总扭矩 $T_1 = 0$。将六部分的混凝土总扭矩加和，可得到叶片流变仪中的总扭矩：

$$T = 2T_2 + 2T_4 + T_6 = 4\pi R_1^2 \left( \frac{H}{2} + Z + \frac{R_1}{3} \right) \tau_0 + \frac{\pi^2 R_1^3}{15} \left( \frac{R_1}{Z} + \frac{H+Z}{g} \right) \mu \qquad (6\text{-}32)$$

式中，$N$ 为叶片的转动速度，r/min。根据公式(6-32)，通过测试出叶片按一定转速转动时的扭矩，可计算出所测水泥基材料的宾汉姆流变参数。

### 6.2.2　ConTec Visco 5 流变仪工作原理

ConTec Visco5 流变仪是最常见的同轴双筒流变仪，其工作原理同 ICAR 流变仪一样是基于 Reiner-Riwlin 公式的。忽略内筒顶部和底部混凝土的影响，由于内外筒半径之比为 1.19，保证了内外筒间剪切速率的变化很小[14]，宾汉姆参数可通过公式(6-21)进行计算。在测试混凝土的流变参数过程中，由于屈服应力的存在，当外筒的旋转速度低于转速临界值（$N_P$）时，可能使内外筒间的混凝土存在活塞流现象[15]。发生活塞流时的临界转速可通过下式进行计算：

$$N_P = \frac{\tau_0}{\mu} \left[ \frac{1}{2} \left( \frac{R_2^2}{R_1^2} - 1 \right) - \ln \frac{R_2}{R_1} \right] \times \frac{1}{2\pi} \qquad (6\text{-}33)$$

测试过程中是否发生活塞流现象取决于屈服应力与塑性黏度的比值。为了降低因活塞流现象带来的误差，ConTec 流变仪的 FRESH 软件自动计算出了发生活塞流的转速 $N_P$ 并将转速低于临界转速时测得的扭矩值进行了自动删除[16]。

# 6.3　样品制备

水泥基材料的拌和过程同测试其它性能时的样品制备过程相似，但在流变性能测试时，为了能够得到稳定、重复性好的流变参数，水泥基材料的均匀性必须得到保证；另外由于不同的流变仪所需的水泥基材料量不同，为了保证结果的准确性，在配制水泥基材料时，最好使拌和物总量高于流变仪筒容积的 2 倍以上。

# 6.4　测试过程及注意事项

为了防止拌和物与流变仪外圆筒之间发生相对滑动，一般外圆筒的内壁需镶嵌一周竖直的棱条。将新拌混凝土装入流变仪筒中，其高度与筒壁的垂直棱条高度一致。由于不同的流变仪的转速和扭矩范围不同，在测试过程中设定的参数不同。下面以 ICAR 叶片流变仪和

ConTec Visco 5 流变仪为例，讲述其具体的测试过程。

## 6.4.1 ICAR 流变仪

ICAR 流变仪的操作界面如图 6-10 所示，通过设置相应参数，可对新拌混凝土进行应力变化曲线测试和流动曲线测试。

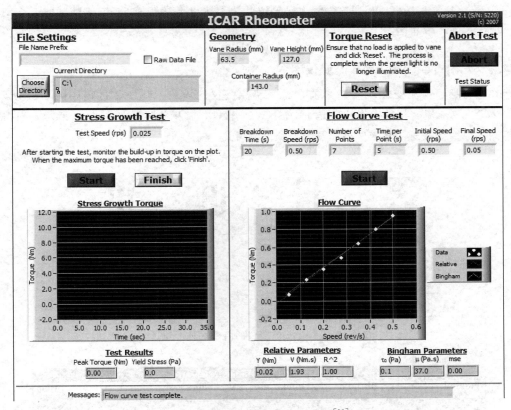

图 6-10　ICAR 流变仪操作界面[10]

应力变化曲线测试过程及注意事项：

① 将流变仪正确安装；

② 将制备好的拌和物装入流变仪筒中，确保拌和物的高度与筒壁棱条的高度相同，然后将叶片插入到拌和物中；

③ 确保 ICAR 流变仪操作界面中的"Geometry"参数为叶片和筒的实际参数；

④ 输入叶片的旋转速度，一般应力变化曲线测试的旋转速度为 0.025r/s；

⑤ 点击 Reset 按钮，确保叶片轴的初始扭矩为零；

⑥ 点击 Start 按钮开始测试；

⑦ 当扭矩-时间曲线出现最高值、扭矩逐渐降低后，点击 Finish 按钮完成应力变化曲线测试。

流动曲线测试过程及注意事项：

① 完成应力变化曲线测试后，可进行拌和物的流动曲线测试；

② 开始流动曲线测试之前，为破坏拌和物的絮凝结构，设置"Breakdown Time"和"Breakdown Speed"分别为 20s 和 0.50r/s；

③ 设置流动曲线的初始速度为 0.50r/s，末速度为 0.05r/s，分为 7 个测试点，每个测试点持续 5s；

④ 点击 Start 按钮开始流动曲线测试；

⑤ 若拌和物太黏稠或屈服应力太大，导致叶片无法以最高转速 0.50r/s 转动时，立刻点击 Abort 按钮，停止测试。

### 6.4.2  ConTec Visco 5 流变仪

在进行拌和物流变性能测试之前，需安装流变仪的内筒，其安装过程如图 6-11 所示。ConTec Visco 5 流变仪的操作软件是 FRESHWIN 软件，其操作界面如图 6-12 所示。当需得到不同的流变参数时，其测试过程及输入参数不同。

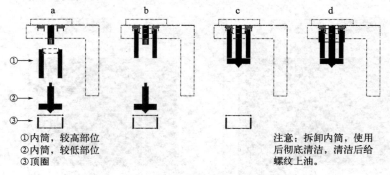

①内筒，较高部位
②内筒，较低部位
③顶圈

注意：拆卸内筒，使用后彻底清洁，清洁后给螺纹上油。

图 6-11  ConTec 流变仪的内筒安装过程[16]

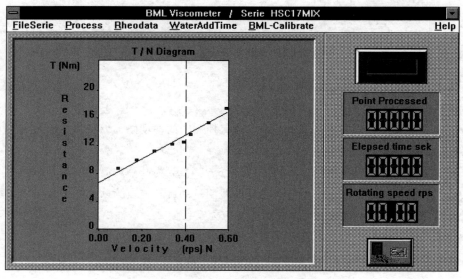

图 6-12  ConTec Visco 5 流变仪的操作界面[16]

当进行流动曲线的测试时，一般分为 7 个测试点，各测试点转速等量递减，每个测试点间隔为 5s，前 1.5s 为转变时间，后 3.5s 为数据采集时间；当测试完成后，转速重新达到最高速度并持续 2s，而后以 2/3 转速即 0.4r/s 继续转动 5s，用以评价测试过程中混凝土发生离析的情况。根据上述流动曲线测试过程，具体的参数设置及注意事项如下：

① 将制备好的拌和物装入流变仪筒中，测量拌和物距离筒顶部的距离，确保当拌和物进入内筒中之后拌和物的高度与外筒壁棱条的高度一致，然后将筒放于流变仪上，并关好玻璃门；

② 打开 "Fresh Win" ≫ "Process" ≫ "Parameters"，在 "Name" 栏选择已存在的测试过程，或者点击 "Add" 按钮新建测试过程，如图 6-13 所示，现以新建 "Flow curve" 为例；

③ 在圆筒参数确保准确输入内外筒的参数，其中内筒高度为 0.2m，内筒半径为 0.1m，外筒半径为 0.145m；

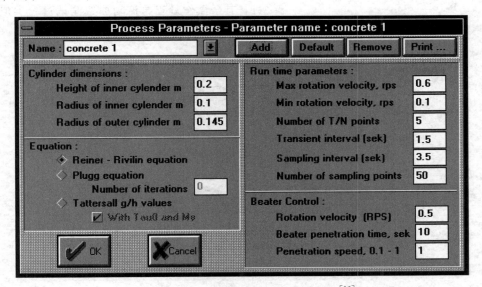

图 6-13　ConTec 流变仪的参数设置界面[16]

④ 在 "Equation" 栏选择所需要的公式，一般为 Reiner-Riwilin 公式；

⑤ 在 "Run time parameters" 栏输入合适的操作参数，其中 "Max rotation velocity" 为 0.6r/s，"Min rotation velocity" 为 0.1r/s，"Number of T/N points" 为 5 个，"Transient interval" 为 1.5s，"Sampling interval" 为 3.5s，"Number of sampling points" 为 50 个；

⑥ 选择合适的搅拌器控制参数：在 "Beater Control" 栏中，"Rotation velocity" 输入 0.5r/s，"Beater penetration time" 中输入 10s，"Penetration speed" 输入 1，然后点击 "OK" 按钮；

⑦ 在 Fresh Win 操作界面点击 "Start" 按钮，开始流变参数测试；

⑧ 测试完毕后，点击 "File" 菜单中的 "Save" 按钮，保存数据；

⑨ 每组样品测试完毕后搅拌器都会自动复位，流变仪筒中的拌和物可以取出并准备进行下一组测试；如果时间允许，每组样品测试完需将内筒拆下清洗，最多测试两组拌和物清洗内筒一次；

⑩ 通过离析点（segregation point）处的斜率相对变化，如图 6-14 所示，能够检验测试过

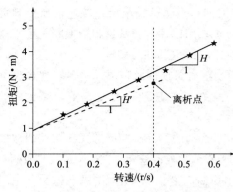

图 6-14 扭矩与转速的关系[16]

程中混凝土材料发生离析的情况，即：

$$Seg = \frac{H - H'}{H} \times 100\% \qquad (6-34)$$

当离析系数 Seg＜5％时，说明测试过程中无明显离析发生，混凝土拌和物测试结果相对稳定；当离析系数 Seg＞10％时，说明测试结果受离析作用影响，测试结果不稳定，需重新进行试验。

触变性测试过程及注意事项如下：

采用 ConTec Visco 5 流变仪测试水泥基材料的触变性时，除在"Name"设置中选择"Thixotropy"外，其余操作过程与流动曲线测试过程类似。触变性测试的标准加载过程如图 6-15 所示。

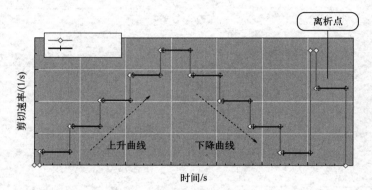

图 6-15 ConTec 流变仪的触变性测试过程[16]

# 6.5 数据采集与结果处理

（1）静态屈服应力

通过对拌和物进行应力变化曲线测试，能够得到扭矩随时间的变化曲线，如图 6-16 所示，最高扭矩即屈服扭矩，在屈服扭矩前为线弹性变化，达到屈服扭矩后，水泥基材料的内部结构被破坏，开始发生流动，扭矩值逐渐降低，屈服扭矩对应的剪切应力即为静态屈服应力，可通过公式(6-35)进行计算：

$$\tau_{S0} = \frac{2T_m}{\pi D^3 \left( \frac{H}{D} + \frac{1}{3} \right)} \qquad (6-35)$$

式中，$\tau_{S0}$ 为静态屈服应力，Pa；$T_m$ 为屈服（最大）扭矩，Pa；$D$ 为内筒直径，m；$H$ 为内筒高度，m。

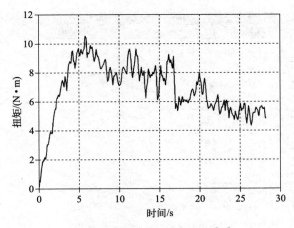

图 6-16　典型扭矩-时间曲线[17]

**（2）屈服应力与塑性黏度**

不论是 ConTec Visco 5 流变仪还是 ICAR 叶片流变仪，均能够得到扭矩与转速的关系，而在其内置程序中，可以自动计算出宾汉姆模型中的流变参数——塑性黏度和屈服应力。以 ICAR 流变仪测试流动曲线为例，其数据显示界面如图 6-17 所示，可以直接读出不同转速时的扭矩、扭矩-转速关系中的斜率和截距、流变参数中的屈服应力和塑性黏度等信息。根据七组扭矩与转速的点，可对转速和扭矩进行线性拟合，得到转速与扭矩的线性关系：

$$T = G + HN \tag{6-36}$$

式中，$T$ 为扭矩，N·m；$N$ 为叶片的转速，r/s；$G$ 为截距，与屈服应力相关；$H$ 为斜率，与塑性黏度相关。$G$ 和 $H$ 的数值在一定程度上也能反映出水泥基材料的流变性能，但为方便比较和应用，需根据 6.2 节测试原理部分对公式（6-36）进行转化，得到拌和物的屈服应力和塑性黏度，即：

$$\tau_0 = \frac{\left(\dfrac{1}{R_1^2} - \dfrac{1}{R_2^2}\right)}{\ln\dfrac{R_2}{R_1}4\pi h}G \tag{6-37}$$

$$\mu = \frac{\left(\dfrac{1}{R_1^2} - \dfrac{1}{R_2^2}\right)}{4\pi h}H \tag{6-38}$$

需要指出的是，若相关系数在 0.9 以上时，可直接读出所测拌和物的屈服应力和塑性黏度，但并不是每组拌和物的线性拟合相关系数都在 0.9 以上，且正如引言部分所说并不是所有的水泥基材料都符合宾汉姆模型，在这种情况下，可对扭矩-转速的点通过数据处理软件进行观察，若扭矩-转速点波动性很大，说明此拌和物在测试过程中不稳定，所测数据视为无效，需重新测试或优化配合比；若扭矩-转速点虽不符合线性关系，但符合明显的指数关系，说明此拌和物的流变特性可能符合其它两个模型，此时需对扭矩-转速点按所符合模型进行拟合并进行相应的计算处理，得到相应的流变参数，本章对这种情况不作过多介绍。

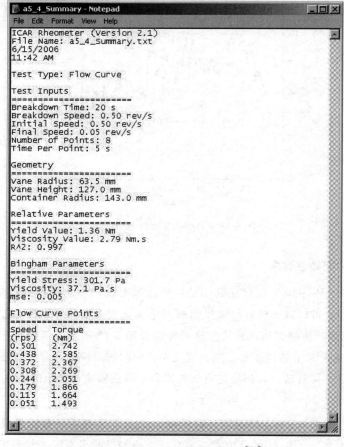

图 6-17　ICAR 流变仪测试结果[10]

# 6.6　结果的解释和应用

通过流变仪能够得到水泥基材料的屈服应力、塑性黏度、静态屈服应力等流变参数。然而由于水泥基材料是由水泥浆体和固体颗粒组成的一种非匀质且随时间和环境条件变化的多相混合材料，而流变性能的测试又必须确保拌和物的均匀性，因此在测试结果中难免会出现很大的差异性，这在流变性能的测试中属于正常现象。文献［18］的研究发现采用 ConTec 流变仪和 ICAR 流变仪测试水泥基材料的流变性能时，屈服应力的标准偏差为 7％，而塑性黏度的标准偏差高达 20％，且 ICAR 流变仪的测试结果可重复性低于 ConTec 流变仪。因此在流变性能测试时，同一个配比最好多配制几组拌和物，多次测试其流变参数，取相对误差在20％以内的数据作为最终结果。

屈服应力是水泥基材料开始发生流动时需要的最小剪切应力，由固体颗粒形成凝胶网络结构以及颗粒间的附着力和摩擦力产生[10]，与颗粒的粒径、表面粗糙度以及胶凝颗粒与减水剂间的亲和作用有关，能够影响新拌水泥基材料的密实性能。塑性黏度是在稳定剪切速率下剪切应力与剪切速率的比例系数，是浆体内部结构阻碍流动的性能，由胶体颗粒相互作用力、布朗运动、水化动力和粒子间黏滞力形成[5,19]，与水泥基材料中固体颗粒的体积和堆积密度间的比值有关，影响水泥基材料的密实性、可加工性、抗离析性等性能。静态屈服应力能够表征水泥基材料的触变性能，静态屈服应力越高，模板压力越小。

水泥基材料的流变参数不仅能够预测其流动性能、模板压力及其泵送能力，还与硬化后的强度、耐久性和工程应用直接相关，对指导高性能水泥基材料的组成设计具有重要的意义。通过测试屈服应力和塑性黏度，能够建立水泥基材料中各组成与屈服应力-塑性黏度的关系图，根据屈服应力-塑性黏度关系图可进行混凝土材料组成的选择：首先通过大量的试验确定所需水泥基材料的最佳流变参数范围，即"Workability Box[20]"，然后依据屈服应力-塑性黏度关系图通过优化各组成的配合比使混凝土达到规定的流变性能，即"流变特性配合比设计[21]"。"Workability Box"由在屈服应力和塑性黏度范围内的多个封闭的面积组成，每个封闭的区域表示一种特定类型混凝土的屈服应力和塑性黏度最佳范围，通过大量的实验数据得到。Wallevik[20]通过收集全世界100多个不同ConTec流变仪测出的自密实混凝土的流变参数，建立了自密实混凝土的最佳推荐流变参数范围，如图6-18所示，可以看出不同要求的自密实混凝土具有不同的屈服应力和塑性黏度推荐范围。

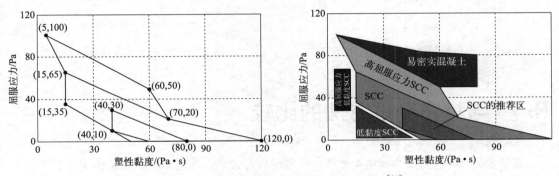

图 6-18　自密实混凝土的流变参数推荐范围[20]

流变学在混凝土工艺中有很多应用方法，其中最为典型的应用为指导混凝土组成设计和评价原材料组分对混凝土流变性能的影响。

大多数国家普通振捣混凝土的坍落度为 50～170mm，对应的最佳屈服应力为 150～300Pa，最佳塑性黏度为 20～40Pa·s，当需要制备高流动度的普通混凝土时，需要降低其屈服应力，同时为了保证新拌混凝土的稳定性和抗离析性能，应控制塑性黏度不能过低，由图 6-19 可以看出，可通过多种方法进行优化，比如在固定水胶比下适当增加用水量、掺加适量的粉煤灰和超塑化剂等措施。通过流变学还能够评价各原材料组分对混凝土性能的影响，比如掺加引气剂明显降低了混凝土的塑性黏度，稍微降低了屈服应力，而掺加超塑化剂则明显降低了屈服应力，但对塑性黏度的影响不是很大。

流变学原理在自密实混凝土的设计中应用最为广泛。性能良好的自密实混凝土需要关注流动性、稳定性和经济性等多个方面，而且不同工程对自密实混凝土的要求不同，有些工程需要黏性较高的自密实混凝土，而有些工程则需要高屈服应力的自密实混凝土（低模板压力）。当黏性较高时，为了保证自密实混凝土的流动性，需要降低其屈服应力，甚至使屈服应力接近于零；当黏性较低时，为了防止发生离析现象，保证自密实混凝土的稳定性，需要足够高的屈服应力，而当前传统自密实混凝土流动性能的单一参数评价方法如扩展度、$T_{500}$ 和 L 箱通过能力等很难测试接近于零屈服应力的自密实混凝土。改变自密实混凝土黏度的方法有很多种，最常见的三种方法是增加用水量、掺加超细硅灰和引气剂，如图 6-19 所示，增加用水量在降低黏度的同时也降低了屈服应力，而引气剂则对屈服应力的影响较低，为了保持屈服应力稳定不变，需要掺加超细硅灰，通过三种不同的方式来达到自密实混凝土对塑性黏度的要求，如图 6-20 所示，即矢量化-流变性设计[20,22]。

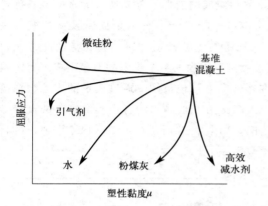
图 6-19　不同原材料对流变参数的影响[22]

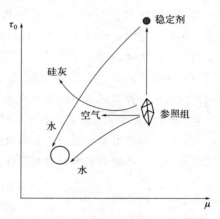
图 6-20　矢量化-流变性设计方法[20]

# 6.7　与其它测试方法的比较

传统水泥基材料的工作性能主要通过和易性进行表示，即流动性、黏聚性和保水性三个指标来描述，但在混凝土材料施工过程中，仅考虑和易性并不能全面地掌握混凝土的工作性能。随着低水胶比混凝土以及自密实混凝土的快速发展，除流动性、黏聚性和保水性之外，通过性、易密性、可塑性、稳定性、匀质性、抗离析性等性能也成为新拌混凝土测试过程中必不可少的一项。而传统工作性能的评价方法主要通过坍落度、扩展度、稠度、扩展时间等单参数方法进行测试，这些单参数测试方法经验性高，缺乏科学精度。例如采用流动度或坍落度评价新拌混凝土的流动性能时存在很高的主观性，同一种混凝土不同工作人员得出的结果不尽相同，且即便是两种流动度相同的混凝土，其工作性能也会有很大差别[23]。又如坍落度相同的两个泵送混凝土拌和物所需的泵送压力可能相差很大。尽管如此，传统方法测试出的坍落度（或扩展度）和流动时间等与流变参数之间也存在着一定的关系。Murata 等[24] 根据大量的试验数据建立了屈服应力与坍落扩展度之间的关系：

$$\tau_0 = 714 - 473 \lg(S/10) \tag{6-39}$$

Sedran 和 De Larrard[25] 将混凝土的密度考虑在内，建立了屈服应力与塑性黏度的预测公式：

$$\tau_0 = (808 - S)\frac{\rho g}{11740} \tag{6-40}$$

$$\mu = \frac{\rho g}{10000}(0.026S - 2.39T_{500}) \tag{6-41}$$

式中，$S$ 为坍落扩展度，mm；$\rho$ 为混凝土的密度，$kg/m^3$；$T_{500}$ 为扩展度达到 500mm 时的时间，s。Zerbino[26] 也通过试验得到了类似的公式。考虑混凝土的密度、浆体的润滑作用和体积以及流变仪的相关性，Wallevik[27] 建立了屈服应力与扩展度之间的经验关系式［公式 (6-42)］，能够更准确地通过坍落度预测屈服应力。

$$S = 300 - 0.416\frac{(\tau_0 + 394)}{\rho/\rho_{ref}} + \alpha(\tau_0 - \tau_0^{ref})(V_m - V_m^{ref}) \tag{6-42}$$

式中，$S$ 为坍落扩展度，mm；$\rho$ 为混凝土的密度，$kg/m^3$；$\rho_{ref}$ 为水的密度，$kg/m^3$；$V_m$ 为浆体的体积，$m^3$；$\tau_0 - \tau_0^{ref}$ 表示润滑作用；$V_m - V_m^{ref}$ 表示浆体体积的作用；$\alpha(\tau_0 - \tau_0^{ref})(V_m - V_m^{ref})$ 是考虑骨料棱角性、密度和级配的经验参数。

由此可见，在实验室条件不允许的情况下，通过传统的实验测试方法也能在一定程度上得到新拌水泥基材料的流变参数。通过流变仪测试水泥基材料的流变参数时，由于流变仪的规格不同，得到的结果必然存在着差别，但仍存在一定的相关性。Ferraris[28,29] 发现采用不同的流变仪测试水泥基材料的流变参数时，屈服应力的结果一致性明显高于塑性黏度。表 6-1 和表 6-2 为 NIST 第一次在法国南斯 LCPC 研究中心的实验数据建立的不同流变仪之间的屈服应力、塑性黏度的关系及其相关系数[28]；表 6-3 和表 6-4 为 NIST 第二次在美国克利夫兰 MB 实验室的测试数据建立的不同流变仪之间的屈服应力、塑性黏度的关系及其相关系数[29]。除此之外，Hočevar[18] 发现 ICAR 流变仪测试出的屈服应力比 ConTec 流变仪高 42%，而 ICAR 流变仪得到的塑性黏度比 ConTec 流变仪低 43%，通过测试多组拌和物的流变参数，建立了两种流变仪测试结果间的关系式：

$$\tau_{0-ICAR} = 1.542 \cdot \tau_{0-ConTec} + 39.31 \quad (R^2 = 0.9393) \tag{6-43}$$

$$\mu_{ICAR} = 0.725 \cdot \mu_{ConTec} + 0.481 \quad (R^2 = 0.8039) \tag{6-44}$$

**表 6-1　不同流变仪测试的屈服应力（Pa）关系（LCPC）[28]**

| $\begin{matrix}A;B\\R\end{matrix}$ | BML | BTRHEOM | CEMAGREF-IMG | IBB | Two-Point |
|---|---|---|---|---|---|
| BML | | 1.85；300.9<br>0.97 | 1.98；179.89<br>0.95 | 0.008；0.334<br>0.81 | 1.01；7.007<br>0.94 |
| BTRHEOM | 0.50；-122.0<br>0.97 | | 0.974；-93.6<br>0.94 | 0.004；-0.91<br>0.82 | 0.54；-153.9<br>0.97 |
| CEMAGREF-IMG | 0.45；-40.7<br>0.95 | 0.91；204.7<br>0.94 | | 0.0049；-0.82<br>0.90 | 0.56；-99.79<br>0.99 |
| IBB | 79.7；126.2<br>0.81 | 155.3；504.3<br>0.82 | 163.4；316.9<br>0.90 | | 95.4；75.4<br>0.90 |
| Two-Point | 0.87；46.3<br>0.94 | 1.72；338.3<br>0.97 | 1.75；194.6<br>0.99 | 0.008；0.114<br>0.90 | |

注：$Y = AX + B$；其中 $Y$ 表示列表头，$X$ 表示行表头；$R$ 为拟合相关系数。

**表 6-2  不同流变仪测试的塑性黏度（Pa·s）关系（LCPC）[28]**

| $\frac{A；B}{R}$ | BML | BTRHEOM | CEMAGREF-IMG | IBB | Two-Point |
|---|---|---|---|---|---|
| BML | | 1.202；6.20<br>0.84 | 2.06；−31.19<br>0.98 | 0.089；5.3<br>0.96 | 0.37；13.84<br>0.45 |
| BTRHEOM | 0.59；11.16<br>0.84 | | 1.01；−9.91<br>0.91 | 0.056；6.07<br>0.86 | 0.36；7.20<br>0.79 |
| CEMAGREF-IMG | 0.47；15.7<br>0.98 | 0.81；15.50<br>0.91 | | 0.081；5.36<br>0.98 | 0.35；12.68<br>0.75 |
| IBB | 10.37；−50.9<br>0.96 | 13.2；−62.60<br>0.86 | 11.9；−62.9<br>0.98 | | 4.43；−10.97<br>0.52 |
| Two-Point | 0.926；20.06<br>0.45 | 1.87；9.88<br>0.79 | 1.59；−6.19<br>0.75 | 0.0961；6.64<br>0.52 | |

注：$Y=AX+B$；其中 $Y$ 表示列表头，$X$ 表示行表头；$R$ 为拟合相关系数。

**表 6-3  不同流变仪测试的屈服应力（Pa）关系（MB）[29]**

| $\frac{A；B}{R}$ | BML | BTRHEOM | Two-Point | IBB | IBB portable |
|---|---|---|---|---|---|
| BML | | 1.66；229.9<br>0.89 | 1.34；76.6<br>0.96 | 0.009；0.062<br>0.96 | 0.0113；0.221<br>0.98 |
| BTRHEOM | 0.48；−64.0<br>0.89 | | 0.61；1.17<br>0.86 | 0.004；−0.363<br>0.84 | 0.0053；−0.49<br>0.90 |
| Two-Point | 0.688；−36.16<br>0.96 | 1.225；156.8<br>0.86 | | 0.0067；−0.34<br>0.91 | 0.008；−0.267<br>0.96 |
| IBB | 102.4；9.51<br>0.96 | 178.2；249.2<br>0.84 | 123.6；114<br>0.91 | | 1.12；0.383<br>0.97 |
| IBB portable | 85.5；−11.7<br>0.98 | 154.4；191.9<br>0.90 | 113.5；61.84<br>0.96 | 0.844；−0.196<br>0.97 | |

注：$Y=AX+B$；其中 $Y$ 表示列表头，$X$ 表示行表头；$R$ 为拟合相关系数。

**表 6-4  不同流变仪测试的塑性黏度（Pa·s）关系（MB）[29]**

| $\frac{A；B}{R}$ | BML | BTRHEOM | Two-Point | IBB | IBB portable |
|---|---|---|---|---|---|
| BML | | 1.84；44.3<br>0.71 | 2.15；−12.4<br>0.70 | 0.698；−10.85<br>0.83 | 0.683；−7.10<br>0.86 |
| BTRHEOM | 0.272；6.39<br>0.71 | | 0.387；21.9<br>0.30 | 0.151；−2.47<br>0.45 | 0.138；0.1692<br>0.45 |
| Two-Point | 0.227；22.3<br>0.70 | 0.233；98.47<br>0.30 | | 0.246；−0.52<br>0.90 | 0.210；3.14<br>0.95 |
| IBB | 0.927；23.1<br>0.83 | 1.32；92.76<br>0.45 | 3.52；10.3<br>0.90 | | 0.815；3.88<br>0.94 |
| IBB portable | 1.17；17.6<br>0.86 | 1.65；85.9<br>0.45 | 4.26；−6.65<br>0.95 | 1.11；−3.03<br>0.94 | |

注：$Y=AX+B$；其中 $Y$ 表示列表头，$X$ 表示行表头；$R$ 为拟合相关系数。

# 6.8 小结

随着高性能混凝土和超高性能混凝土的发展及应用，传统的测试方法已不能准确反映水泥基材料的工作性能，通过基本的物理参数（屈服应力和塑性黏度）来描述水泥基材料的性能已成为当前研究的重点。通过流变仪测试水泥基材料的流变参数，能够更准确地表征水泥基材料的工作性能、泵送性能、模板压力，甚至与力学性能和耐久性能也有一定的相关性，对指导混凝土的配合比设计有重要的意义。

用于水泥基材料测试中的流变仪主要是平行板型、同轴圆筒型和叶片型。通过流变仪能够测试一系列扭矩-转速的点，然后基于不同的流变模型对扭矩-转速点进行分析和计算，能够得到水泥基材料的基本流变参数。虽然不同种类的流变仪得到的结果差别很大，但在整体上不同流变仪的测试结果之间仍存在着很高的相关性，这为不同流变仪的测试结果提供了可比性。

# 参考文献

［1］ 黄大能. 流变学在水泥与混凝土研究中的应用. 混凝土世界，2011：21-26.

［2］ Barnes H. The yield stress-a review or 'παντα ρει'-everything flows. Journal of Non-Newtonian Fluid Mechanics，1999，81：133-178.

［3］ Dzuy N Q，Boger D V. Yield stress measurement for concentrated suspensions. Journal of Rheology，1983，27：321-349.

［4］ Jiao D，Shi C，Yuan Q，et al. Effect of constituents on rheological properties of fresh concrete-A review. Cement and Concrete Composites，2017，83：146-159.

［5］ Barnes H A，Hutton J F，Walters K. An introduction to rheology，Elsevier，1989.

［6］ De Larrard F，Ferraris C F，Sedran T. Fresh concrete：A Herschel-Bulkley material. Materials and Structure，1998，31：494-498.

［7］ Feys D，Verhoeven R，De Schutter G. Fresh self-compacting concrete，a shear thickening material. Cement and Concrete Research，2008，38：920-929.

［8］ Feys D，Verhoeven R，De Schutter G. Why is fresh self-compacting concrete shear thickening? Cement and Concrete Research，2009，39：510-523.

［9］ Laskar A I，Bhattacharjee R. Torque-speed relationship in a concrete rheometer with vane geometry. Construction and Building Materials，2011，25：3443-3449.

［10］ Koehler E P，Fowler D W. Development of a portable rheometer for fresh portland cement Concrete. Fiber Reinforced Concrete，2004：103-105.

［11］ Laskar A I，Talukdar S. Design of a new rheometer for concrete. Journal of ASTM International，2007，5：1-13.

［12］ Dzuy N Q. Direct yield stress measurement with the vane method. Journal of Rheology，1985，29：

335-347.

[13] Barnes H, Carnali J. The vane-in-cup as a novel rheometer geometry for shear thinning and thixotropic materials. Journal of Rheology, 1990, 34: 841-866.

[14] Banfill P. Experimental investigations of the rheology of fresh mortar. Properties of Fresh Concrete. Proceedings of the RILEM Colloquium, 1990.

[15] Tattersall G H, Banfill P. The rheology of fresh concrete. Pitman Advanced Publishing Program, 1983.

[16] Wallevik O H. The ConTec viscometer 3, 4, 5 operating manual. IBRI-Rheocenter, 2006.

[17] Koehler E P, Fowler D W. Development and use of a portable rheometer for concrete. Montreal, 2006.

[18] Hočevar A, Kavčič F, Bokan-Bosiljkov V. Rheological parameters of fresh concrete-comparison of rheometers. Graevinar, 2013, 65: 99-109.

[19] Kovler K, Roussel N. Properties of fresh and hardened concrete. Cement and Concrete Research, 2011, 41: 775-792.

[20] Wallevik O H, Wallevik J E. Rheology as a tool in concrete science: The use of rheographs and workability boxes. Cement and Concrete Research, 2011, 41: 1279-1288.

[21] Nielssen I. Rheological mix design of self-compacting concrete. Edinburgh, Scotland: Heriot-Watt University, 2004.

[22] Banfill P F G. Additivity effects in the rheology of fresh concrete containing water-reducing admixtures. Construction and Building Materials, 2011, 25: 2955-2960.

[23] Carlswärd J, Emborg M, Utsi S, et al. Effect of constituents on the workability and rheology of self-compacting concrete. Reykjavik, Island: RILEM Pub, 2003.

[24] Murata J, Kukawa H. Viscosity equation for fresh concrete. ACI Materials Journal, 1992, 89: 230-237.

[25] Sedran T, De Larrard F. Optimization of self-compacting concrete thanks to packing model. Cachan Cedex: RILEM, 1999.

[26] Zerbino R, Barragán B, Garcia T, et al. Workability tests and rheological parameters in self-compacting concrete. Materials and Structure, 2009, 42: 947-960.

[27] Wallevik J E. Relationship between the Bingham parameters and slump. Cement and Concrete Research, 2006, 36: 1214-1221.

[28] Ferraris C F, Brower L E, Banfill P. Comparison of concrete rheometers: International tests at LCPC (Nantes, France) in October. 2000 Gaithersburg, MD, USA: National Institute of Standards and Technology, 2001.

[29] Beaupré D, Chapdelaine F, Domone P, et al. Comparison of concrete rheometers: International tests at MBT. Cleveland OH, 2003.

# 第7章

# 水泥基材料压汞测孔分析

## 7.1 引言

　　水泥基材料的强度和耐久性与其密实程度密切相关，而水泥基材料的密实性除了与孔隙率有关外，孔结构也具有重要的影响[1-3]。在水泥水化过程中，水化产物填充原来由水占据的空间，随着水化的进行，水化产物数量增加，浆体孔隙率和孔径分布不断变化。因此测定其孔隙率及孔径分布是水泥基材料研究的重要内容。压汞法是目前测试水泥基材料孔结构最常用的方法[4-7]。

　　压汞法（mercury intrusion porosimetry，MIP）测孔技术是一种传统的测孔技术，迄今已经有90多年的历史[8]。1921年，Washburn首先提出了多孔固体的结构特性可以通过把非浸润的液体压入其孔中的方法来分析的观点[9]。在当时，Washburn假定迫使非浸润的液体进入半径为 $R$ 的孔所需的最小压力 $p$ 由公式 $p=K/R$ 确定。这个简单的概念就成为了现代压汞法测孔的理论基础。最初发展压汞法是为了解决气体吸附法所不能检测到的大孔径（如大于30nm的孔径）[10]。后来由于新装置可达到很高的压力，从而也能测量到吸附法所及的小孔径区间。在多孔材料的孔隙特性测定方面，压汞法的孔径测试范围可达5个数量级，其最小限度约为2nm，最大孔径可测到几百个微米，但同时也可测量孔比表面积、孔隙率和孔道的形状分布。此外，由于汞不能进入多孔材料的封闭孔（"死孔"），因此压汞法只能测量连通孔隙和半通孔，即只能测量开口孔隙[11]。它能够测量的孔径范围约为 $5nm\sim360\mu m$[12-13]。利用MIP对水泥基材料进行微孔分布测试，常分为低压测孔和高压测孔两种，低压测孔的最低压力为0.15MPa，可测孔的直径从5nm到 $750\mu m$；高压测孔的最大压力为300MPa，可测孔的直径从3nm到 $11\mu m$。本章首先介绍了MIP的基本原理、操作方法、在水泥基材料中的表征参数及应用等，同时对其他测孔方法进行了阐述。

## 7.2 压汞法测孔的基本理论

　　利用压汞法在给定的外界压力下将一种非浸润且无反应的液体强制压入多孔材料。根据毛细管现象，若液体对多孔材料不浸润（即浸润角大于90°），如图7-1所示，则表面张力将阻止液体浸入孔隙，但对液体施加一定压力后，外力即可克服这种阻力而驱使液体浸入孔隙中[14]。

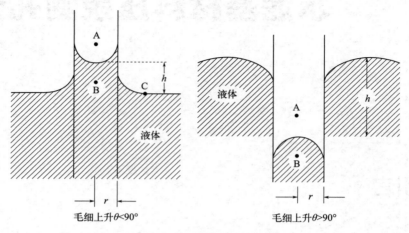

图 7-1　毛细管现象

　　由于水泥基复合材料中硬化浆体内部是无规则的、随机的孔，所以通常假设孔为圆柱形，故测得的孔径为"名义孔径"。虽然不能反映系统真实的孔分布，但对于研究水泥基复合材料中各种因素的影响，相对比较各种因素对孔结构及其分布的影响无疑是可行的[15]。那么根据Washburn方程[9]，外界所施加的压力与毛细孔中液体的表面张力相等，才能使毛细孔中的液体达到平衡，液体进入孔的压力 $p$（MPa）为：

$$p = -\frac{4\sigma\cos\theta}{d} \tag{7-1}$$

　　式中，$d$ 为毛细孔直径；$\sigma$ 为液体的表面张力，对于测试水泥基材料孔结构而言，汞的表面张力值范围在 0.473～0.485N/m 之间[16-17]；$\theta$ 为浸润角，其中汞与水泥基材料不浸润，故浸润角 $\theta$ 在 117°～140°之间[16,18-19]。上述公式表明，使汞浸入孔隙所需压力取决于汞的表面张力、浸润角和孔径。由上式可知，一定的压力值对应于一定的孔径值，而相应的汞压入量则相当于该孔径对应的孔体积。所以，在实验中只要测定水泥基材料在各个压力下的汞压入量，即可求出其孔径分布。

　　将表面积为 d$A$ 的非浸润性物体浸入汞中，所做的可逆功 d$W$ 为：

$$dW = \sigma\cos\theta\,dA \tag{7-2}$$

式中，$A$ 为浸入汞的表面积。

$$W = \int p\,dV \tag{7-3}$$

联立公式(7-2) 和式(7-3) 可得

$$A = -\frac{\int p\,dV}{\sigma\cos\theta} \tag{7-4}$$

则可得：

$$\Delta A = -\frac{\sum \Delta p V}{\sigma \cos\theta} \tag{7-5}$$

联立式(7-1)和式(7-5)可得到：

$$d_{\text{mean}} = \frac{4V_{\text{tot}}}{A_{\text{tot}}} \tag{7-6}$$

式中   $d_{\text{mean}}$ ——平均孔径，m；

$V_{\text{tot}}$ ——总的累积进汞体积，m³；

$A_{\text{tot}}$ ——总的孔表面积，m²。

# 7.3  压汞测孔方法

压汞法测孔的目的是测量出在一定压力下进某孔级的汞体积 $\Delta V$。目前有三种方法量测汞压入体积：电容法、高度法、电阻法。三种方法都使用结构相似的膨胀计。

## 7.3.1  电容法

将毛细管外镀一层金属膜（如钡银）作为一个极，毛细管内的汞作为另一极。随着测孔压力增加，汞被压入孔内，而在毛细管中汞面下降，电容减小。量测这种电容的变化，根据其与压入汞的体积的关系，可计算出在某级孔径范围中孔的体积：$\Delta V_c = K_c \Delta C$。$\Delta C$ 是电容变化值，$K_c$ 是汞体积压入值和电容变化的比值。这种方法的膨胀计不易制作，但不受温度影响。

## 7.3.2  高度法

用毛细管中汞面下降的高度来反映汞体积的变化，即孔体积的变化：$\Delta V_H = K_H \Delta H$。$\Delta H$ 是汞高度的变化，$K_H$ 为汞体积变化与汞高度变化的比值。这种方法要求毛细管内径尺寸和 $\Delta H$ 的量测精度很高。

## 7.3.3  电阻法

用毛细管中电阻变化来反映汞体积的变化，当毛细管中汞体积变化时，膨胀计中的铂丝电阻值也发生变化，则有：$\Delta V_R = K_R \Delta R$ 的关系。$K_R$ 是单位电阻值变化时汞体积的变化，单位为 mL/Ω。一般，毛细管内径尺寸沿高度是变化的，会影响 $K_R$ 值的大小。在毛细管高度 $h$ 处的 $K_R$ 值和平均 $K_r$ 值的关系为：

$$K_R = K_r - K(h) \tag{7-7}$$

式中，$K_R = (V_{\max} - V_{\min})/(R_{\max} - R_{\min})$。根据实验，在某高度 $h$ 处 $K_R$ 和平均 $K_r$ 值之间的相对误差 ≤0.5%，因此可不考虑在毛细管不同高度上 $K_R$ 的差别，则只考虑 $\Delta V = K_R \Delta R$。当在一定温度 $t$。下 $K_R$ 的平均值已知时，通过量测膨胀计中铂丝的电阻变化值 $\Delta R$，即可计算出汞体积的变化 $\Delta V = K_R(t)\Delta R$。测出 $R$、$t$、$p$，即可得到孔径分布曲线。

# 7.4 压汞法测孔对样品要求和处理

### 7.4.1 样品制备

样品的制备过程包括取样方法、样品尺寸和样品干燥方法。传统的取样方法包括切割、钻孔取芯和压碎。Kumar 和 Bhattacharjee 等认为压碎和钻芯取样都可以研究水泥基材料孔结构，而钻芯取样更能减小测试孔结构的误差[1]。Heam 和 Hooton 等人研究压碎后取样会导致样品出现二次裂缝。如图 7-2(a) 所示，从同一样品中分别进行压碎取样和切割取样得到的 MIP 结果[20]。可以明显看到压碎样品取样得到的孔结构尤其是大孔的数量增多。这是由于破碎过程导致了微裂缝的形成。Hearn 和 Hooton 等人还研究了样品尺寸对 MIP 结果的影响，他们发现减小样品尺寸，汞不能进入的封闭孔的占比就会减小，得到的结果就更趋于真实值。但如果长度尺寸低于临界样本尺寸，则不会影响 MIP 的结果。图 7-2 (b) 表示样品的最小尺寸对 MIP 结果的影响。从图中可以看出样品的最小尺寸减小，大孔的数量增加。在开始 MIP 之前，将样品烘干去除自由水是非常有必要的。这些烘干方法包括烘箱烘干（样品温度通常在 50～105℃）、真空干燥、冷冻干燥、溶剂置换干燥、干冰干燥、除湿干燥等[3,21]，如图 7-3 所示。图 7-3 表示干燥方式对 MIP 结果的影响。

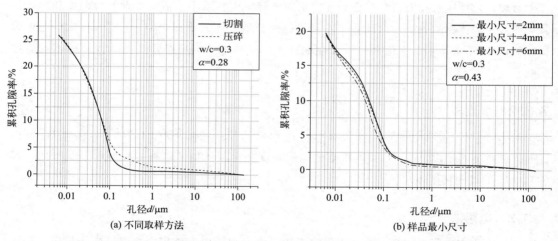

图 7-2　不同取样方法及样品的最小尺寸对压汞结果值的影响（α 为样品外表面粗糙度）

### 7.4.2 试样处理

取样结束后应立即用乙醇浸泡以终止水化，一般应浸泡 24h 以上，取出后在空气中使乙醇充分挥发掉。采用真空干燥法时，试样放到 60℃真空干燥箱中真空干燥 48h（在试样进行烘干时，干燥箱的温度不能高于 60℃，防止部分水化产物分解），将干燥好的试样放到膨胀计玻璃测量管内，如图 7-4 所示，之后首先进行低压实验，在低压结束后，把充满汞的玻璃测量管置入高压测量槽内，进行高压实验。与压汞仪相连的计算机控制进汞和出汞，并自动记录孔隙率累积曲线和孔径分布微分曲线。

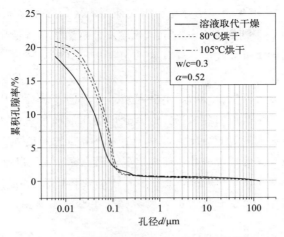

图 7-3　不同的干燥方式对 MIP 结果的影响

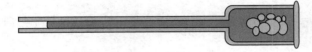

图 7-4　装有试样的膨胀计

# 7.5　测试过程及注意事项

### 7.5.1　操作方法

压汞仪试验操作分为低压和高压过程两个部分。低压和高压过程的主要步骤总结如下：

第一步，选择膨胀计。选择合适膨胀计需要考虑以下方面，样品构成和形貌；样品孔隙率；样品代表性和样品量。膨胀计有两种：粉末膨胀计和固体膨胀计。粉末膨胀计适合于粉末样品或颗粒物体，当直径大于 2.5mm，长为 25mm 时，应放到固体膨胀计的头部。通常膨胀计的头部体积应满足最小的代表样品量。预估的样品孔体积不应超过 90% 或低于 25% 的毛细管体积。测量水泥基材料孔结构时，应根据制备样品大小选择合适的固体膨胀计，一般选择固体 5mL 膨胀计。

第二步，称量样品及膨胀计组件。在称量前需要对样品进行预处理，在烘箱内烘干样品，一旦样品被烘干，就不能将样品重新暴露于大气中。将样品填充在膨胀计中时，将膨胀计毛细管朝下，用手握住膨胀计，用镊子将样品慢慢夹入膨胀计头部。然后使用真空密封脂涂抹在膨胀计头部的研磨了的玻璃表面上。若使用低劣的密封脂会导致漏汞和真空度问题。必须称量三次膨胀计组件重量，分别为膨胀计的重量，膨胀计和样品的重量，膨胀计、密封脂、样品的总重量，膨胀计重量必须以这种方法称量，这样可以区别出密封脂的重量。因为每一次密封时，密封脂用量都不相同。

第三步，进行低压分析。首先安装膨胀计在低压分析口，安装前用真空密封脂（"大牙膏状"）在膨胀杆的外侧涂抹约 5cm 长，但不要涂杆的顶部（涂到离杆的顶部约 1～2cm 即可），以免堵塞毛细管。需要编辑一个样品分析文件。确认钢瓶气体压力不低于200Pa，气体减压表设置为0.25MPa，否则会带来分析误差或终止分析测试。从低压分析口卸载膨胀计时确认低压站内压力返回到接近大气压，确认汞的排空指示灯亮。若排空指示灯不亮，汞可能会从低压口中排出。

第四步，进行高压分析。低压分析后不要停留过长时间才进行高压分析。在打开高压舱前观察其内部压力值，确认其压力为常压。检查仓内高压油面，保证油面刚好位于仓内的台阶处，若低于此高度需加入一定的高压油。每一个高压分析应对应同一个样品的低压分析结束的文件，压汞仪会检查文件的统一性，如果出现错误，将出现警报。

第五步，将膨胀计从高压站口取出，将膨胀计中的汞和样品分别倒入指定位置。

第六步，清洗膨胀计。清洗膨胀计时，要戴橡胶手套。不能用超声波清洗器加水清洗，以免损坏膨胀计的镀皮。

### 7.5.2　注意事项

① 汞池内汞液面距上端的高度要保持在1～3mm以内；氮气瓶内的压力保持在0.25～0.3Pa之间。

② 在开始测试样品前，必须校正膨胀计。

③ 测量用的汞应是分析纯（纯度至少为99.4%）。

④ 汞不能直接暴露于空气中，其上应加水或其他液体覆盖。

⑤ 任何剩余量的汞均不能倒入下水槽中。

⑥ 储存汞容器必须是结实的厚壁器皿，且器皿应放在瓷盘上。

⑦ 万一汞掉在地上、台面或水槽中，应尽可能用吸管将汞珠收集起来，再用能形成汞齐的金属片（Zn、Cu、Sn等）在汞溅落处多次扫过，最后用硫黄粉覆盖。

⑧ 进行低压和高压操作过程中，禁止向仪器中加汞及其他操作，当仪器中无汞时先点击"cancel"后再进行加汞操作。

# 7.6　压汞法测孔的误差问题

众所周知，有很多影响MIP测量结果的因素。由于Washburn公式假定的前提是：①样品中所有的孔隙都是圆柱形；②所有的孔隙均能延伸到试样的外表面，从而使样品在测定时和外部的汞相接触。这两种假设往往与实际的样品有一定的出入，这就导致了以下几种误差的存在[22-23]。

## 7.6.1　孔形的误差

多孔材料中的孔隙结构多种多样，有通口的、半通口的，也有闭口的，孔形也有不规则的。压汞法无法检测到闭口孔，所以闭口孔和非圆柱形孔的存在引起的误差是不可避免的。汞被压入多孔材料中，当压力还原时，其$p$-$V$曲线不同于压入时的相应曲线，表明压力还原后孔中残留部分汞，这种现象称为汞滞后。这种汞滞后现象首先是孔形偏离理想孔模型的结果。其次，滞后回线也与多孔材料表面粗糙度或表面不均匀性相关。当固体物质含有大量墨水瓶状孔时，由于该孔的孔腔比孔口宽大得多，因此要待压力升至相应于孔口半径时，汞才能浸入孔内。一旦达到此压力，整个孔将完全被充满，这样就把进入腔体的汞体积误算为颈体的体积，相反，在减压过程中，颈部的汞在较高压力下退出，而腔体内的汞在较低压力下才退出，从而导致孔径分布情况出现误差。然而，墨水瓶状孔的存在对总孔隙并无影响。

## 7.6.2　接触角的误差

接触角 $\theta$ 的值是基于理想的圆柱孔模型，并假定多孔材料表面各处是均匀的。实际上多孔材料表面多数是不均匀的，汞和固体表面的真实接触角 $\theta$ 变化范围较大，从 112° 到 180° 不等，且取决于多种因素，主要有：①样品外表面的粗糙度，汞在粗糙多孔表面上的接触角，大于光滑微孔表面上的接触角；②样品的复杂几何形状；③样品的表面化学性质，如 $Al_2O_3$ 表面的较强极性可能造成孔分布位移；④吸附于多孔材料上的水分，可能增大接触角；⑤汞的洁净程度也会影响接触角 $\theta$ 的大小。对于实际值为 180° 或 112° 的接触角，选用 140° 时可能造成实际孔径相对误差达 50% 或 100%。图 7-5 表示汞与孔表面的接触角的选择对 MIP 结果的影响。从图中可以看出 $\theta$ 为 130° 时测试结果较为准确。

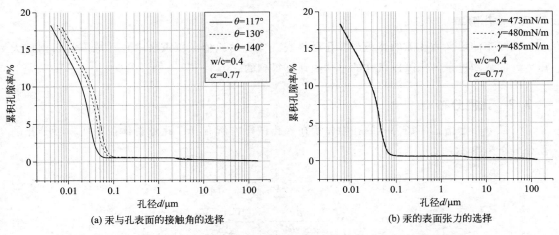

(a) 汞与孔表面的接触角的选择　　　　　　　　　(b) 汞的表面张力的选择

图 7-5　汞与孔表面的接触角及汞的表面张力的选择对 MIP 结果的影响

## 7.6.3　汞的表面张力

Washburn 方程假定的前提是孔隙为圆柱形孔，因此其截面的周长与面积之比为 $2/r$，但实际上孔的几何形状很少是圆柱形，它们的等效周长和面积之比都不等于 $2/r$。只有假定样品中的孔为圆柱形孔时，才能认为在其截面圆周上各点的接触角为一常数。当样品中的孔为非圆柱形孔时，就很难用一个平均曲率计算弯月面。所以 Washburn 方程应当包括一个二维压力项，这样就会引起表面张力的下降，也会造成对孔分布结果的影响。影响表面张力的因素，主要服从于接触角及对接触角的影响因素。另外，汞中的杂质量、温度和固相吸附水，对表面张力也有一定的影响。通过上文可知汞的表面张力通常取值 480mN/m，其在 473～

485mN/m 范围内变化，汞的表面张力对压汞结果的影响基本忽略不计。因此，汞的具体表面张力不知时，可取 $\gamma = 480\mathrm{mN/m}$。

# 7.7 压汞法分析水泥基材料常用的表征参数

通常，采用压汞法表征水泥基材料孔结构形态的参数通常有比表面积、孔径分布、孔隙率、平均孔径、最可几孔径、临界孔径等。在压汞实验结果中，微分曲线与横轴包络的面积表示总孔体积，在一定的孔径范围内，孔径分布微分曲线峰值越高说明该区间内总孔体积越大。孔径分布微分曲线峰值所对应的孔径物理意义为：混凝土中小于该孔径则不能形成连通的孔道，也即出现概率最大的孔径，称为最可几孔径。临界孔径（critical pore size diameter）定义为孔隙率曲线（或累积注入汞体积与孔径曲线）上斜率的突变点，指压入汞的体积明显增加时所对应的最大孔径。在压力和压入汞体积曲线上，临界孔径对应于汞体积屈服的末端点压力。临界孔径的理论基础是材料由不同尺寸的孔隙组成，较大的孔隙之间由较小的孔隙连通，临界孔径是能将较大的孔隙连通起来的各孔的最大孔径。临界孔径反映的是孔隙的连通性和渗透路线的曲折性，对渗透性的影响最大，也是能检测到的最大孔径。

### 7.7.1 孔隙率

孔隙率的定义为孔隙的体积与多孔材料表观体积的比值。压汞法中总孔隙率是根据最大压力处的累积进汞体积除以试样的总体积计算得到的。

### 7.7.2 孔径分布

孔径分布是指孔半径为 $r$ 的孔隙体积在多孔试样内所有开口孔隙总体积中所占百分比的孔径分布函数 $\psi(r)$。

$$\psi(r) = \frac{\mathrm{d}V}{V_{\mathrm{To}}\mathrm{d}r} = \frac{P}{rV_{\mathrm{To}}} \times \frac{\mathrm{d}(V_{\mathrm{To}} - V)}{\mathrm{d}p} \tag{7-8}$$

$$\psi(r) = \frac{p^2}{2\sigma\cos\theta V_{\mathrm{To}}} \times \frac{\mathrm{d}(V_{\mathrm{To}} - V)}{\mathrm{d}p} \tag{7-9}$$

式中，$\psi(r)$ 为孔径分布函数，它表示半径为 $r$ 的孔隙体积占多孔试样中所有开口孔隙总体积的百分比；$V$ 为半径小于 $r$ 的所有开口孔隙体积；$V_{\mathrm{To}}$ 为试样的开口孔隙总体积；$p$ 为将汞压入半径为 $r$ 的孔隙所需压力（即给予汞的附加压力）；$\sigma$ 为汞的表面张力；$\theta$ 为汞与材料的浸润角。

### 7.7.3 比表面积

从图 7-6 中进汞-退汞曲线中，进汞曲线表示当压力为 $p$ 时，汞进入孔隙内的体积为 $\Delta V$，孔隙的表面积与压力的关系为：

$$2\pi r l \sigma |\cos\theta| = p\Delta V \tag{7-10}$$

假设孔的两端为开口的圆柱形，则表面积为：

$$s = 2\pi rl \qquad (7\text{-}11)$$

即：

$$s\sigma |\cos\theta| = p\Delta V \qquad (7\text{-}12)$$

半径为 $dr$ 的孔所占的体积为 $dV$，其所占的表面积为：

$$ds = p\,dV/\sigma|\cos\theta| \qquad (7\text{-}13)$$

积分后可得到总的孔比表面积 $S$ 的计算表达式为：

$$S = \frac{1}{\sigma|\cos\theta|}\int_0^{V_{\max}} p\,dV \qquad (7\text{-}14)$$

此式即为压汞法测定 $p\text{-}V$ 关系曲线来计算表面积的公式（其中积分值直接从试验所得的压力-容积曲线中求得），由此得出质量为 $m$ 的试样的质量比表面积 $S_m$ 为：

$$S_m = \frac{1}{\sigma m\cos\theta}\int_0^{V_{\max}} p\,dV \qquad (7\text{-}15)$$

根据孔为开口圆柱体形状的假设计算平均孔径：

$$d_{\text{mean}} = \frac{4V}{S} \qquad (7\text{-}16)$$

式中，$V$ 为总的累积进汞体积，$S$ 为总的孔比表面积。

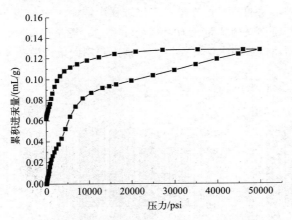

图 7-6　累积体积与压力的 $p\text{-}V$ 曲线（1psi＝6895Pa）

### 7.7.4　孔隙体积分形维数

压汞实验方法是近年来混凝土材料科学研究中常用的孔特征测试评价方法，它是根据压入混凝土中汞的数量与所加压力之间的函数关系计算孔的直径和不同大小孔的体积：

$$p = 2\sigma\cos\theta/r \qquad (7\text{-}17)$$

$$\lg[dV_p/dp] \sim (3-d)\lg p \qquad (7\text{-}18)$$

$$\lg[-dV/dr] \sim (2-d)\lg r \qquad (7\text{-}19)$$

通过孔隙体积与孔径的变化特征，可以直接用压汞测孔的试验数据求出孔隙体积的分形维数。将 $dV/dr$ 和 $dr$ 分别取对数后绘制曲线，通过该曲线的斜率求出孔隙体积的分形维数。

# 7.8 MIP 在建筑材料中的应用

## 7.8.1 MIP 获得孔结构信息在水泥基材料中的应用

利用 MIP 可以研究混凝土掺加大量粉煤灰，可以获得混凝土的一系列气泡参数，如气泡尺寸、数量及分布等。

目前现代混凝土中掺加大量粉煤灰，粉煤灰在浆体中的作用主要表现为微集料效应、形状效应和活性效应。粉煤灰的掺入可明显降低混凝土的孔隙率，改善其微观结构，从而提高其力学性能和耐久性能，故粉煤灰的应用已经成为配制现代混凝土的关键技术。对于大体积粉煤灰掺量混凝土水化过程孔结构变化，国内外众多学者对其进行了多方面研究，也取得了不少进展。压汞法是研究大体积粉煤灰掺量混凝土在水泥水化过程中孔结构演变的方法之一。

Zeng 等[4] 利用压汞法研究大体积粉煤灰掺量混凝土在水泥水化过程中孔结构演变。图 7-7 表示粉煤灰水泥浆体在不同龄期下的孔隙率变化，可以看出水灰比对浆体有决定性的影响。孔隙率随着养护龄期的演变，表明了水化过程中混凝土中的固相结构的形成。从图中可知，浆体的孔隙率与粉煤灰的掺量没有严格的相关性。图 7-8 表示粉煤灰混凝土浆体的微分分布曲线和累积分布曲线。图 7-9 和图 7-10 分别表示不同浆体的孔体积分布。

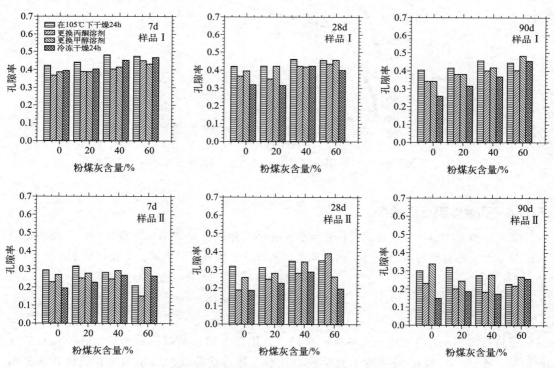

图 7-7  不同浆体在不同龄期下的孔隙率

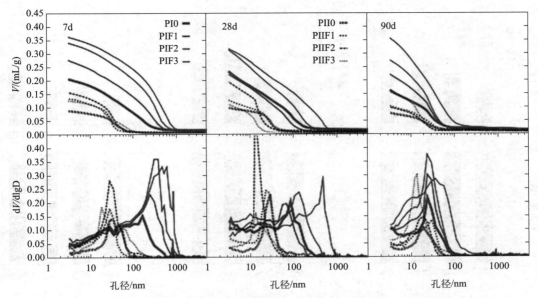

图 7-8  不同龄期下浆体的孔结构的微分分布曲线（下）和累积分布曲线（上）

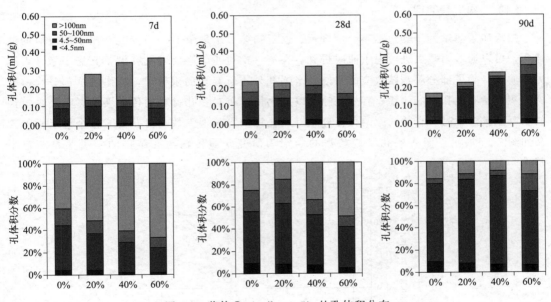

图 7-9  浆体 I （w/b＝0.5）的孔体积分布

## 7.8.2  MIP 研究水泥基材料的有效孔隙

MIP 在测试过程中由于毛细孔的墨水瓶效应会高估小孔的体积，而低估大孔的体积。但对水泥基复合材料而言，影响其传输最重要的是毛细孔中的有效孔隙。压汞测试时，第一次高压退汞后，因墨水瓶效应半通孔中的汞会滞留在孔内，若采用二次进汞，只有那些有效的连通孔隙被充满。

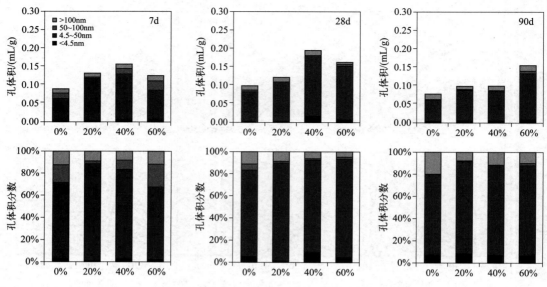

图 7-10  浆体 II（w/b＝0.3）的孔体积分布

（1）二次进汞原理

二次压汞测试的步骤包括第一次进汞、退汞和第二次进汞[24]。贯通孔和墨水瓶效应的连通孔，可以通过第一次进、退汞曲线得到。在第一次进汞时，所有的孔洞都充满了汞；当压力释放时，除了部分墨水瓶效应的孔以及半通孔外，所有孔的汞析出。析出的这部分汞占有的体积就是有效孔隙的体积，有效孔隙率以及孔径分布对多孔材料的传输性能影响是决定性的。第二次进汞时，有效孔隙的孔径分布以及孔结构等其他参数均可获得。整个进退汞的含义如图 7-11 所示。而有效孔结构参数的确定为研究介质传输与孔结构的定量关系奠定了基础。

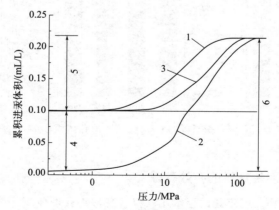

图 7-11  二次压汞曲线的进退汞含义示意
1—退汞曲线；2——次进汞曲线；3—二次进汞曲线；4—墨水瓶孔隙率；5—有效孔隙率；6—总孔隙率

（2）结果与分析

图 7-12 是水灰比为 0.23、0.35、0.53 的硬化浆体在 28d 时的孔径分布图，由图可知，第

一次进汞曲线可以得到总的孔隙率，包括墨水瓶孔隙率，只有通过二次进汞才能将有效孔隙和墨水瓶效应孔隙区分开来，同时得到有效孔隙的孔径分布信息。由图（d）、（e）、（f）可知，孔径分布曲线提供了更多的关于水灰比对孔结构分布影响的信息。在水泥浆体中，人们普遍认为存在两种不同的孔体系，第一个峰值是毛细孔的临界孔径，范围一般在 $0.01\sim10\mu m$ 之间[25]，第二个峰值是凝胶孔的临界孔径，其值小于 $0.01\mu m$，在压汞测试中这个值一般介于 $0.02\sim0.04\mu m$。从图中可以看出，当水灰比为 0.53 时，第一个峰值还是很明显的，其临界孔径为 $0.077\mu m$；0.35 水灰比和 0.23 水灰比的临界孔径分别是 $0.053\mu m$ 和 $0.062\mu m$，但随着水灰比降低，如达到 0.35 时，第一峰值已经消失。主要原因是在早期的水化阶段，毛细孔是完全连通的，这些孔远大于凝胶孔，随着水化过程的进行，水化产物占据这些孔洞，因此，毛细孔隙率降低，毛细孔尺寸相应减小而且仅仅部分连通。因此，第一次进汞时峰值对应于最小的相互连通的毛细孔网络喉部尺寸，这就是第一个峰变弱而且向小孔径方向移动的原因。第二个峰值在水化产物内，对应着凝胶孔，因水化过程的进行，水化产物阻挡了毛细孔，进汞首先通过 C-S-H 凝胶孔才能达到毛细孔，其中 0.53 水灰比对应的临界孔径是 $0.026\mu m$。说明水灰比越高，第一个峰值越明显，相反，水灰比越小第一个峰值消失得越快，且峰形越来越尖锐。

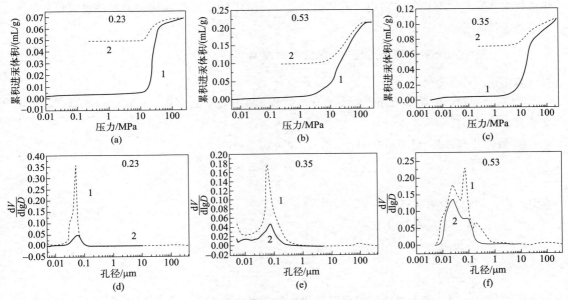

图 7-12　不同水灰比的硬化浆体在 28d 时的孔径分布图
1——次进汞；2—二次进汞

# 7.9　与其它测孔方法的比较

多孔材料中孔从几埃到几微米，甚至几十微米，大小不等，各有其一定的分布范围。对不同目的的研究，要求所测孔大小范围和形状不同，方法也不同。例如，如果主要研究渗透的性质，则要求测定贯通的孔，可利用能使流体透过的方法求细孔的分布；如果研究吸附现象，则一端封闭的孔也有吸附作用，可采用吸附或压入的方法；研究物理和机械性质时，所测的孔就应包括各种状态的。

常用的测孔方法除了 MIP 外还有显微观察法、等温吸附法、小角度 X 射线散射法等。

## 7.9.1 显微观察法

根据不同显微镜的不同分辨率，结合图像分析仪分析不同孔径的孔所占百分比。这种方法的缺点主要是因为用显微镜的方法时取样的代表性问题。目前由于光学显微镜放大倍数所限，微孔不易辨认，而多用于大孔的分析；用扫描电子显微镜观察，因其分辨率较高，结合图像分析，可分析 50nm 以上的孔。图像分析主要根据孔和固相灰度的差别进行辨认，因此当图像中固体部分反差就很大时，对孔的分析会有较大误差。

## 7.9.2 等温吸附法

等温吸附法是指气体吸附在固体表面，随着相对气压的增加，会在固体表面形成单分子层和多分子层。加上固体中的细孔产生的毛细管凝结，可计算固体比表面积和孔径。所用气体可以是水蒸气或有机气体，用得最多的是氮气。BET 测定孔径和比表面积是建筑材料研究常用的方法。

（1）Langmuir 吸附等温方程——单层吸附理论

理论模型：

① 三点假设：吸附剂（固体）表面是均匀的；吸附粒子间的相互作用可以忽略；吸附的是单分子层。

② 吸附等温方程（Langmuir）：

$$\frac{p}{V} = \frac{1}{V_m b} + \frac{p}{V_m} \tag{7-20}$$

式中　$V$——气体吸附量；

$V_m$——单分子层饱和吸附量；

$p$——吸附质（气体）压力；

$b$——常数。

以 $\frac{p}{V}$ 对 $p$ 作图，为一直线，根据斜率和截距可求出 $b$ 和 $V_m$，只要得到单分子层饱和吸附量 $V_m$ 即可求出比表面积 $S_g$。用氮气作吸附质时，$S_g$ 由下式求得

$$S_g = \frac{4.36 V_m}{W} \tag{7-21}$$

式中，$V_m$ 的单位用 mL 表示，$W$ 的单位用 g 表示，得到的比表面积 $S_g$ 单位为 $m^2/g$。

（2）BET 吸附等温线方程——多层吸附理论

BET 法的原理是物质表面（颗粒外部和内部通孔的表面）在低温下发生物理吸附，目前被公认为测量固体比表面积的标准方法。

理论模型：

① 假设：物理吸附是按多层方式进行的，不等第一层吸附满就可有第二层吸附，第二层上又可能产生第三层吸附，各层达到各层的吸附平衡时，测量平衡吸附压力和吸附气体量。所以吸附法测得的表面积实质上是吸附质分子所能达到的材料的外表面积和内部通孔总表面积之和。

② BET 吸附等温方程：

$$\frac{p/p_0}{V(1-p/p_0)}=\frac{C-1}{V_mC}\times p/p_0+\frac{1}{V_mC}$$

式中　$V$——气体吸附量；

　　$V_m$——单分子层饱和吸附量；

　　$p$——吸附质压力；

　　$p_0$——吸附质饱和蒸气压；

　　$C$——常数。

求出单分子层吸附量，从而计算出试样的比表面积。令

$$Y=\frac{p/p_0}{V(1-p/p_0)}、\ X=p/p_0、\ A=\frac{C-1}{V_mC}、\ B=\frac{1}{V_mC}$$

BET 直线图如图 7-13 所示。

$$Y=\frac{p/p_0}{V(1-p/p_0)}$$

将 $Y=\dfrac{p/p_0}{V(1-p/p_0)}$ 对 $X=p/p_0$ 作图为一直线，且 $1/(截距+斜率)=V_m$，代入式(7-21)，即求得比表面积

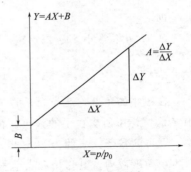

图 7-13　BET 图

**（3）孔径分布测定原理**

气体吸附法孔径分布测定利用的是毛细冷凝现象和体积等效交换原理，即将被测孔中充满的液氮量等效为孔的体积。毛细冷凝指的是在一定温度下，对于水平液面尚未达到饱和的蒸气，而对毛细管内的凹液面可能已经达到饱和或过饱和状态，蒸气将凝结成液体的现象。

① 毛细凝聚模型：在毛细管内，液体弯月面上的平衡蒸气压 $p$ 小于同温度下的饱和蒸气压 $p_0$，即在低于 $p_0$ 的压力下，毛细孔内就可以产生凝聚液，而且吸附质压力 $p/p_0$ 与发生凝聚的孔的直径一一对应，孔径越小，产生凝聚液所需的压力也越小。

② 凯尔文（kelvin）方程：由毛细冷凝理论可知，在不同的 $p/p_0$ 下，能够发生毛细冷凝的孔径范围是不一样的，随着 $p/p_0$ 值的增大，能够发生毛细冷凝的孔半径也随之增大。对应于一定的 $p/p_0$ 值，存在一临界孔半径 $R_k$，半径小于 $R_k$ 的所有孔皆发生毛细冷凝，液氮在其中填充。开始发生毛细凝聚的孔径 $R_k$ 与吸附质分压的关系：

$$R_k=-0.414/\lg(p/p_0) \tag{7-22}$$

$R_k$ 完全取决于相对压力 $p/p_0$。该公式也可理解为对于已发生冷凝的孔，当压力低于一定的 $p/p_0$ 时，半径大于 $R_k$ 的孔中凝聚液汽化并脱附出来。通过测定样品在不同 $p/p_0$ 下凝聚氮气量，可绘制出其等温脱附曲线。由于其利用的是毛细冷凝原理，所以只适合于含大量

中孔、微孔的多孔材料。

根据毛细凝聚理论，按照圆柱孔模型，把所有微孔按孔径分为若干孔区，这些孔区由大到小排列。当 $p/p_0=1$ 时，由公式（7-22）可知，$R_k=\infty$，即这时所有的孔中都充满了凝聚液，当相对压力由 1 逐级变小，每次大于该级对应孔径时孔中的凝聚液就被脱附出来，直到相对压力降低至 0.4 时，可得每个孔区中脱附的气体量，把这些气体量换算成凝聚液的体积，就是每一孔区中孔的体积。综上所述，在气体相对压力从 0.4 到 1 的范围内，测定等温吸（脱）附线，按照毛细凝聚理论，即可计算出固体孔径分布，孔径测定的范围是 2～50nm。

与压汞法相比，氮吸附法可测中微孔，而对大孔的测定会产生较大的误差，仪器的平衡时间会较长，测试时间较长（5h）。

### 7.9.3　小角度 X 射线散射法

小角度 X 射线散射（small-angle X-ray scattering，SAXS）法，是一种用于测定纳米尺度范围的固体和流体材料结构的技术[5]。它探测的是长度尺度在典型的 1～100nm 范围内的电子密度的不均匀性，从而给 XRD（WAXS，广角 X 射线散射）数据提供补充的结构信息。根据布拉格方程，X 射线波长、衍射角 $\theta$ 和晶体晶面距 $d$ 之间有如下关系：

$$2d\sin\theta=\lambda \tag{7-23}$$

即

$$2\sin\theta=\lambda/d \tag{7-24}$$

如果 $2\theta$ 非常小，令 $2\theta=\varepsilon$，

则

$$\sin\theta=\sin\varepsilon/2\approx\varepsilon/2 \tag{7-25}$$

$$\varepsilon=\lambda/d \tag{7-26}$$

在很小的角度，波长为 $\lambda$ 的 X 射线射入直径为 $d$ 的不透明粒子，其关系就是 $\varepsilon=\lambda/d$，式中 $d$ 为试样中所含粒子的大小。由于 X 射线波长在 Å 的数量级，所测角度为十分之几到几度，则可测粒子大小约为 20～300Å。对于孔，由于其中电子浓度和固体电子浓度不同，也可产生小角度散射，其作用和在空气中分布固体粒子相同，因此所测粒子形状、大小、分布和孔的形状、大小、分布是互补的，此方法可在常温下测定 20～300Å 的细孔孔径分布。

X 射线散射强度只与粒子或孔的大小有关，而与其内部结构无关。粒子（或孔）越小，散射所出现的角度越大。微粉粒子也可引起散射，但一般地其粒径比欲测孔径大，所以在所测定散射角范围内可将其忽略。当这种大粒子是由更细的粒子凝聚而成的二次粒子时，而一次粒子和所测孔径大小相等，则这种粒子和孔所引起的散射无法区分。

小角度 X 射线散射强度近似地可由下式表示：

$$I=I_0M^2n\exp(-4\pi^2R^2\varepsilon^2/3\lambda^2) \tag{7-27}$$

式中　$I_0$——1 个电子的散射强度；

　　　$M$——粒子数目；

　　　$n$——1 个粒子中所含电子数目；

　　　$\varepsilon$——散射角（弧度）；

　　　$\lambda$——入射 X 射线波长；

　　　$R$——惯性半径或回转半径，为从粒子重心到粒子内所有电子距离的均方根，当粒子为球形时，设粒径为 $r$，则：

$$R = \sqrt{\int_0^r r^2 \times 4\pi r^2 \,\mathrm{d}r \Big/ \int_0^r 4\pi r^2 \,\mathrm{d}r}$$

$$= \sqrt{\frac{3}{5}} r \qquad (7\text{-}28)$$

与 MIP 相比，二者所测孔径分布在较大孔处是接近的，而在小孔处，则 SAXS 法所测孔径比 MIP 所测结果大得多。原因是汞难以进入大量封闭孔和墨水瓶孔的陷入部分；水灰比越低，汞越难进入，则所测不出的孔径越大。而 SAXA 法在大孔区域，由于干涉效应和仪器精度有限，会产生较大的误差。所以，SAXA 法适于测 300Å 以下的孔。

用 SAXA 法测定材料比表面积或孔结构，不要求对试样进行去气和干燥处理，因而可测室内任一湿度下试样的孔结构，由于 X 射线能穿透材料而测出封闭孔和墨水瓶状孔的陷入部分。

小角散射技术能够在无破坏、无侵入条件下通过测量微观尺度硬化浆体分形结构及凝胶粒子尺寸等参数实时、重复表征其纳米级别的结构特征及演化，但小角散射技术在水泥水化硬化浆体微结构表征与应用的研究中还受到很多因素的影响和制约，存在测试仪器制造成本高及测试价格昂贵和分析测试模型需进一步科学化等突出问题，需要在今后的研究中不断发展和完善。

# 7.10  小结

压汞法测孔是研究水泥基材料孔结构参数（如孔隙率、临界孔径、最可几孔径和孔径分布等）的一种广泛应用的方法。由于 MIP 在测试过程中易受到诸多因素的影响，为能够达到比较真实的测试结果，要求测试过程中，应做到如下几点：①要对样品的压缩率、崩塌系数等自身特征有所了解；②对于比孔容的大小选择适合的毛细管；③取样后应立即终止水化，在低温（60℃）下真空干燥并需保持表面清洁。尽管压汞法在测试过程中还有一些不足之处，但随着人们对此方法的认识不断提高，压汞法将会在水泥基材料孔结构的分析中发挥更重要的作用。

# 参考文献

[1]  Kumar R，Bhattacharjee B. Study on some factors affecting the results in the use of MIP method in concrete research. Cement and Concrete Research，2003，33：417-424.

[2]  Galle C. Effect of drying on cement-based materials pore structure as identified by mercury intrusion porosimetry：A comparative study between oven-，vacuum-，and freeze-drying. Cement and Concrete Research，2001，31：1467-1477.

[3]  Stroeven P，Hu J，Koleva D A. Concrete porosimetry：Aspects of feasibility，reliability and economy. Cement and Concrete Composites，2010，32：291-299.

[4]  Zeng Q，Li K，Fen-chong T. Pore structure characterization of cement pastes blended with high-

volume fly-ash. Cement and Concrete Research，2012，42：194-204.

[5] Ye G. Experimental study and numerical simulation of the development of the microstructure and permeability of cementitious materials. Journal of Colloid and Interface Science，2003，262：149-161.

[6] Chen X，Wu S. Influence of water-ratio and curing period on pore structure of cement mortar. Construction and Building Materials，2013，38：804-812.

[7] Cnudde V，Cwirzen A. Porosity and microstructure characterization of building stones and concrete. Engineering Geology，2009，103：76-83.

[8] 陈开敏. 汞压测孔技术及其在化学电源中的应用. 电源技术，1986，55：31-36.

[9] Washburn E W. Note on a method of determining the distribution of pore sizes in a porous material. Proceedings of the National Academy of Sciences of the United States of America，1921，7：115-116.

[10] 宝鸡有色金属研究所. 粉末冶金多孔材料（下册）［M］. 北京：冶金工业出版社，1979.

[11] 陈锐，李东旭. 压汞法测定材料孔结构的误差分析. 硅酸盐通报，2006，25：198-207.

[12] Taylor H F W. Cement chemistry, 2nd edition ［M］. New York：Thomas Telford services Ltd. ，1997.

[13] 廉慧珍，董良，陈恩义. 建筑材料物相研究基础 ［M］. 北京：清华大学出版社，1996.

[14] 刘培生，马晓明. 多孔材料检测方法 ［M］. 北京：冶金工业出版社，2006.

[15] 庞超明. 高延性水泥基复合材料的制备、性能及基本理论研究. 南京：东南大学，2010.

[16] Bager D H，Sellevold E J. Mercury porosimetry of hardened cement paste：the influence of particle size. Cement and Concrete Research，1975，5：171-177.

[17] Reinhardt H W，Gaber K. From pore size distribution to an equivalent pore size distribution of cement mortar. Materials and Structures，1990，23：3-15.

[18] Moukwa M，Aitcin P C. The effect of dying on cement pastes pore structure as determined by mercury porosimetry. Cement and Concrete Research，1988，18：745-752.

[19] Auskern A，Horn W. Capillary porosity in hardened cement paste. Journal of Testing and Evaluation，1973，1：74-79.

[20] Heam N，Hooton R D. Sample mass and dimension effects on mercury intrusion porosimetry results. Cement and Concrete Research，1992，22：970-980.

[21] Korpa A，Trettin R. The influence of different drying methods on cement paste microstructures as reflected by gas adsorption：Comparison between freeze-drying （F-drying），D-drying，P-drying and oven-drying methods. Cement and Concrete Research，2006，36：634-649.

[22] 周继凯，潘杨. 压汞法测定水泥基材料孔结构的研究进展. 材料导报，2013，27：72-75.

[23] 伊红宇. 混凝土孔结构的分形特征研究. 南宁：广西大学，2006.

[24] Ye G. Percolation of capillary pores in hardening cement pastes. Cement and Concrete Research，2005，35：167-176.

[25] Cook R A，Hover K C. Mercury porosimetry of hardened cement pastes. Cement and Concrete Research，1999，29：933-943.

# 第 8 章

# 水泥基材料微观形貌分析

## 8.1 引言

电子显微镜是用电子束和电子透镜代替光束和光学透镜，获得物质细微结构的高放大倍数图像的仪器。自 20 世纪 30 年代第一台利用磁场会聚电子束的电子显微镜发明以来，电子显微技术不断地发展和完善，相继出现了透射电子显微镜、扫描电子显微镜、扫描隧道电子显微镜、扫描透射电子显微镜、环境扫描电子显微镜、原子力显微镜等电子显微工具以及 X 射线显微分析仪。电子显微镜已成为自然科学领域中探索微观世界的有力工具，在生物学、医学、材料科学、地质矿物学、物理以及化学等学科中发挥着极其重要的作用。

扫描电镜（scanning electronic microscopy，SEM）是可以直接利用试样表面的物质性能进行成像的一种微观形貌观察手段。扫描电镜的工作原理是利用聚焦得非常细的高能电子束在试样上扫描，激发出各种物理信息而成像的。扫描电镜具有放大倍数高（20～20 万倍）、景深大、成像立体感强以及试样制备简单等特点。目前的扫描电镜通常配有 X 射线能谱仪装置，从而可以同时进行微观形貌的观察和微区成分分析，是当今十分有用的科学研究仪器。由于上述特点，扫描电镜成为水泥基材料研究领域中最常用的分析工具。本章主要介绍扫描电镜在水泥基材料微观形貌及微区成分分析中的应用及相应的试样制备、数据处理等方面的内容。

## 8.2 测试方法及原理

### 8.2.1 扫描电子显微镜

SEM 的工作原理是利用电子透镜将一个电子束斑缩小到纳米级尺寸，利用偏转系统使电子束在样品面上作光栅扫描，通过电子束的扫描激发出次级电子和其它物理信息，经探测器收集后成为信号，调制一个同步扫描的显像管的亮度，显示出图像。如对二次电子、背反射电子的采集，可得到有关物质微观形貌的信息；对特征 X 射线的采集，可得到物质化学成分的信息。

如图 8-1 所示，当高能电子束轰击试样表面时，所照射的区域将激发二次电子（second electron，SE）、背反射电子（backscattered electron，BSE）、俄歇电子（Auger electrons）、特征 X 射线和连续谱 X 射线、透射电子等。在水泥材料的形貌观察及微区成分分析的研究中，主要利用的物理信息是二次电子、背反射电子以及特征 X 射线。下面将分别介绍二次电子、背反射电子成像原理以及利用特征 X 射线进行微区成分分析的原理。

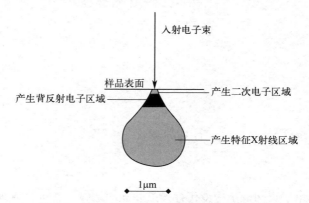

图 8-1　入射电子束与试样的相互作用示意图

### 8.2.1.1　二次电子及成像原理

二次电子是指被入射电子轰击出来的核外电子。由于原子核和外层价电子间的结合能小，外层电子从入射电子获得的能量大于相应的结合能后，可脱离原子成为自由电子。接近样品表层处产生的自由电子能量大于材料逸出功时，从样品表面逸出变成真空中的自由电子，即二次电子。

二次电子来自表面 5～10nm 的区域，能量较低（0～50eV）。二次电子对试样表面状态非常敏感，因此能有效地显示试样表面的微观形貌。二次电子来自试样表层，没有被多次反射，产生二次电子的面积与入射电子束的照射面积（spot size）没有多大区别，所以二次电子的分辨率较高，一般可达到 5～10nm。扫描电镜的分辨率一般就是二次电子分辨率。二次电子产额随原子序数的变化不大，主要取决于试样的表面形貌。

### 8.2.1.2　背反射电子及成像原理

背反射电子是被固体样品原子反射回来的一部分入射电子，包括弹性背反射电子和非弹性背反射电子。弹性背反射电子是被样品中原子核反弹回来，散射角大于 90 度的入射电子，其能量基本没有变化。非弹性背反射电子是入射电子和核外电子撞击后产生的非弹性散射电子，其能量、方向均发生了变化，非弹性背反射电子的能量范围很宽（数十到数千电子伏特）。从数量上看，弹性背反射电子远比非弹性背反射电子多。背反射电子产生的深度范围在 100nm～1mm 之间。背反射电子束成像分辨率一般为 50～200nm。

背反射电子数量与样品中元素的原子序数（原子量）密切相关，背反射电子的产生随原子序数的增大而增加。所以，利用背反射电子作为成像信号不仅能分析形貌特征，也可以用来显示原子序数衬度，进行定性成分分析。大部分材料包含的是各种物相，而非纯元素。此时，在 BSE 图像中各物相的亮度取决于各自的平均原子量。例如，在水泥熟料的 BSE 图像中，游离氧化钙的亮度比硅酸三钙高，而硅酸三钙的亮度又比硅酸二钙高。BSE 图像中这种亮度（灰度）上的差别可清晰显示出材料内部物相的分布。

### 8.2.1.3　SEM 图像与 BSE 图像的比较

背反射电子能量高，产生范围深（典型深度为几个微米），因而 BSE 图像的分辨率较低，不能很好地反映样品表面的形貌信息。SEM 图像的分辨率高，能更多地反映试样的表面细节，如图 8-2 所示。因而 SEM 图像适合于水泥基样品断裂面、早期水化产物及原材料的形貌观察。样品受力后一般从薄弱区域断裂，自然断裂面的二次电子图像主要反映的是薄弱区域的微观形貌，对强度较高的微区（如未水化水泥熟料的残骸结构）则不能全面显示[1]。相比之下，成像衬度主要受化学组成影响的 BSE 适用于样品抛光面的观察。任意截面的 BSE 更全面地反映水泥水化浆体内部微观结构，获得更丰富的内部信息。在水泥基微观形貌的研究中，背反射电子图像具有以下优越性[2]：①直观且全面地反映硬化浆体横截面的微观结构。样品通过切割-研磨-抛光处理从理论上讲可以展示任意横截面，可根据图像的灰度特征和物相的形貌特征区别不同物相组成。②与图像分析技术相结合定量测试物相含量。当图像采集条件相同时，物相在不同图像中的灰度特征值具有重复性，从而可以统计分析多个图像中物相体积含量。

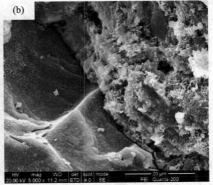

图 8-2　水泥基试样（a）BSE 图像和（b）SEM 图像的比较

### 8.2.1.4　特征 X 射线及微区成分分析

特征 X 射线是原子的内层电子受到激发以后在能级跃迁过程中直接释放的具有特征能量和波长的一种电磁波辐射。X 射线一般在试样的 500nm～5mm 深处发出。微区成分分析的原理是分析特征 X 射线的波长（或特征能量）从而得知样品中所含元素的种类（定性分析），测量谱线的强度则可求得对应元素的含量（定量分析）。用来分析特征波长的谱仪称为波长分散谱仪（WDS），简称波谱；用来测定 X 射线特征能量的谱仪称为能量分散谱仪（energy dispersive spectroscopy，EDS 或 energy-dispersive X-ray microanalysis，EDX），简称能谱。

EDX 和 WDS 的简单比较：①能谱探测 X 射线的效率高，其灵敏度比波谱高一个数量级，在较低的电子束流下可以工作，从而减少对样品的损害，这一点对水泥材料而言尤为重要；

②能谱可以在同一时间内同时对分析点内的所有元素 X 射线进行测定和计数，而波谱则只能逐个测量每种元素的特征波长；③能谱仪的结构简单，没有机械传动部分，因此稳定性和重复性都很好，易于维护；④能谱的分辨率比波谱低，能谱给出的波峰比较宽，容易重叠，其检测器的能量分辨率约为 130～150eV，而波谱的分辨率可以达 5eV；⑤能谱仪由于检测器的铍窗口限制了超轻元素 X 射线的测量，只能分析原子序数大于 11 的元素，波谱则可以测定原子序数在 4～92 之间的所有元素；⑥传统的能谱仪 Si（Li）探头（lithium-drifted silicon detectors）只能在低温下工作，因此使用时需要液氮冷却，但近年来出现的新型固态探测头（silicon drifted detectors，SDD）已解决这个问题。水泥基材料中含有较多的碳、氧、钠以及镁元素等轻元素，因此，采用超薄探头窗口的能谱仪检测这些轻元素时的灵敏度更高。需要指出的是，氧元素的 $K_a$ 辐射强度不足以满足分析精度的要求，EDX 给出的氧元素含量是基于化学计量学方法计算出来的。超薄窗口型（ultra thin window type，UTW 型）吸收 X 射线少，可以测量 C（$Z=6$）以上的轻元素。近年来使用 Mylar（迈拉）材料作为窗口材料的探测头进一步提高了轻元素的探测能力。

一般的 SEM 配备 EDX，而电子探针则配备 WDS。

## 8.2.2 环境扫描电镜

环境扫描电镜（environmental SEM，ESEM）是近年发展起来的新型扫描电镜。它与常规扫描电镜（SEM）的主要区别在样品室。常规扫描电镜样品室真空度必须低于 $10^{-3}Pa$（$7.5006 \times 10^{-6}$Torr），绝缘样品需要进行表面导电处理。而 ESEM 的样品室处于低真空的"环境"状态（0.08～30Torr），可以直接观察非导体及含水样品。此外，ESEM 可以通过调整样品室的压力、气氛、温度、湿度等，模拟实际环境，实现对样品进行原位、动态、连续观测。ESEM 的上述特点特别适合于水泥基材料断裂面的分析，避免了喷涂处理对样品表面细节的覆盖及对 EDX 结果的干扰，减轻或避免了样品制备及测试过程中样品内部水分的损失导致的结构变化（例如水分损失导致的开裂，C-S-H 形貌产生很大变化[3]）。

ESEM 由于真空度低，入射电子以及入射电子束激发的样品表面信号电子与气体分子碰撞，使之电离产生电子和离子从而削弱所激发的次级电子信号，部分电子改变方向，不落在聚焦点上，从而产生图像的背景噪声。为此，ESEM 中引入气体放大器来增强信号。气体放大器的工作原理是通过施加一个稳定电场，电离所产生的电子和离子会被分别引往与各自极性相反的电极方向，其中电子在途中被电场加速到足够高的能量时，会电离更多的气体分子，从而产生更多的电子，如此反复倍增。ESEM 探测器正是利用此原理来增强信号的。而通过合理选择偏压电场的电压、方向及电极板的形状，气体状态（种类、压力等）和入射电子路径等参数来降低对分辨率的影响。

在水泥基材料研究领域，ESEM 在产物形貌、早期结构发展、化学外加剂的影响等研究方面具有显著的优势。但如果在 BSE 模式下研究水泥熟料及硬化水泥基材料的结构，则普通 SEM 可以完全满足。

采用一些技术手段也可以使用普通 SEM 来研究水泥的早期水化。这些措施包括：①采用冷冻平台（cold stage），使样品处于冷冻状态而避免干燥导致样品变化；②采用胶囊技术将新拌的试样包裹起来，胶囊的膜很薄，能够让电子和 X 射线通过而又避免试样失水干燥；③采用合适的措施来终止水泥的水化，如溶剂取代法、低温冷冻干燥法[4]。这种方法在目前的研究中应用最为广泛。

# 8.3 取样/样品制备

## 8.3.1 取样

对用于 BSE 的试样宜采用切割机切取薄片状试样，避免在取样时人为造成试样结构的损伤（如裂缝）。切割时应尽量采用切割精度高的切割机，以获得尽可能平整的切割面，从而减少树脂浸渍前的预打磨工作量。切割机的刀片应选用金刚石刀片。试样切割时可用少量水冷却。用于 SEM 观察的试件平整度无要求。图 8-3 为 BSE 模式下观察的试样。

图 8-3　BSE 模式下观察的试样（经树脂浸渍、研磨抛光）（见彩图）

## 8.3.2 SEM 的样品制备

用于 SEM 的试样必须是干燥的，在样品处理时含水或早龄期的试样难以进行环氧树脂的浸渍及导电层镀层操作。而含水试样会影响电镜室的真空度，且在高真空度的电镜室内水分会从样品中蒸发，在 X 射线探测器的窗口冷凝并结冰。因此试样必须干燥处理。

供 SEM 用的水泥基材料的样品干燥方法有多种。在干燥过程中，不可避免地影响到样品的形貌、结构甚至是组成，如开裂、钙矾石脱水等。因此需要根据实际情况选择合适的方法来处理试样，尽可能减少上述影响。由于水泥基材料水化的持续性，在进行 SEM 观察、XRD 及热分析时通常需要终止水泥的水化。而干燥和终止水化一般是结合在一起进行的。现有的干燥方法包括冷冻干燥法、溶剂取代干燥法及真空干燥法。冷冻干燥法是利用低温下样品中的水分不经历液态直接从固态的冰升华，从而避免了对结构的影响。冷冻干燥法适合于水化时间仅为几小时的早龄期样品。溶剂取代干燥法是利用有机溶剂与水之间的互溶而使水分从样品中置换出来的方法。通常使用的溶剂包括乙醇、丙酮、异丙醇等。但溶剂取代干燥法会影响水化产物的形貌，甚至可能生成新的产物。研究表明，用于干燥的各种溶剂中，异丙醇对样品的影响最小[4]。因此，对于长龄期的样品，建议按以下程序干燥样品：①先在异丙醇中浸泡 24h。②更换新的异丙醇后再继续浸泡 6 天以充分置换样品中的自由水。③将样品置于真空干燥器中连续抽真空使异丙醇从试样中挥发。抽真空时间可根据样品的大小而定，可能会需要数小时才能使有机溶剂充分挥发。不建议采用升高温度的方法干燥试样，这样不仅会使部分水化产物脱水、开裂，而且在干燥过程中可能导致样品碳化。试样干燥后在喷碳或喷金处理前需存储在真空干燥器中。

观察试样断面结构时，干燥试样也应该在 SEM 观察前重新形成一个新断面供观察。因为氢氧化钙、碱、硫酸盐这些溶解度较大的物相在干燥过程中容易在试样表面沉积，从而影响试样表面的真实形貌和组成。

### 8.3.3　BSE 的样品制备

#### 8.3.3.1　浸渍

由于水泥基材料是多孔结构，直接进行磨抛处理会改变其内部结构，研磨剂的颗粒也会进入到孔隙中，破坏测试面的真实性。因此试样在研磨抛光前需要进行树脂浸渍，填充在孔隙中的树脂固化后可保护孔结构抵抗磨抛过程中的破坏（见图 8-4）。树脂是有机高分子材料，所含的元素为轻元素，与水泥基材料中其它元素相比，在 BSE 图像中亮度低很多，不影响对结构中孔隙的判断。而进行 EDX 分析时，可以将碳元素过滤，从而不影响 EDX 的测试结果。

选择浸渍树脂时需要考虑三个方面的因素：①树脂黏度。应选低黏度的树脂，有利于树脂尽可能渗透进入试样内部。②收缩性。尽量采用硬化过程中收缩量小的树脂。③硬化时间。硬化时间过短，会在短时间内放出大量的热，从而导致较大的变形及影响水泥基材料的物相组成；而硬化时间太长使试样制备时间过长。一般可选用 12h 左右固化的环氧树脂。具体参数可以咨询相关公司［如沈阳科晶，司特尔（丹麦）、标乐（美国）］。

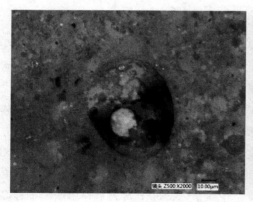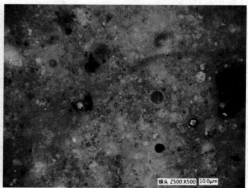

图 8-4　环氧树脂填充的气孔（见彩图）

试样干燥后、浸渍前需要进行预打磨以消除试样切割时产生的切痕。试样可用 600♯ 或 1200♯ 砂纸手工打磨，打磨时试样应呈"8"字形来回运动，避免产生划痕及研磨不均。预打磨结束后需用干燥的压缩空气对试样进行清洗，清理打磨过程中嵌入孔隙中的细小颗粒。然后将试样放入专用镶嵌模中（可以采用聚丙烯镶嵌模或硅胶镶嵌模，树脂硬化后试样能够很方便地从镶嵌模中脱出，可重复利用），打磨面朝下，并在试样的表面贴上标签，对试样进行

标注 [图 8-5(a)]。标注时应该采用铅笔，否则环氧树脂浸渍时会溶解墨水而使标记模糊。

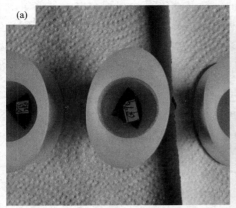 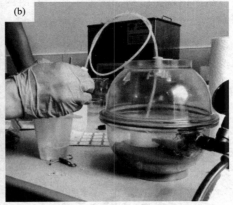

图 8-5　镶嵌模及试样（a）和真空浸渍装置（b）

浸渍时可采用专门的浸渍装置，也可以采用真空干燥器进行改装 [图 8-5(b)]。为了尽可能让树脂能够进入试样的内部，应尽量提高浸渍的真空度。真空度足够高时，从试样中排出的空气可以尽快从树脂中逸出。真空浸渍结束后，应使用塑料片将试样在树脂中移动，便于树脂能够较好地在试样表面形成保护层。移动结束时应使试样尽可能位于镶嵌试模的中间位置。在树脂硬化过程中应使试模平放，注意检查试样是否产生移位。

### 8.3.3.2　研磨

BSE 图像是基于物相的密度与组成元素原子量的差别成像的，因此样品必须具有平整的光滑面，否则会影响成像的质量以及 EDS 分析结果的准确性。对于水泥浆体来说，品质"合格"的抛光面是获得良好 BSE 图像的关键[5]。试样研磨的过程就是利用不同粒径的研磨剂对试样表面进行逐层研磨、抛光，消除试样在预打磨时难以消除的缺陷，暴露试样内部的真实结构。水泥基材料是多孔、多相的脆性材料，各种物相之间（集料和水泥石、水泥石中水化产物与未水化水泥、填充在孔隙中的树脂与试样内各物相）的硬度存在显著差异，获得高质量的 BSE 试样需要丰富的实践经验。影响研磨质量的因素有以下几方面：①研磨剂种类及粒径；②研磨设备，如研磨盘直径、所采用的材质；③研磨试样时的压力、转速。因此需要在实践中探索出适合自己实验室研磨、抛光设备的程序和方法。以司特尔的 MD-Largo 系列磨盘为例，制备水泥净浆样品时研磨抛光剂可选用 $9\mu m$、$3\mu m$、$1\mu m$ 金刚石悬浮抛光液在 20N 的压力下分别研磨 $45\sim90min$ 左右，如有必要，可采用 $0.25\mu m$ 的金刚石悬浮抛光液继续研磨。

研磨过程中几点特别需要注意的地方：①在粗磨前需要用 1200♯砂纸进行手工预研磨，磨去试样表面的树脂以便于暴露试样 [图 8-6(a)]。手工预研磨是非常关键的一步，直接影响到后续的研磨效率和质量。首先，在手工预研磨时要通过力度控制、改变试样在研磨盘上的位置尽量使研磨面与试样切割面平行，否则会导致试样一部分表面的树脂保护层已磨损而另一部分试样表面仍然未暴露出来。其次，因为树脂浸渍的深度约为 0.1mm，预研磨过程中要勤观察，既要避免过研磨使试样失去表面树脂保护层，又要避免试样表面的树脂层过厚

（图 8-7），影响研磨效率和 BSE 成像质量。预研磨时采用异丙醇冷却，预研磨结束后在异丙醇中进行超声清洗。②研磨过程中使用透明的油性冷却剂进行冷却和润滑，避免使用水性冷却润滑剂。③更换到下一级粒径的研磨剂时，必须对试样、研磨盘进行清洗，避免产生污染而在试样表面形成划痕等缺陷。试样清洗时需采用有机溶剂（如异丙醇）作为介质在超声波槽中清洗，清洗完毕后用干燥的压缩空气将试样吹干。同样采用水和洗洁剂对研磨盘进行清洗，清洗后需要将研磨盘用压缩空气进行干燥。

图 8-6　浸渍试样的预研磨（a）和机器研磨（b）

图 8-7　研磨好的砂浆试样（a）和水泥净浆（b）（见彩图）

　　研磨质量直接影响 BSE 图像及 EDX 分析结果的准确性，图 8-8 给出研磨质量良好和研磨质量欠佳的 BSE 图。由图 8-8 可见，研磨质量良好的试样表面平滑，各物相之间的界面清晰，充分反映了物相间的原子序数衬度。

　　试样研磨完成后需放入干燥器中干燥至少 48h，使试样中的有机溶剂充分挥发，避免污染扫描电镜。

 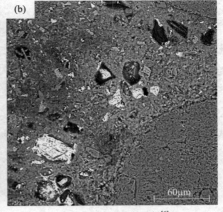

(a) 研磨质量好的试样

(b) 研磨质量欠佳的试样[6]

图 8-8　不同研磨质量试样的 BSE 图

### 8.3.4　喷涂处理

非导电的试样进行 SEM 观察前需要在表面镀一层导电层，避免试样表面电荷积累而影响成像。一般喷涂导电层用的材料有金（或金-钯）、碳。对用于 BSE 成像的水泥试样宜喷碳处理。因为喷金（或金-钯）后在进行 EDX 能谱分析时，这些元素会产生明显的干扰峰，尤其是当产生的峰刚好与待测元素的峰重叠时，干扰会特别严重。例如金的 $M_a$ 线会覆盖了硫的 $K_a$ 线。虽然碳也会出峰，但干扰作用不大，可以在 EDX 测试前将碳元素过滤，不会对分析产生干扰。

对观察断裂面的试样，如果仅观察断裂面的形貌，则喷金处理可以获得更清晰的照片。这是因为蒸发的金比碳更能够均匀地分布到试样表面，而且附着在样品断面上的碳层在中、高放大倍数下是可见的，看上去就像雨点落到镜面结冰后形成的连续薄膜一样。但如果要进行 EDX 测试的话应该选择喷碳。如果试样在干燥器中放置时间较长，在喷导电层前应该使试样重新断裂，暴露出新的观察面，以避免储存过程中试样表面产生的变化。

### 8.3.5　试样储存

制备好的试样在进行 SEM 观察和 EDX 分析前必须放在真空干燥器中保存以避免碳化。如果已经研磨好的试样产生碳化影响试验结果时，可将试样用 $1\mu m$ 抛光液抛光 10min 左右，干燥后重新喷碳。

# 8.4　测试过程及注意事项

### 8.4.1　试验参数

利用 SEM 进行分析、测试时，了解仪器各参数代表的意义及影响，不仅可以在分析测试时设置和选择合适的实验参数，有利于试验目标的实现，而且对后期的数据处理、分析也很有帮助。

工作距离（working distance，WD）指电镜镜筒最底部的镜头到样品表面的垂直距离（镜筒底部上可能会安装一些附加设备，如背反射电子探测器）。一般来说工作距离越短获得的图像质量越高，因为随着工作距离的增加，电子之间的排斥将导致电子束的分散程度增高。

电子束电流、探针电流和电子束斑大小：这些术语经常容易被混淆，电子束电流是指电子束从电子枪的阳极孔中发射出来时的电流。电子束电流在通过镜筒中的物镜光栅和镜头到达试样表面的过程中将会被减弱。到达试样表面的电子束电流也被称为探针电流，通常为几百微安（$\mu$A）。探针电流增大，电子束中的电子数量增多，电子间相互的排斥会使得电子束斑（spot）的尺寸增大。在二次电子和背反射电子成像时，探针电流越大，电子束与试样接触后产生的信号也将增大并且会产生更多的 X 射线；如果将探针电流增大两倍，所产生的 X 射线也将增多两倍。探针电流如果过大，电子束斑尺寸增大将导致图像不清晰并且可能会对试样造成损害。

关于二次电子和背反射电子已在前面进行过解释和描述。笼状的二次电子收集器的电压较高（通常达到几百伏）而具有较高的效率。背反射电子收集器的效率主要取决于试样与探测器之间的角度，可以改变工作距离来改变背反射电子探测器与试样之间的角度以获得较多的背反射电子。一般情况下，背反射电子的数量和收集效率都会低于二次电子，并且探针电流较低时背反射电子图像会显得杂乱，但二次电子图像并不会出现这种情况。可以采用帧平均技术来降低图像的噪声，即通过把连续采集的图像叠加在一起，从而使真实信号得到加强，而消除随机产生的噪声信号。

在收集 X 射线光谱时需要考虑到 X 射线的最佳计数率。如果计数率过低，会增加测试时间；如果过高可能会使得某两束 X 射线在接收时产生叠加，从而在光谱图上出现衍射峰重叠、衍射峰变宽或者位置偏移的现象。遇到上述情况时建议查询 EDX 说明手册或者咨询。可以通过调整探针电流，检查二次电子图像和背反射电子图像的质量找到 X 射线最佳计数率。否则应调整 X 射线探测器的位置，X 射线探测器与试样的角度（即起飞角）改变能够引起所探测到 X 射线的比例。

加速电压指用于加速从电子枪发出的电子的电势差。一般情况下，尽可能在较低的加速电压下获得质量较好的二次电子图像和背反射电子图像。低的加速电压意味着电子在试样中的运动距离短，可以改善二次电子、背反射电子图像和 X 射线微分析的空间分辨率。然而当需要从元素中产生特征 X 射线时，就需要较高的加速电压。加速电压一般为激发原子 $K_a$ 谱线的能量的 2 倍。

## 8.4.2　图像采集

SEM 图像采集时要注意所观察视场的代表性、放大倍数、图像的可分辨性以及研究目的。为了充分展现不同物相的形貌特点及空间分布，采集图像时还需要注意图像的亮度和对比度。亮度和对比度设置不当（如视场过亮、过暗）会掩盖一些物相的灰度特征。当改变放大倍率时，亮度和对比度要做相应的调整，以达到最佳的观察效果。输出 SEM 图像的分辨率要考虑发表、出版的要求。保存 SEM 图像时可以根据需要在图像上显示标尺（scale bar）、工作距离（WD）、加速电压等附加信息。

### 8.4.3 物相识别

SEM 观察及保存代表性 SEM 图像时，需要对 SE 图及 BSE 图像中各种物相的形状特征、灰度特征有所了解，根据这些特征对感兴趣的物相有一个基本的快速判定，从而提高工作效率。

#### 8.4.3.1 SE 模式下的物相

SE 模式下识别不同物相，主要依靠的是不同物相的外形特征。如粉煤灰含有大量的球形颗粒［图 8-9(a)］，水泥［图 8-9(b)］、矿渣等颗粒则具有不规则的形状。

(a)                                      (b)

图 8-9　SE 模式下粉煤灰颗粒（a）及水泥颗粒（b）

水化产物中，C-S-H 通常呈纤维状，钙矾石为针状，CH 为片状等，这些物相的形貌特点在很多文献中均有描述，本章不再过多涉及。在 SEM 观察中，可以利用物相形貌特征快速判定，但如果需要对感兴趣的区域或物相做出准确判定，仍然需要借助于 EDX 成分分析。

#### 8.4.3.2 BSE 模式下物相识别

（1）水泥熟料

硅酸三钙、硅酸二钙、铝酸三钙（铝相）、铁铝酸四钙是水泥熟料中四种主要矿物。在 BSE 图像中，铁铝酸四钙的亮度最高，其次是硅酸三钙，硅酸二钙与铝酸三钙的亮度接近。图 8-10 为在一个熟料颗粒中观察到的四种熟料矿物。其中亮度较高的六方板状、柱状或片状的为 $C_3S$（常见单斜晶系 A 矿）。圆粒型、亮度较 $C_3S$ 暗的物相为 $C_2S$。$C_3A$ 和 $C_4AF$ 在熟料煅烧过程中作为溶剂矿物存在，因此它们填充在 $C_2S$ 和 $C_3S$ 相之间，由于平均原子量的区别，$C_4AF$ 相的亮度最亮，因此可以很方便地区分 $C_3A$ 和 $C_4AF$ 相[1]。在熟料的煅烧过程中，熟料内部可能形成孔隙，冷却等原因导致出现裂纹，这些结构特征都可以在熟料的 BSE 图像中观察到（图 8-10）。

（2）水泥石

在水泥石的 BSE 图像中，主要根据图像的灰度及形貌特征来区分不同物相。硅酸盐水泥

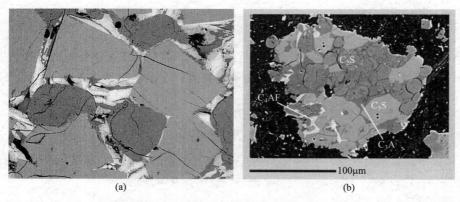

(a)                                                    (b)

图 8-10    水泥熟料矿物在 BSE 图中的形貌特征［图（b）已标注，图（a）供读者识别］

硬化浆体的 BSE 图像中的灰度值可粗略地对应于 4 大类物相，从暗到亮依次为孔隙与裂缝、水化硅酸钙（C-S-H）凝胶及水化（硫）铝酸盐、氢氧化钙（CH）和未水化水泥熟料。每一大类所含的物相（如未水化水泥颗粒残核中的 4 种熟料矿物）还可以通过调节图像对比度及图像放大倍数进行确认。基于 BSE 的成像原理，未水化水泥（残余内核）由于密度大、平均原子序数高，因此其亮度最高。水泥熟料矿物水化后，由于部分 Si 和 Ca 的溶出以及结合一部分结合水或结构水，其密度和平均原子序数降低，所激发的背反射电子数量减少，因而亮度降低。根据 BSE 图像的灰度特征，可将水泥的主要水化产物 C-S-H 凝胶分为外部水化产物（out product，OP）和内部水化产物（inner product，IP）。外部水化产物主要在水化早期通过沉积的机制形成，填充在毛细孔中，形成过程中受空间限制较少，因此结构疏松。而内部水化产物主要在水化后期在水泥颗粒的初始边界内形成，水化进入扩散阶段，因此结构致密[7]。

图 8-11（a）为水泥石 BSE 图（7d）。图 8-11（a）中，亮度最低、灰度最大的相为毛细孔。水泥石中存在大量部分水化的水泥颗粒，部分水化的水泥颗粒中最亮的区域为未水化的内核，与水泥颗粒初始边界内的内部水化产物的灰度对比明显，灰度介于内部水化产物和未水化内核的物相为氢氧化钙（CH）。图 8-11（b）是一个大水泥颗粒的 BSE 图。在水泥颗粒的外围形成了一层内部水化产物层，而未水化部分，可以清晰地分辨出 $C_3S$、$C_2S$、$C_4AF$ 及 $C_3A$ 等物相。

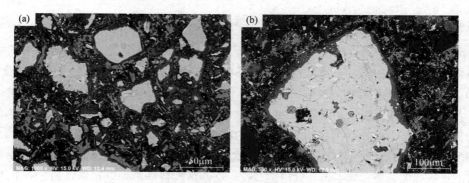

(a)                                                    (b)

图 8-11    早龄期的水泥石 BSE 图（7d，w/c=0.4）

图 8-12 为水化较充分的水泥石（w/c=0.4，180d）BSE 图，可见水泥颗粒已趋于完全水化。从图 8-12(a) 中还可以观察到哈德利粒子（壳）以及水化硫铝酸钙（AFt 或 AFm）。

图 8-12（b）中可以更清楚地观察到水化硫铝酸钙。在 BSE 图中水化硫铝酸钙通常呈针状丛生，和外部水化产物交织在一起。但是仅通过形貌和灰度特征难以区分水化硫铝酸钙具体为 AFm 还是 AFt，需要借助 EDX 才能加以区别。

图 8-12　水化较充分的水泥石 BSE 图（180d，w/c＝0.4）

图 8-13 为掺粉煤灰的水泥石 BSE 图像。比较图 8-9（a）和图 8-13 可见，BSE 图可以观察到粉煤灰颗粒的更多特征。如粉煤灰中的漂珠、沉珠、子母珠等，这些特征是 SE 图像难以提供的。图 8-14 为在 38℃下养护 180d 后水泥石中玻璃颗粒。从图 8-14 中可以清晰地看到玻璃颗粒内部形成了一个明显的反应层。图 8-15 是砂浆的 BSE 图，可以清晰地观察到 CH 在集料与水泥浆界面之间的富集。

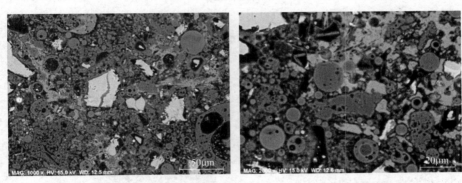

图 8-13　含粉煤灰的水泥石 BSE 图（7d，w/b＝0.4，粉煤灰掺量 30%）

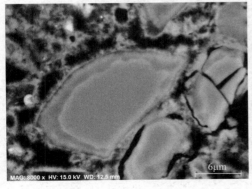

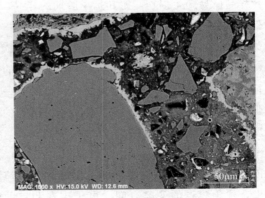

图 8-14　玻璃颗粒的火山灰反应（180d，38℃）　　　　图 8-15　砂浆的 BSE 图像

### 8.4.4 微区成分分析

在电子束的作用下，试样中原子内壳层电子被轰击后跳到比费米能级高的能级上，电子轨道内出现的空位被外壳层轨道的电子填入时，作为多余的能量放出的就是特征 X 射线。特征 X 射线具有元素固有的能量，所以，将它们展开成能谱后，根据它的能量值就可以确定元素的种类，而且根据谱的强度就可以确定其含量。定量分析时，测量未知样品和标样的强度比，再把强度比经过定量修正换算成浓度比。最广泛使用的一种定量修正技术是 ZAF 修正。

从实用化的角度，本章不过于阐述 EDX 分析的原理，但为了获得较为准确的分析结果，使用 EDX 对水泥基材料进行定性、定量分析时需要从以下方面来保证测试结果的准确性。

#### 8.4.4.1 参数设置

① 加速电压：当需要从元素中产生特征 X 射线时，就需要较高的加速电压。加速电压一般为激发原子 $K_{\alpha}$ 谱线的能量的 2 倍，例如激发 Ca 的 $K_{\alpha}$-X 射线（能量略低于 4keV）扫描电镜的加速电压至少要设置为 8kV。在分析水泥基材料的组成元素时，我们感兴趣的元素种类是有限的，主要元素按原子量增大依次有 Na、Mg、Al、Si、P、S、Cl、K、Ca、Ti、Mn 及 Fe。要获得 Fe 的 $K_{\alpha}$-X 射线（能量将近 6.4keV）加速电压至少应为 12~13kV。如果加速电压低于 12kV 那么将无法激发 Fe 元素的 $K_{\alpha}$ 和 $K_{\beta}$ 谱线。而过高的加速电压会产生更多的电子，而且增大电子束在试样中的深度，影响图像的分辨率。因此，在使用 EDX 测试水泥基样品时，宜将加速电压设置为 15kV，既可以激发 Fe 元素的谱线，也可兼顾图像的分辨率。这一点在对水化产物进行定量分析的时候是十分重要的。

水泥基材料中含 O 及 C 元素，但它们的原子量低，激发的特征 X 射线强度不足以满足分析精度的要求。EDX 给出的氧元素的量是基于化学计量学方法计算出来的。

② 工作距离：工作距离除影响图像质量外，在 EDX 分析时还决定了特征 X 射线探测头与试样表面的角度（take of angle，起飞角）及特征 X 射线在试样内路径长度，影响信号的强度及测试结果。因此进行 EDX 测试时应该固定工作距离，从而保证测试结果的准确性和可比性。

③ 电子束电流：在电子束的作用下，水化样品极易产生损伤，尤其是早龄期的样品，降低电子束电流有利于减少对试样的损伤。图 8-16 为 EDX 点成分分析时，电子束导致的试样损伤（圆圈中心部位）。另外，为了获取足够多的特征 X 射线以满足分析精度的要求，又需要一定强度的探针电流（电子束达到试样表面时的强度）。因此测试时需要在二者之间平衡兼顾。对于配固态 SDD（silicon drifted detectors）的 EDX 进行点成分分析时，可采用低电子束流强度，优化测点的暴露时间（电子束在测点的停留时间，dwell time）来取得较好的测试效果。

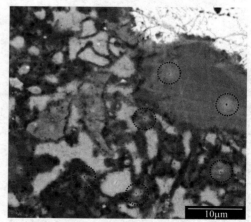

图 8-16 电子束导致的
水泥试样的损伤（图中圆圈部位）[6]

### 8.4.4.2 测点选取

基于 EDS 测试原理，入射电子束激发出特征 X 射线的范围远大于电子束斑直径，可以深入样品表面以下数微米。因此所获得的成分信息并非局限于电子束所照射的区域（图 8-17）。基于上述原因，在 BSE 模式下选点测试 C-S-H 的组成时，可能会混杂其它物相如 CH、钙矾石（AFt、AFm）的信息。因此 EDS 分析时需要注意以下方面：①手工选点分析；②尽量避开物相之间的界面；③为了区分不同的物相，放大倍数需达到 4000 倍以上；④为了使获得的数据具有代表性和利于后期处理，至少在 10 个以上视场中选点测试。对于 C-S-H，每个视场中测点数不少于 10，总点数为 100～150 个。

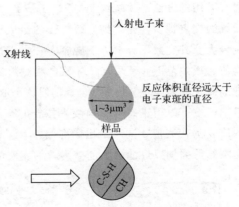

图 8-17　电子束激发 X 射线的范围与电子束斑直径的比较及导致测试误差的示意图

### 8.4.4.3 数据处理

BSE 模式下选点测试 C-S-H 的组成时，可能会混杂其它物相如 CH、钙矾石（AFt、AFm）的信息。通常采用绘制散点云图的方法来判断所得 C-S-H 组成是否受到其它物相的干扰[2,6]。图 8-18(a) 是以 Si/Ca 原子比为横坐标，Al/Ca 原子比为纵坐标绘制的散点图。图中点（0，0.5）为 AFm，点（0，0.33）为 AFt，点（0，0）为 CH，数据点密集的主数据簇则反映了 C-S-H 的组成。如果组成点落在 C-S-H 与 AFm 的连线附近，表示该点为 C-S-H 与 AFm 混杂后的组成。同理，如果组成点落在 C-S-H 与 AFt 或 CH 连线附近，则说明该点处产生了 C-S-H 与 CH 或 AFt 相的混杂。如图 8-18(b) 所示，尽管 EDS 测点（标注"＋"）均在内部水化产物内选取，但 EDS 的结果仍然会受到其它物相的干扰。

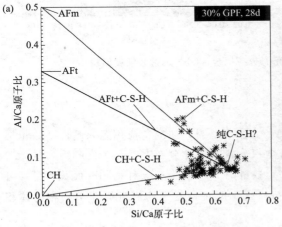
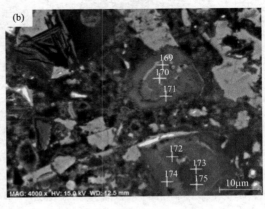

图 8-18　掺磨细玻璃粉的水泥石 28d 龄期时内部水化产物组成云图（a）及选点示例（b）[8]

人们采用不同数据处理方法以便于较为准确地评估 C-S-H 的 Ca/Si、Al/Ca 等组成参数。

通常采用的方法是手工绘制 AFt＋C-S-H、AFm＋C-S-H 以及 CH＋C-S-H 的连接线，三条连接线的交点被认为是"纯"C-S-H 的组成点[6]［图 8-18(a)］，但是这种方法受主观因素的影响较大。其它数据分析方法包括[6]：①采用频数分布表示 Ca/Si 的变化范围，并给出算术平均值、误差范围；②取 Ca/Si 的自然对数值，用正态分布来拟合其分布频率，均值 $\mu$ 减 2 倍标准差 $\sigma$ 取为纯 C-S-H 的 Ca/Si，但这个取值方法仍然存在主观性，某些情况下得到的结果明显偏低。可以用正态分布函数来拟合 C-S-H 的 Ca/Si、Al/Ca、Al/Si 等参数的频数分布，取均值 $\mu$ 为代表值，同时给出标准偏差[8]。如图 8-19 所示，采用这种方法可以将明显受到混杂影响的数据加以过滤，从而获得较为真实的组成参数。

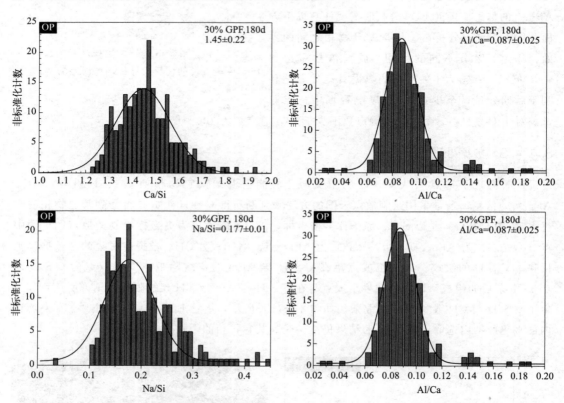

图 8-19　C-S-H 组成参数频数分布及正态分布拟合（GPF 是指磨细玻璃粉）[8]

## 8.4.5　图像分析

基于背散射图像的图像分析技术（BSE-IA）在水泥基材料研究中应用越来越广泛，包括水化特征分析[9-11]、水化程度测定[12-15]、孔的体积分数及尺寸分布[16-18]、水化产物含量[15,16]等。BSE 图像表征样品微区二维截面，统计一定数量的 BSE 图像中某种物相的面积含量，可定量获得某种物相的面积含量。根据统计学与体视学原理，其平均值近似等于物相的体积含量[19]。

### 8.4.5.1　图像处理

在计算图像中某种物相的面积含量之前，需要对目标相进行二值化处理，二值化的处理包括灰度上、下阈值的选定，二值化图像获取和图像精修处理三个步骤。

　　图 8-20 为 PC 浆体 BSE 图中未水化水泥熟料颗粒（简称 UHC）二值化处理流程。原始 BSE 图如图 8-20（a）所示，对应的图像灰度分布（简称 GLD）如图 8-20（b）所示。根据图像灰度分布图中未水化水泥熟料的峰位显示，同时结合原始图像确定代表水泥熟料的灰度值范围，如图 8-21 所示。确定灰度值范围后，获得未水化水泥熟料的原始二值化图像，如图 8-20（c）所示，图中白色的像素点代表未水化水泥熟料，黑色的像素点为其它物相。对比原始二值化图像和原始 BSE 图可以看出，由于抛光试样在制备过程中，水泥熟料颗粒有部分损坏脱落的现象，同时熟料颗粒中也存在一定的孔隙，这些孔隙和脱落后留下的孔洞在原始二值化图像中均显示为黑色。事实上，水泥熟料颗粒中的孔隙面积应该包含在未水化水泥熟料面积当中。因此，需要对原始的二值化图像做精修处理，使得二值化图像中的水泥熟料颗粒的大小和形状与原始图像跟贴近吻合。

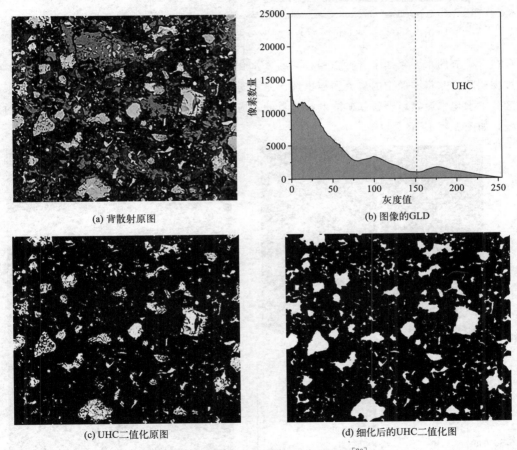

(a) 背散射原图　　　　　　　　　　　　　　　(b) 图像的GLD

(c) UHC二值化原图　　　　　　　　　　　　(d) 细化后的UHC二值化图

图 8-20　未水化水泥熟料二值化处理[20]

　　经过精修后的二值化图像如图 8-20（d）所示，对比精修后的二值化图和原始二值化图可以看出，精修后的二值化图更精确反映了原始 BSE 图中未水化水泥熟料颗粒的大小和形状。并且，在统计面积含量时，原始图像中颗粒脱落留下的孔洞及颗粒剖开面的孔洞均会导致面积计算精确度降低，而精修后的二值化图弥补了上述不足，提高了统计精确度。

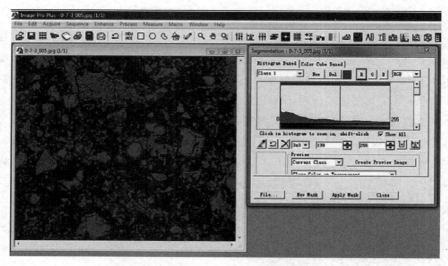

图 8-21　根据灰度分布及原始图像选定上、下阈值[20]（见彩图）

在含矿渣的水泥浆体中各种物相包括的未水化胶凝材料、水化产物及孔均可以辨别。但通过物相灰度差将图像中的矿渣颗粒挑选出来并进行二值化处理，并不合适。因此，为了达到区分未水化水泥熟料颗粒和矿渣颗粒的目的，应提高图像的对比度，从而增大两者间的灰度差，如图 8-22 所示。

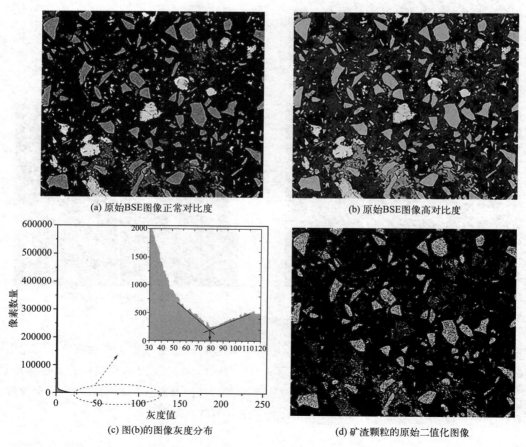

(a) 原始BSE图像正常对比度

(b) 原始BSE图像高对比度

(c) 图(b)的图像灰度分布

(d) 矿渣颗粒的原始二值化图像

(e) 精修后矿渣颗粒的二值化图像

图 8-22　矿渣颗粒二值化处理[20]

### 8.4.5.2　未水化胶凝组分体积含量及水化程度

水化程度指在一定时间内胶凝材料水化量与完全水化量之比。根据体视学原理[19]，二维截面面积比近似于物体三维体积比，因此可以假定水化产物的体积等于样品的体积减去未水化的水泥颗粒和孔的体积。用 BSE 定量得出水化体系中某种胶凝组分未水化体积含量，通过式(8-1) 计算此组分的水化程度[20]。

$$\alpha_{\text{BSE-IA}} = 1 - \frac{V_{\text{cem},t}}{V_{\text{cem},0}} \tag{8-1}$$

式中　$\alpha_{\text{BSE-IA}}$——BSE-IA 法测得水泥水化程度；

$V_{\text{cem},t}$, $V_{\text{cem},0}$——水化 $t$ 时刻、水化初始时刻浆体中未水化水泥熟料的体积含量。$V_{\text{cem},t}$ 由图像分析得出，$V_{\text{cem},0}$ 通过原材料密度及水灰比计算得出。

当水化浆体为单组分水化体系时，通常为硅酸盐水泥体系。用于水泥水化程度的测试方法有多种，如水化热法、CH 含量法以及非蒸发水量法等。图 8-23 和表 8-1 为 BSE-IA 法分别与 XRD/Rietveld 法及非蒸发水量法（Wn test）测量纯水泥体系水化程度对比。研究表明 BSE-IA 法与 XRD/Rietveld 法及非蒸发水量法（Wn test）有较好的一致性，说明 BSE-IA 法在用于硅酸盐水泥体系水化程度的研究时误差较小，结果可信。

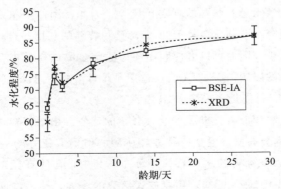

图 8-23　XRD/Rietveld 法和 BSE-IA 法所测水化程度对比[21]

表 8-1　BSE-IA 法和非蒸发水量法测得的硅酸盐水泥水化程度[2]　　　　单位:%

| 养护时间/天 | BSE-IA 法 | 非蒸发水量法 |
| --- | --- | --- |
| 3 | 52.55 | 54.89 |
| 7 | 60.3 | 63.01 |
| 14 | 64.04 | 66.22 |
| 28 | 75.15 | 77.56 |
| 45 | 80.89 | 82.31 |
| 90 | 85.34 | 85.07 |
| 180 | 88.86 | 86.74 |

当水化浆体为混合水化体系时，通常为掺有混合材的水泥体系。由于混合材与水泥熟料间存在水化耦合作用，水化体系水化进程的定量表征较硅酸盐水泥体系更加困难。常用混合材硅灰、矿渣、粉煤灰、煤矸石等与水泥熟料相比 Al、Si 等含量高而 Ca 含量低，在 BSE 中的灰度值一般明显低于水泥熟料[2]。

常用的选择性化学溶解法[22-24] 仅能测试混合材水化程度，而无法定量测试混合体系中的水泥含量。在溶解过程中，有少量的水泥和水化产物不能溶解于溶剂当中，如掺有矿渣、粉煤灰的水泥水化生成的水滑石类物相均难以溶解于盐酸以及 EDTA 碱溶液当中，而被测的未水化混合材反而有少量溶解于溶剂中，因此这种研究方法的误差较大[25]。相比之下，BSE-IA 法定量统计的理论基础较溶解法更科学，实验误差更小。

### 8.4.5.3　孔体积含量统计及尺寸分布

硬化水泥浆体中的孔隙率及孔径分布，是水泥基材料结构的重要特征参数，对水泥基材料的物理力学性能有很大的影响。水泥浆体中孔的尺寸分布较广，大致可分为气孔、毛细孔、凝胶孔。用于测量水泥基材料孔结构的常见方法有 MA（methanol absorption）法、MIP（mercury intrusion poro-simeter）法、IA（image analysis）法等。

MIP 法即压汞法最为常用。但压汞法并不是一种理想的水泥基材料孔结构测试法，测试结果不能真实表征材料中的孔结构。压汞法测试水泥基材料孔结构的结果与实际值存在的差别主要是"墨水瓶"状孔导致的。当压力达到瓶颈所需临界值时，汞才能注入，而此时记录的孔尺寸则远远小于"墨水瓶"状孔的真实孔尺寸。因此，用传统压汞法测得的水泥基材料孔的尺寸分布较真实值要小。硬化浆体 BSE 中，孔和裂缝的灰度最低，灰度特征明显，且和其它物相的灰度重叠较少，因而可以方便利用图像法定量测试样品中孔及裂缝的含量及尺寸分布。由于图像分辨率的限制，BSE-IA 法仅适用于统计分析尺寸大于 $0.25\mu m$ 的孔。而对于尺寸小于 $0.25\mu m$ 的孔，目前仍多采用 MIP 法测试[26]。

图 8-24 为 BSE-IA 法和 MA 法获得的孔径分布的比较。由图可知，尽管在孔隙率较高时 BSE-IA 法所测的孔隙率会偏低，但是两种方法所测的值仍有较好的一致性。图 8-25 为不同放大倍率时采用 BSE-IA 法获得的水泥石孔径分布。其中，孔的直径是由像素点的面积计算出来的"当量直径"。由图 8-25 可知，随着放大倍数的增大，图像法能识别的最小孔的尺寸减小。250 倍放大倍数下，BSE 图中像素点的面积为 $1.131\mu m^2$，1000 倍下为 $0.087\mu m^2$，对

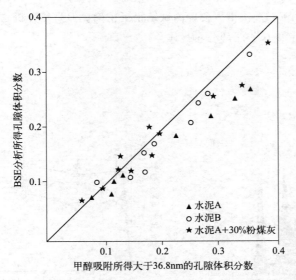

图 8-24  BSE-IA 法和 MA 法两种不同方法所测的孔的比较[27]

(图中的点包含了水胶比和龄期都不同的 3 种水泥基材料。实线表示 1∶1 对应并

不是最佳匹配，孔隙率较高时 IA 技术低估了孔隙率，而孔隙率较低时 IA 法与吸附法获得的结果更吻合。)

应的最小孔直径分别为 1.2μm 及 0.33μm。

在 250 倍的放大图像中，直径小于 1.2μm 的孔无法分辨。增大图像的放大倍数有利于统计小尺寸的孔，但放大倍数越大，图像间的区域波动性更明显，需要统计的图像数量增大。

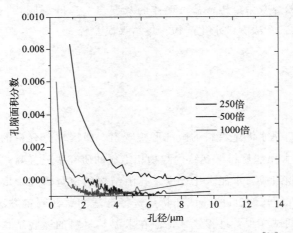

图 8-25  BSE-IA 法测试水泥浆体中孔径的分布[20]

### 8.4.5.4  水化产物含量

水泥体系中，根据特征灰度值，BSE-IA 法可以定量测得水化产物含量。如图 8-26 所示从右到左的灰度峰值分别对应未水化的水泥、CH 和 C-S-H 凝胶，孔没有明显的峰。由于 C-S-H 与 AFt 及 AFm 的灰度值接近，不容易区分，用此方法测量结果误差比较大。

图 8-27 是不同方法技术所测得的 CH 含量。由图 8-27 可知，在几种测试方法中 BEI-IA 法测得的 CH 含量结果较真实值最低。水泥浆体中 CH 的总含量测试，尤其是掺有混合材的

水化浆体，热重法比 BEI-IA 法更方便，测试结果更精确。但是热分析法等其它方法无法定量表征水泥基材料中不同微区 CH 的分布规律。

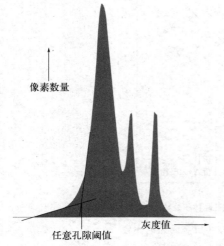

图 8-26　水泥硬化浆体灰度等级统计图[1]

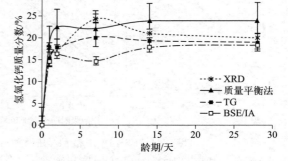

图 8-27　不同方法技术所测得的 CH 含量[21]

掺有混合材的水泥水化产物的种类与硅酸盐水泥大致相同，主要为 C-S-H 凝胶、CH、水化铝酸钙（C-A-H）以及水化硫铝酸钙（C-A-S-H）。混合材一般含有较低的 Ca 而富含 Si、Al，在 BSE 中的灰度值低于未水化水泥熟料，与某种水化产物的灰度值相近。如矿渣颗粒的灰度与 CH 相似，而粉煤灰中硅铝酸盐玻璃体的灰度与 C-S-H 凝胶相似。因此，对于掺有混合材的水泥浆体，BSE-IA 法测试水化产物含量结果误差较大。

# 8.5　小结

扫描电镜（SEM）是水泥基材料的微观形貌观察、微区成分分析的有力工具。借助图像技术的发展，SEM 在水泥基材料微观结构和物相组成的研究中已经从过去的定性分析向定量分析发展，在水化产物组成、水泥水化程度、孔隙结构的定量研究中取得长足的进步。应用 SEM 进行研究时，要根据研究目的、试样特点选择合适的试样制备方法及相应的观察模式。BSE 成像模式所需要的试样制备过程复杂，但在水泥基材料的微观结构、微区成分分析的研究中更具有优势。BSE 图像符合体视学原理，二次电子成像技术和图像分析技术结合拓展了电子显微技术在水泥基材料中的应用。

# 参考文献

[1]　Scrivener K L. Backscattered electron imaging of cementitious microstructures：understanding and quantification. Cement and Concrete Composites，2004，26：935-945.

[2] 王培铭，丰曙霞，刘贤萍.背散射电子图像分析在水泥基材料微观结构研究中的应用.硅酸盐学报，2011，39：1659-1665.

[3] Winter N B, Scanning electron microscopy of cement and concrete. WHD Microanalysis Consultants Ltd，2012.

[4] Jie Z, Scherer G W. Comparison of methods for arresting hydration of cement. Cement and Concrete Research，2011，41：1024-1036.

[5] Stutzman P E, Clifton J R. Sample preparation for scanning electron microscopy. In：Jany L, Nisperos A, editors, Proceedings of the Twenty-First International Conference on Cement Microscopy，25-29 April 1999. Las Vegas, Nevada，1999. p. 10-22. Available from：http://ciks. cbt. nist. gov/～garbocz/icma1999/icma99. htm.

[6] Rossen J E. Composition and morphology of C-A-S-H in pastes of alite and cement blended with supplementary cementitious materials. École polytechnique fédérale de Lausanne EPFL，2014.

[7] H. F. W. Taylor. Cement chemistry. Thomas Telford Publishing 1 Heron Quay, London E144J 1997.

[8] 郑克仁，陈楼，周瑾.玻璃粉的火山灰反应及对水化硅酸钙组成的影响.硅酸盐学报，2016，44：202-210.

[9] Diamond S, Bonen D. A re-evaluation of hardened cement paste microstructure based on backscatter SEM investigations. Microstructure of Cement-Based Systems/Bonding and Interfaces in Cementitious Materials，1995，370：13-22.

[10] Scrivener K L, Lewis M C. A microstructural and microanalytical study of heat cured mortars and delayed ettringite formation. Gothenburg：Proceedings of the 10th International Congress on the Chemistry of Cement，1997，4：62-69.

[11] Famy C, Scrivener K L, Brough A R, et al. Characterisation of C-S-H products in expansive and nonexpansive heat-cured mortars：an electron microscopy study. Barcelona：Proceeding of the 5th CANMET/ACI International Conference of Concrete Durability，2001：385-402.

[12] Scrivener K L, Patel H H, Pratt P L, et al. Analysis of phases in cement paste using backscattered electron images methanol adsorption and thermogravimetric analysis. Mrs Proceedings，1986，85：67-85.

[13] Zhao H, Darwin D. Quantitative backscattered electron analysis for cement paste. Cement and Concrete Research，1992，22：695-706.

[14] Kjeilsen K O, Detwiler O E, Gjùrv R J. Backscattered electron image analysis of cement paste specimens：Specimen preparation and analytical methods. Cement and Concrete Research，1991，21：388-390.

[15] Wang Y, Diamond S. An approach to quantitative image analysis for cement pastes. Mrs Online Proceedings Library Archive，1994，370：23-32.

[16] Lange D A, Jennings H M, Shah S P. Image analysis techniques for characterization of pore structure of cement based materials. Cement and Concrete Research，1994，24：841-853.

[17] Diamond S, Leeman M E. Pore size distributions in hardened cement paste by SEM image analysis. Microstructure of Cement-Based Systems/Bonding and Interfaces in Cementitious Materials，1995，370：217-226.

[18] Stutzman P. Scanning electron microscopy imaging of hydraulic cement microstructure. Cement and

Concrete Composites，2004，26：957-966.

[19] Underwood E E. Quantitative Stereology，Addision-Wesley，Reading，MA，1970：274.

[20] 丰曙霞.背散射电子图像分析技术及其在水泥浆体研究中的应用.上海：同济大学，2013.

[21] Scrivener K L，Füllmann T，Gallucci E，et al. Quantitative study of Portland cement hydration by X-ray diffraction/Rietveld analysis and independent methods. Cement and Concrete Research，2004，34：1541-1547.

[22] Lam L，Wong Y L，Poon C S. Degree of hydration and gel/space ratio of high-volume fly ash/cement systems. Cement and Concrete Research，2000，30：747-756.

[23] Poon C S，Qiao C S，Lin Z S. Pozzolanic properties of reject fly ash in blended cement pastes. Cement and Concrete Research，2003，33：1857-1865.

[24] Zhang Y M，Sun W，Yan H D. Hydration of high-volume fly ash cement pastes. Cement and Concrete Composites，2000，22：445-452.

[25] Haha M B，Weerdt K D，Lothenbach B. Quantification of the degree of reaction of fly ash. Cement and Concrete Research，2010，40：1620-1629.

[26] Zhou J，Ye G，Breugel K V. Characterization of pore structure in cement-based materials using pressurization-depressurization cycling mercury intrusion porosimetry（PDC-MIP）. Cement and Concrete Research，2010，40：1120-1128.

[27] Patel H H. PhD Thesis. London：University of London，1987.

# 第 9 章

# 水泥基材料 X 射线计算机断层成像分析

## 9.1 引言

    X 射线计算机断层成像（X-ray computed tomography）简称 X 射线 CT，是以 X 射线为照明光源，在获得被测物体一系列不同角度投影图后，通过计算机算法重构获取物体内部结构图像的一种无损测试方法。1967 年，英国 EMI 中心研究实验室研究人员 Hounsfield 研制了第一台医用临床 X 射线 CT 设备，但当时该设备图像处理耗时长、精度低。在进一步改进了数据获取和重建技术后，第一台基于现代断层成像原理的可供医用临床应用的 X 射线 CT 机于1971 年 9 月建成，成为了重要的医疗诊断设备[1]。工业 X 射线 CT 的发展要晚于医疗 X 射线CT，其直到 20 世纪 80 年代才被应用于工业领域[2]。X 射线 CT 机是一种具有广泛应用场景的测试设备，能以二维投影图像、二维断层切片图像或三维立体图像的形式清晰直观地展示被测试物体内部空间结构及组成等情况。X 射线 CT 不仅应用于航空航天、化工产品、精密机械等重要领域的检测，也应用于汽车、石油、地质、考古等许多其他领域的检测中[1]。近年来，X 射线 CT 逐渐被应用到建筑材料领域的研究中，如水泥水化过程、硬化水泥基材料浆体孔结构及裂缝、砂浆界面过渡区、纤维在混凝土中的空间分布、硫酸盐侵蚀、钢筋锈蚀、碳化、冻融损伤等[3-21]。本章首先介绍 X 射线 CT 的基本原理、技术指标、测试参数等，然后对 X 射线 CT 在水泥基材料中的典型应用进行阐述。

## 9.2 基本理论

### 9.2.1 基本工作原理

    典型的 X 射线 CT 设备主要由四个部分构成[1]：X 射线源、扫描系统、数据采集系统和数据处理系统。如图 9-1 所示，在 X 射线 CT 测试过程中，目标物体被置于 X 射线源与 X 射线探测器之间，由 X 射线源发射的一定能量的 X 射线束穿过被测物体后会发生吸收或散射等并被衰减，穿过被测物体的 X 射线强度被探测器记录测量并形成明暗不同的被测物体在此位置的投影（灰度）图[22]；为了进一步获得被测物体的三维结构图像需要旋转被测物体并在一系列不同的旋转角度获得被测物体一系列不同取向的 X 射线投影（灰度）图，然后通过计算机三维重构数学算法将被测物体一系列的投影图重构为该被测物体的真实三维结构图像。

根据 Beer-Lambert 理论，穿过物体的入射与出射 X 射线强度的关系可表示为：

$$I = I_0 e^{-\mu \Delta x} \tag{9-1}$$

式中，$I_0$ 是入射 X 射线强度；$I$ 为出射 X 射线强度；$\Delta x$ 为样品厚度；$\mu$ 是样品对一定能量 X 射线的线衰减系数。

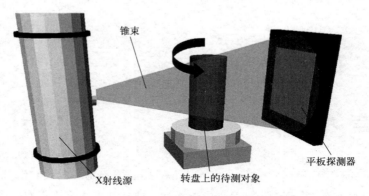

图 9-1　X 射线 CT 设备工作原理示意图[22]

锥束

平板探测器

X射线源　　转盘上的待测对象

实际上，$\mu$ 是一个随着 X 射线能量 $E$（即 X 射线波长 $\lambda$）和所测试物质而改变的物理量。如果被测物质的等效原子序数用 $Z$ 表示，其密度用 $\rho$ 表示，则线衰减系数 $\mu$ 可表示为 $\mu(E, Z, \rho)$。

在实际应用中，公式(9-1) 可改写为：

$$\mu \Delta x = (\mu / \rho)(\rho \Delta x) \tag{9-2}$$

定义 $\mu_m = \mu / \rho$ 为质量衰减系数。

对于非均匀的物体（物体各处衰减系数不相等），X 射线穿透物体时总的衰减系数可将物体分割成小单元计算（如图 9-2 所示）。当被测物体被分割为众多尺寸相同且足够小的单元时，每个单元可以看作是均一物质。将一个单元的出射 X 射线作为下一个相邻单元的入射 X 射线时，式(9-1) 可以利用级联的形式重复应用，则它可表示如下：

$$I = I_0 e^{-\mu_1 \Delta x} e^{-\mu_2 \Delta x} e^{-\mu_3 \Delta x} \cdots e^{-\mu_n \Delta x} = I_0 e^{\sum_{n=1}^{N} -\mu_n \Delta x} \tag{9-3}$$

式中，$N$ 为级联的单元数。

对式(9-3) 作标准化处理后可写成

$$\frac{I}{I_0} = e^{-\mu_1 \Delta x} e^{-\mu_2 \Delta x} e^{-\mu_3 \Delta x} \cdots e^{-\mu_n \Delta x} = e^{\sum_{n=1}^{N} -\mu_n \Delta x} \tag{9-4}$$

取对数后得到

$$P = -\ln\left(\frac{I}{I_0}\right) = \sum_{n=1}^{N} \mu_n \Delta x \tag{9-5}$$

当单元尺寸无限缩小时，式(9-5) 可写成积分形式

$$P = -\ln\left(\frac{I}{I_0}\right) = \sum_{n=1}^{N} \mu_n \Delta x = \int_L \mu_n \, \mathrm{d}x \qquad (9\text{-}6)$$

式中，$L$ 为沿着 $x$ 轴即 X 射线传播方向的直线。一般的表达式中 $I$ 和 $\mu_n$ 都是位置坐标（$y$，$z$）的函数，对于特定的断层，二维的位置坐标（$y$，$z$）变成了一维的坐标（$y$）；如果射线方向的坐标仍用 $x$ 表示，$\mu_n$ 应该写成 $\mu(x, y)$，式(9-6)可以写成

$$P = p(y) = \sum_{n=1}^{N} \mu(x, y) \Delta x \qquad (9\text{-}7)$$

由上面的公式可以看出，横断面足够小的单一能量 X 射线的入射强度 $I_0$ 与其沿着 $x$ 轴方向衰减后的出射 X 射线强度 $I$ 比值的负对数有着级联的线性关系。由于 $I_0$ 与 $I$ 都是能够实际测得的物理量，$P$ 值就很容易由此计算得到，它被称为 X 射线穿透物体后的投影。在测量单元缩小以后，$P$ 在数值上等于 X 射线路径上线衰减系数的线积分。接下来的任务就是通过实际测量得到的投影图像数据，得到不重叠的断层图像，也就是物体某个断面上对于一定能量 X 射线的线衰减系数的分布图 $\mu(x, y)$，即通常所说的 X 射线 CT（断层）图像。

图像重建就是由测试所得投影数据计算得到 CT（断层）图像的问题。如图 9-3 所示，将样品按一定大小和坐标划分成很小的体积单元（体素），对划分好的体素进行空间位置编码（或称为坐标排序），形成具有坐标排序的体素阵列[22]。CT 图像重建技术就是对获取的不同角度的投影数值进行傅里叶变换，然后求出每个体素的衰减系数在拟成像二维断层上的分布矩阵，从而获得衰减系数的二维分布，再把各个二维像素的 CT 值转换为对应像素的灰度值或直接将线吸收系数转化为灰度值，即得到二维断层图像中的灰度分布。之后，将连续的二维断层图像进行叠加便可获得被测物体的三维（结构）图像。

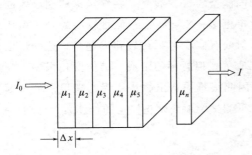

图 9-2　非均匀物体的 X 射线衰减示意图

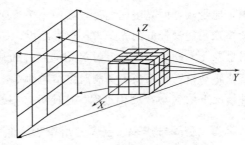

图 9-3　试样体素划分示意图

## 9.2.2　与 X 射线 CT 有关的物理问题

### 9.2.2.1　随机性

由于 X 射线在材料中的衰减过程是一个随机的过程，这就导致我们通过实际测量得到的投影值是随机变量，也就是对同一条件下的数据做多次测量时，并不能得到唯一的数值，而是一个统计分布[1]。事实上，涉及辐射测量的微观世界，统计概率是无处不在的。只是有些情况下，统计的特性对结果分析影响较小，往往无需关注。对随机变量的处理有系统的理论，我们只能有限地应用其中的方法和结论，知道如何解释对 CT 测量结果的影响和进一步在测量过程中控制统计规律所起的作用。

例如，同样物质，当被检测物体较大时，穿透物体的 X 射线受到较大的衰减，这时就应当检查投影数据的涨落是否能够保证最后重建的 CT 图像满足预先提出的设计要求。

### 9.2.2.2　X 射线的多色性和硬化

X 射线本身是一种电磁波，有时人们将它和紫外线、可见光、红外线以及无线电波等其他电磁波归类在一起，形成电磁波的"家族"。与其他电磁波相比，X 射线的波长极短，一般在 10nm（$10^{-8}$ m）～1pm（$10^{-12}$ m）范围内，相应 X 射线能量范围为 124eV～1.24MeV；其中常见能量为 keV 量级的硬 X 射线对应的波长大约在 nm 级（$10^{-9}$ m），与之相比，能量较低（一般不高于 2keV）波长较长的 X 射线则称之为软 X 射线，而能量不单一、具有连续能量带宽的 X 射线则被称为"多色"X 射线，这也是最为常见的一种 X 射线源。

X 射线多色性对于 CT 设备的不利影响首先在于使得 X 射线 CT 无法仅仅依靠精确的测试数据和正确的数学算法就直接得到"准确"的结果，因为 X 射线 CT 数据的重构算法是基于单一能量 X 射线源的。对于依靠 X 射线 CT 数据微小差别来确定生物组织不同性质的医学应用来说，这方面的要求是非常苛刻的。虽然工业 X 射线 CT 也希望得到 CT 图像和衰减系数的完美对应，但从实用的角度来看，多数情况下的要求可以不像医用 X 射线 CT 那样苛刻；从实践的角度，工业 X 射线 CT 会检测更多的对象，X 射线能量一般更高，而完美解决多色性问题的难度也大得多。解决多色性问题的困难不仅仅由于初始入射 X 射线是"多色"的，与"多色性"共生的另一个问题是 X 射线束的"硬化"问题[1]。

绝大多数材料的线衰减系数与 X 射线的能量相关，通常低能 X 射线光子具有高的线衰减系数，高能 X 射线光子具有低的线衰减系数。不同能量的 X 射线光子在穿透被检测物体的过程中，能量较低的光子比能量较高的光子被吸收得更多，X 射线束中能量较高的光子占比会逐渐增加，能量较低的光子占比逐渐减少，即 X 射线有向硬 X 射线转化的趋势，这种现象称为射束硬化。硬化过程与入射 X 射线经过的材料有关，但材料的组成、结构变化很大，而且平移或转动材料也相当于被测对象结构的变化，因此很难构造出数量不多的理想模型来模拟各种情况下的 X 射线硬化过程，这使得 X 射线 CT 测试中射线硬化校正的难度大大增加。

### 9.2.2.3　空间分辨率、密度分辨率和伪像

获取图像的质量是评判 X 射线 CT 设备性能的核心指标，而 CT 图像的质量通常用空间分辨率、密度分辨率和伪像三方面来评价。此评价方法不仅可操作性好，而且对于不同类型的 X 射线 CT 设备的性能可以作更为客观、科学和定量的比较[1]。

空间分辨率是 X 射线 CT 系统鉴别和区分微小缺陷能力的量度，定量地表示为能够分辨两个细节的最小间距。空间分辨率的使用单位是长度单位上的线对数（lp/mm）。常用线对卡或丝状、孔状测试卡进行测定，但是用肉眼观测测试卡的方法往往受到测试者的主观影响，国家军用标准《工业 CT 系统性能测试方法》（GJB 5311—2004）推荐采用 MTF 方法。应当注意的是，空间分辨率要在两个正交方向上测量：切片平面（$xy$ 平面）内和垂直于切面平面的方向即 $z$ 方向上。在多数实际应用的情况下，CT 设备主要用于生成切片平面（$xy$ 平面）内的二维图像，在垂直于切片平面的方向上的空间分辨率要比切片平面内的空间分辨率差很多。同时，由于受到入射 X 射线光强分布等的影响，即使在切片平面内，各方向上的空间分

辨率也不一定完全一致。

密度分辨率又称对比度分辨率，是分辨给定面积映射到 CT 图像上 X 射线衰减系数差别（对比度）的能力，定量地表示为给定面积上能够分辨的细节（给定面积）与基体材料之间的最小对比度。密度分辨率的测定也可以用 GJB 5311—2004 中推荐的方法，即统计标准模体的 CT 图像上给定尺寸方块的 CT 值，求出标准偏差，采用三倍标准偏差为密度分辨率，这种方法可信度达到 95％以上。

除了上面两个主要技术指标外，特别需要注意的还有 X 射线 CT 图像中的伪像。伪像不是 CT 测试所得图像本身应有的部分，而是一种"干扰"。理论上伪像可以定义为 CT 图像中测试数值与物体真实衰减系数之间的差异。这个定义包含了所有非理想图像，但它没有多少实际价值，因为按照这个定义，没有说明多大的差异可以称之为"伪像"。按照此定义极端地说整个 CT 图像都可以归结为"伪像"。从本质上说，X 射线 CT 比常规的射线成像更容易产生伪像，甚至可以说是不可避免的。这是由于在 X 射线 CT 图像重构时的反投影过程是将投影中的一点要映射到图像中的一条直线，不像常规射线成像时投影读数的一个误差仅仅限于局部区域。CT 图像是由大量投影重构生成的，通常要使用大约至少 106 个独立测量数据形成一个二维图像。任何不准确测量结果的表现就是在重建图像中产生误差，所以 X 射线 CT 产生伪像的概率要高很多。也就是说，严格意义上，CT 图像中大部分图像都是以某种形式出现的"伪像"，然而有些误差或伪像仅仅使检测人员烦恼，有些严重的则可能引起检测人员误判。在实际应用中，需要更加着重考虑的是那些影响检测人员判断的差异或伪像。如果能将伪像降低到密度分辨率要求的水平以下，则伪像不致对图像的分析带来很多困难。但是当伪像水平高很多时，需要依靠分析伪像的形貌和出现位置等性质来识别它们和真实细节特征之间的差异。

### 9.2.2.4 测试时间

测试时间通常指的是一个断层图像的平均生成时间，它主要是由（采集数据的）扫描时间与（图像重建的）计算时间两部分组成的，更全面地还应考虑改变切片位置和更换样品的时间。至今而言，大多数 X 射线 CT 测试速度相对比较慢，也就是产出速度低是 X 射线 CT 设备的一个主要缺点，这主要是因为重建断层图像需要采集的数据大小通常数百倍于传统的射线检测方法，不仅采集数据需要一定的时间，大量数据的计算也需要相当多的时间。由于计算机性能的提高和重建算法的改进，现代 X 射线 CT 设备使用高端个人计算机已可满足计算要求，一般二维断层图像重建所需要的时间相对于扫描时间大大减少，实际应用中生成一个三维断层图像的时间大概是几分钟。

# 9.3 X 射线 CT 设备的分类

根据所能达到分辨率的不同，现代 X 射线 CT 又可以分为 X 射线纳米 CT（X-ray Nano-CT，有时简称纳米 CT 或 Nano-CT）、X 射线微米 CT（X-ray Micro-CT，有时简称微米 CT 或 Micro-CT）和其他类型 CT。通常把三维空间分辨率能达到 100nm 及更优级别的 X 射线 CT

称为 X 射线纳米 CT，而把三维空间分辨率能达到 $1\mu m$ 而不优于 $100nm$ 的 X 射线 CT 称为 X 射线微米 CT[23]。目前，空间分辨率最高的产业化 X 射线纳米 CT 的分辨率可达到 50nm，生成 X 射线断层图像的体素大小在 15nm 左右。

通常，Micro-CT 的 X 射线光源为多色圆锥光束。X 射线管的电压范围为 $10\sim225kV$，同时存在有波长小于 0.1Å 的超硬 X 射线，波长在 $0\sim1$Å 范围内的硬 X 射线，以及 $1\sim10$Å 范围内的 X 射线，所得图像的分辨率较低，且存在 X 射线硬化所带来的测试误差。而 Nano-CT 的 X 射线光源多为单色同步辐射 X 射线光源，单色同步辐射 X 射线光源与多色光源相比具有发散度小、稳定性好、高准直、高纯净、高亮度等优点，可以获得很高的信噪比，为纯粹的线偏振光，从而大大提高了测试的分辨率和精度。但是，同步辐射光源的运行需要大量的经费和极大的场地，目前世界上运行的同步辐射 X 射线光源数量在几十个左右，总体较少，使用起来较为不便。

# 9.4 X 射线 CT 技术指标与测试要求

## 9.4.1 技术指标

以东南大学江苏省土木工程材料重点实验室拥有的一台德国产 X 射线 CT 设备为例介绍该设备的相关技术指标。该设备扫描操作模式为三维锥束扫描，其相应的技术指标如表 9-1 所示。

表 9-1 一款 X 射线 CT 设备的技术指标

| 参数 | 数值 |
| --- | --- |
| X 射线管电压 | $10\sim225kV$ |
| X 射线管电流 | $0.01\sim3.0mA$ |
| 样品台旋转角度 | 360° |
| 平板探测器像素数量 | 1024×1024 |
| 通常采集投影图数量 | 1080 |
| 通常断层扫描时间 | $10\sim30min$ |
| 图像重构速率 | ≤7.5 帧/s |
| 最小二维像素尺寸 | 0.086mm×0.086mm |
| 最小三维体素尺寸 | 0.086mm×0.086mm×0.086mm |
| 放大倍数 | $1.2\sim200$ 倍 |
| 有效样品扫描高度 | 200mm |

## 9.4.2 样品尺寸

试件尺寸的大小对空间分辨率和密度分辨率有较大的影响，直接决定着最终获得 CT 图像的质量[24]。在射线源焦点尺寸、探测器尺寸、重建算法不变，扫描时间一致的前提下，如图 9-4 所示，调节 FOD（射线源焦点与样品距离）、ODD（样品与探测器距离）及 FDD（射线源焦点与探测器距离），在不同放大倍数下选择最佳参数扫描同一砂浆试样，取不同扫描条件下同一部位的二维切片进行对比，其试样直径、放大倍数、距射线源的距离与空间分辨率、孔隙率之间的对应关系如表9-2所示。可以看出，样品尺寸大小直接影响到放大倍数，进而影响到图像的质量和测试结果。当试件尺寸较大时，为了使试件完全进入视场，需增加样品与射线源之间的距离，降低放大倍数，其代价则是空间分辨率和密度分辨率的降低，从而导致图像质量的下降和孔洞分辨能力的降低。当样品直径大于50mm时，其二维切片图像质量、空间分辨率、缺陷辨别能力将严重下降。但针对不同的材料和形状，尺寸效应造成的影响不尽相同。

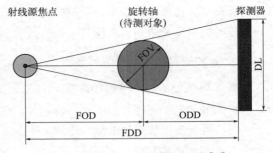

图 9-4　X 射线 CT 工作示意图[22]

**表 9-2　放大倍数与空间分辨率、孔隙率的关系**

| 放大倍数 | 可测样品直径/mm | FOD/mm | 空间分辨率/(lp/mm) | 孔隙率/% |
| --- | --- | --- | --- | --- |
| 15.45 | 10 | 117 | 22.3 | 0.577 |
| 6.37 | 30 | 220 | 7 | 0.403 |
| 3.74 | 50 | 300 | 5.9 | 0.301 |
| 2.64 | 65 | 400 | 2.9 | 0.136 |
| 2.04 | 90 | 500 | 2.1 | 0.033 |

### 9.4.3　样品的放置

　　测试时，样品的放置应遵照以下要求：①在测试的过程中，样品在转台（样品台）上不会出现摆动、变形或相对移动；②要将样品置于转台的中央位置，且在旋转的过程中不能触碰到设备的其他部件；③要避免不必要的东西出现在样品台上，当有必要采用其他辅助材料时应选用密度较小的材料；④所有的数据采集完毕时才能移动样品；⑤要确保转台不影响样品的测试，如图9-5所示。

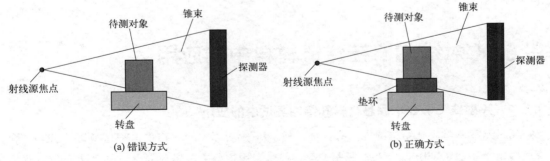

图 9-5　样品的放置方式

### 9.4.4　测试参数设置

　　一般地，测试参数的设置是为了实现扫描时间、对比度和空间分辨率的平衡。较长的扫描时间能提高对比度和分辨率，但扫描时间长、效率低；在相同的扫描时间下，通常保持较低的对比度能提高分辨率。总体说来，进行 X 射线 CT 测试时，主要设置的参数如下：

（1）X 射线管功率、电流和焦点

增加 X 射线管的功率可以提高所产生 X 射线的平均能量，从而增加所产生 X 射线的穿透力，但 X 射线管的功率不能过高，否则这样产生的 X 射线可能损伤探测器，因此在允许的情况下，应尽可能使用较高的电流。此外，缩小 X 射线焦点能得到较高的分辨率，但所使用的最大的 X 射线管电流值一般要减小。

（2）滤波器

如果必须通过增加 X 射线管的功率提高产生 X 射线的能量和通量来获得充分的穿透性，则可能会造成探测器的探测元件被击穿，从而信号记录失效等问题，在 X 射线管的前面放置金属滤波器可以有效解决这一问题。可以先尝试使用 Al 滤波器，如果不满足要求，可以另外加一个 Cu 滤波器或 Sn 滤波器或 Pb 滤波器，另外添加的滤波器必须靠近 X 射线管的一侧。滤波能力以 Pb、Sn、Cu、Al 依次降低。如果 X 射线硬化发生，采用滤波器可以去掉部分低频率/长波长的 X 射线。

（3）探测器修正

探测器信号的修正必须对所有执行修正的数据进行设置，这些数据必须在 X 射线 CT 设备使用相同扫描条件下收集，如 X 射线管功率、电流、滤波器、FDD 等。错误的修正参数会导致伪像的出现，且修正参数必须实时更新。

（4）位置参数

FDD：增加 FDD 能够提高分辨率，但会降低信号强度。

FOD：增加 FOD 能够提高分辨率，同时也增加了 FOV（视域）。

投影数量：增加采集的投影数量会获得较高的分辨率，但是扫描过程和图像重建消耗的时间就会增加；当采集的投影数量超过一行或一列的探测器像素数量时对分辨率的改善起到作用很小。

# 9.5 X 射线 CT 在建筑材料中的应用

## 9.5.1 X 射线 CT 在水泥基材料孔结构测试中的应用

测试水泥基材料孔结构的方法有多种，如：压汞法（MIP）、扫描电子显微镜［SEM，含背散射电子图像法（BSE）］和氮吸附法等，但是采用这些方法需要对测试样品进行较多预处理，如真空干燥、切割、研磨和抛光等，在一定程度上对材料原始孔结构造成损伤。而且这些方法不能直接"透视"材料，难以得到试样内部的最直观、最真实的孔结构信息。同时，测试过程是非连续的，很难得到同一个试样的孔结构随时间的演变过程。然而，X 射线 CT 可以弥补上述测试方法的不足，不需要严苛的制样过程，便可以无损地获取材料内部孔结构信息[22]。

### 9.5.1.1 X射线CT可得到孔结构信息

东南大学江苏省土木工程材料重点实验室的X射线CT分辨率优于$100\mu m$，可对新拌与硬化后的净浆、砂浆与混凝土试件进行测试。图9-6为新拌加气混凝土及其硬化后的二维X射线CT断层（切片）图像。使用X射线CT，如若扫描样品更多的中间过程，则可对其发泡过程进行连续监测。

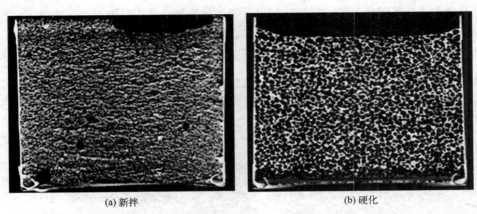

(a) 新拌        (b) 硬化

图 9-6　加气混凝土 X 射线 CT 断层（切片）图像

根据X射线CT二维切片图像，对某个切面上孔洞的直径、数量及分布进行测量及观察，还可借助（三维）图像处理分析软件（如 ImageJ、Avizo、VG studio 等）对该二维切片图像中的孔隙进行统计，从而计算孔隙率等。图9-7分别给出净浆、混凝土和泡沫混凝土的X射线CT二维切片图像，从中可以直观地看到对应切片上孔结构的特征，通过图像处理软件分析，可以得到孔隙率。选择合适的灰度值，对试样中不同灰度区域进行分割和筛选，能够得到每个孔的体积和表面积、孔洞总体积、总表面积及孔隙率等信息。

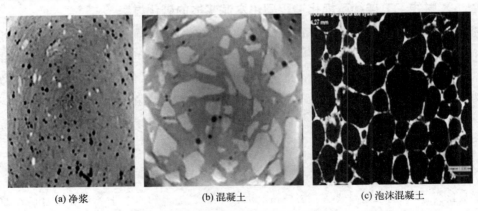

(a) 净浆      (b) 混凝土      (c) 泡沫混凝土

图 9-7　典型水泥基材料 X 射线 CT 二维断层（切片）图像

### 9.5.1.2 X射线CT获得的孔结构信息在水泥基材料研究中的应用

利用X射线CT可以研究混凝土掺入引气剂提高混凝土抗冻性能的机理，可以获得混凝土的一系列气泡参数，如气泡尺寸、数量及分布等。利用 X 射线 CT 无损探伤的特性，可以对加气或泡沫混凝土的成型缺陷进行分析，观察其内部孔隙及孔径分布等情况。

在混凝土耐久性研究过程中，可以在实验前、后或实验过程中对试件进行 X 射线 CT 测试，获取其内部孔隙形态、孔隙率、缺陷体积等参数的变化，利用获取的相关信息可以对试件的损伤程度、损伤机理进行分析。图 9-8(a) 和 (b) 分别是混凝土试块经过一定次数的冻融循环和模拟海水侵蚀后的 X 射线 CT 三维结构渲染效果图。可以看出，经过冻融或侵蚀后的试样孔结构发生了明显变化，孔洞彼此相连，孔洞数量、总孔隙率增加。此外，经模拟海水侵蚀实验后，很多孔洞在一维方向贯穿，形成贯穿通道。

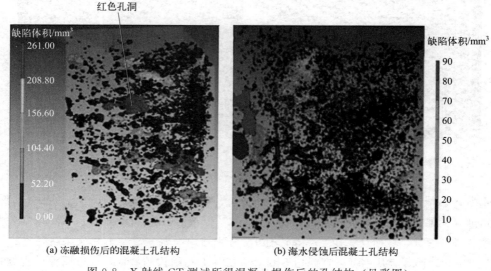

(a) 冻融损伤后的混凝土孔结构　　　(b) 海水侵蚀后混凝土孔结构

图 9-8　X 射线 CT 测试所得混凝土损伤后的孔结构（见彩图）

### 9.5.2　X 射线 CT 连续可视化追踪硬化水泥浆体的碳化过程

水泥基材料的碳化会造成收缩开裂、加剧钢筋锈蚀、力学强度下降等，是影响其耐久性的一个重要方面。多年来，水泥基材料碳化深度的检测一直采用酒精酚酞法，即将碳化一定时间的试样劈开，立即在表面喷涂浓度为 1% 的酒精酚酞溶液，根据显色判别碳化深度（未碳化为红色，碳化后无色）。该方法操作简单，但其可靠性也存在较多的质疑。东南大学韩建德等提出了利用 X 射线 CT 测试水泥基材料碳化的方法[25]，可以无损、连续地观测水泥基材料碳化过程，同时实现三维可视化观测。具体如下：

（1）样品制备及试验条件

水灰比为 0.53 的水泥净浆（$\phi$45.5mm×75.1mm），经饱和石灰水养护 3 个月后在 50℃ 的烘箱中干燥 48h，将端面密封后进行加速碳化试验 [(20±3)% $CO_2$，(70±5)% RH，(20±5)℃]。X 射线管电压为 195kV，电流为 0.41 mA。

（2）结果与分析

图 9-9 是水泥净浆碳化前后的二维 X 射线 CT 切片图像及延标记直线上的灰度变化曲线。

从图上可以清晰看到碳化的边界，碳化后，CT 切片图像中碳化区域的灰度值增加。从图中可见较亮的外部区域即是碳化区，而内部较暗的区域为未碳化部分。图 9-10 是硬化水泥浆体碳化进程的三维图像，该系列图像更能从立体的视角反映碳化进程，包括碳化体积、裂缝体积的变化等。

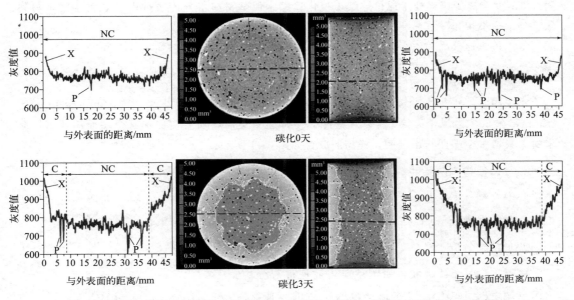

图 9-9　水泥净浆碳化前后的 X 射线 CT 二维断层（切片）图像与灰度曲线（见彩图）

NC 表示圆柱形试件未碳化区域，X 表示 X 射线能谱硬化现象，P 表示试件缺陷位置，C 表示碳化区域

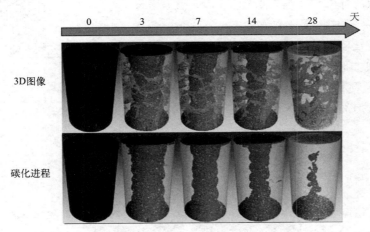

图 9-10　X 射线 CT 测试所得硬化水泥净浆的碳化进程三维结构图像（见彩图）

## 9.5.3　X 射线 CT 原位连续追踪水泥基材料水分传输

对于水泥基材料的劣化，水分起到了一个至关重要的作用，它几乎参与了所有的劣化过程，水分是大多数物理劣化过程的直接参与者，同时是化学侵蚀破坏的间接参与者，是其它有害离子侵入的媒介。研究水分在水泥基材料中的传输是评价其性能、预测寿命和进行耐久

性设计的基础。目前研究水泥基材料水分传输的方法主要有重量法、表面吸水法、渗透法等，但存在过程烦琐、耗时长、难以确定水分的传输高度等不足之处。作为一种射线成像技术，X射线CT相比于传统方法具有较多的优势，它可以无损地获取被检样品内部结构，且能实现原位连续观察。东南大学江苏省土木工程材料重点实验室张云升教授课题组开发了利用X射线CT联合离子增强技术原位连续可视化追踪水泥基材料水分传输过程[26]，为水泥基材料水分传输研究提供了新技术。

下面以具体的实例介绍该测试技术：

（1）试样制备

水泥净浆，水灰比为0.45，标准条件养护60天，切割出的试样尺寸为20mm×20mm×80mm，在60℃鼓风干燥箱中干燥至恒重，冷却至室温后将所有侧面和一个端面用环氧树脂密封，只留一个端面与水接触，样品的放置如图9-11所示。

（2）设备与测试条件

所用X射线CT设备X射线管的电压和电流分别为195kV和0.34mA，每隔30min扫描一次。将分析纯的CsCl试剂加入水中，配制质量分数为5%的水溶液。

（3）结果分析

采用三维图像处理软件对测试所得数据进行分析、图像重建。图9-12（a）是水泥净浆吸水后的图像，而图9-12（b）是采用$Cs^+$增强后的图像，明显看出，采用$Cs^+$增强后图像的对比度得到了极大的提高，根据图像的灰度变化可以直接确定水分的传输高度。图9-13是X射线CT原位连续监测硬化水泥浆体水分传输过程，将水分的传输高度与时间的平方根作图，如图9-14所示，直线的斜率即为吸水率，它是评价材料水分传输性能的重要参数，也是评价材料耐久性的重要指标。

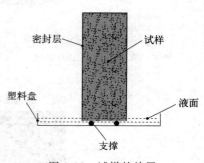

图9-11　试样的放置

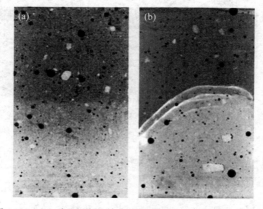

图9-12　Cs离子增强前后的X射线CT图像灰度对比
（a）未增强；（b）增强后

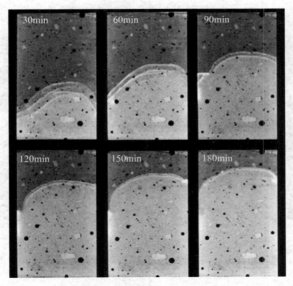

图 9-13　X 射线 CT 连续追踪测试硬化水泥浆体水分的传输过程

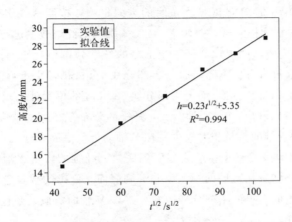

图中标注：
$h = 0.23t^{1/2} + 5.35$
$R^2 = 0.994$

横坐标：$t^{1/2} / \mathrm{s}^{1/2}$
纵坐标：高度 $h$/mm
图例：实验值、拟合线

图 9-14　利用 X 射线 CT 测试结果的吸水率计算

## 9.5.4　X 射线 CT 测试纤维增强水泥基材料中纤维的空间分布

为克服水泥基材料的脆性、易开裂等缺点，纤维增强水泥基复合材料（FRC）在近年来得到迅速的发展和广泛的应用。而评价 FRC 性能的重要指标包括纤维的体积量、空间分布和取向等，目前的研究手段大多是将试样切成片状，并采用体视学的方法统计纤维的数量等信息，但耗时较久且可靠性差。X 射线 CT 技术的发展为该领域的研究提供有力工具，它可以无损地从外到内观察到纤维的空间分布状况。将 X 射线 CT 与图像分析技术相结合可以准确定量地表征纤维的体积量、空间分布等，为解释或预测 FRC 的断裂性能提供依据。

姜广等人[27] 采用 X 射线 CT 对掺入偏高岭土的水泥砂浆中的钢纤维进行了测试。图 9-15 是砂浆中钢纤维的二维和三维分布图，二维分布图中渲染为红色的部分即为钢纤维，三维分布图是对 X 射线 CT 测试所得三维图像进行分割后对钢纤维进行提取并显像得到的。从图中可以看出钢纤维在模具的边缘处会出现窝团、聚集等现象，非常直观有效地呈现出增强纤维的分散性。

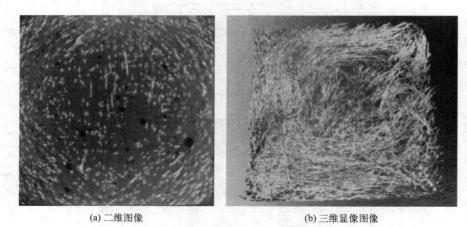

(a) 二维图像                    (b) 三维显像图像

图 9-15  X 射线 CT 测试所得砂浆中钢纤维的空间分布（见彩图）

波兰科学家 Ponikiewski 等人[28] 对钢纤维增强自密实混凝土（SFR-SCC）中的纤维分布进行了统计分析。图 9-16 是 SFR-SCC 浇筑时的方向定位，按照这一定位对硬化后的混凝土采用 X 射线 CT 进行三维结构测试，并对 $X$、$Y$、$Z$ 轴向的纤维数量进行了统计分析，结果如图 9-17 所示。在 $X$ 轴向上，C1 和 C2 板下半部分的纤维分布相对均一；然而，C1 板的下半部分在 1000mm 后纤维数量有所下降，而上半部分在 750mm 后就开始下降；C2 板的下半部分纤维数量的平均值在 1150±150，而上半部分在 550mm 的位置处出现了一个峰值，两侧减少。通过 C1 和 C2 板可以看出，在 $X$ 轴向上，纤维的分布存在边壁效应，当 $0 \leqslant X \leqslant 30mm$、$1110 \leqslant X \leqslant 1200mm$ 时纤维的数量相对较少。在 $Y$ 轴向上（厚度方向），纤维数量的分布很类似；在成型面，板的纤维数量最少；从成型面到底面，纤维的数量逐渐增加，在接近底面时纤维数量达到最大值 3500，从距底面 30～40mm 到底面，纤维的数量急剧减少，同样存在边壁效应。在 $Z$ 轴向，板的上下两半部分纤维的分布与 $X$ 轴向类似，并且在浇筑点的位置纤维数量极少。

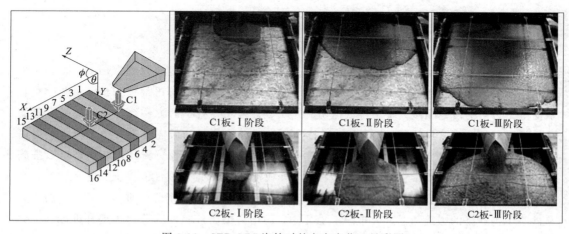

图 9-16  SFR-SCC 浇筑时的方向定位（见彩图）

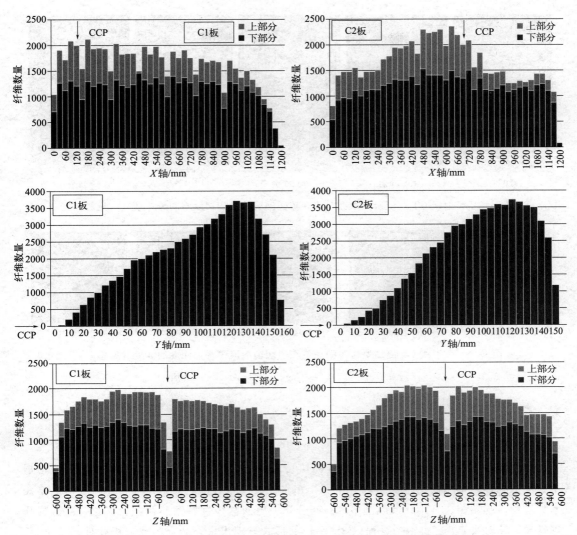

图 9-17　X 射线 CT 测试所得 SFR-SCC 中不同轴向钢纤维的数量分布

注：CCP 为混凝土浇筑点

## 9.5.5　X 射线 CT 定量可视化表征水泥基材料中侵蚀性离子的传输

基于 X 射线 CT 的"透视"功能，可利用 X 射线 CT 技术定量、可视化监测水泥净浆在硫酸盐溶液中损伤劣化过程。其优点在于：第一，通过 X 射线 CT 能够"透视"水泥净浆内部，监测水泥净浆在硫酸盐溶液中损伤劣化规律，得到水泥净浆试件内部直观可靠信息；第二，利用 X 射线 CT 原位追踪水泥净浆硫酸盐侵蚀破坏过程，能够得到硫酸盐对同一个水泥净浆试件侵蚀破坏的全过程；第三，大多传统方法只能给出试样二维断面信息，不能给出试样三维空间分布信息。杨永敢等人[29,30] 利用 X 射线 CT 技术对水泥净浆损伤过程中的三维空间结构演化进行了无损连续的测试，获得了损伤劣化过程中水泥净浆裂缝的三维空间分布和硫酸盐侵蚀深度的演变规律，如图 9-18 和图 9-19 所示。

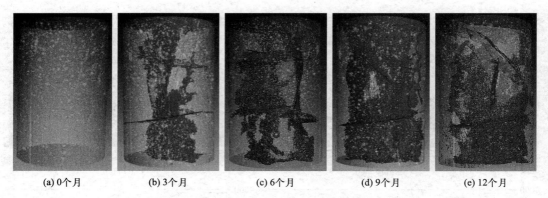

(a) 0个月　　(b) 3个月　　(c) 6个月　　(d) 9个月　　(e) 12个月

图 9-18　X 射线 CT 测试所得水泥净浆在硫酸钠溶液中的裂缝空间分布演变（见彩图）

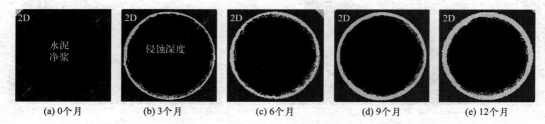

(a) 0个月　　(b) 3个月　　(c) 6个月　　(d) 9个月　　(e) 12个月

图 9-19　X 射线 CT 测试所得水泥净浆在硫酸钠溶液中侵蚀深度的演变（见彩图）

# 9.6　小结

　　X 射线 CT 能以二维投影图像、二维断层切片图像或三维立体图像的形式清晰直观地展示被测试物体内部空间结构及组成等情况。在水泥混凝土领域，X 射线 CT 被用于监测水泥水化过程、孔结构、纤维在混凝土中的空间分布、硫酸盐侵蚀、钢筋锈蚀、碳化、冻融损伤等现象。X 射线 CT 可将整个过程以 3D 图像的形式显现出来，结合图像分析软件，可定量、可视化监测水泥基材料内部的微观结构和物相的变化情况，该方法优点十分突出，但仪器设备的价格十分昂贵，并且各种测试过程还需进一步标准化，以推动 X 射线 CT 在水泥基材料中的应用。

# 参考文献

［1］　张朝宗，郭志平，张朋，等. 工业 CT 技术和原理 ［M］. 北京：科学出版社，2009.

［2］　Yoshito Nakashima. The use of X-ray CT to measure diffusion coefficients of heavy ions in water-saturated porous media. Engineering Geology，2000，56：11-17.

［3］　Chotard T J，Boncoeur-Martel M P，Smith A，et al. Application of X-ray computed tomography to characterise the early hydration of calcium aluminate cement. Cement and Concrete Composites，2003，25：145-152.

[4]  Artioli G，Cerulli T，Cruciani G，et al. X-ray diffraction microtomography（XRD-CT），a novel tool for non-invasive mapping of phase development in cement materials. Analytical Bioanalytal Chemistry，2010，397：2131-2136.

[5]  Gallucci E，Scrivener K，Groso A，et al. 3D experimental investigation of the microstructure of cement pastes using synchrotron X-ray microtomography（μCT）. Cement and Concrete Research，2007，37：360-368.

[6]  Promentilla M A B，Sugiyama T，Hitomi T，et al. Characterizing the 3D pore structure of hardened cement paste with synchrotron microtomography. Journal of Advanced Concrete Technology，2008，6：273-286.

[7]  Promentilla M A B，Sugiyama T，Hitomi T，et al. Quantification of tortuosity in hardened cement pastes using synchrotron-based X-ray computed microtomography. Cement and Concrete Research，2009，39：548-557.

[8]  Bossa N，Chaurand P，Vicente J，et al. Micro-and nano-X-ray computed-tomography：A step forward in the characterization of the pore network of a leached cement paste. Cement and Concrete Research，2015，67：138-147.

[9]  Ponikiewski T，Katzer J，Bugdol M，et al. Determination of 3D porosity in steel fibre reinforced SCC beams using X-ray computed tomography. Construction and Building Materials，2014，68：333-340.

[10]  Kim K Y，Yun T S，Choo J，et al. Determination of air-void parameters of hardened cement-based materials using X-ray computed tomography. Construction and Building Materials，2012，37：93-101.

[11]  Diamond S，Landis E. Microstructural features of a mortar as seen by computed microtomography. Materials and Structures，2007，40：989-993.

[12]  Bordelon A C，Roesler J R. Spatial distribution of synthetic fibers in concrete with X-ray computed tomography. Cement and Concrete Composites，2014，53：35-43.

[13]  Ponikiewski T，Gołaszewski J，Rudzki M，et al. Determination of steel fibres distribution in self-compacting concrete beams using X-ray computed tomography. Archives of Civil and Mechanical Engineering，2015，15：558-568.

[14]  Ponikiewski T，Katzer J，Bugdol M，et al. X-ray computed tomography harnessed to determine 3D spacing of steel fibres in self compacting concrete（SCC）slabs. Construction and Building Materials，2015，74：102-108.

[15]  Wang J，Dewanckele J，Cnudde V，at al. X-ray computed tomography proof of bacterial-based self-healing in concrete. Cement and Concrete Composites，2014，53：289-304.

[16]  Burlion N，Bernard D，Chen D. X-ray microtomography：Application to microstructure analysis of a cementitious material during leaching process. Cement and Concrete Research，2006，36：346-357.

[17]  Sugiyama T，Promentialla M A B，Hitomi T，et al. Application of synchrotron microtomography for pore structure characterization of deteriorated cementitious materials due to leaching. Cement and Concrete Research，2010，40：1265-1270.

[18]  Stock S R，Naik N K，Wilkinson A P，et al. X-ray microtomography（micro CT）of the progression of

sulfate attack of cement paste. Cement and Concrete Research，2002，32：1673-1675.

[19]　Morgan I L，Ellinger H，Klinksiek R，et al. Examination of concrete by computerized tomography. Journal of American Concrete Institute，1980，77：23-27.

[20]　Han J，Sun W，Pan G，et al. Application of X-ray computed tomography in characterization microstructure changes of cement pastes in carbonation process. Journal of Wuhan University of Technology（Materials Science Edition），2012，27：358-363.

[21]　Suzuki T，Ogata H，Takada R，et al. Use of acoustic emission and X-ray computed tomography for damage evaluation of freeze-thawed concrete. Construction and Building Materials，2010，24：2347-2352.

[22]　张萍，秦鸿根，万克树，等. X-CT 技术在水泥基材料孔结构分析中的应用. 商品混凝土，2011，11：27-29.

[23]　韩建德. 荷载与碳化耦合作用下水泥基材料的损伤机理和寿命预测. 南京：东南大学，2012.

[24]　张萍，刘冠国，庞超明，等. 试件尺寸对 X-CT 测试效果影响规律研究. 混凝土，2013，11：56-60.

[25]　Han J，Sun W，Pan G，et al. Monitoring the evolution of accelerated carbonation of hardened cement pastes by X-ray computed tomography. Journal of Materials in Civil Engineering，2013，25：347-354.

[26]　Lin Y，Zhang Y，Liu Z，et al. In-situ tracking of water transport in cement paste using X-ray computed tomography combined with CsCl enhancing. Materials Letters，2015，160：381-383.

[27]　姜广. 生态型偏高岭土超高性能水泥基复合材料的制备及机理分析. 南京：东南大学，2015.

[28]　Ponikiewski T，Katzer J，Bugdol M，et al. X-ray computed tomography harnessed to determine 3D spacing of steel fibres in self compacting concrete（SCC）slabs. Construction and Building Materials，2015，74：102-108.

[29]　Yang Y，Zhang Y，She W，et al. In situ observing the erosion process of cement pastes exposed to different sulfate solutions with X-ray computed tomography. Construction and Building Materials，2018，176：556-565.

[30]　Yang Y，Zhang Y，She W，et al. Nondestructive monitoring the deterioration process of cement paste exposed to sodium solution by X-ray computed tomography. Construction and Building Materials，2018，186：182-190.

# 第 10 章

# 水泥基材料的 X 射线衍射分析

## 10.1 引言

　　X 射线衍射 (X-ray diffraction，XRD) 是表征水泥基材料的一种重要测试方法，其具有快捷、方便、无损、样品制备简单等特点。以水泥熟料矿物成分分析为例，XRD 方法比鲍格 (Bogue) 计算法和显微镜计数法更为方便和快捷。自 1928 年首次运用于水泥分析，XRD 技术经过长久发展已经成为水泥基材料研究领域中最重要的测试方法之一。近 10 年来，随着探测器技术的进步和功能强大、界面友好的分析软件的推出，进一步推进了 XRD 技术的应用。与此同时，XRD 定量分析方法实现了从过去的单个衍射峰对比定量法向全谱拟合分析法 (如 Rietveld 精修方法) 转变。由于可以调整晶体结构参数，Rietveld 分析方法能够很好地匹配多种水泥物相，从而使 XRD 定量分析更广泛地应用于水泥生产控制 (熟料矿物成分分析) 和水泥基材料水化过程的研究中。

## 10.2 X 射线衍射测试方法及原理

### 10.2.1 X 射线的产生

　　具有一定能量的高速带电粒子与物质相撞时，伴随带电粒子动能的消失与转化，并可以与物质内层电子作用激发出 X 射线。X 射线具有能量高、波长短、穿透力强的特点。实验室用 X 射线通常由 X 射线发生装置产生。X 射线发生装置主要由 X 射线管、高压变压器、电压和电流调节稳定系统等构成，其中，X 射线管是 X 射线发生装置的核心部分[1]，其结构示意图如图 10-1 所示。

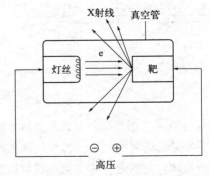

图 10-1　实验室 X 射线发生装置组成示意图[1]

### 10.2.2　X射线粉末衍射

应用 XRD 技术研究晶体结构时，主要是利用 X 射线在晶体中产生的衍射现象进行的。X 射线的波长和晶体内部晶面间距相近，也与原子大小相近，当一束 X 射线照射到物体上时，受到物体中原子的散射，每个原子都会散射 X 射线。当不同原子散射的 X 射线相互干涉时，衍射波叠加的结果使射线的强度在某些方向上加强，在其它方向上减弱。衍射 X 射线在空间分布的方位和强度，与被测物质晶体结构密切相关，而衍射 X 射线空间方位与晶体结构的关系可用布拉格方程表示。

$$n\lambda = 2d\sin\theta \tag{10-1}$$

式中，$n$ 是整数，称为反射级数，取值 1，2，3，…，$n$；$\lambda$ 是入射 X 射线波长；$d$ 是晶面间距；$\theta$ 是入射 X 射线的入射角，也称为布拉格角或者半衍射角。

在实际测试时，现代 XRD 技术普遍采用粉末衍射法（图 10-2 为 X 射线粉末衍射原理示意图）。在现代粉末 X 射线衍射仪（其工作原理如图 10-3 所示）中，粉末样品被单色 X 射线光束（即单一能量 X 射线光束）以角度 $\theta$ 照射，在衍射仪连续扫描的过程中，多晶样品中的小晶粒数量众多且取向随机，因此总会存在许多满足布拉格方程的晶面及其等同晶面，在一定的条件下产生强烈的干涉而形成衍射，并在满足布拉格方程的角度产生强烈的信号。信号被在衍射仪另一侧的测角仪中的探测器以同样的角度 $\theta$ 接收并记录。由于衍射图谱是 X 射线照射特定结构的晶体衍射而产生的，因此 X 射线连续扫描粉末样品得到的特征衍射图谱包含组成该粉末样品晶体的结构信息。一个衍射图谱一般包含两方面的信息：一是衍射线在空间的分布；二是衍射线束的强度。衍射线在空间的分布主要反映了晶胞的形状和大小，而衍射线的强度则取决于晶胞中原子的种类和位置。基于以上原理，利用 X 射线衍射方法，可以确定材料由哪些物质组成（定性分析），即确定被测物质中所包含的结晶物质以何种结晶状态（即物相）存在，并可进一步确定各物相在被测物质中的相对含量（定量分析）。

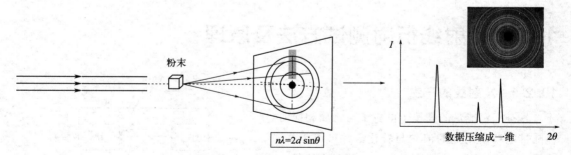

图 10-2　X 射线粉末衍射原理示意图

现代粉末 X 射线衍射仪以布拉格实验装置为原型，融合了先进的机械与电子等多方面的技术。X 射线衍射仪一般由 X 射线发生器、X 射线测角仪、X 射线探测器和探测电路 4 个基本部分组成，是以近单色 X 射线照射粉末多晶样品，并以 X 射线探测器记录衍射信息的 X 射线衍射实验装置。现代粉末 X 射线衍射仪还配有控制操作和运行软件的计算机系统。

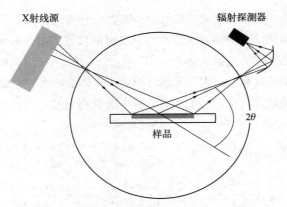

图 10-3　粉末 X 射线衍射仪工作原理示意图

### 10.2.3　物相定性分析简介

　　任何一种结晶物质都具有特定的晶体结构，通常在一定波长的 X 射线照射下，每种晶体都会产生自己特有的 X 射线衍射图谱特征（衍射线的位置和强度），如图 10-2 所示。每一种晶体物质和它的 X 射线衍射图谱都是一一对应的，不可能有两种物质具有完全相同的 X 射线衍射图谱。如果事先在一定的规范条件下对所有已知的晶体物质进行 X 射线衍射测试，记录并获得所有晶体物质的标准 X 射线衍射图谱，并整理形成数据库，则当对某种材料进行物相分析时，只要将 X 射线衍射实验结果与数据库中的标准衍射图谱进行对比，就可以确定材料中所含有的物相，因而就像根据人类指纹来鉴定人的身份一样，可以用 X 射线衍射图谱来鉴定被测样品中的晶态物相[2]。因此，利用 X 射线衍射进行物相分析工作就变成了一项图谱分析对照工作。

　　对于含多种晶态物相的样品，其 X 射线衍射图谱由各组成物相 X 射线衍射图谱机械叠加而成。各晶态物相衍射图谱之间基本互不干扰，相互独立，逐一对比就可以在重叠而成的衍射图谱中剥离出各自的衍射图谱。

### 10.2.4　物相定量分析简介

　　多相物质经定性分析确定物相组成后，若要进一步知道各个组成物相的相对含量，就需要进行 X 射线衍射物相定量分析。多相混合物中各相衍射线的强度随该相含量的增加而增加（即物相的相对含量越高，则对应的 X 射线衍射线的相对强度也越高）。但由于试样吸收、择优取向等因素的影响，一般来说，某物相的衍射强度与其相对含量并不是简单的线性关系。如果用实验测量或理论分析的方法确定了该关系曲线，就可以根据实验测得的强度计算出该物相的含量。这就是定量分析的依据。

　　来自某物相的一条谱线 $(h, k, l)$，其强度取决于该物相的结晶结构，并有以下关系[3]：

$$I(h, k, l)_a \propto F(h, k, l)_a^2 M(h, k, l)_a (1/V_a^2) LP(h, k, l)_a E(h, k, l)_a P(h, k, l)_a \tau_a \qquad (10\text{-}2)$$

　　式中，$I(h, k, l)_a$ 是谱线 $(h, k, l)$ 的积分强度；$F(h, k, l)_a$ 是物相 a 的结构因子；$M(h, k, l)_a$ 是等同晶面簇的多重性因素；$V_a$ 是物相 a 的单位晶胞体积；$LP(h, k, l)_a$ 是洛伦兹-偏振因数；$E(h, k, l)_a$ 是一次衰减因数；$P(h, k, l)_a$ 是结晶非随机取向的择优取向因数；$\tau_a$ 是当基体多于一种物相时的吸收衬度（微吸收）因数。

修改这些修正因数中的某些参数可能会对结果产生严重的影响，尤其是 $P$ 和 $\tau$ 参数。其它的修正也会有较大的影响，例如对试验性衍射吸收的修正。由于各参数与系统误差之间可能存在相关性，所以必须正确地识别像差。

由于确定了前面的这些参数，因而采用物相的一或两条谱线的常规 XRD 定量方法不太可靠。如果在一个两相的混合物中，对于物相 a 和 b 取其两条相近谱线的一个比值，则可以得到 a 物相的量 [$w(a)$,%]。方程（10-2）则写作：

$$w(a) = 100 \left[ 1 + \frac{I_b}{I_a} \times \frac{\rho_b}{\rho_a} \times \frac{V_b^2}{V_a^2} \times \frac{M(h,k,l)_a}{M(h,k,l)_b} \times \frac{F(h,k,l)_a^2}{F(h,k,l)_b^2} \right.$$
$$\left. \times \frac{LP(h,k,l)_a}{LP(h,k,l)_b} \times \frac{\tau_a}{\tau_b} \times \frac{E(h,k,l)_a}{E(h,k,l)_b} \times \frac{P(h,k,l)_a}{P(h,k,l)_b} \right]^{-1} \qquad (10\text{-}3)$$

式中，$\rho$ 是物相的质量密度；$V$ 是物相的单位晶胞体积。

在物相和谱线很多的情况下，这种计算便会很麻烦。而且也不知道哪条谱线最容易发生上述像差。当谱线密度随着物相的增多而提高时，谱线的重叠就会使得常规的 XRD 定量分析（内标法、吸收衍射法、峰值法）难以进行。由于衍射峰重叠，常规的定量分析法不能对复杂系统进行物理修正，不能完全利用衍射图谱中的所有信息，因此这些方法往往是半定量的。为了进一步解决以上问题，并进行定量分析，X 射线衍射图谱全谱拟合方法诞生，其中最为典型、使用最广的就是 Rietveld 全谱拟合法。

## 10.2.5　Rietveld 全谱拟合法

根据全谱拟合过程中所用已知参量的不同，可以将定量分析方法分为两大类，一类需要使用相关物相的晶体结构数据，即 Rietveld 方法[4]；另一类不须知道相关物相的晶体结构数据，但需要知道被测样品中所含各物相纯态的标准 X 射线衍射图谱。本小节只介绍 Rietveld 全谱拟合法。

荷兰科学家 Rietveld 于 1969 年提出了 Rietveld 中子衍射法，它不仅解决了重叠的问题，还能对一些物理影响做出有效的修正。它的原理是：按小步长扫描，沿衍射图谱取每步长上扫描强度 $y_i$ 为一个数据点，以取代物相谱线的积分强度。这样就在 XRD 图谱上产生数千个强度 $y_i$，以作为一套数据。Rietveld 法就是运用非线性的最小二乘法，对实际测试所得 XRD 图谱拟合出一个计算图谱[4,5]。

对于单一物相 a 的 Rietveld 全谱拟合公式为：

$(y_i)_{cal} = SCALE_a\, \tau_a\, ASYM_a\, F(h,k,l)_a^2\, M(h,k,l)_a\, LP_i(h,k,l)_a\, E(h,k,l)_a\, SHAPE_a / H_a$　（10-4）

式中，全部的谱线 ($h$, $k$, $l$) 都被考虑到，数据点都对应着步长角 $i$，$SCALE_a$ 为 a 物相的 Rietveld 标度因子，$ASYM_a$ 是谱线不对称修正因数，$SHAPE_a$ 是谱线形状函数，$H_a$ 是在点 $i$ 上的谱线半宽值。因此，拟合计算得到的 XRD 谱线图便是所有这些谱线之和。

对于含有 $j$ 个物相，多晶物质的 Rietveld 全谱拟合公式如下：

$(y_i)_{cal} = SCALE_j\, \tau_j\, ASYM_j\, F(h,k,l)_j^2\, M(h,k,l)_j\, LP_i(h,k,l)_j\, E(h,k,l)_j\, SHAPE_j / H_j$　（10-5）

因此，计算衍射图谱强度 $(y_i)_{cal}$ 在 $2\theta$ 角为 $i$ 时是由多个物相重叠衍射峰决定的，而重叠的衍射峰又是由多个物相各自在此角度的衍射峰的衍射强度和在 $2\theta$ 角为 $i$ 时的峰形和峰的位置所决定的。

最小二乘法判据是基于数千个 $[(y_i)_{cal} - (y_i)_{obs}]$ 之差 [其中 $(y_i)_{cal}$ 为计算/拟合图谱强度，$(y_i)_{obs}$ 为实测图谱强度]，并在拟合过程中使 $[(y_i)_{cal} - (y_i)_{obs}]^2$ 最小化，并最终达到收敛。Rietveld 标度因子（$S_j$）是可精修参数的一部分。

任一物相 $j$ 的质量分数为：

$$w_j = \frac{\text{SCALE}_j \, \text{MASS}_j \, \text{VOL}_j / \tau_j}{\sum\limits_{i=1}^{n} \text{SCALE}_i \, \text{MASS}_i \, \text{VOL}_i / \tau_i} \tag{10-6}$$

式中，$\text{MASS}_j$ 和 $\text{VOL}_j$ 是物相 $j$ 的单位晶胞的质量和体积。

# 10.3 取样/样品制备

采用 XRD 方法可以对水泥水化各个阶段的样品进行分析，包括未反应的水泥、水化中的水泥浆体和已经终止水化的水泥浆体等。当然，对于不同阶段的样品的制备方法也不尽相同。

未水化的水泥样品，一般研磨后就可以直接进行 XRD 测试。水化中的水泥浆体，可以制成薄片状试样来进行分析，也可以在加水搅拌制备成浆体后就对其进行分析。已经终止水化的水泥浆体，同样也可以制成薄片状，或者研磨成粉末后进行分析。

（1）粉末类样品

水泥粉末样品一般有：未水化水泥样品和已经终止水化的水泥样品。对于这类样品一般经过研磨后（用研磨机或者玛瑙研钵手磨），将适量样品放进试样填充区，使粉末试样在样品架里均匀分布并压实。要求压实后的试样表面与玻璃样品架表面齐平。在粉末装填过程中没压紧或者过度压紧都会导致测试信号强度下降；而在制样铺平过程中过度单向移动，则会导致样品择优取向。

（2）新拌样品

新拌样品的制样方法如下：先在样品架里面喷一层 teflon 的膜，然后将搅拌后的新拌样品置于样品架中，压实后在表面覆盖一层 kapton 膜（厚度约为 $4\mu m$）。对于这类样品，可以直接观察到水泥水化过程中各物相的含量变化情况。在合理地设置实验参数的前提下，能够在数分钟内得到足够清晰的衍射图谱并用于 Rietveld 方法定量分析。对于新拌浆体一般每隔 15 分钟观察一次，可以很好地观察到水泥水化产生的 AFt/AFm 衍射峰。

（3）薄片样品

无论是水化进行中还是已经终止水化反应的样品，都可以制成薄片状进行分析。具体方法如下：将搅拌好的水泥浆体灌注到圆柱体模具（模具的直径应与 X 射线衍射仪样品架相匹配）中，浆体凝结后加入少量的水，密封养护。在规定的龄期将成型的圆柱体切割成 3～4mm 厚的薄片，并马上用异丙醇冲洗干燥表面。制成的薄片放入样品架中，使用 1200♯ 的砂纸对其进行研磨。未经干燥处理的薄片可以获得较好的 AFt 和 AFm 峰，但是如果测量时间较长，样品可能会碳化。干燥过的样品会产生较强的择优取向，并且使用有机溶剂（如异丙醇）处理后的样品 AFt 和 AFm 的峰强度会降低。

新拌样品水化产物波动较小，但是薄片的表面趋于干燥，很大程度上改变了水的含量，很难定量测试水分的损失，且新拌样品很容易碳化。

干燥样品因为经过真空干燥，其中 AFt/AFm 衍射峰强度减小，并且用异丙醇处理后对 AFt 和 AFm 相有影响，但是干燥样品容易保存，碳化可能性较小，且其中的结合水能够使用 TGA 方法（或烧失量法）测定[6]。

XRD 样品制备的目的有以下两点：①获得被测样品中各物相的衍射峰，确保每个物相的衍射峰都足够清晰，以获取可重复的峰值强度，并且避免出现点状线衍射图；②减少晶体的择优取向。然而要完全达到这两个目的并不容易，这对样品的颗粒尺寸、装载方式、终止水化方式以及周围环境都有要求[7-9]。

### 10.3.1　颗粒尺寸

对于被测样品，X 射线具有一定的材料穿透性，不同波长的 X 射线在相同的材料中具有不同的穿透深度/作用深度，相同波长的 X 射线在不同材料中也具有不同的穿透深度。在实验室 X 射线衍射测试条件下，其穿透深度大约在几微米至几十微米以内。在没有系统消光的前提下，多晶样品的作用范围内凡是满足衍射矢量方程的晶粒都会产生衍射。以 Cu $K_\alpha$ 特征 X 射线源为例，其在样品中的穿透深度约为 $100\mu m$，因此为了保证有足够多的小晶体颗粒参与衍射，颗粒尺寸应该足够小[10]。所以，使用粉末样品进行 XRD 分析时，粉末太粗会导致衍射峰强度不准确，从而影响分析结果准确性。为了提高粉末样品 XRD 衍射峰强度的准确性，其颗粒尺寸一般最大不超过 $10\mu m$，理想尺寸为 $1\sim5\mu m$。

图 10-4 是水泥经过不同时间粉磨后的衍射图谱。由图可知，研磨 20 分钟后的阿利特（Alite）样品其衍射峰强度比只研磨了 30 秒的样品要高。然而，在粉磨过程中，要确保样品不会因剧烈粉磨而导致物相转化或者晶体破坏。剧烈的干磨可能会导致物相晶体结构被破坏，因此在处理样品时最好采用湿磨的办法。在湿磨时，4g 水泥和 15mL 乙醇或异丙醇混合研磨，使用研磨机或者玛瑙研钵研细，并且为了避免样品与空气接触，样品需放在真空干燥器内进行干燥[11]。

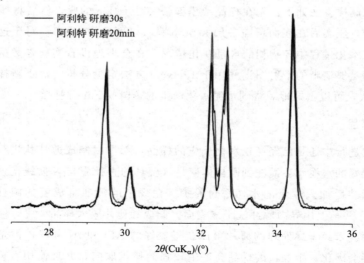

阿利特 研磨30s
阿利特 研磨20min

$2\theta(CuK_\alpha)/(°)$

图 10-4　粉末样品研磨时间对样品 XRD 图谱衍射峰的影响[12]

## 10.3.2 装载方式

　　颗粒由于解理和晶体习性都有趋向于某一种形态的特征，这显然违背了多晶样品中的小晶粒数量众多且取向随机的粉末衍射的前提。择优取向会增强某一或某几个特定晶面对应衍射峰的强度，并且减小其它衍射峰的强度（如图 10-5 所示）。因此，在实际测试中应该尽量避免使样品产生择优取向。粉末样品的装填方式有多种，如正装载、背装载等方式。在装填过程中一个关键的标准就是，粉末样品被压实在样品架中且必须随机分布，必须在制样或者测试过程中就修正过来，否则会加大后期数据处理的难度，有时甚至出现后期很难处理的情况。因此必须在一开始就尽可能地减小样品择优取向的发生。粉末样品不能压太实，也不能留有空隙。在制样方法中，背面装填技术能够有效地抑制被测试样品的失真，并且能够尽可能地减小择优取向。

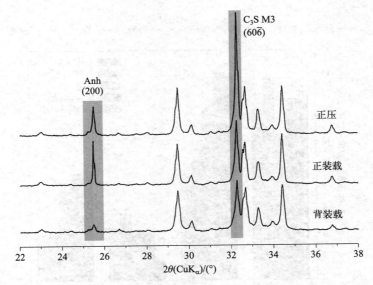

图 10-5　粉末水泥样品由于不同装填方式而引起择优取向导致的 XRD 图谱峰强度变化[12]

## 10.3.3 终止水化方式

　　终止水化的目标是移除掉样品中的自由水，并且保存样品内部的微观结构。在早期水化阶段，因为水化反应快，需要采用各种方法终止水化。在水化进行一个月或者更长时间后，水化变得十分缓慢。终止水化一般通过移除样品中的自由孔溶液（TGA、MIP 等样品）来实现。对于 XRD 测试而言，长龄期样品终止水化过程实际来说不是必需的（因为样品水化速度极慢，微观结构短时间内几乎没有变化），但是一般仍然会进行终止水化，这主要是为了减小样品碳化概率。

　　对于 XRD 样品，无论是通过直接干燥（真空干燥、冷冻干燥等）还是溶剂置换来终止水化，都会对样品有一定的影响。直接干燥会移除样品中的自由水，并可能使 AFt 和 AFm 分解，而溶剂置换时，溶剂可能会和水化产物反应，尤其是 AFt[13,14]。由图 10-6 可知，经过异丙醇脱水处理后的样品，AFt 和 AFm 的衍射峰强度都有一定程度的降低[11]。

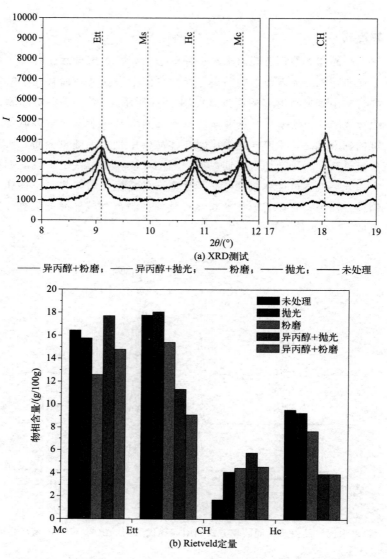

图 10-6　终止水化方式对水泥（水化）样品 XRD 测试和分析结果的影响[11]　（见彩图）
Ett 表示钙矾石，Ms 表示单硫型水化铝酸钙，Hc 表示半碳型水化铝酸钙，
Mc 表示单碳型水化铝酸钙，CH 表示氢氧化钙

## 10.3.4　样品的碳化

因为空气中 $CO_2$ 的存在，样品中的水化产物容易与其反应生成 $CaCO_3$，导致样品碳化。无论是新鲜样品（fresh paste）还是干燥后的样品，在空气中暴露都容易发生碳化。如图 10-7 所示，新鲜薄片样品在空气中暴露 2h 后就有 $CaCO_3$ 生成（新出现明显的 $CaCO_3$ 衍射峰）。因此在样品制备时应该采取措施避免样品碳化。如果试样为直接切割获得的片状试样，试样切割后尽快进行 XRD 图谱的采集。终止水化的试样干燥后应放置在真空干燥器中保存，试样研磨成粉末后也要尽快进行 XRD 测试。

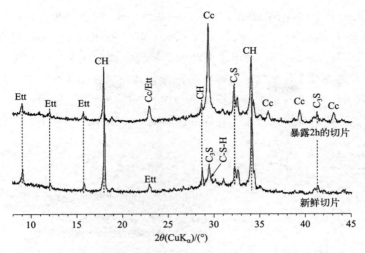

图 10-7　水泥水化粉末样品在空气中暴露 2h 后 XRD 图谱变化[12]

# 10.4　XRD 测试过程及注意事项

## 10.4.1　测试参数设置

高质量的 XRD 数据不仅有利于物相的定性分析，更是进行准确定量分析的前提条件。例如进行全谱拟合定量分析，则对实测 XRD 图谱质量有很高的要求：①高分辨，即减少衍射峰的加宽与重叠；②高准确，即衍射峰的位置及强度值均要准确。同时，为匹配数字衍射谱的逐点拟合，采集 XRD 图谱时最好使用步进扫描的方式，步长宽度要小。对于定量分析，XRD 图谱最强峰的强度（counts）应该到达 10000 以上。衍射仪所使用的工作电压、电流、扫描速度（扫描步长、每步扫描时间）、X 射线光路中各个狭缝的宽度（角宽度）都会影响 XRD 数据的质量。大的发射功率（提高电压和电流）、慢速扫描、采用较宽的光路狭缝可以获得较高的衍射峰强度。而采用窄的光路狭缝、减小扫描步长则可以提高图谱分辨率。此外，扫描角度范围也是影响总扫描时间的因素。在低角度范围，水泥基材料 XRD 谱的背底比较明显，以 Cu K$_\alpha$ 特征 X 射线为例，在 $2\theta$ 小于 $10°$ 的范围内，主要存在 AFt 和 AFm 相的最强峰，在某些情况下（如胶凝材料中含偏高岭土）可能会出现 $C_2ASH_8$（strätlingite）的衍射峰。$2\theta$ 大于 $60°$ 以后，水泥基材料 XRD 谱上基本观察不到有意义的峰。因此，进行 XRD 测试时，对水化水泥基材料样品建议设置的 $2\theta$ 扫描范围为 $7°\sim60°$；未水化水泥基材料样品为 $10°\sim60°$，既可以满足测试要求，又可以节省测试时间。

进行 XRD 测试时，应尽可能详细地记录实验条件。这些条件包括仪器型号、X 射线源、测角仪的几何构造、探测仪的类型等，以及各种测试参数（电流、电压、样品台是否旋转及旋转速率、光路中各狭缝宽度的选择、$2\theta$ 扫描范围、扫描方式、扫描步长等）。

## 10.4.2　数据分析软件及常用数据库

XRD 数据分析软件有 HighScore Plus、Jade、Topas、Pcpdgwin、Search match 等。

HighScore Plus 是 PANalytical 公司推出的一款专用于 XRD 物相分析的软件，支持多种数据格式（包括 *.xrdml、*.rd、*.raw 和 *.udf 等），操作简单方便，是当前最好的物相检索类软件之一。HighScore Plus 采用了全新的寻峰检索数学模型，在传统的以峰位、峰强比为主要检索依据的基础上，增加了对峰形的检测并自动拟合，对原始数据进行自动化、智能化寻峰和检索。该软件具有强大的数据处理功能，具体功能特点包括：可以编写批处理命令；可以进行 0 点、峰的外形的校正。软件页面如图 10-8 所示。

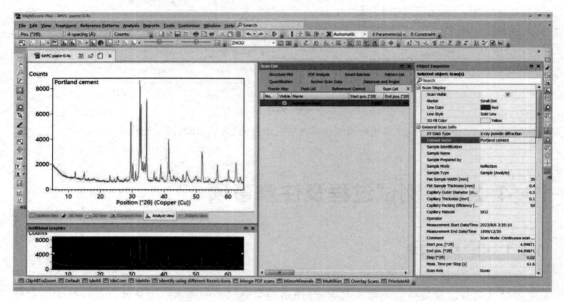

图 10-8　HighScore Plus 软件操作界面

与其他软件相同，HighScore Plus 软件不能直接用来分析 XRD 图谱，它需要与数据库共同使用。数据库包括 COD-PDF database（物相鉴别）、FindIt ICSD database（晶体结构数据库）等。

Jade 和 HighScore Plus 相比自动检索功能较差，但具有更多的功能，囊括了从定性分析（物相鉴定）、指标化、峰形拟合（Jade5.0 及以上）到无标样定量分析、晶体结构分析（Jade6.0 及以上）等一系列的功能。即 Jade6.0 及以上版本软件可以对 XRD 图谱进行衍射峰的指标化、晶格参数的计算，并根据标样对晶格参数进行校正，计算衍射峰的面积等。

进行计算机自动检索、物相鉴定以及全谱拟合定量分析需要相应的数据库与之配套。经过许多科学工作者长年的努力，现在已经积累了大量的晶体结构数据，并建立了多个重要的晶体学数据库。

粉末衍射数据文件（powder diffraction file，PDF）是定性分析时使用的数据。PDF 由国际衍射数据中心（ICDD）收集、编辑。ICDD 在全球范围内收集数据和进行大量的编辑审核来标准化数据、添加结构和材料分类数据以及提供质量评估。其来源主要有原有的粉末衍射数据资源、ICDD 的奖励金计划、投稿以及文献搜集。PDF 数据库的粉末衍射数据文件包含了 76 万多个唯一的材料数据条目。每一个数据条目包含衍射图谱，晶体学参数，参考文献和实验、仪器、样品测试条件，以及按通常的标准格式精选的物理性质。目前，PDF 数据库中收录的水泥基材料的条目约 400 多条。PDF 数据库包括以下子系统：

① PDF-2 数据用于无机材料的分析。ICDD 中很多常规的有机材料数据加入到了这个数据库，以便于快速物相鉴定。

② PDF-4＋是一个包含 PDF-2 数据以及 ICDD 与 MPDS 合作数据的先进数据库。其设计宗旨在于物相鉴定和定量分析（Rietveld，RiR，Pattern Fitting）。数据库中涵盖了大量无机材料，并且包含了大量（数字）谱线、分子图形和原子参量等信息。许多新的特点已经被集成到 PDF-4＋中，通过利用 Rietveld 分析、参考强度比（RiR）方法和全谱分析法这三种方法之一，帮助增强了定量分析的能力。

PDF-4/矿物是 PDF-4＋的子系统，包含那些已编入 PDF-4＋的新特点。这个数据库是世界上有关矿物和相关矿物材料的最大、最权威的数据库。这些相关材料包括人造矿物、宝石和在特殊条件下处理的样品。

③ 晶体学公开数据库（COD）也可以用于定性分析，但需要进行数据格式的转化。

④ 无机晶体结构数据库（ICSD）是由德国的 The Gmelin Institute（Frankfurt）和 FIZ [Fach Informations Zentrum(Karlsruhe)] 合办的数据库。它只收集并提供除了金属和合金以外，不含 C-H 键的所有无机化合物晶体结构信息，包括化学名和化学式、矿物名和相名称、晶胞参数、空间群、原子坐标、热参数、位置占位度、$R$ 因子及有关文献等各种信息。该数据库从 1913 年开始出版，至今已包含近 10 万条化合物目录。每年更新两次，每次更新会增加 2000 种左右的新化合物，所有的数据都是由专家记录并且经过修正的，是国际最权威的无机晶体结构数据库。无机晶体结构的数据可以输出扩展名为 cif 的文件，在利用 Rietveld 法进行物相定量分析时就需要用到这种文件。定性分析完成后可以利用 FindIt 软件导出某种已知物相的 cif 文件。

# 10.5 XRD 定性与定量分析

## 10.5.1 XRD 定性分析

XRD 定性分析也称为物相定性分析，也就是"物相鉴定"。物相定性分析的基本原理基于以下三条原则：①任何一种物相都有其特征的衍射谱；②任何两种物相的衍射谱不可能完全相同；③多相样品的衍射峰是各物相的线性叠加。因此，通过实验测试或理论计算，建立一个"已知物相的卡片库"，将所测样品的图谱与 PDF 卡片库中的"标准卡片"一一对照就能检索出样品中的全部物相并进行鉴定[1]。

### 10.5.1.1 物相定性分析流程

现代 X 射线衍射仪已经将 XRD 图谱进行数据化处理，不同仪器公司使用的数据格式不一，但可以进行互相转化；也可以输出 ＊.txt 文本文件供后期各种软件处理。数字化 XRD 图谱使运用计算机进行物相鉴定成为最常用的途径。采用计算机软件进行物相鉴定前一般需要对图谱进行处理，这些处理包括 XRD 数据文件导入、背底检测与扣除、Cu $K_{a2}$ 衍射分离、寻峰等处理。完成这些处理后即可进行下一步的物相检索。

背底是 X 射线衍射谱中必然包含的，它是由样品产生的荧光，探测器的噪声，样品的热漫散射，非相干散射，样品中的无序和非晶部分、空气和狭缝等造成的散射混合而成。如何正确测定背底强度，从实测强度中减去背底强度以得到正确的衍射强度，也是保证全谱拟合分析得以成功的一个重要因素。

物相检索的步骤包括：①给出检索条件，包括选择检索子库，有机还是无机、矿物还是金属等等，样品中可能存在的元素等；②计算机按照给定的检索条件进行检索，将最可能存在的物相一一列出；③从可能存在的物相列表中鉴定被测样品中存在的物相。

一般来说，判断一个物相是否存在有三个条件：①标准卡片中的峰位与测量峰的峰位是否匹配，即一般情况下标准卡片中出现峰的位置，样品图谱中必须有相应的峰与之对应，虽然三个强峰位置对应得非常好，但有一个较强峰的位置没有出现衍射峰，也不能确定存在该物相；如果样品存在明显的择优取向时也可能导致这种情况，此时需要另外考虑择优取向问题。②标准卡片的峰强比与样品峰的峰强比要大致相同，择优取向会导致峰强比不一致，因此峰强比仅可作参考。③检索出来的物相包含的元素在样品中必须存在。例如，如果在水泥水化样品中检索出一个含 Li 物相，但该样品中根本不可能存在可检测浓度的 Li 元素，即使其它条件完全吻合，也不能确定样品中存在该物相。

鉴定水泥样品中所有物相并非很复杂，同时了解材料的相关信息对于物相鉴定非常有帮助：①显微镜观察；②样品的化学性质，如了解试样的化学成分可以帮助从计算机检索结果中排除不可能存在的物相；③材料的来源，如水泥中掺有粉煤灰作为混合材，则水泥样品或水化试样中可存在赤铁矿（FeO）、金红石（$TiO_2$）、莫来石等物相；④使用选择性溶解增强物相，这对鉴别微量物相非常有用；⑤通过迭代程序对衍射图谱进行匹配和识别，这个方法有助于认出水泥中的微量物相。物相定性分析可以用图 10-9 来表示。

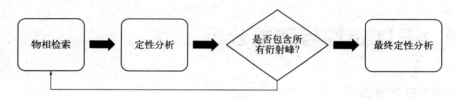

图 10-9　物相定性分析流程

水泥基材料主要物相包括：主要水泥熟料的物相（$C_3S$，$C_2S$，$C_3A$ 以及 $C_4AF$）、次要水泥熟料物相（以硫酸盐形式存在的碱金属化合物及其它氧化物）、各种石膏相、常用的混合材（天然火山灰除外）、水化产物和碳酸盐等。自动识别模式下，许多物相都是软件检索数据库建立后提供的，很难找到一些含量较少的匹配物相。这时可以根据水泥化学知识及水泥基材料中常见物相（表 10-1、表 10-2），输入可能存在的物相 PDF 卡片编号（ICDD 号）进行匹配，实现快速手动鉴定物相。氢氧化钙（CH）、硅酸钙是最容易被软件自动识别的物相。

**表 10-1　未水化水泥中常见物相及其主要 X 射线衍射峰**

| 晶面间距/nm | $2\theta(CuK_\alpha)/(°)$ | 相名称 | 化学式 | ICDD 号 | ICSD 号 |
|---|---|---|---|---|---|
| 0.7627 | 11.593 | gypsum(100) | $CaSO_4 \cdot 2H_2O$ | 33-311 | |
| 0.7249 | 12.2 | ferrite(45) | | 30-226 | |
| 0.5997 | 14.759 | bassanite(80) | $CaSO_4 \cdot 0.5H_2O$ | 41-224 | |
| 0.4284 | 20.717 | gypsum(100) | $CaSO_4 \cdot 2H_2O$ | | |

| 晶面间距/nm | $2\theta(CuK_\alpha)/(°)$ | 相名称 | 化学式 | ICDD 号 | ICSD 号 |
|---|---|---|---|---|---|
| 0.4235 | 20.959 | aluminate,cubic(6) | | 38-1429 | |
| 0.4175 | 21.264 | arcanite(28) | $K_2SO_4$ | 5-613 | |
| 0.4158 | 21.352 | arcanite(23) | $K_2SO_4$ | | |
| 0.4079 | 21.77 | aluminate,cubic(12) | $Ca_3Al_2O_6$ | 38-1429 | |
| 0.3799 | 23.397 | gypsum(17) | $CaSO_4 \cdot 2H_2O$ | | |
| 0.3670 | 24.231 | aphthitalite(20) | $(K,Na)_3Na(SO_4)_2$ | 20-928 | |
| 0.3653 | 24.346 | ferrite(16) | $Ca_2Al_{0.99}Fe_{1.01}O_5$ | 74-3672 | 98836 |
| 0.3497 | 25.45 | anhydrite(100) | $CaSO_4$ | 37-1496 | |
| 0.3468 | 25.666 | bassanite(40) | $CaSO_4 \cdot 0.5H_2O$ | | |
| 0.3313 | 26.889 | langbeinite(95) | $K_2Mg_2(SO_4)_3$ | 19-975 | |
| 0.3271 | 27.241 | langbeinite(80) | $K_2Mg_2(SO_4)_3$ | | |
| 0.3263 | 27.309 | langbeinite(80) | $K_2Mg_2(SO_4)_3$ | | |
| 0.3225 | 27.637 | langbeinite(100) | $K_2Mg_2(SO_4)_3$ | | |
| 0.3065 | 29.111 | gypsum(75) | $CaSO_4 \cdot 2H_2O$ | | |
| 0.3040 | 29.355 | alite,triclinic(55) | $Ca_3SiO_5$ | 31-301 | |
| 0.3036 | 29.395 | alite,monoclinic(40) | $Ca_3SiO_5$ | 42-551 | |
| 0.3025 | 29.504 | alite,triclinic(65) | $Ca_3SiO_5$ | | |
| 0.3025 | 29.504 | alite,monoclinic(75) | $Ca_3SiO_5$ | | |
| 0.3002 | 29.736 | bassanite(80) | $CaSO_4 \cdot 0.5H_2O$ | | |
| 0.3000 | 29.756 | arcanite(77) | $K_2SO_4$ | | |
| 0.2985 | 29.909 | alite,triclinic(25) | $Ca_3SiO_5$ | | |
| 0.2974 | 30.022 | alite,triclinic(18) | $Ca_3SiO_5$ | | |
| 0.2965 | 30.115 | alite,triclinic(20) | $Ca_3SiO_5$ | | |
| 0.2961 | 30.157 | alite,monoclinic(25) | $Ca_3SiO_5$ | | |
| 0.2940 | 30.378 | aphthitalite(75) | | | |
| 0.2902 | 30.785 | arcanite(100) | $K_2SO_4$ | | |
| 0.2880 | 30.96 | arcanite(53) | $K_2SO_4$ | | |
| 0.2886 | 31.026 | langbeinite(18) | | | |
| 0.2876 | 31.07 | belite,b-form(21) | | 33-302 | |
| 0.2838 | 31.497 | aphthitalite(100) | | | |
| 0.2784 | 32.124 | ferrite(25) | | | |
| 0.2714 | 32.976 | aluminate,orthorhombic(65) | | | |
| 0.2710 | 33.026 | belite a-form(100) | | 23-1042 | |
| 0.2698 | 33.178 | aluminate,cubic(100) | | | |
| 0.2692 | 33.254 | aluminate,orthorhombic(100) | | 26-957 | |
| 0.2644 | 33.875 | ferrite(100) | | | |

| 晶面间距/nm | $2\theta(CuK_\alpha)/(°)$ | 相名称 | 化学式 | ICDD 号 | ICSD 号 |
|---|---|---|---|---|---|
| 0.2610 | 34.33 | belite,b-form(42) | $Ca_2SiO_4$ | | |
| 0.2405 | 37.36 | free lime(100) | f-CaO | 37-1497 | |
| 0.2220 | 40.605 | belite,a-form(40) | | | |
| 0.2110 | 42.92 | periclase(100) | MgO | 4-829 | |
| 0.1940 | 46.788 | belite,a-form(60) | $Ca_2SiO_4$ | | |
| 0.1764 | 51.783 | alite,monoclinic(55) | $Ca_3SiO_5$ | | |
| 0.1757 | 52.004 | alite,monoclinic(30) | $Ca_3SiO_5$ | | |

表 10-2　常见水泥水化产物及其主要 X 射线衍射峰

| 晶面间距/nm | 相名称 | 化学式 | ICDD 号 | ICSD 号 |
|---|---|---|---|---|
| 12.57 | Strätlingite(100) | $Ca_2Al[(AlSi)_{1.11}O_2](OH)_{12}(H_2O)_{2.25}$ | 29-285 | 69413 |
| 9.72 | Ettringite(100) | $Ca_6Al_2(SO_4)_3(OH)_{12}(H_2O)_{26}$ | 41-1451 | 155395 |
| 9.55 | Thaumasite(100) | $Ca_3Si(OH)_6(CO_3)(SO_4)(H_2O)_{12}$ | 74-3266 | 98394 |
| 8.9 | Monosulphoaluminate(100) | $Ca_4Al_2(OH)_{12}(SO_4)(H_2O)_6$ | 83-1289 | 100138 |
| 8.2 | Hemicarboaluminate(100) | $Ca_4Al_2(OH)_{12}(OH)1(CO_3)0.5(H_2O)_4$ | 41-0221 | |
| 7.92 | $C_4AH_{13}(100)$ | | | |
| 7.58 | Hydrotalcite(100) | $Mg_2Al(OH)_6(CO_3)_{0.5}(H_2O)_{1.5}$ | 42-558 | 63251 |
| 7.57 | Monocarboaluminate(100) | $Ca_4Al_2(OH)_{12}(CO_3)(H_2O)_5$ | 87-0493 | 59327 |
| 5.13 | Katoite(100) | $Ca_3Al_2(OH)_{12}$ | 74-3032 | 94630 |
| 4.89 | Portlandite(70-100) | $Ca(OH)_2$ | 202220 | 4-733 |
| 4.77 | Brucite(80) | $Mg(OH)_2$ | 79031 | 7-239 |
| 4.45 | Monosulphoaluminate(30) | | | |
| 4.18 | Strätlingite(50) | | | |
| 4.1 | Hemicarboaluminate(90) | | | |
| 3.99 | $C_4AH_{13}(80)$ | | | |
| 3.99 | Monosulphoaluminate(30) | | | |
| 3.88 | Ettringite(50) | | | |
| 3.79 | Hydrotalcite(50) | | | |
| 3.79 | Thaumasite(40) | | | |
| 3.78 | Monocarboaluminate(90) | | | |
| 2.88 | Hemicarboaluminate(50) | | | |
| 2.88 | Monosulphoaluminate(30) | | | |
| 2.87 | $C_4AH_{13}(60)$ | | | |
| 2.87 | Strätlingite(50) | | | |
| 2.81 | Katoite(20) | | | |
| 2.62 | Portlandite(100) | $Ca(OH)_2$ | 4-733 | 202220 |
| 2.57 | Hydrotalcite(30) | | | |

| 晶面间距/nm | 相名称 | 化学式 | ICDD 号 | ICSD 号 |
|---|---|---|---|---|
| 2.56 | Ettringite(30) | | | |
| 2.37 | Brucite(100) | $Mg(OH)_2$ | 7-239 | 79031 |
| 2.295 | Katoite(20) | | | |
| 2.28 | Hydrotalcite(30) | | | |
| 1.93 | Hydrotalcite(40) | | | |
| 1.92 | Portlandite(40) | | | |
| 1.79 | Brucite(50) | | | |
| 1.79 | Portlandite(30) | | | |
| 1.66 | $C_4AH_{13}$(50) | | | |
| 1.57 | Brucite(30) | | | |

## 10.5.1.2 物相定性分析-物相增强

由于普通硅酸盐水泥是一个复杂的多相物质，在其衍射图谱中许多物相的衍射峰之间重叠十分严重，如果不加处理，可能会漏掉一些次要物相的衍射峰。因此为了更好地识别衍射图谱，可以选择性地溶解掉部分物相，凸显另外的物相。

选择性溶解能够提高识别以及定量测试的检测上限，现在常用的选择性溶解有两种，它们对于 Rietveld 分析有十分重要的作用。一种是使用水杨酸＋甲醇（salicylic acid＋methanol，SAM）可以溶解掉样品中的硅酸盐物相和游离石灰，剩下了 $C_3A$、$C_4AF$ 以及硫酸盐物相；另一种是使用氢氧化钾＋蔗糖（KOH＋sugar），可以溶解掉铝酸盐相和铁酸盐相，剩下 $C_3S$、$C_2S$。如图 10-10 所示[15,16]。

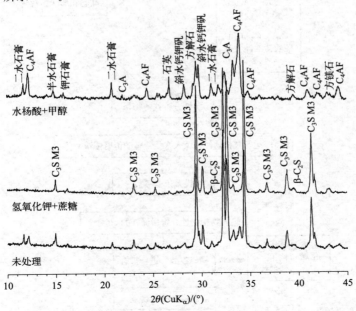

图 10-10　水泥经过选择性溶解后的 XRD 图谱[12]

## 10.5.2 XRD定量分析

Rietveld定量分析给出的是晶态物相的质量分数，且总和为100%[13]。如果样品中存在无定形的物相，则只能得到结晶相的相对含量，因此所得的结晶相的含量高于其在样品中的实际含量。为了测量物相的绝对含量，解释潜在的无定形或者次要的未识别的晶相，有一系列XRD技术可以使用。如果材料衍射图谱因无定形相的散射导致衍射图谱不能被清晰地识别，物相含量通常会与一种已知的标准晶体材料比较并重新进行计算。这种相关的材料或者与材料可以混合作为一种内标物，或者也可以作为一种外标物在相同条件下分别测试。所有的方法都是间接从不同的绝对物相含量之和中，估算出无定形或者未知晶相的总含量。

应用Rietveld方法对物相进行定量分析的前提如下[10]：①被定量的物相为晶体相；②被定量的物相的晶体结构已知。只有满足以上条件，分析软件才能对样品的衍射图进行拟合计算。

### 10.5.2.1 定量分析流程

根据在全谱拟合过程中所用的已知参量的不同，可以将定量分析方法分为两大类，一类需要使用有关物相的晶体结构数据，即Rietveld方法。另一类不须知道有关物相的晶体结构数据，但需知道各物相纯态时的标准谱。定量分析流程如图10-11所示。

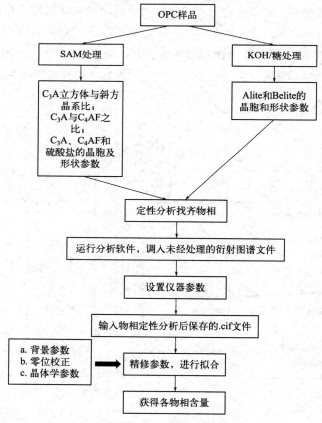

图10-11 水泥基材料XRD定量分析流程图

## 10.5.2.2　内标法的计算方法

水泥水化样品中，C-S-H 凝胶是无定形相。在 XRD 图谱中，C-S-H 往往呈现弥散的衍射峰，通常作为背底加以处理，难以通过全谱拟合法得到其含量。此外粉煤灰、硅粉、矿渣等矿物材料也含有大量的无定形相或整体以无定形态存在。因此通常通过内标法或外标法来进行修正，实现定量分析。

对待分析样品的 XRD 图谱进行全谱拟合和部分参数的精修后，分析软件根据公式（10-7）直接计算出样品中各物相的质量分数。

$$w_k = \frac{(ZMV)_k}{(ZMV)_s} \times \frac{S_k}{S_s} W_s \frac{1+f_s}{f_s} \tag{10-7}$$

式中，下标 s 代表内标物；$Z$ 是晶胞内化学式个数；$M$ 是化学式分子量；$V$ 是物相的晶胞体积；$S$ 是标度因子；$W_s$ 是内标物的结晶度；$f_s$ 是内标物在样品中的质量分数。

由 Rietveld 法计算得到的各物相质量分数是指各物相占该样品中总晶态物相的质量分数。当样品中含有无定形相时，由 Rietveld 法计算得到的各晶态物相含量并不是样品中的实际含量。因此需要借助内标物的实际含量和 Rietveld 法计算结果的比值按照公式（10-8）进行相应的换算。

$$w_k = \frac{\text{软件计算 k 物相占比}}{\text{软件计算内标物占比}} \times \frac{\text{样品中内标物占比}}{\text{样品中所测材料占比}} \times 100\% \tag{10-8}$$

那么样品中无定形物相的总含量可以表示为

$$w_{\text{amorphous}} = 1 - \sum_i w_n \tag{10-9}$$

## 10.5.2.3　外标法的计算方法

k 相的质量分数计算方法如下：

$$w_k = \frac{(ZMV)_k}{(ZMV)_s} \times \frac{S_k}{S_s} W_s \frac{\mu_m}{\mu_{ms}} \tag{10-10}$$

式中，$\mu_m$ 和 $\mu_{ms}$ 分别是样品和标准物的质量衰减系数（mass attenuation coefficient，MAC）。样品质量衰减系数（MAC）根据样品的化学组成（氧化物组成）计算，计算公式如下：

$$\mu_{m,\text{sample}} = \sum_i W_i \mu_{mi} \tag{10-11}$$

对于未水化水泥及原材料，可以根据原材料的化学成分直接计算（表 10-3、表 10-4）。对于切片法制备的片状水泥水化样品，切割后立即进行 XRD 数据采集且试样为密封养护的情况下，可以直接根据水灰比计算浆体中 $H_2O$ 的含量。如果试样经过了干燥和终止水化处理，则用 TG 法或烧失量法测得浆体中结合水的含量来计算。水的质量衰减系数很低，水泥浆体的质量衰减系数会比未水化水泥低很多。

表 10-3　水泥样品中氧化物的质量衰减系数及计算举例（w/c＝0.4）

| 氧化物 | $\mu_{mi}/(\text{cm}^2/\text{g})$ | 未水化水泥质量分数 $w_i$ | 硅酸盐水泥（w/c＝0.4）质量分数 $w_i$ |
|---|---|---|---|
| CaO | 124.04 | 0.632 | 0.451 |
| SiO$_2$ | 36.03 | 0.212 | 0.151 |

| 氧化物 | $\mu_{mi}$/(cm²/g) | 未水化水泥质量分数 $w_i$ | 硅酸盐水泥（w/c＝0.4）质量分数 $w_i$ |
|---|---|---|---|
| Al₂O₃ | 31.69 | 0.047 | 0.034 |
| Fe₂O₃ | 214.9 | 0.034 | 0.024 |
| MgO | 28.6 | 0.035 | 0.025 |
| Na₂O | 24.97 | 0.005 | 0.004 |
| K₂O | 122.3 | 0 | 0.000 |
| SO₃ | 44.46 | 0.03 | 0.021 |
| TiO₂ | 124.6 | 0 | 0.000 |
| P₂O₅ | 39.66 | 0 | 0.000 |
| H₂O | 10.07 | 0 | 0.286（0.4/1.4＝0.286） |
| 总和 | — | 0.995 | 0.996 |
| MAC样品 | — | 97.287 | 72.368 |

表 10-4　水泥基材料中常见物相外标法计算参数

| 物相 | $V$/(10⁶ pm³) | $\rho$/(g/cm³) |
|---|---|---|
| C₃S | 4315.571 | 3.16 |
| b-C₂S | 346.150 | 3.3 |
| C₃A cubic | 3522.511 | 3.06 |
| C₃A ortho | 1783.775 | 3.03 |
| C₄AF | 440.372 | 3.84 |
| lime | 110.386 | 3.37 |
| gypsum | 501.200 | 2.28 |
| calcite | 368.044 | 2.71 |
| quartz | 112.985 | 2.65 |
| portlandite | 54.818 | 2.24 |
| anhydrite | 305.360 | 2.96 |
| bassanite | 527.508 | 2.78 |
| arcanite | 432.865 | 4.86 |
| syngenite | 423.412 | 2.58 |
| ettringite | 2349.372 | 1.77 |
| kuzelite | 769.624 | 1.98 |
| monocarbonate | 435.441 | 2.17 |
| hemicarboaluminate | 1548.830 | 1.85 |
| katoite | 1847.284 | 2.88 |
| Friedel's salt | 906.640 | 2.06 |
| stratlingite | 1076.620 | 1.94 |
| brucite | 40.900 | 2.37 |

| 物相 | $V/(10^6 \text{ pm}^3)$ | $\rho/(\text{g/cm}^3)$ |
|---|---|---|
| rutile | 62.430 | 4.25 |
| corundum | 254.700 | 3.99 |

注：$C_3S$ 为硅酸三钙，$b-C_2S$ 为硅酸二钙，$C_3A$ cubic 为立方晶系铝酸三钙，$C_3A$ ortho 为斜方晶系铝酸三钙，$C_4AF$ 为铁铝酸四钙，lime 为氧化钙，gypsum 为二水石膏，calcite 为方解石，quartz 为石英，portlandite 为氢氧化钙，anhydrite 为无水石膏，bassanite 为半水石膏，arcanite 为单钾芒硝，syngenite 为钾石膏，ettringite 为钙矾石，kuzelite 为水硫铝钙石，monocarbonate 为单碳型水化铝酸钙，hemicarboaluminate 为半碳型水化铝酸钙，katoite 为水钙铝榴石，Friedel's salt 为弗里德尔盐，stratlingite 为水化钙铝黄长石，brucite 为水镁石，rutile 为金红石，corundum 为刚玉。

## 10.5.2.4　内标法和外标法的比较

内标法就是在 XRD 数据采集时，在待测试样中加入一定已知质量分数的外标物质，通常在样品研磨时和待测样品一起进行混磨，以达到内标物在试样中均匀分布的目的。内标法除了 XRD 数据采集外，不需要知道样品的化学成分。

当选择的标准物没有与样品混合均匀，或者样品与标准物之间存在重要的吸收衬度导致微吸收，或者没有选择适当的标准物，内标法可能就会出现一些问题。研究表明内标物的加入对确定无定形含量的精度有较大的影响。无定形相含量越低，则需要加入越多的标准物来提高测试的精度。当样品中无定形相含量低于 5% 时，就很难使用内标法来测量，尤其是当内标物含量也较低（质量分数少于 20%）时[17]。

外标法采用的标准物质不需要与待测样品混合，但需要在相同的测试条件下获得标准物质的 XRD 数据进行全谱拟合以获得标准物质的标度因子，再应用相应的公式计算各物相含量。计算时需要修正样品和标准物之间质量衰减系数的差异。而质量衰减系数则是根据待测样品和标准物质的化学组成来计算的，因此需要对测试样品的化学成分进行测试。对于水泥水化样品，还要根据 TGA 或烧失量法确定样品中结合水的含量。外标法则避免了均匀化和比例的问题，并且不受样品和标准物之间吸收衬度的影响。同时外标法的精度和无定形相的存在是无关的，因此对于无定形相较少的材料进行定量分析时有更高的精度。

水泥物相定量分析常用的标准物质有 ZnO、$TiO_2$（金红石）、$Al_2O_3$（刚玉）。

## 10.5.2.5　未水化水泥的定量分析

熟料中是否含有无定形相尚存在一定的争议，这可能和水泥熟料的煅烧工艺、采用的原材料及测试的方法有关。根据 Snellings 的研究[18]，可以认为硅酸盐水泥熟料中无定形相含量在 2% 以下，因此测试熟料的矿物成分是可以不采用标准物直接获取 XRD 图谱以 Rietveld 法计算结果的。当测试含有矿渣、硅粉、粉煤灰等混合材的水泥样品时需要结合内标法或外标法来确定晶体相的含量及无定形相的总量。在测量未水化水泥无定形相或未知物相含量时，内标法是运用最广泛的。

## 10.5.2.6　水泥水化产物的定量分析

水泥在水化过程中，水泥中的 $C_3S$、$C_2S$、$C_3A$、$C_4AF$、$SO_3$ 等与水反应，生成水化产物氢氧化钙（CH）、钙矾石（ettringite/AFt）、AFm 以及 C-S-H 凝胶等。因此水泥在水化前后的衍射图谱有较大的区别。水化产物中 CH、AFt 和 Ms 等物相结晶度比较高，X 射线衍射峰明显。C-S-H 凝胶的峰比较宽，通常作为背底处理。图 10-12 为未水化水泥和水泥水化 7 天后的衍射图谱对比图。

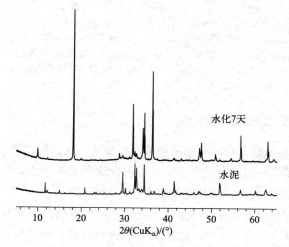

图 10-12　未水化水泥和水泥水化 7 天后的衍射图谱对比

要对已经水化的水泥进行定量分析，首先要对未水化水泥进行定量分析（最好使用选择性溶解对样品进行处理），然后测量已水化水泥的 XRD 图谱。

在测量已水化水泥 XRD 图谱过程中，要修正已精修过的未水化水泥中的无水物相的比例因子；精修全局参数（零点偏移和背底）以及水化产物结构和配置参数；如果想要清晰地展现已水化水泥的 XRD 图谱，可以添加"C-S-H 背底"相；MAC 计算时需要知道样品中结合水的量（TGA 测定或者根据 w/c 进行计算）。

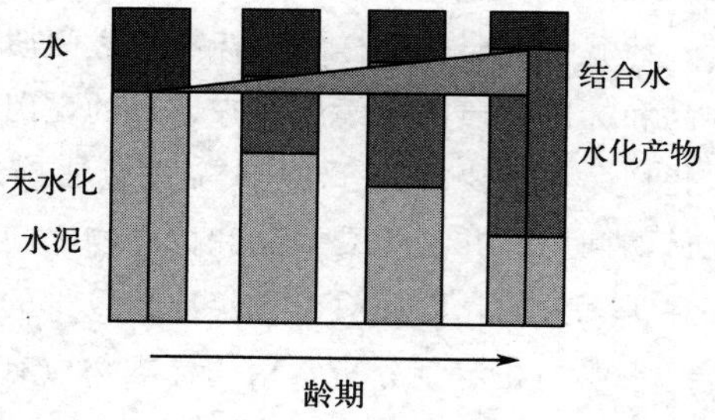

图 10-13　水泥水化过程中未水化水泥熟料、自由水以及水化产物含量变化

**（1）水泥水化程度计算**

在计算水化程度前，首先对结合水的稀释效应进行修正。由图 10-13 可知，在水化产物中结合水占有较大的比例。其含量一般通过 TG 法测量样品在 20～550℃ 的质量损失而得到。

$$w_{\text{k,dilution corrected}} = w_k / (1 - \text{Volatiles}_{\text{bound,TG}}) \tag{10-12}$$

式中，$w_{\text{k,dilution corrected}}$ 为稀释修正后的 k 物相的质量分数，$\text{Volatiles}_{\text{bound,TG}}$ 为热重测量的化学结合水量。

因此，已水化水泥的水化程度可以表示为：

$$\text{DOH}(t) = 1 - \frac{w_{\text{anhydrous,dilution corrected}}(t)}{w_{\text{anhydrous}}(t=0)} \tag{10-13}$$

式中，$w_{\text{anhydrous,dilution corrected}}(t)$ 为反应 $t$ 时间修正后所有未水化物相质量分数之和，

$w_{anhydrous}(t=0)$ 为 $t=0$ 时未水化物相质量分数之和。

（2） XRD 结果的换算

一般外标法的结果通过每 100g 浆体或者每 100g 未水化物来表示，计算公式如下：

新鲜样品（薄片）：

每 100g 浆体中的质量分数 $\qquad = m_{XRD}$

对应每 100g 未水化水泥 $\qquad = m_{XRD}(1+w/c)$

干燥样品（粉末）：

每 100g 浆体中的质量分数 $\qquad = m_{XRD}/[(1-LOI)(1+w/c)]$

对应每 100g 未水化水泥 $\qquad = m_{XRD}/(1-LOI)$

式中，LOI 为烧失量。

（3）其它材料定量分析计算

下面以粉煤灰为例说明。

粉煤灰作为一种工业副产品，主要来自于热电厂煤粉燃烧，当煤通过炉膛的高温区时，挥发性物质和碳燃烧，而大部分矿物杂质如黏土、长石、石英等会在高温条件下熔融。当这些熔融物质被转送到低温区时就会冷却为玻璃体的球状颗粒。粉煤灰中无定形的氧化铝及氧化硅所占比例较大，但当大尺寸的熔融玻璃体不能被迅速冷却时，便会在玻璃相内部产生结晶，这也是粉煤灰中依然存在着许多结晶物质（如莫来石、石英、赤铁矿或磁铁矿等）的原因。这些物质在常温下是非活性的，会使得粉煤灰的反应活性下降。

此处，以湘潭电力粉煤灰开发有限公司生产的 I 级粉煤灰为例，采用内标法，内标物质为氧化锌。把质量分数为 80% 的粉煤灰和 20% 的分析纯 ZnO 混合，在小型滚轴式混料机上混合 4h，测试获取 XRD 谱，应用 HighScore Plus 软件进行物相鉴定，粉煤灰-氧化锌混合物中含氧化锌、莫来石、赤铁矿、石英、无水石膏、游离氧化钙等 6 晶相。应用 Rietveld 法进行全谱拟合后得出的各晶相含量见图 10-14、表 10-5。根据公式计算得到的实际莫来石、赤铁矿、石英、无水石膏、游离氧化钙含量见表 10-5。

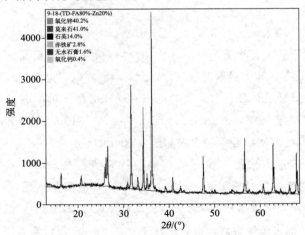

图 10-14　实测粉煤灰 XRD 图谱和拟合的 XRD 图谱进行比较（见彩图）

表 10-5　粉煤灰物相组成计算举例

| 项目 | 氧化锌 | 莫来石 | 石英 | 赤铁矿 | 无水石膏 | 石灰 | 无定形相 |
|---|---|---|---|---|---|---|---|
| Rietveld 法计算值/% | 40.2 | 41.0 | 14.0 | 2.8 | 1.6 | 0.4 | — |
| 粉煤灰-氧化锌混合物中实际含量/% | 20.0 | 20.4 | 7.0 | 1.4 | 0.8 | 0.2 | 50.2 |
| 粉煤灰中实际含量/% | — | 25.5 | 8.8 | 1.8 | 1.0 | 0.2 | 62.8 |

# 10.6 PONKCS 方法

在 Hill 和 Howard（1987）提出的 Rietveld 定量分析中，含有 $n$ 个物相的系统中，第 $\alpha$ 相的质量分数为：

$$w_\alpha = \frac{S_\alpha (ZMV)_\alpha}{\sum_{k=1}^{n} S_k (ZMV)_k} \tag{10-14}$$

式中　$S$——Rietveld 比例因子；

$Z$——单胞化学式数；

$M$——化学式分子量；

$V$——单胞体积。

式中 $ZMV$（校准常数，calibration constants）可通过晶体的结构参数得到，因此若混合系统中所有的物相均被确定，所有物相均为晶态并且晶体结构已知，那么可利用"ZMV 算法"（"ZMV algorithm"）及 Rietveld 比例因子计算物相含量。

但是，如果某个物相的晶体结构是未知的或是含有非晶态相，那么"ZMV"未知，则不能计算各物相绝对含量。此时，可以通过内标法或者外标法计算得到未知结构物相或是非晶相的质量分数。以上也是大多数时候计算水泥中无定形 C-S-H 凝胶含量的方法。然而，如果未知或是已知部分结构物相有两种或者更多时，通过以上方法计算只能得到这些物相总的质量分数，而得不到单独物相的信息。

在水泥基材料中，除了 C-S-H 凝胶是无定形相以外，大部分活性矿物掺和料都是非晶相，例如矿渣、粉煤灰和偏高岭土等等，这些矿物掺和料的非晶相部分晶体结构均未知。在 X 射线衍射图谱中，这些物相的漫散射效应会导致其衍射峰以"宽峰"的形式出现，如图 10-15 所示。因此，对这类试样进行分析时，经典的 Rietveld 定量分析不能得到正确的结果或者直接无法采用。为了解决该问题，Scarlett[19] 提出了"Partial Or No Known Crystal Structure（PONKCS）"方法，此方法结合了轮廓求和法和 Rietveld 方法。

经典的 Rietveld 定量方法需要根据结构参数计算所有晶态物相的 $ZMV$ 值，从而通过式（10-14）计算得到各类物相的含量。那么 PONKCS 方法的基本原理则是通过已知比例的混合试样，从而确定未知结构物相的 $ZMV$ 值。也就是说经验的 $ZMV$ 值可通过测量目标物相（$\alpha$）和内标物相（s）混合试样得到。混合试样中，$w_\alpha$ 和 $W_s$ 均已知，则根据式（10-14）可以得到如下公式：

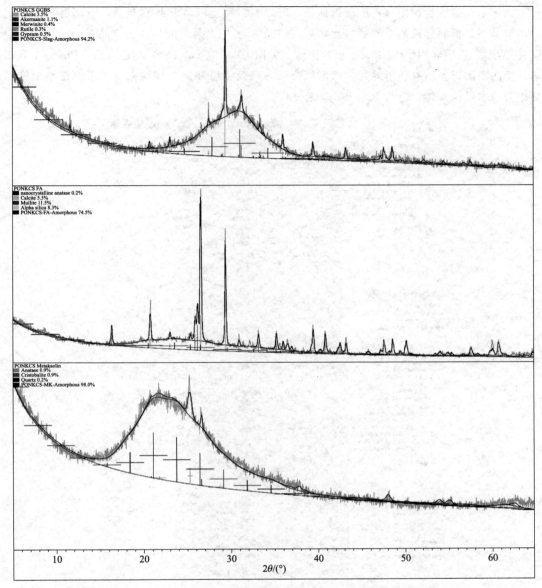

图 10-15　矿渣、粉煤灰和偏高岭土 XRD 衍射图谱（见彩图）

$$(ZMV)_\alpha = \frac{w_\alpha}{W_s} \times \frac{S_s}{S_\alpha}(ZMV)_s \qquad (10\text{-}15)$$

如果知道 α 相的晶胞参数，则：

$$(ZM)_\alpha = \frac{w_\alpha}{W_s} \times \frac{S_s}{S_\alpha} \times \frac{(ZMV)_s}{V_\alpha} \qquad (10\text{-}16)$$

式中，$(ZMV)_\alpha$ 没有物理意义，只是定量相关参数。在进行以上计算之前，需要提取未知结构物相的轮廓曲线。在 TOPAS 软件中，对于未知结构物相图谱的模拟，如果未知结构物相图谱能被指标化，可以用 hkl _ Phase 拟合图谱，使用 Le Bail 或 Pawley 法，根据空间群和晶胞参数限定峰位，而每个衍射峰的强度单独变化，这样可以使图谱拟合效果达到最好。

如果未知结构物相图谱不能被指标化，可以假定其空间群和晶胞参数，空间群可以设定为相应晶系最低对称性的空间群（比如，三斜晶系为"1"号空间群，正交晶系为"16"号空间群等等），然后利用 hkl_Phase 拟合图谱，如图 10-16 所示。或者采用 Peak_Phase 拟合图谱，标注出图谱中所有衍射峰，在峰形拟合后，得到峰位和每个峰的强度，最终把整个峰的群作为一个结构实体，进行 Rietveld 定量分析。

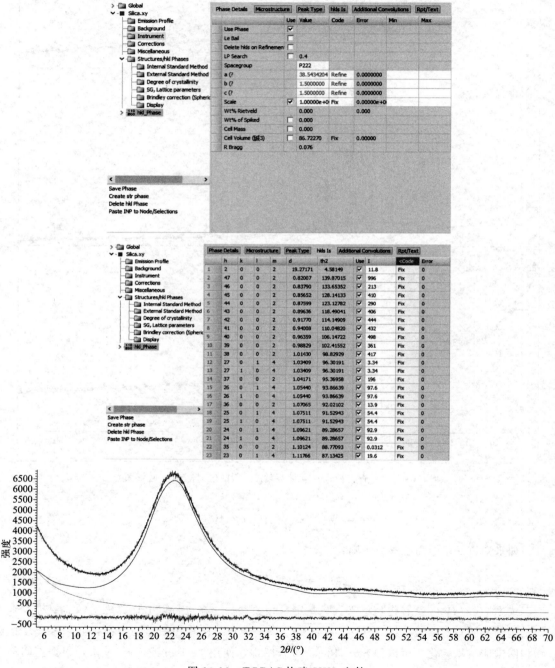

图 10-16 TOPAS 构建 HKL 文件

如果所使用的软件为 HighScore Plus，对于不能被指标化的未知结构物相，在插入新物相后，假定晶胞参数和空间群并勾选（精修），如果未知结构物相是类似矿渣、粉煤灰的"宽峰"，可将峰形变量中的"Caglioti W"参数设置为 5～10 之间，然后将拟合模式设定为"Le-Bail 拟合"并对未知物相衍射峰进行拟合，如图 10-17 所示。在"Le-Bail 拟合"过程中没有比例因子，而且由于无定形相没有定义晶体结构［没有原子（坐标）、密度和体积］，所以"Le-Bail 拟合"是在所有其他已知比例的基础上进行校准的。在进行"Le-Bail 拟合"后将拟合模式改成"HKL 文件拟合"并进行运算，从而完成未知结构物相 HKL 文件的建立。

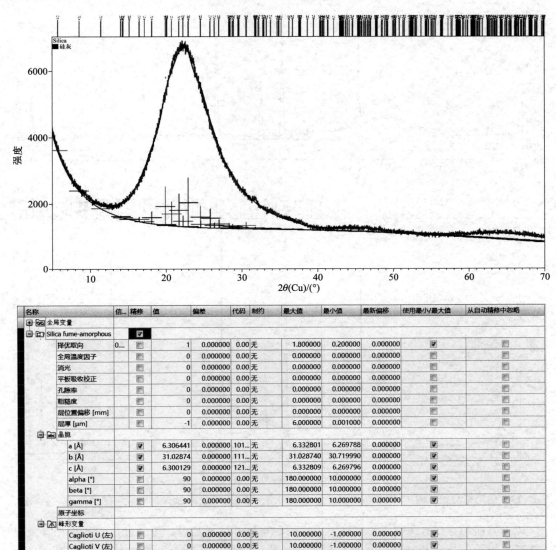

图 10-17　HighScore 构建 HKL 文件

完成这一步以后 HKL 文件仍然不能进行 Rietveld 计算，还需要对其晶胞质量（cell

mass，在 HighScore 中也称"伪式量，pseudo formula mass"）进行赋值。一般是将样品和已知标准物（刚玉 Corundum、金红石 Rutile 等）以一定的质量混合均匀，测试其 XRD 图谱，将建立的 HKL 文件和标准物卡片导入，固定 HKL 文件的晶胞参数和峰形参数，只精修比例因子，拟合以后通过式(10-16)计算得到未知结构物相的晶胞质量\伪式量值，从而完成未知结构物相卡片的建立，如图 10-18 所示。如果试验条件允许，可以继续将样品和标准物以不同的比例混匀，从而对赋予的晶胞质量\伪式量值进行验证。

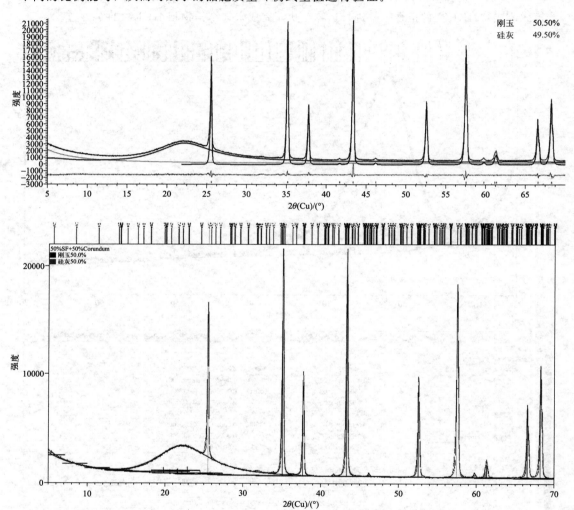

图 10-18　使用标准物（刚玉，Corundum）通过 TOPAS 和 HighScore 软件建立硅灰结构物相（见彩图）

以上方法均是在有纯样品的基础上进行的，当没有纯样品时，可通过已知各物相含量混合样品来确定未知结构物相。比如，当需要提取水泥石中 C-S-H 衍射峰时，可以在长龄期（90 天以上）的样品中加入一定比例的内标物，或者通过外标法。C-S-H 的晶胞参数可以参考 tobermorite 14Å 晶体，或直接使用其结构卡片修改，限定其晶胞参数变动范围为 ±1%，在 TOPAS 中精修其"Cry size L"，HighScore 中可以将峰形参数中的"Caglioti W"设置为 10，如图 10-19 所示。

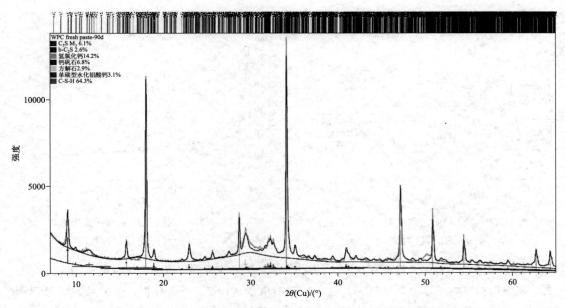

图 10-19　水化 90 天白水泥中 C-S-H 物相的建立（见彩图）

最后，需要注意的是 PONKCS 分析结果和拟合过程中背景的选择息息相关，如果背景选择用多项式则建议选择最低阶数来进行拟合。在本书中，背景参数选择的是一阶 Chebyshev 多项式和 $1/X$ 参数组合。

# 10.7　与其它方法的比较

## 10.7.1　水化程度测试比较

XRD 测量的结果是质量分数，而显微镜测量的是体积分数或者面积分数。这两者之间最直观的比较就是水化程度的对比。使用 BSE/IA 技术测量水泥的水化程度，是根据未水化水泥占据的体积结合水灰比计算得到的[20]。

两种技术测量水化程度对比如图 10-20 所示[21-23]。这两种技术所测得的水化程度结果有较好的匹配度（水化程度在第 2~3 天时有明显的下降，表明样品在制样或者在终止水化过程中出现了一些问题，但是如果仅仅是对比两种技术之间的区别就不会有影响）。

BSE/IA 法和 XRD/Rietveld 法在测量水泥水化 1 天时样品的差值最大，由图 10-20 可知，前者测试出的水化程度明显比后者测试的要大。这是由于受电子显微镜分辨率限制，一些小的未水化水泥颗粒在 BSE 模式下观测不到。而这些忽略掉的一些细小的未水化颗粒，会使得在计算水化程度时高估水泥的水化程度。但是在水化 1 天以后，这些细小的水泥颗粒基本上完全水化，因此这种误差并不重要。

根据样品的密度可以将 BSE/IA 的测量结果转化为质量分数。当转化后的结果与 XRD 测量的质量分数对比时（如图 10-21 所示），两种方法所得结果比较相近。

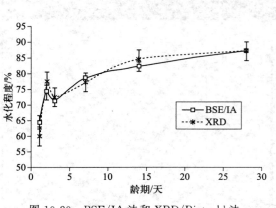

图 10-20 BSE/IA 法和 XRD/Rietveld 法
测量水化程度对比[21-23]

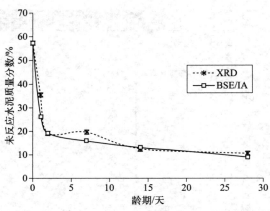

图 10-21 使用 XRD/Rietveld 法和 BSE/IA 法
所测未反应水泥质量分数对比[20]

XRD 技术与 BSE/IA 技术相比最大的优势是快捷。XRD 完成以上测试的时间为 10min 左右，而使用扫描电子显微镜（SEM）进行背散射电子（BSE）图像分析，仅样品制备过程中研磨抛光就需数小时。更重要的是 XRD 能够将不同的未水化物相区分出来；虽然通过 BSE 分析抛光样品也能识别出不同的未水化物相，但是很难基于图像的灰度值差异识别它们之间的清晰边界。

## 10.7.2 氢氧化钙

图 10-22 显示了四种不同方法所测量的水化水泥样品中 CH 的含量，四种方法分别为 XRD/Rietveld 法、BSE/IA 法、TG 法、质量平衡法，使用 XRD/Rietveld 方法，从未水化硅酸盐物相含量的反应求得。

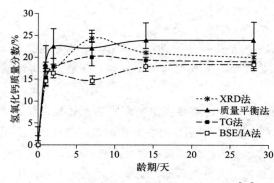

图 10-22 不同方法测量所得 CH 的含量[20]

在图 10-22 中，使用四种不同方法所测的 CH 含量有较大的差异。在测试过程中，不同的方法可能会因为各自的原因而产生误差，故很难准确地分析 CH 的含量。比如，因为 CH 是高度分散的，在使用 BSE/IA 技术测量时很容易缺失掉某一部分，可能导致测试结果离散性较大。又如在质量平衡法中假定 C-S-H 中的 Ca/Si 比为 1.7，然而水化早期根据 SEM 测量表明 Ca/Si 比会高于 1.7。

采用 TG 法和 XRD 法对已知比例的模拟混合物进行分析，所得结果如图 10-23 所示。这两种方法有非常好的匹配度，所测得的结果与混合物真实含量十分接近。然而使用 TG 法所测的模拟混合物在"CH 峰"处比水泥浆体有更明显的下降曲线，如图 10-24 所示。以上结果表明，XRD/Rietveld 法在测量 CH 含量时和 TG 法一样准确，并且 XRD 法比 TG 法更有优势的地方在于 XRD 法能同时提供其物相的信息。

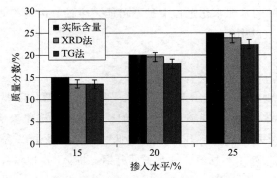

图 10-23　不同方法测得的模拟混合物

（CH 和未水化水泥混合，CH 含量分别为 15％、20％、25％）中 CH 的含量[20]

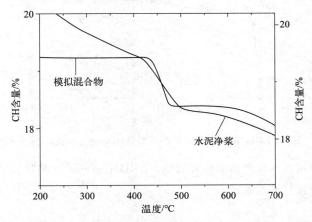

图 10-24　热重分析（TG）法分析模拟混合物和水泥浆体中的 CH 含量[20]

### 10.7.3　钙矾石

目前没有好的单独的方法来测量钙矾石的含量。虽然差热分析法（DTA）被提出过，但是由于钙矾石和 C-S-H 有很大一部分峰重叠，其结果并不可靠。

图 10-25 表示了使用 Rietveld 法所测得钙矾石的含量，以及钙矾石所能形成的最大值（假定所有硫酸钙都被结合到钙矾石里）。这使得 XRD/Rietveld 方法测量钙矾石的含量成为可

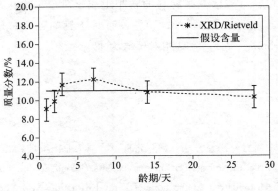

图 10-25　使用 XRD/Rietveld 法测量钙矾石含量与水泥浆体中结合所有硫酸钙形成钙矾石含量的对比[20]

能。但是这种情况在实际的水泥水化过程中是不可能发生的，因为有相当一部分的硫酸盐和铝酸盐会进入到 C-S-H 凝胶中。

### 10.7.4　无定形物相

使用 XRD 方法测得无定形物相总含量与质量平衡法所计算的含量对比如图 10-26 所示。由图可知，两种方法所测得的结果能够很好地匹配。然而，有迹象表明化学计量学方法在测量无定形物相含量时会导致形成的 C-S-H 含量偏低。这可能是由以下几个原因综合导致的：计算的 C-S-H 中的 C/S 比高于实际值；结合了部分铝，将 AFm 相包含进了无定形物相中。

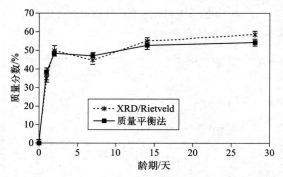

图 10-26　使用 XRD/Rietveld 法和质量平衡法定量分析无定形物相含量[20]

以上各种技术对水泥水化产物的研究表明，XRD/Rietveld 技术对水泥浆体水化过程中各种物相的定量研究有较好的效果。

# 10.8　小结

X 射线衍射（X-ray diffraction，XRD）技术是水泥基材料中物相定性、定量分析的有力工具，具有快捷、方便、无损、样品制备相对简单等诸多特点。全谱拟合技术的应用使水泥基材料物相定量分析能力提升到了一个新的高度。合适的样品制备及处理方法、合理的实验参数设置以获取高质量 XRD 图谱，可以进一步提高全谱拟合法定量分析的精度。近年来的研究结果显示采用 Rietveld 法计算水泥基材料的物相组成，对于未水化水泥中的矿物相以及水化水泥样品中的 CH，其相对误差为 2%～3%，而对于钙矾石（Ettringite/AFt）、AFm 相（monosulfate、monocarbonate 等），测试相对误差为 1%～2%。

# 参考文献

［1］　张颖，任耘. 无机非金属材料研究方法［M］. 北京：冶金工业出版社，2011.

［2］　Bensted J，Barnes P. Structure and performance of cements. Second Edition. London：Spon Press，2002.

［3］　Smith D K，Chung F H. Industrial Applications of X-ray Diffraction. New York：Marcel Dekker，2000.

［4］　Rietveld，H M. A profile refinement method for nuclear and magnetic structures. Journal of Applied

Crystallography，1969，2：65-71.

[5] Rietveld H M. Line profiles of neutron powder diffraction peaks for structure refinement. Acta Crystallographica，1967，22：151-152.

[6] Zhang J，Scherer G W. Comparison of methods for arresting hydration of cement. Cement and Concrete Research，2011，41：1024-1036.

[7] Bish D L，Reynolds R C. Sample preparation for X-ray diffraction. Reviews in Mineralogy and Geochemistry，1989，20：73-99.

[8] Jenkins R，Fawcett T G，Smith D K，et al. JCPDS —international centre for diffraction data sample preparation methods in X-Ray powder diffraction. Powder Diffraction，1986，1：51-63.

[9] Klug H P，Alexander L E. X-ray diffraction procedures for polycrystalline and amorphous materials. 2nd editionWiley，1974.

[10] Saoût G L，Kocaba V，Scrivener K. Application of the rietveld method to the analysis of anhydrous cement. Cement and Concrete Research，2011，41：133-148.

[11] Durdzinski P T. Hydration of multi-component cements containing cement clinker，slag，calcareous fly ash and limestone. École polytechnique fédérale de Lausanne EPFL，2016.

[12] Ruben S. A practical guide to microstructural analysis of cementitious materials. Ed. K Srivener，Taylor & Francis Inc，2015.

[13] Bish D L，Howard S A. Quantitative phase analysis using the rietveld method. Journal of Applied Crystallography，1988，21：86-91.

[14] Beaudoin J J，Gu P，Marchand J，et al. Solvent replacement studies of hydrated portland cement systems：The role of calcium hydroxide. Advanced Cement Based Materials，1998，8(2)：56-65.

[15] Stutzman P E. Guide for X-ray powder diffraction analysis of Portland cement and clinker. NIST Intern. Rep，1996，5755：1-44.

[16] Gutteridge W A. On the dissolution of the interstitial phases in Portland cement. Cement and Concrete Research，1979，9：319-324.

[17] Snellings R，Bazzoni A，Scrivener K. The existence of amorphous phase in Portland cements：Physical factors affecting Rietveld quantitative phase analysis. Cement and Concrete Research，2014，59：139-146.

[18] Snellings R，Salze A，Scrivener K L. Use of X-ray diffraction to quantify amorphous supplementary cementitious materials in anhydrous and hydrated blended cements. Cement and Concrete Research，2014，64：89-98.

[19] Scarlett N V Y，Madsen I C. Quantification of phases with partial or no known crystal structures. Powder Diffraction，2006，21：278-284.

[20] Scrivener K L，Fullmann T. Quantitative study of Portland cement hydration by X-ray diffraction/Rietveld analysis and independent methods. Cement and Concrete Research，2004，34：1541-1547.

[21] Fullmann T，Pollmann H，Walenta G M，et al. Analytical methods. Int. Cem. Rev. ，2001：41-43.

[22] Walenta G，Fullmann T，Gimenez M. Quantitative Rietveld analysis of cement and clinker. International Cement Review，2001，6：51-54.

[23] Westphal T，Walenta G，Fullmann T，et al. Characterisation of cementitious materials—Part Ⅲ. International Materials Reviews，2002，7：47-51.

# 第11章

# 水泥基材料物相的热分析

## 11.1 引言

　　热分析是在程序控制温度条件下，测量材料物理性质与温度之间关系的一种技术，主要用于测量和分析温度变化过程中材料物理性质的变化，从而对材料的结构、组成进行定性、定量的分析。应用热分析技术能快速准确地测定物质的晶型转变、熔融、升华、吸附、脱水、分解等变化，在无机、有机及高分子材料的物理及化学性能方面，是重要的测试手段。

　　热分析根据所测定物理参数的不同又分为多种方法。最常用的热分析方法有：差（示）热分析（DTA）、热重法（TG）、导数热重法（DTG）、差示扫描量热法（DSC）、热机械分析（TMA）和动态热机械分析（DMA）。此外还有：逸气检测（EGD）、逸气分析（EGA）、扭辫分析（TBA）、热微粒分析、热膨胀法、热发声法、热光学法、热电学法、热磁学法、温度滴定法、直接注入热熔法等。

　　热分析技术在水泥基材料研究中的应用主要分两个方面：水泥熟料化学和水泥水化化学的研究，尤其在后一方面的应用更为广泛。在水泥水化研究方面，热分析主要用于水泥浆体的非蒸发水量、水化产物相的定量、定性测试。其中，热重分析（thermogravimetric analysis，TG 或 TGA）应用最广泛，是目前测定水化浆体中非蒸发水量和氢氧化钙含量较准确的手段。热重法是对试样的质量随温度的变化，或对等温条件下试样质量随时间变化而发生的改变量进行测量的一种动态技术。TG 所记录的质量对温度变化的关系曲线称热重曲线（TG 曲线），它表示过程失重的累积量。根据 TG 曲线可以得到试样组成、热稳定性、热分解温度、热分解产物和热分解动力学等方面的信息或数据。定量性强是热重法的主要特点，能准确地测量待测物质的质量变化及变化速率。微商热重法，又称导数热重法（derivative thermogravimetry，DTG），它是 TG 曲线对温度（或时间）的一阶导数。DTG 曲线能精确地显示物质微小质量变化和变化率、变化的起始温度和终止温度。DTG 曲线上二阶微商为零的拐点处，失重速率最大，可以获得 TG 曲线上难以看出的信息。

　　在进行水化物相分析时，TGA 经常与 XRD 相结合，二者可以相互验证和补充，从而取得较好的效果。因此，本章只介绍 TGA 的基本原理、试样制备、结果分析与处理。热重分析通常可分为两类：动态法和静态法。我们常说的热重分析和微商热重分析属于动态法。

## 11.2 测试方法及原理

热重分析所用的仪器是热重分析仪（热天平），主要由天平、炉子、程序控温系统、记录系统等几个部分构成。图 11-1 是热重分析仪两种典型的结构，即水平布置结构和垂直布置结构。

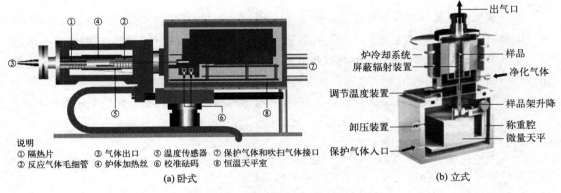

说明
① 隔热片　③ 气体出口　⑤ 温度传感器　⑦ 保护气体和吹扫气体接口
② 反应气体毛细管　④ 炉体加热丝　⑥ 校准砝码　⑧ 恒温天平室
(a) 卧式
(b) 立式

图 11-1　两种典型的 TGA 结构

在测试过程中，热重分析仪将样品重量变化所引起的天平位移量转化成电磁量，这个微小的电量经过放大器放大后，送入记录仪记录，而电量的大小正比于样品的重量变化量。当被测物质在加热过程中升华、汽化、分解出气体或失去结晶水时，被测物质的质量就会发生变化。这时热重曲线就不是水平直线而是有所下降。通过分析热重曲线，就可以知道被测物质在产生变化时的温度，以及损失的质量（如 $CaSO_4 \cdot 2H_2O$ 中的结晶水）。热重分析仪最常用的测量的原理有两种，即变位法和零位法。根据天平梁倾斜度与质量变化成比例的关系，用差动变压器等测定倾斜度，并自动记录，这就是变位法。采用差动变压器法、光学法测定天平梁的倾斜度，然后去调整安装在天平系统和磁场中线圈的电流，使线圈转动恢复天平梁的倾斜，即所谓零位法。线圈转动所施加的力与质量变化成比例，这个力又与线圈中的电流成比例，因此只需测量并记录电流的变化，便可得到质量变化的曲线。

## 11.3 取样/样品制备

热重分析样品制备比较复杂，需要考虑很多因素，下面是水泥基材料样品制备过程需要考虑的因素：

（1）水化终止及干燥方式

水化试样进行 TGA 分析前首先进行的处理就是终止水化和进行干燥。水泥基材料的 TGA 结果对试样的水化终止及干燥方式很敏感。目前用于水化试样终止水化和干燥的方法可分为直接干燥法和溶剂置换法两大类。直接干燥法包括升温干燥法（≤105℃）、微波干燥法、D-干燥法、P-干燥法以及冷冻干燥法[1]。溶剂置换法主要是采用各种溶剂（乙醇、甲醇、异丙醇、丙酮等）将试样中的水置换出来，从而达到终止水化和干燥的目的，之后抽真空处理使溶剂从试样中挥发出来。近年来还出现了超临界干燥法。

冷冻干燥法是最适合用于热分析试样的干燥方法，但这种方法对设备的要求高。干燥时，首先将待干燥试样直接浸入液氮（−196℃），或者将试样放入容器中，再将容器浸入液氮中。在液氮中浸泡约15min后，将试样转移到冷冻干燥器中，在低温（−78℃）、低压（4Pa）中继续干燥24h。

溶剂置换法也能够较好地保持试样的微观结构，但在浸泡的过程和随后的热分析过程中，有机溶剂可和水化产物产生化学反应，从而导致水化产物组成的改变。例如：加热时有机溶剂和C-S-H反应，释放$CO_2$；甲醇可以和水化产物CH反应，形成类碳酸盐产物[2]。这些作用均影响到TGA分析的结果。目前所使用的有机溶剂中，异丙醇对水化产物的"碳化"作用最小[1]。因此，进行热分析结果分析时或发表热分析数据时，需要注明试样的干燥处理方法。

（2）样品代表性

对于水化样品，可取约5g的试样研磨成TGA测试所需的粉状样品。若试样量太大，会延长制样时间，而试样量太小，则影响试样的代表性。

（3）样品碳化及避免

水泥基材料，尤其是水化样品，磨细后非常容易碳化，干扰实验结果，因此在制备试样时要特别注意防止碳化的发生。采用溶剂置换法终止水化和干燥过的水化试样，应该在进行TG分析前的几个小时进行研磨，减少样品碳化的可能性。试样研磨时宜采用手工研磨，如果采用制样仪器进行研磨，应采用湿式方法（即和有机溶剂一起进行研磨，但试样需要重新干燥，溶剂与试样之间可能产生反应），以免研磨时因机械冲击作用下温度上升而导致水化产物脱水。研磨好的粉末样品进行TGA测试前要放置于真空干燥器中保存，最大可能地避免碳化。样品制备过程中还要注意避免样品污染。采用的研钵要注意清洗，研钵不用时应浸泡到稀磷酸溶液中。使用前用纯净水进行清洗，采用乙醇、异丙醇等有机溶剂进行干燥，用干燥的压缩空气吹干后再使用。收集试样使用的毛刷最好采用超声波清洗后再进行有机溶剂的清洗和干燥。每研磨好一个样品后需要按上述方法对使用过的研钵进行清洗。样品制备方法应该是一致和可重复的，只有一致的样品制备方法才能获得可对比的TGA数据。

（4）样品量

样品量不足会影响测试结果的精确度和代表性，尤其是物质挥发成分非常少或者试样均匀性差时，更应该加入足够的样品量。但样品量越大，试样内部存在的温度梯度也越显著，尤其是对于导热性较差的试样而言更甚。另外，试样分解产生的气体（水汽、二氧化碳）向外扩散的速率与样品量有关，样品量越大，气体越不容易扩散。综上考虑。水泥水化试样一般称取约50mg。

（5）样品形态

制备过程中，需考虑样品形态的影响。样品的形状和颗粒大小不同，对热重分析的气体产物扩散影响亦不同。一般来说，大片状试样的分解温度比颗粒状的分解温度高，粗颗粒的分解温度比细颗粒高。对建筑材料来说，一般要求全部通过 0.08mm 方孔筛。

（6）试样装填方法

试样装填越紧密，试样间接触越好，热传导性就越好，这减少了温度滞后现象。但是装填紧密不利于气氛与颗粒接触，阻碍分解气体扩散或逸出。因此可以在试样放入坩埚之后，轻轻敲一敲，使之形成均匀薄层。

# 11.4 测试过程及注意事项

影响热重法测定结果的因素，大致有下列几个方面：仪器因素，实验条件和参数的选择，试样因素等。

## 11.4.1 浮力及对流的影响

随温度升高，样品周围的气体密度发生变化，气体的浮力也发生变化。所以，尽管样品本身没有质量变化，但温度的改变造成气体浮力的变化，使得样品随温度升高而质量增加，这种现象称为表观增重。热天平内外温差造成的对流也会影响称量的精确度。为了减少气体浮力和对流的影响，试样可以选择在真空条件下进行测定，或选用卧式结构的热重仪进行测定。浮力和对流引起热重曲线的基线漂移，为校正浮力及对流的影响，最常采用的解决方案是测试空白曲线，即采用空坩埚在相同的实验条件（相同的升温速率、气氛、气流速率）测空白曲线。

## 11.4.2 升温速率

升温速率越大，热滞后越严重，易导致起始温度和终止温度偏高，甚至不利于中间产物的测出。水泥试样进行 TGA 时，通常采用升温速率为 10℃/min，这样也便于比较不同研究者获得的数据。温度范围：室温～1000℃。

## 11.4.3 试验气氛

炉内气氛对 TG 曲线的影响取决于反应类型和分解产物的性质。试样的热分解放出气体会影响炉内气氛和压力的变化，而影响反应进一步地进行。因此一般应使炉内处于流动的气氛。气氛种类应根据反应产物性质来选择。水泥水化试样暴露在空气中容易碳化，因此，实验时通常采用的气氛为氮气。

## 11.4.4 坩埚的影响

① 大小和形状 坩埚的大小与试样量有关，直接影响试样的热传导和热扩散。同一实验室内最好采用相同容积的坩埚，50mg 试样用 $70\mu L$ 的坩埚即可。坩埚的形状则影响试样的挥发速率。因此，通常选用轻巧、浅底的坩埚，可使试样在埚底摊成均匀的薄层，有利于热传

导、热扩散和挥发。

② 坩埚材质　通常应该选择对试样、中间产物、最终产物和气氛没有反应活性和催化活性的惰性材料，如 Pt、$Al_2O_3$ 等。水化试样一般使用刚玉（$Al_2O_3$）坩埚。

③ 坩埚清洗　为了避免坩埚不干净导致的试样污染，坩埚在使用前可参照以下程序进行清洗：a.在水中用超声波清洗 10min；b.将坩埚放入硝酸中加热至沸腾（10min）；c.过滤取出坩埚后再次在水中超声波清洗 10min，在高温炉中煅烧至 1000℃ 并恒温 3 小时。

### 11.4.5　测试过程中注意避免试样变化

现代热分析仪为了提高测试效率，往往配备了自动进样系统。配备自动进样系统的热重分析仪能够自动连续测试多个试样（部分仪器可以多达 64 个样品），甚至每个样品可以使用不同的方法和不同的坩埚。由图 11-2 可见，试样放入自动进样盘后需要等待较长的时间，为了避免在等待期间样品碳化或吸潮，应将装试样的坩埚加盖或密封。测试过程中仪器的取样装置在取样时会自动移除坩埚盖或打孔。

图 11-2　梅特勒-托利多 TGA 的自动进样盘

# 11.5　结果处理

### 11.5.1　基线校正

测试过程中由于浮力和对流的影响导致热重曲线的基线漂移。为校正基线漂移，最常用的解决方案是测试空白曲线，即采用空坩埚在相同的实验条件（相同的升温速率、气氛、气流速率）测空白曲线。在处理数据前利用空白曲线对获得试样的热分析数据进行校正，即用测试的 TG 曲线扣除空白曲线而获得校正后的数据曲线。这个步骤通常在仪器公司配套的操作软件上进行。

### 11.5.2　数据处理

基线校正后的热分析结果可以图形的方式输出，为了便于后期数据处理也可以导出文本数据。热重分析的结果以热重曲线（TG 曲线）的形式表示，即由 TG 仪记录的试样质量变化对温度的关系曲线。仪器通常也会给出 DTG 曲线。DTG 曲线有两种表达形式，即以物质的质量变化速率（$dm/dT$ 或 $dm/dt$）对温度 $T$ 或时间 $t$ 作图，可以根据 DTG 的单位加以区别。如果仪器不能给出 DTG 曲线，可以采用数据处理软件（如 Origin）对 TG 曲线对温度或时间求导获得。

# 11.6  结果的解释和应用

## 11.6.1  常见水化物相的 TG-DTG 曲线

TG-DTG 曲线可以定性识别水泥石中的物相，定量测定水化试样中各种形式水的量及 CH 的含量。

图 11-3 是典型水泥水化试样的 TG-DTG 曲线。水泥石的 TGA、DTG 曲线可以分为两部分，代表两类反应。室温～300℃为第一个阶段，C-S-H、水化铝酸钙、AFm 相等水化产物失水分解。这个阶段，TG 曲线上可能出现几个失重台阶，DTG 曲线上相应的峰会相互重叠。第二个阶段，氢氧化钙（350～550℃）及碳酸盐分解（＞600℃）。需要指出的是 C-S-H 分解可在整个测试的温度范围内进行，因此水化试样的 TG 曲线不会出现明显的水平段。表 11-1 为水化试样中可能存在的物相的热分解范围。

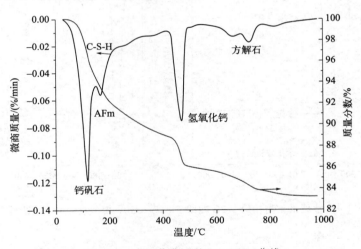

图 11-3  水泥浆典型的 TG-DTG 曲线

表 11-1  水化物相分解温度范围[3]

| 物相 | 温度范围 |
| --- | --- |
| ettringite | 100～150℃ |
| hemicarboaluminate，monocarbonate | 150～180℃ |
| monosulfate，$C_2ASH_8$ | 180～200℃ |
| hemicarbonate，monocarbonate | 250～280℃ |
| hydrogarnet | 290～310℃ |

| 物相 | 温度范围 |
|---|---|
| portlandite | 350～550℃ |
| calcite，hemicarbonate，monocarbonate | 700～800℃ |

注：ettringite 为钙矾石，hemicarboaluminate 为半碳型水化铝酸钙，monocarbonate 为单碳型水化铝酸钙，monosulfate 为单硫型水化硫铝酸钙，$C_2ASH_8$ 为水化钙铝黄长石，hydrogarnet 为水化石榴子石，portlandite 为氢氧化钙，calcite 为方解石。

由表 11-1 可知，在第一个阶段，各水化物相的分解温度接近，甚至有重叠，因此很难仅根据 TG-DTG 曲线对物相进行定性和定量分析，而是要和 XRD 技术结合，二者互为补充。第二个阶段主要是 CH 和碳酸钙的分解。氢氧化钙分解峰明显，也很容易与其它物相的峰区分开来，因此 TGA 是较准确地测定水化试样中 CH 含量的方法之一。

图 11-4 是常见纯水化产物的 DTG 曲线，根据这些物相的 DTG 曲线可以对水化试样中可能存在的物相进行鉴别。由于实验条件如试样量、升温速率、气氛等参数均影响 DTG 曲线上的峰的起始温度和结束温度，因此利用 TGA 进行定性分析时要注意实验条件，以免得出错误的结论。

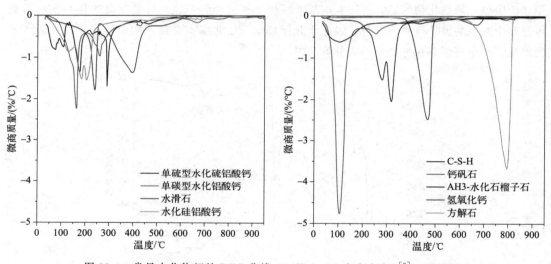

图 11-4  常见水化物相的 DTG 曲线（10℃/min，氮气气氛）[3]（见彩图）

## 11.6.2  定量分析

### 11.6.2.1  化学结合水、非蒸发水量

水泥水化实际就是各种熟料矿物和活性成分在水化过程与水反应，把自由水以不同形态固定到不同的水化产物中。而在热分析过程中，这些水化产物分解，把固定的水重新释放出来。如果忽略未水化试样本身的烧失量，热重分析中质量损失就是被结合水的总量。

在介绍 TG 法定量测试水化浆体中化学结合水、非蒸发水量之前，需要明确化学结合水、非蒸发水的概念。Powers[4] 等提出水泥石浆体的结构模型中，认为硬化浆体由水化产物、毛细孔水及未水化水泥三部分组成，而水化产物中又包括化学结合水（chemical combined water

或 bond water）。H. F. W. Taylor[5] 认为化学结合水是存在于层间孔隙、更加牢固结合的水，但不包括比层间孔大的孔隙中的水分。化学结合水包括非蒸发水，AFt、AFm 结构中的水以及部分 C-S-H 层间孔中的水。非蒸发水为经过 D-干燥（或相当干燥程序）后仍然保留在硬化浆体中的水。所谓 D-干燥方法即试样在连续抽真空的情况下，与 $-79℃$ 干冰-乙醇混合物达到平衡的干燥方法。经过 D-干燥后大部分存在于 C-S-H 凝胶、AFm 相及水滑石类型物相的层间结构中的水，以及大部分存在于 AFt 晶体结构中的化学结合水被脱出，而仍然保留在水化产物结构中的水则为非蒸发水[6,7]。硅酸盐水泥完全水化的非蒸发水量为恒定值，约为 $23\%$，因此非蒸发水量通常用来估算水泥的水化程度。

化学结合水的测定方法：①相对湿度 $11\%$ 下试样达到平衡时保留在浆体中的水；②经有机溶剂浸泡的试样，真空泵连续抽真空 1h 后，保留在浆体中的水分。利用 TG 法测定化学结合水量时，一般认为从室温开始至 CH 分解结束后的质量变化量即为化学结合水量。如果试样没有明显的碳化，或者试样初始组成中没有碳酸钙组分（如石灰石粉），也可以取整个实验温度范围内的质量损失为化学结合水量。计算化学结合水量时，需要注明计算所取的温度范围。

非蒸发水量测试方法：在实践中往往采用与 D-干燥相当的干燥方法测定非蒸发水量。其一是灼烧法，即将试样在 105℃、无 $CO_2$、湿度不控制的条件下干燥至恒重，经 105℃ 干燥的试样于 950℃ 下灼烧至恒重，测得试样的烧失量，校正干基物料在相同灼烧温度下的烧失量，换算成单位质量干基物料的烧失量即得非蒸发水量 $W_n$。

在典型的试验条件（干燥、无 $CO_2$ 的 $N_2$ 流中，升温速度 10℃/min）下，在 TG 曲线上温度为 145℃ 以上的质量损失占干基物料的质量分数近似等于非蒸发水量[5]。

也可以根据实际需要进行实验时的参数设定，下面是根据实验参数计算非蒸发水量和水化程度的例子。水化程度可以通过热重分析（TGA）法测量浆体的质量损失来计算（Perkin Elmer）。50mg 磨细样品以下面的升温方式加热：①在 28℃ 下放置 10 分钟；②以 5℃/min 的速度加热至 105℃；③保持 30min；④以 5℃/min 的速度加热到 1000℃。为了保证样品不受污染，在实验过程中以 20mL/min 的速度持续通高纯度的干燥氮气。

$W_n$ 是水化样品的质量损失，通过以下公式得到

$$W_n = \frac{W_{105℃} - W_{1000℃}}{W_{1000℃}} \tag{11-1}$$

式中，$W_T$ 表示在温度 $T$ 时的分级质量损失。非蒸发水的质量分数 $n$，是通过其组成使用列表系数计算得到的，Class H 水泥和白色硅酸盐水泥是 0.23，Ⅰ型水泥是 0.25[8]。

水化程度 $\alpha$ 使用下式计算[5,9,10]：

$$\alpha = \frac{W_n}{n} - LOI \tag{11-2}$$

式中，$n$ 表示完全水化水泥浆体中非蒸发水的质量分数，LOI（烧失量）表示未水化水泥的质量损失。

通过式(11-1)和式(11-2)可知，从 105℃ 至 1000℃ 的质量损失被用来计算水化程度。如果样品因暴露在空气中碳化，计算水化程度的质量损失必须考虑到 $CaCO_3$ 和 $Ca(OH)_2$ 的分子量。但当样品已经进行溶剂置换后，此修正也就变得不可信，因为碳化物对质量损失的性质是未知的。

### 11.6.2.2 CH 含量及碳化校正

用化学法分析 CH 含量时，往往会因为同时检出 f-CaO，使结果偏大，而应用 TG 法测定 CH，具有较高的精度。应用 TG 法测试 CH 含量是用 CH 热分解的化学反应式来计算的。图 11-5 是偏高岭土掺量为 10%、水胶比为 0.4 的水泥浆在 90 d 时的 TG-DTG 曲线。由图 11-5 的 DTG 曲线可知，CH 的分解从 380℃ 开始，到 500℃ 结束，TG 曲线上对应的失重 (4.24%) 即由 CH 脱水导致。根据 CH 和水的分子量可知，1 质量分数的 CH 分解释放 0.243 质量分数的 $H_2O$，由此可知分解的 CH 的量为 4.24/0.243＝17.4（%），即浆体中 CH 的含量为 17.4%。由 DTG 曲线可知，试样没有明显的碳酸钙分解的峰，取 800℃ 时总失重 (100%－78.8%) 为化学结合水量，即水泥浆中化学结合水量为 21.2%。还可以将浆体中 CH 的量换算成以未水化的胶凝材料为基准的量，即 17.4/0.788＝22.1（%），其意义为 1 质量分数胶凝材料经过 90d 水化，产生了 0.22 质量分数的 CH。由于 CH 是水泥水化产生的，因此还可以进一步换算成单位质量水泥水化所形成的 CH 的量 0.22/(1－0.1)＝0.24。

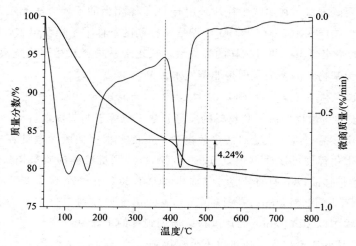

图 11-5　掺 10% 偏高岭土的水泥浆体 TG-DTG 曲线 （90d，w/c＝0.4）

如果初始胶凝体系中未含有碳酸钙，但 TG-DTG 曲线上出现了明显的 $CaCO_3$ 分解峰，表明试样在制备、储存期间产生了碳化。此时，需要计算出分解的 $CaCO_3$，根据 $CaCO_3$ 和 $Ca(OH)_2$ 的分子量对 CH 的量进行校正。具体计算方法可以参考文献 [11]。但当样品采用有机溶剂进行置换干燥处理时，此修正也就变得不可信。因为用有机溶剂进行置换处理时，有机溶剂可能与 AFt、AFm 相反应，吸附于 C-S-H 中，甚至与 C-S-H 反应形成碳酸盐[1]，此时化合物对质量损失的性质是未知的。

### 11.6.3　试样处理对 TGA 结果的影响

水泥基材料的 TGA 结果对试样的水化终止及干燥方式很敏感，即试样水化终止和干燥的方式对 TGA 实验结果的影响显著。水化试样进行 TG 分析前首先进行的处理就是终止水化和进行干燥。11.3 节已介绍水化试样不同终止水化及干燥的方式及可能的影响。图 11-6 对比了未干燥、冷冻干燥以及不同溶剂置换法对 TGA 及 DTG 曲线的影响。由图 11-6 中的 TG 曲线可知，溶剂置换法对试样的总失重量影响显著，但在 600℃ 前，各 TGA 曲线基本一致。未干燥和冷冻干燥处理的试样 600℃ 以后的 TG 曲线基本趋于水平。而溶剂置换法处理的试样在 500℃ 后仍然有失重。这是因为有机溶剂和水化产物之间产生化学反应，从而导致水化产物组成的改变，或者有机溶剂未完全从样品中挥发出来所致[1]。DTG 曲线更加清晰地反映了有机溶剂的影响。有机溶剂处理过试样的 DTG 曲线上除在 600～700℃ 出现碳酸钙的峰外，在 800～1000℃ 之间也出现了一个未知的分解峰。在这种情况下，计算化学结合水量时，取 CH 分解结束后的质量变化量为化学结合水量即可。

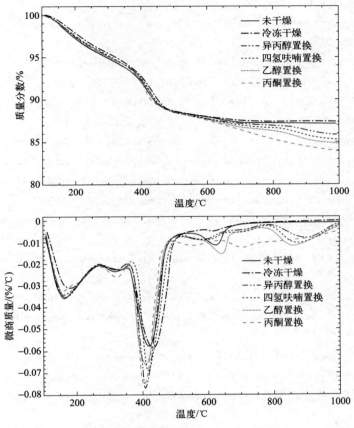

图 11-6　不同试样处理方式对 TG-DTG 曲线的影响（Class H 水泥，w/c＝0.38，113d）[1]（见彩图）

# 11.7　小结

　　TGA 通过高灵敏度天平监测样品在加热过程中质量的变化情况，具有测试速度快、重复性好等优点。但对于复杂的水泥浆体体系，TGA 难以区分分解温度区间相同或重叠的物相（如 AFm 相和 C-S-H 相）。TGA 实验时所采用的试样量少，不能用于砂浆试样，否则砂的引入会导致很大的实验误差。另外，TGA 实验结果对水化终止方式和干燥处理方式十分敏感，因此在数据分析时要考虑试样干燥方式和水化终止方式的影响。合理地处理 TGA 数据可以较准确地获得 CH 含量和化学结合水量。TGA 与其它分析和表征方法相结合，可得到更加有用的信息。

# 参考文献

[1] Zhang J，Scherer G W. Comparison of methods for arresting hydration of cement. Cement and Concrete Research，2011，41：1024-1036.

[2] Day R. L. Reactions between methanol and Portland cement paste. Cement and Concrete Research，1981，11：341-349.

[3] Durdziński P T. Hydration of multi-component cements containing cement clinker，slag，calcareous fly ash and limestone. Water Resources Research，2016：1-197.

[4] Powers T C，Copeland L E，Hayes J S. Permeability of portland cement paste. Journal of ACI Process，1954，51：285-298.

[5] Taylor H F W. Cement chemistry. London：Thomas Telford Publishing 1 Heron Quay，1997.

[6] Korpa A，Trettin R. The influence of different drying methods on cement paste microstructures as reflected by gas adsorption：comparison between freezedrying（F-drying），D-drying，P-drying and oven-drying methods. Cement and Concrete Research，2006，36：634-649.

[7] Zhang L，Glasser F P. Critical examination of drying damage to cement pastes. Advances in Cement Research，2000，12：79-88.

[8] Bentz D P，Lura P，Roberts J W. Mixture proportioning for internal curing. Concrete International，2005，27：35-40.

[9] Mounanga P，Khelidj A，Ahmed L，et al. Predicting $Ca(OH)_2$ content and chemical shrinkage of hydrating cement pastes using analytical approach. Cement and Concrete Research，2004，34：255-265.

[10] CVCCTL. Technical note VCCTL-01：estimation of the degree of hydration of Portland cement by determination of the non-evaporable water. VCCTL Tech Note，2009.

[11] 廉慧珍，童良，陈恩义. 建筑材料物相研究基础 [M]. 北京：清华大学出版社，1996.

# 水泥基材料纳米压痕测试

## 12.1 引言

纳米压痕技术是表征材料微观力学性能的一种重要的测试手段，被广泛应用于材料弹性模量、硬度、断裂韧性、摩擦性能等各种力学性能的测量。它具有高精度、高分辨率、无损等特点。自 2001 年首次应用于水泥基材料分析[1]，Oliver 等人发展了较为成熟的计算方法，通过纳米压痕载荷-深度曲线获得材料硬度以及弹性模量[2]；Constantinides 和 Ulm 等人建立了点阵测试和统计学分析方法，用以解析水泥基材料微观各相的力学参数[3-5]。纳米压痕技术经过多年发展已经成为水泥基材料研究领域中重要的研究手段之一，近些年随着测试技术的进步与发展，逐渐形成与扫描电子显微镜以及 X 射线计算机断层扫描联用分析技术。与此同时，实现了从过去的水泥基材料微观力学性能定性表征向物相精准判定的 C-S-H 微观力学性能定量表征的转变，建立了微结构表征与微观力学性能之间的联系。近年来，纳米压痕技术已经被成熟应用到水泥基材料研究中，如水泥水化微观物相力学性能、孔结构的表征、界面过渡区分析、断裂韧性测量。本章重点介绍纳米压痕技术的测试原理、样品制备、测试过程与结果处理，以及在水泥基材料中的典型应用。

## 12.2 测试方法及原理

### 12.2.1 压痕测试基本原理

纳米压痕技术又称深度敏感压痕技术，它通过计算机控制载荷连续变化，并实时监测压入深度变化，其压入深度一般在微纳米尺度。纳米压痕的工作原理如图 12-1(a) 所示，是将一个非常锋利的压头压入材料表面，通过测量作用在压头上的载荷、压入样品表面的深度来获得压痕载荷-深度（p-h）曲线。一个完整的压痕测试过程包括两个阶段，即加载阶段与卸载阶段。在加载阶段，给压头施加载荷，使之压入样品表面，随着载荷的增大，压头压入样品的深度也随之增加，当载荷达到最大值时，移除外载，样品表面会存在残留的压痕。一般情况下为消除材料徐变影响，在测试过程中通常会设置保载阶段。图 12-1(b) 为典型的 C-S-H

纳米压痕载荷-深度（$p$-$h$）曲线，从载荷-深度曲线弹性卸载阶段的初始斜率可获得材料的两个重要力学参数，分别为硬度 $H$ 和压痕模量 $M$。通过图 12-1(c) 深度增量-时间（$\Delta h$-$t$）徐变曲线，可以获得材料的徐变模量 $C$。

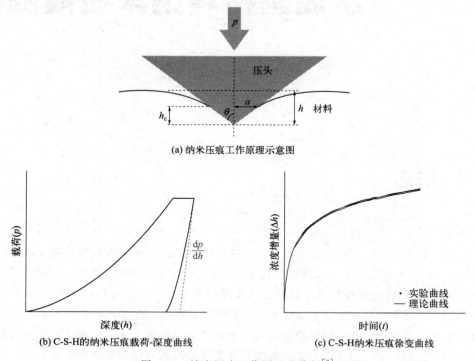

(a) 纳米压痕工作原理示意图

(b) C-S-H的纳米压痕载荷-深度曲线　　　　　(c) C-S-H纳米压痕徐变曲线

图 12-1　纳米压痕工作原理及分析[6]

被测材料的硬度 $H$ 可以通过最大荷载 $F_{max}$ 和投影接触面积 $A_c$ 的比值得到[7]。

$$H = \frac{F_{max}}{A_c} \tag{12-1}$$

对于特定几何形状的压头，投影接触面积为接触深度 $h_c$ 的函数。对于理想的 Berkovich 压头，面积函数为：

$$A_c = 24.5h_c^2 \tag{12-2}$$

测试得到的材料压痕模量 $M$（也可叫作材料折损模量 $E_r$）与材料弹性模量 $E$ 和泊松比（$v$）有关[2,8]：

$$E_r = \frac{\sqrt{\pi}}{2\beta\sqrt{A_c}}S \tag{12-3}$$

$$\frac{1}{M} = \frac{1-v^2}{E} + \frac{1-v_{tip}^2}{E_{tip}} \tag{12-4}$$

式中，$S$ 为接触刚度，可通过纳米压痕实验卸载阶段初始点的斜率计算；$E_{tip}$ 和 $v_{tip}$ 分别为压头的弹性模量和泊松比（对于金刚石压头，$E_{tip} = 1141\text{GPa}$，$v_{tip} = 0.07$）。测试得到的材料硬度（$H$）与材料屈服强度（$Y$）有关，而硬度与屈服强度之比（$H/Y$）则取决于材料类型和属性。此外，当图 12-1(b) 中最大载荷持续时间延长时，由于材料徐变，压痕深度 $h$ 持续增加，压痕深度的增加量记录为时间 $t$ 的函数，如图 12-1(c) 所示。该徐变过程可使用对数方程描述：

$$\Delta h(t) = x_1 \ln(x_2 t + 1) + x_3 t + x_4 \qquad (12-5)$$

其中 $x_1$，$x_2$，$x_3$，$x_4$ 等常数可通过拟合图 12-1(c) 所示的徐变曲线获得。徐变模量 $C$ 的定义为恒定荷载下深度的增加比例，即 $C = (h - h_0)/h_0$，因此从图 12-1(c) 可获得徐变模量：

$$C = \left( \frac{p}{2x_1 \sqrt{A/\pi}} \right) \Bigg|_{h = h_{\max}} \qquad (12-6)$$

## 12. 2. 2 划痕测试基本原理

微米划痕的工作原理如图 12-2 所示。微米划痕测试通常采用 spherical conical 压头，当压头在材料表面做划痕测试时，材料受到竖直方向作用力 $F_V$ 以及水平方向作用力 $F_T$ 的作用，由水平方向作用力 $F_T$ 以及竖直方向作用力 $F_V$ 的比值可以计算材料的表面摩擦系数。根据线弹性断裂力学理论，材料断裂韧性 $K_c$ 可由材料发生破坏断裂时的能量释放速率计算得到[9-11]。

$$K_c = \frac{F_T}{\sqrt{2pA}} \qquad (12-7)$$

$$f = 2p(d)A(d) \qquad (12-8)$$

$$f(d) = 4 \frac{\sin\theta}{(\cos\theta)^2} d^3 \qquad (12-9)$$

式中，$F_T$ 为水平方向作用力；$A$ 为接触面的投影面积；$d$ 为压入深度；$p$ 为接触面的周长；$f$ 为压头的形状函数；$\theta$ 为划痕压头的半顶角。对于特定的划痕压头，$f$ 仅与 $d$ 有关，因此断裂韧性 $K_c$ 值只与 $F_T$ 和 $d$ 有关。

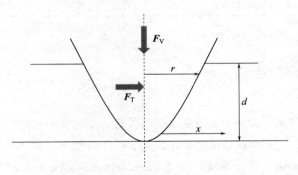

图 12-2　微米划痕实验示意图[12]

## 12. 2. 3 压头的类型

纳米压痕测试系统常用的几种压头大致可以分为以下几种类型（如图 12-3 所示）：Berkovich 型压头、Vickers 型压头、立方角型压头、锥形压头、球形压头[13-15]。针对不同的压头形状特征，其形状特征参数及其具备的测试功能通常也不同。表 12-1 列出了各种压头的特征参数以及所适用的测试类型。

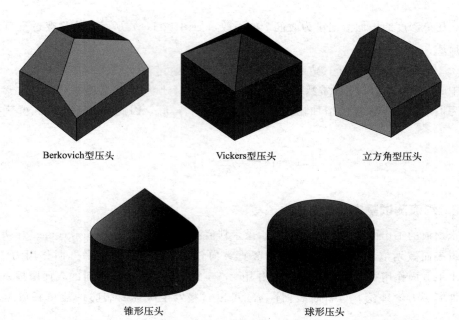

Berkovich型压头　　　　Vickers型压头　　　　立方角型压头

锥形压头　　　　　　　球形压头

图 12-3　几种常见的压头示意图[16]

表 12-1　各种压头的投影面积、半顶角、截距系数、几何修正因子及测试类型

| 压头类型 | 投影面积 | 半顶角 | 截距系数 | 几何修正因子 | 测试类型 |
|---|---|---|---|---|---|
| 球形 | $A \approx 2\pi R h_c$ | N/A | 0.75 | 1 | 划痕 |
| Berkovich 型 | $A = 3\sqrt{3}\,h_c^2\tan2\theta$ | 65.27 | 0.75 | 1.034 | 压痕、划痕 |
| Vickers 型 | $A = 4h_c^2\tan2\theta$ | 68 | 0.75 | 1.012 | 压痕 |
| 立方角 | $A = 3\sqrt{3}\,h_c^2\tan2\theta$ | 35.26 | 0.75 | 1.034 | 压痕、划痕 |
| 锥形 | $A = \pi h_c^2\tan2\alpha$ | $\alpha$ | 0.75 | 1 | 划痕 |

# 12.3　样品制备

获得平整光滑的样品表面是纳米压痕测试的关键，水泥样品在进行纳米压痕测试之前均需经过打磨抛光处理。对于体积较小的水泥试块，可以直接进行树脂封装处理；若水泥试块的体积较大，建议从试块中间切割成 5mm×5mm×3mm 样品试块，然后进行树脂封装。树脂封装应该在抽真空的干燥器中进行，避免封装过程中产生气泡，等待树脂完全硬化后再进行抛光。抛光分为粗磨和精抛两个过程。粗磨阶段依次用 240 目、400 目、600 目、800 目、1200 目、2400 目、4000 目的砂纸分别打磨 5～10min，精抛阶段依次用 3μm、1μm、0.25μm、0.05μm 金刚石悬浮液分别抛光 30min。每个样品实际抛光时间根据样品自身条件而定，建议在精抛阶段，尽量延长抛光时间以获得较好的样品表面。在切换不同种抛光砂纸或抛光液之前，应该及时清洗样品表面，清除抛光过程中表面产生的碎屑，抛光过程中一般选择煤油作为冷却液。样品制备过程中需要用到的设备如图 12-4 所示。样品抛光完成后在进

行纳米压痕实验之前应该使用原子力显微镜（AFM）探针或者扫描显微镜探针（SPM）扫描样品的表面形貌，以获得样品的表面粗糙度信息。对于抛光较好的样品表面，在纳米压痕测试完成后用光学显微镜以及扫描电子显微镜可以清晰观察到压痕点，并且可以有效区分水化产物与未水化的水泥颗粒这两种物相，如图 12-5 所示。

(a) 金刚石切割机

(b) 真空干燥器

(c) 抛光机

图 12-4　纳米压痕测试制样过程中所需仪器

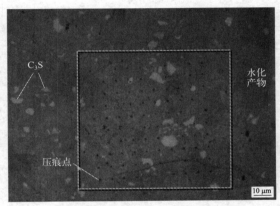
(a) 抛光样品表面光学显微镜图像

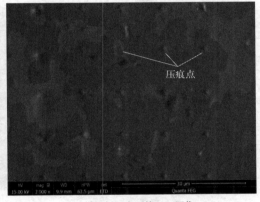
(b) 抛光样品表面的SEM图像

图 12-5　抛光良好的样品表面[17]

# 12.4　测试过程及注意事项

## 12.4.1　仪器的校准

样品在测试之前应该进行校准，主要包括以下校准：①空压校准（air indent）包括压痕轴和划痕轴校准两部分。由于温度、湿度或探针质量变化引起传感器性能变化，所以每次开机实验前需要进行一次空压校准。②针尖-光镜相对位置校准（H-pattern），如果任何有关探针或光学系统硬件组件发生了变化，就需要执行该校准工作。包括：扫描仪被卸载或更改；传感器被移动或更换；纳米压痕探针被移动或更换；任何光学摄像系统的硬件被调整或改变。③机器柔度校准（machine compliance calibration），深度传感器测得的位移是压入样品压痕深度和测量仪器相关位移的总和，也称为机器柔度。针对相应系统机器柔度的测量是十分重要的，特别是在大的载荷时，该系统的机器柔度可能会显著影响总的位移量。

### 12.4.2 样品测试

图 12-6 显示了样品测试过程的流程，需要注意的是：样品固定过程中，当载物台同时放置多个不同高度样品时，应该将较高的样品放置在靠近光学显微镜的位置，避免探针在移动过程中与其它样品发生碰撞，导致探针/扫描仪/传感器等重要仪器构件的损坏。光学聚焦的目的是通过移动载物台对样品进行聚焦以获得样品表面的清晰光学图像。在执行测试操作前需要创建测试边界以定义测试区域范围，快速接触是执行测试前对样品进行一次定高，若未执行此步骤，将会导致测试时间延长。

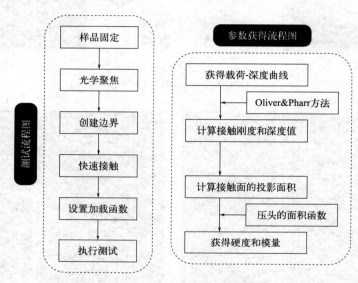

图 12-6　样品测试及力学参数获得过程

# 12.5 数据的采集和结果处理

在本节主要介绍几种常见的测试数据采集以及处理方法，主要包括：压痕曲线分析、SPM 原位成像测试分析、划痕测试分析。

### 12.5.1 压痕曲线分析

在分析纳米压痕数据之前，需要对压痕曲线的有效性进行判定，一些无效的不规则压痕曲线在分析之前应该删除，主要分为以下几类：

（1）如果压痕曲线在开始阶段出现载荷增长缓慢，而位移急剧增加现象，这有可能是样品表面或者探针表面被污染导致的，需要对样品或探针进行清洗。

（2）如果压痕曲线出现不正常的（过大）漂移率，这有可能是由于在测试过程中，保载时间设置不合理造成的，建议缩短保载时间以消除漂移率对测试结果的影响。

（3）如果测试样品存在明显的徐变行为，这有可能是由于在测试过程中，未设置保载阶段，或保载时间设置过短造成的，建议适当延长保载时间以消除样品徐变对测试结果的影响。

（4）如果压痕曲线存在曲线不连续或者明显的曲线断裂现象，这有可能是由于测试区域发生断裂破坏或者存在明显的结构缺陷所致，建议重新选择测试区域。

在对压痕曲线进行筛选之后，利用分析软件设置正确的面积函数参数进行拟合，即可得到材料压痕模量（$M$）以及硬度（$H$）的值。

## 12.5.2　SPM 原位成像测试分析

相比于从光学位置测试，从原位成像位置开始测试时，漂移率更低和速度更快。因此在原位成像位置开始进行测试的结果会比光学位置测试结果更加准确。其原位成像测试分析模块（图 12-7）可以实时显示测试区域的 3D 形貌图，通过 SPM 分析模块不仅可以获得图片中任意截面线段高度信息，而且可以获得样品测试区域的相关信息，包括样品的扫描区域面积，以及样品表面粗糙度信息等。

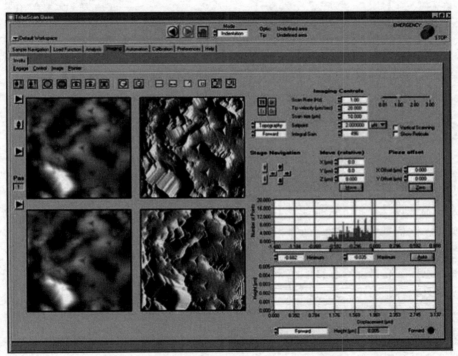

图 12-7　原位成像力学测试模块界面（见彩图）

## 12.5.3　划痕测试分析

划痕测试一般用来表征材料的摩擦系数以及计算材料的断裂韧性。划痕分析模块通常如图 12-8 所示，四幅图分别为法向力、法向位移、侧向力和侧向位移随时间的变化曲线。在分析划痕测试数据时需要注意的是：由于样品在固定过程中自身可能存在一定的倾斜，因此需要对划痕测试获得的数据进行倾斜校正，完成校正之后通过分析模块中摩擦分析即可获取材料的摩擦系数。

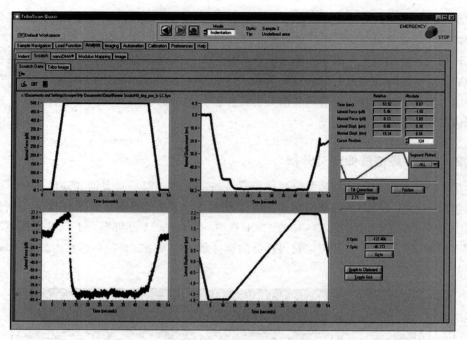

图 12-8　划痕测试分析模块

# 12.6　结果的解释和应用

### 12.6.1　纳米压痕统计学分析方法

纳米压痕统计学分析方法是基于多相材料微观力学性能近似于正态分布或者高斯分布这一基本假设。水泥基材料是典型的多相复合材料，包含的物相有未水化水泥颗粒、氢氧化钙（CH）、C-S-H 以及孔结构。C-S-H 由于生成位置或者堆积密度的不同可分为内部 C-S-H 和外部 C-S-H（也称为高密度 C-S-H 和低密度 C-S-H）。在水泥基材料中各种物相弹性模量从低到高依次为孔结构、C-S-H、氢氧化钙、未水化水泥颗粒。采用纳米压痕在水泥基材料样品表面开展大量随机微观力学实验，在此基础上通过纳米压痕统计学分析方法从而获得各个物相的微观力学参数。

如果水泥基材料包含 $n$ 个物相，各物相体积分数分别为 $f_j(j=1, \cdots, n)$，物相体积分数之和满足 $\sum\limits_{j=1}^{n} f_j = 1$。完成大量（$N$）随机微观力学实验后，第 $i$ 次纳米压痕测试（$i=1, \cdots, N$）获得的微观力学参数为 $\boldsymbol{x}_i = (M_i, H_i, C_i)$，其对应物相 $j$ 的平均微观力学参数为 $\boldsymbol{\mu}_j = (\overline{M}_j, \overline{H}_j, \overline{C}_j)$。那么所有微观力学数据（$\boldsymbol{x}$）的理论概率分布（PDF）为：

$$\text{PDF}(\boldsymbol{x}) = \sum_{j=1}^{n} \frac{f_j}{\sqrt{\det(2\pi\sigma_j)}} \exp\left[-\frac{1}{2}(\boldsymbol{x}-\boldsymbol{\mu}_j)\boldsymbol{\sigma}_j^{-1}(\boldsymbol{x}-\boldsymbol{\mu}_j)\right] \tag{12-10}$$

式中，$\sigma_j$ 为物相 $j$ 微观力学参数的方差矩阵。采用高阶的统计学分析方法可获得各物相的微观力学参数，进而将各个物相的微观力学参数进行区分，如图 12-9 所示。

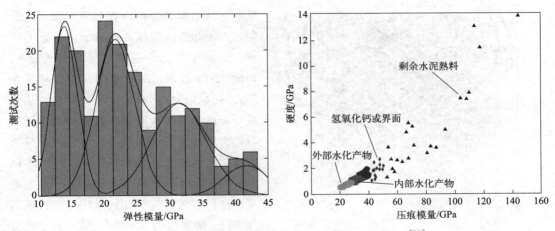

图 12-9　水泥基材料各物相微观力学性能统计学分析[18]

## 12.6.2　基于物相精准判定的分析方法

仅仅采用纳米压痕统计学分析方法分析水泥基材料各物相的微观力学参数时其得到的结果通常存在一定的离散性，且可靠性缺乏验证。利用高分辨率的光学显微镜或者电子显微镜可以对水泥基材料中的物相进行准确区分。其中利用扫描电子显微镜中背散射成像可以对水泥基材料中各物相进行精准的判别。由于背散射电子的成像衬度与样品微区化学组成及形貌有关，而对于经过抛光后表面平整的样品，背散射电子图像（BSE）衬度仅与测试微区物相的平均原子序数有关。样品表面平均原子序数较高的区域，产生较强的背散射电子信号，在背散射电子图像中呈现较亮的灰度。在水泥基材料中，各物相在背散射电子图像中呈现的灰度值由高到低依次为未水化水泥颗粒、氢氧化钙（CH）、C-S-H 以及孔结构。通过在纳米压痕测试区域进行背散射成像，即可实现对纳米压痕测试区域物相的精准区分，从而可靠准确地获得水泥基材料各物相的微观力学参数，如图 12-10 所示。

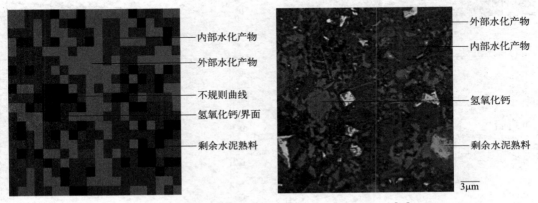

图 12-10　基于物相精准判定的水泥基材料微观力学性能分析[18]（见彩图）

## 12.6.3　性能-化学-结构耦合分析方法

纳米压痕技术与 SEM-EDX 联用还可以用来解析水泥基材料中各物相的微观性能与其化

第 12 章　水泥基材料纳米压痕测试

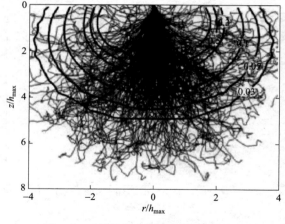

图 12-11　纳米压痕测试影响区域范围
（黑线）及电子作用范围（蓝线）[19]（见彩图）

学组分及结构之间的内在联系。如通过有限元方法分析纳米压痕测试的力学影响区域，SEM 中选择合适的电压等测试条件，如图 12-11 所示，进而通过 X 射线能量色散光谱仪（EDX）对水泥基材料进行化学成分分析以实现水泥基材料微观力学测试与化学组分分析的匹配。通过该耦合分析方法发现水泥浆体中内部 C-S-H 和外部 C-S-H 并非为单一物相，通常情况下夹杂着其它物相，例如氢氧化钙（CH）、钙矾石（ETT）、硫铝酸钙（MON）等，其中主要夹杂的物相为氢氧化钙。通过 SEM-EDX 测试分析得到 S、Al、Fe 等元素在 C-S-H

中的分布情况，如图 12-12 所示，即可获得对应不同化学组成的 C-S-H 的微观力学参数。通过此研究方法还可以研究不同 Ca/Si 比条件下 C-S-H 凝胶微观力学性能、Al 相掺杂 C-S-H 凝胶微观力学性能的影响规律，以及不同矿物掺和料对水泥基材料的微观力学性能的影响。

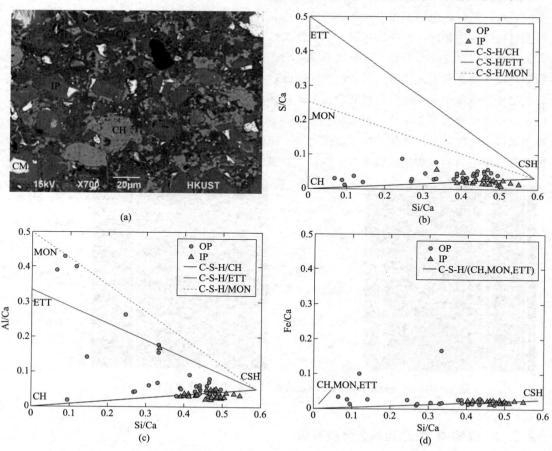

图 12-12　C-S-H 的 SEM 图像（a）与 EDX 元素分析结果（c）～（d）（水泥净浆，水灰比＝0.4）[20]

现代水泥基材料测试分析方法

### 12.6.4 水泥基材料的断裂韧性表征

#### （1）压痕法

水泥基材料的损伤破坏大多起始于脆性开裂，因此水泥基材料的断裂性能是一项基础力学参数。利用压痕试验同时也可以用来测量水泥基材料的断裂韧性。基于荷载-压入深度曲线计算材料断裂韧性的方法主要有分析法和能量法两类[21]。分析法主要包括：直接法模型与间接法模型以及裂纹口张开位移模型[22-23]。直接法模型是通过测量压入到一定深度的压痕表面产生的裂缝长度来计算材料的断裂韧度；而间接法模型则用于测量水泥基材料在压入过程中并不产生表面可观测裂纹；裂纹口张开位移模型是基于压入试验和裂纹口张开位移计算水泥基材料断裂韧性的方法。能量法则是通过将压痕加载过程中总能量分为弹性能和不可逆能（如图 12-13 所示），不可逆能量可进一步分解为塑性能和开裂所产生的断裂能，通过分解出来的断裂能计算能量释放速率，最后推算出水泥基材料的断裂韧性[21]。

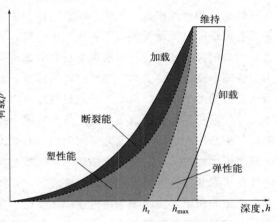

图 12-13　压痕法测量水泥基材料断裂韧性

#### （2）划痕法

划痕测试水泥基材料的断裂韧性是基于线弹性断裂理论，最先由 Ulm 等人提出[24-26]，并利用划痕实验测量早期水泥浆体的断裂韧性[27]。通过划痕测试得到 $F_T/(2pA)^{1/2}$ 与 $d/R$ 曲线，在 $d$ 值足够大时 $F_T/(2pA)^{1/2}$ 逐渐趋近于某一个特定的常数，此时的值代表水泥浆体整体断裂韧性。通过划痕测试可以获得大量连续性的数据，此外通过划痕测试获得断裂韧性曲线的形状以及结合背散射图像分析可以定量表征水泥浆体微观各相的断裂韧性（如图 12-14

(a) 水泥浆体划痕轨迹背散射图像

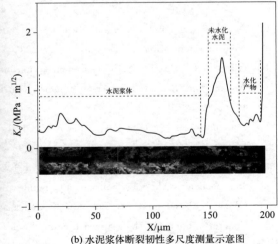

(b) 水泥浆体断裂韧性多尺度测量示意图

图 12-14　划痕法测量水泥基材料断裂韧性[12]

所示）。此外利用划痕测试通过设置一定加载方式可以实现水泥基材料不同尺度上断裂韧性的测量，从而可以有效建立微观各相与水泥浆体整体断裂韧性之间的联系。

# 12.7 小结

纳米压痕技术是表征材料微观力学性能的一种重要的测试手段。它能很好地表征材料的各项性能，如弹性模量、硬度、断裂韧性、摩擦性能等各种力学性能，其在精度和分辨率方面具有传统的显微硬度测试不可比拟的优势，大量研究都表明，纳米压痕技术是一项非常有实际意义的测试技术，并在水泥基材料测试与分析中得到广泛的应用，如水泥水化微观物相力学性能、孔结构的表征、界面过渡区分析、断裂韧性测量。纳米压痕测试技术在微观尺度表征材料的力学性能，从而为建立材料微观力学性能与微观结构之间的联系提供了重要的技术支撑。近些年随着测试技术的进步与发展，逐渐形成与扫描电子显微镜以及 X 射线计算机断层扫描联用分析技术，因此更加全面、有效地应用到水泥基材料测试分析中。然而，纳米压痕测试也存在一定的缺陷。例如纳米压痕在测量时为保证采集数据具有一定的代表性通常需要在水泥基材料表面进行大量的压痕测试，测量周期比较长，并且由于每个压痕点之间总存在一定的间距，因此无法获得连续性数据。在测量水泥基材料断裂韧性时仅通过纳米压痕测试无法有效建立微观各相与整个水泥浆体断裂韧性之间的联系，而划痕测试通过设置一定加载方式可以实现不同尺度上断裂韧性的测量，从而可以有效建立微观各相与水泥浆体整体断裂韧性之间的联系。纳米压痕测试对样品的表面条件要求非常严格，因此在进行纳米压痕实验之前，材料需要进行一定抛光处理，并对表面粗糙度进行相关的表征，确保纳米压痕实验数据的有效性。

# 参考文献

［1］ Acker P，Ulm F J. Creep and shrinkage of concrete：physical origins and practical measurements. Nuclear Engineering and Design，2001，203：143-158.

［2］ Oliver W C，Pharr G M. Measurement of hardness and elastic modulus by instrumented indentation：Advances in understanding and refinements to methodology. Journal of Materials Research，2004，19：3-20.

［3］ Constantinides G，Ulm F J，Vliet K V. On the use of nanoindentation for cementitious materials. Materials and Structures，2003，36：191-196.

［4］ Constantinides G，Chandran K S R，Ulm F J. Grid indentation analysis of composite microstructure and mechanics. Materials Science and Engineering A，2006，430：189-202.

［5］ Ulm F J，Vandamme M，Bobko C. Statistical indentation techniques for hydrated nanocomposites：Concrete，bone and shale. Journal of the American Ceramic Society，2007，90：2677-2692.

［6］ 胡传林，李宗津，王发洲. 混凝土微观力学基础研究进展及应用展望. 工程力学，2021，38：1-7＋92.

［7］ Pharr G M. An improved technique for determining hardness and elastic modulus using load and displacement sensing indentation experiments. Journal of Materials Research，1992，7：1564-1583.

［8］ Doerner M F，Nix W D. A method for interpreting the data from depth-sensing indentation instruments. Journal of Materials Research，1986，1：601-609.

［9］ Pelisser F，Gleize P J P，Mikowski A. Effect of the Ca/Si molar ratio on the micro/nanomechanical properties of synthetic C-S-H measured by nanoindentation. Journal of Physical Chemistry C，2012，116：17219-17227.

［10］ Constantinides G，Ulm F J. The nanogranular nature of C-S-H. Journal of the Mechanics and Physics of Solids，2007，55：64-90.

［11］ Nemecek J，Smilauer V，Kopecky L. Characterization of alkali-activated fly-ash by nanoindentation. Nanotechnology in Construction 3，Proceedings，2009：337-343.

［12］ 姚顺，胡传林，何永佳，等.基于微米划痕的水泥基材料断裂韧性测试与分析方法.硅酸盐学报，2022，50：452-456.

［13］ Akono A T，Reis P M，Ulm F J. Scratching as a fracture process：from butter to steel. Physical Review Letters，2011，106：204302.

［14］ Karimzadeh A，Ayatollahi M R. Investigation of mechanical and tribological properties of bone cement by nano-indentation and nano-scratch experiments. Polymer Testing，2012，31：828-833.

［15］ William J A. Analytical models of scratch hardness. Tribology International，1996，29：675-694.

［16］ Liu J，Zeng Q，Xu S. The state-of-art in characterizing the micro/nano-structure and mechanical properties of cement-based materials via scratch test. Construction and Building Materials，2020，254：119255.

［17］ Hu C，Yao S，Zou F，et al. Insights into the influencing factors on the micro-mechanicalproperties of calcium-silicate-hydrate gel. Journal of the American Ceramic Society，2018，102：1-11.

［18］ Hu C，Li Z. A review on the mechanical properties of cement-based materials measured by nanoindentation. Construction and Building Materials，2015，50：80-90.

［19］ Chen J J，Sorelli L，Vandamme M，et al. A coupled nanoindentation/SEM-EDS study on low water/cement ratio portland cement paste：evidence for C-S-H/Ca(OH)$_2$ nanocomposites. Journal of the American Ceramic Society，2010，93：1484-1493.

［20］ Hu C，Gao Y，Chen B，et al. Estimation of the poroelastic properties of calcium-silicate-hydrate (C-S-H) gel. Materials and Design，2016，92：107-113.

［21］ 江俊达，沈吉云，侯东伟.基于纳米压痕的水化硅酸钙断裂韧度测试与计算方法.硅酸盐学报，2018，46：1067-1073.

［22］ Anstis G R，Chantikul P，Lawn B R. A critical evaluation of indentation techniques for measuring fracture toughness：Ⅰ，direct crack measurements. Journal of the American Ceramic Society，1981，64：533-538.

［23］ Lawn B R，Evans A G，Marshall D B. Elastic/plastic indentation damage in ceramics：the median/radial crack system. Journal of the American Ceramic Society，1980，63：574-581.

［24］ Akono A T，Randall N X，Ulm F J. Experimental determination of the fracture toughness via microscratch tests：application to polymers，ceramics and metals. Journal of Materials Research，2012，27：485-493.

[25] Akono A T, Reis P M, Ulm F J. Scratching as a fracture process: from butter to steel. Physical Review Letters, 2011, 106: 204302.

[26] Akono A T, Ulm F J. Fracture scaling relations for scratch tests of axisymmetric shape. Journal of the Mechanics and Physics of Solids, 2012, 60: 379-390.

[27] Christian G, Ulm F J. Experimental chemo-mechanics of early-age fracture properties of cement paste. Cement and Concrete Research, 2015, 75: 42-52.

# 水泥基材料红外光谱分析

## 13.1 引言

红外光又称红外辐射，是位于可见光区和微波光区之间、波长范围为 $0.76 \sim 1000 \mu m$ 的电磁波。红外光谱（infrared spectroscopy，IR）是由于红外光中的某些频率的光子能量与分子发生能级跃迁所需要的能量相等时，被分子所吸收而产生的吸收光谱。通常按波数或波长将红外光谱区划分为 3 个波区：近红外光（波数：$12800 \sim 4000 cm^{-1}$，波长：$0.76 \sim 2.5 \mu m$），中红外光（波数：$4000 \sim 400 cm^{-1}$，波长：$2.5 \sim 25 \mu m$）和远红外光（波数：$400 \sim 100 cm^{-1}$，波长：$25 \sim 1000 \mu m$）[1]。红外光谱被广泛应用于分子结构和物质化学组成的研究。根据分子对红外光吸收后得到的谱带频率的位置、强度、形状，以及吸收谱带和温度、聚集状态等的关系等，便可确定分子的空间构型，得到化学键的力学常数、键长和键角。红外光谱技术已经被广泛用于水泥和混凝土领域，例如分析不同的水泥熟料和外加剂时，表征水泥的水化过程和物相变化等[2]。

红外光谱仪是发出连续频率的红外光源并记录红外光谱的仪器。根据分光原理的不同，红外光谱仪分为色散型和干涉型[1]。色散型红外光谱仪最早出现在 20 世纪 40 年代，利用分光镜或衍射光栅作为分谱元件。而干涉型红外光谱仪最早在 70 年代随着傅里叶变换技术被引进红外光谱仪中而产生，因其采用迈克尔逊干涉仪进行分光而得名。傅里叶变换红外光谱仪（Fourier transform infrared spectroscopy，FTIR）是利用干涉图和光谱图之间的对应关系，通过测量干涉图和对干涉图进行傅里叶积分变换的方法来进行红外光谱图的测定的。与传统的色散型光谱仪相比较，傅里叶变换红外光谱仪能够以更高的效率采集辐射能力，从而具有高得多的信噪比和分辨率。由于如上所述的这些优点，傅里叶变换红外光谱成为中红外和远红外波段中最有力的光谱工具。此外，红外光谱仪也可以根据测试方法进行分类，常见的测试方法有透射法和反射法。透射法是最常用的方法，它适用于对大多数的固体、液体和气体进行测试。常见的反射法分为内反射法和外反射法。内反射法有衰减全反射法，外反射法包括镜面反射法和漫反射法。反射方法主要针对很多不透明的高分子物质，如橡胶、纤维和涂层等。

本章主要介绍傅里叶红外透射光谱的基本原理、技术指标、测试参数等，并重点介绍了其在水泥基材料测试中的具体应用。其他红外光谱由于在水泥基材料中应用不多，将不予一一介绍。

# 13.2 测试方法及原理

## 13.2.1 红外吸收的基本原理

分子运动分为移动、转动、振动和分子内的电子运动。每种运动状态归属于一定的能级。分子的平移运动是连续变化的，而其电子运动、振动和转动都是量子化的。分子吸收一定频率（能量）的光子后，会从较低的能级 $E_1$ 跃迁到较高的能级 $E_2$。但此过程需满足两个条件：①能量守恒关系，如式（13-1）所示；②辐射需与分子之间有耦合作用[3]。由式（13-1）可知，能级 $E_2$ 态与能级 $E_1$ 态之间的能级差越大，分子所吸收的光的频率就越高，波长越短。如图 13-1 所示，分子的电子运动、振动和转动的能级差是不一样的。分子的转动能级之间的能级差比较小，分子吸收能量低的低频光会产生转动跃迁，所以分子的纯转动光谱往往出现在远红外区。振动能级间隔比转动能级间隔大很多，所以振动能级的跃迁频率比转动能级的跃迁频率高得多。分子中原子之间的振动光谱出现在中红外区。电子能级之间的跃迁频率已经超出红外区，因此不在本书讨论范围内。此外，红外跃迁是由偶极矩诱导的，也就是说能量的转移是通过振动过程引起的偶极矩变化与红外光相互作用而发生的。所以红外吸收光谱的产生还需要满足第二个条件，即分子的振动和转动必须伴随偶极矩的变化。这也是红外光谱与 Raman 光谱的重要区别。

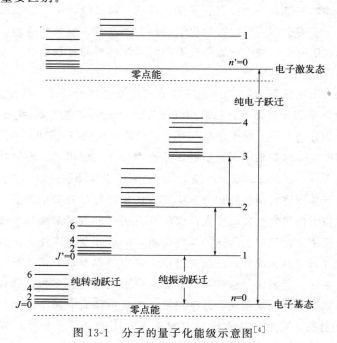

图 13-1 分子的量子化能级示意图[4]

$$\Delta E = E_2 - E_1 = h\nu \tag{13-1}$$

式中，$\Delta E$ 是能量的变化，J；$E_1$ 和 $E_2$ 分别为能级 1 和能级 2 的能量；$h$ 是普朗克常数，等于 $6.624 \times 10^{-34}$ J·s；$\nu$ 是光的频率，$\nu =$ 光速$(c)$/波长$(\lambda)$，$s^{-1}$。

### 13.2.1.1 分子的转动光谱

分子的转动主要指分子发生转动能级跃迁时在红外光区段产生的光谱信号。每个分子都可以围绕不同的轴转动，分子中的原子数越多，轴的数目也就越多。双原子分子可以围绕 3 个轴转动，如图 13-2 所示。当其围绕价键轴（$a$ 轴）转动时，

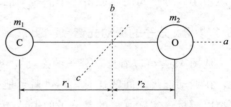

图 13-2　双原子分子的转动示意图[5]

分子的偶极矩没有发生变化，所以不会出现红外吸收光谱。当其围绕通过分子重心并垂直价键轴（$b$ 轴或 $c$ 轴）转动时，分子的偶极矩发生变化，因此能吸收红外光并在红外光区出现转动光谱。将双原子分子看成刚性双原子分子，其转动能级可由下式计算：

$$E_r(J) = \frac{h^2}{8\pi^2 I} J(J+1) = BhcJ(J+1) \tag{13-2}$$

$$B = \frac{h^2}{8\pi^2 Ic} \tag{13-3}$$

$$I = \sum_i \frac{1}{m_i} r_i^2 = \mu r^2 \tag{13-4}$$

式中，$J$ 是转动量子数（$J = 0, 1, 2, 3, \cdots$）；$h$ 是普朗克常数；$c$ 是光速；$B$ 是转动常数，$cm^{-1}$；$I$ 是转动惯量；$m_i$ 是原子的质量；$r_i$ 是原子核到旋转中心的距离；$r$ 是两个原子核之间的距离；$\mu$ 是双原子分子的折合质量，$\mu = 1/m_1 + 1/m_2$。

当从低能级态转动量子数 $J$ 向相邻的高能级态转动量子数 $J+1$ 跃迁时，分子增加的转动能量 $\Delta E_r$ 如式（13-5）所示。另外，可由式（13-1）得式（13-6），则刚性双原子分子吸收红外光波数 $\tilde{\nu}$ 可由式（13-7）计算。

$$\Delta E_r(J) = E_r(J+1) - E_r(J+1) = 2Bhc(J+1) \tag{13-5}$$

$$\Delta E_r(J) = h\nu = \frac{hc}{\lambda} = hc\tilde{\nu} \tag{13-6}$$

$$\tilde{\nu} = \frac{\Delta E_r(J)}{hc} = \frac{2Bhc(J+1)}{hc} = 2B(J+1) \tag{13-7}$$

式中，$\tilde{\nu} = 1/\lambda$ 称为波数。在红外光谱中，$\tilde{\nu}$ 的单位习惯采用 $cm^{-1}$。它实际上表示的是 1cm 内的波数。

实际上，式（13-5）得到的值仅为近似值。由于双原子分子处于不同的转动能级，因此承受不同的离心力作用，使得核间距发生变化，从而改变了转动能级的结构。从量子理论出发，可以得到简化的非刚性转子的能量值，如式（13-8）所示。

$$E_r(J) = \frac{h^2}{8\pi^2 \mu r^2} J(J+1) - \frac{h^4}{32\pi^4 \mu^2 r^6 k} J^2(J+1)^2 + \cdots \tag{13-8}$$

在一般情况下，第二项远小于第一项，且第三项远小于第二项，所以非刚性修正项引起的误差很小，对于 $J < 6$ 的能级，其可以忽略。以上讨论仅限于双原子分子，对于多原子分子，其模型复杂得多。可利用其多原子分子结构的对称性，简化处理程序而确定光谱的特征。

这里，分子的转动红外光谱主要指气体的转动光谱。由于气体中分子间距很大，分子可以自由转动，红外光谱能够观察到气体分子转动光谱的精细结构[5]。而液体和固体中分子之间的距离很小，分子间的碰撞使分子的转动能级受到微扰，难以观察其精细结构。

### 13.2.1.2 分子的振动光谱

从图 13-1 可以看出，分子的振动能级间距比转动能级间距大得多，当分子吸收红外辐射，在振动能级之间跃迁时，不可避免地会伴随着转动能级的跃迁。因此，分子的纯振动光谱难以测量，实际测得的是分子的振动-转动光谱。

为了方便解释，这里先讨论纯振动光谱。从经典力学出发，把原子的振动近似地看作谐振子，其振动时的势能 $E_p(Q)$ 可以近似地用式（13-9）表达。从量子力学角度考虑，当分子吸收红外光引起分子振动时，其振动能级间的跃迁满足一定的量子规律，若将 $E_p(Q)$ 代入薛定谔方程，可以得到振动总能量，如式（13-10）所示。

$$E_P(Q) = \frac{1}{2}kQ^2 \tag{13-9}$$

式中，$k$ 为振动力常数；$Q$ 为质点相对于平衡位置的位移，等于核间距的变化。

$$E_v = h\nu_0\left(n + \frac{1}{2}\right) \tag{13-10}$$

式中，$E_v$ 是谐振子的总能量，$10^{-7}$ J；$n$ 是振动量子数（$n = 0，1，2，3，\cdots$）；$h$ 是普朗克常数；$\nu_0$ 是谐振子的振动频率，$s^{-1}$，由式（13-11）决定。

$$\nu_0 = \frac{1}{2\pi}\sqrt{\frac{k}{\mu}} \tag{13-11}$$

由此得到谐振子的总能量：

$$E_v = \frac{h}{2\pi}\sqrt{\frac{k}{\mu}}\left(n + \frac{1}{2}\right) \tag{13-12}$$

根据麦克斯韦-玻尔兹曼分布定量，绝大多数的振动能级跃迁都是从电子基态中的 $n = 0$ 向 $n = 1$ 能级跃迁的。此时，其能量变化为：

$$E_v = \frac{h}{2\pi}\sqrt{\frac{k}{\mu}} = h\nu = \frac{hc}{\lambda} = hc\tilde{\nu} \tag{13-13}$$

即可得到谐振子基频振动跃迁所吸收的红外光波数 $\tilde{\nu}(cm^{-1})$，如式（13-14）所示。

$$\tilde{\nu} = \frac{1}{2\pi c}\sqrt{\frac{k}{\mu}} \tag{13-14}$$

简谐振子是在弹性力 $F = -kx$ 的作用下运动的，其位能为 $kx^2/2$。但在分子振动时，其所受的力并不总是线弹性的。当 $x$ 很大时，分子间的相互作用力为 0，而当 $x$ 很小时，其斥力会急剧增大。通过大量的实验得到了各种势函数来描述原子间的相互作用，其中莫尔斯势是应用比较广泛的双原子间的势能模型。

$$V(r) = D[1 - e^{-\beta(r-r_e)}]^2 \tag{13-15}$$

式中，$D$ 为相对于最小能量的离解能，$\beta$ 为表征分子种类和电子状态的常数，$r_e$ 为平衡核间距。

由莫尔斯势函数可以得到非简谐振动的振子的能级公式：

$$E_\nu = 2D\sqrt{\frac{\beta^2 h^2}{2\mu D}}\left(\nu+\frac{1}{2}\right) - \frac{\beta^2 h^2}{2\mu}\left(\nu+\frac{1}{2}\right)^2 \tag{13-16}$$

其中 $\nu = 0,\ 1,\ \cdots,\ n$。

即可得到振动吸收的波数 $\tilde{\nu}(\mathrm{cm}^{-1})$，如式(13-17)。

$$\tilde{\nu} = \frac{E}{hc} = \frac{\beta}{2\pi c}\left(\nu+\frac{1}{2}\right)\sqrt{\frac{2D}{\mu}} - \frac{\beta^2 h}{8\pi^2 \mu c}\left(\nu+\frac{1}{2}\right)^2 \tag{13-17}$$

此外，非简谐振子的 $n=0\rightarrow n=1$、$n=1\rightarrow n=2$、$n=2\rightarrow n=3$ 等跃迁的概率是各不相同的。在室温下，分子总是处于低能态，只有高温下才能观测到 $n=1\rightarrow n=2$ 和 $n=2\rightarrow n=3$ 等能带，所以一般只需要了解从电子基态 $n=0$ 向 $n=1$ 能级跃迁。

对于多原子分子，因为分子中的原子都要围绕其平衡位置分别以不同的振幅进行各自的振动，其振动的情况就复杂得多。其振动的数目与其分子构型和原子数有关。对于 $N$ 个原子组成的非线性分子，其振动的数目为 $3N-6$ 个，对于线性分子，则为 $3N-5$ 个。多原子分子的振动可以分为两大类：伸缩振动和弯曲振动。伸缩振动时，基团中的原子沿着价键的方向来回运动，键角不发生变化，可按其对称性分为对称伸缩振动和反对称伸缩振动。弯曲振动时，基团中的原子运动方向与价键方向垂直。弯曲振动还可以细分为很多类，比如：可按其对称性分为对称和非对称的弯曲振动，按其振动方向与原子团所在平面的关系分为面内和面外弯曲振动。然而在红外光谱中，多原子分子的基频振动谱带的数目等于或少于其振动数目，因为当两个振动模式等效时，它们在红外光谱图上就是同一吸收谱带，这种现象被称为振动的简并。例如图 13-3 中的 $SiO_4^{4-}$，理论上它应该有 9 个振动，但是它有 1 个二重简并、2 个三重简并和一个独立振动[6]。

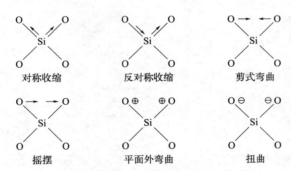

图 13-3　$SiO_4^{4-}$ 离子团的振动[5]

⊕表示从纸面向外运动；⊖表示从纸面向内运动

### 13.2.1.3　分子的振动-转动光谱

当分子吸收红外光，从较低的振动能级 $n=0$ 向相邻的高能级 $n=1$ 跃迁时，得到的纯振动光谱应该是线性的光谱。但实际上，得到的是宽的红外光谱，这是因为在振动能级跃迁时，常伴随着转动能级的跃迁。把分子的振动当作简谐振子，转动当作刚体处理，那么振动-转动能级可以看作是振动能级和转动能级的加和，可由式(13-18) 得出。

$$E_{v-r} = \frac{h}{2\pi}\sqrt{\frac{k}{\mu}}\left(n+\frac{1}{2}\right) + BhcJ(J+1) \tag{13-18}$$

若从振动量子数 $n=0$，转动量子数 $J=J$ 能级向振动量子数 $n=1$，转动量子数 $J=J'$ 能级跃迁，则吸收的红外光波数为：

$$E_{v-r}=\frac{\Delta E_{v-r}}{hc}=\nu_v+B\left[J'\left(J'+1\right)-J\left(J+1\right)\right] \tag{13-19}$$

式中，$\Delta E_{v-r}$ 为振动-转动能级的能量变化；$\nu_v$ 为振动能级。

在振动-转动能级跃迁中，转动能级跃迁的规律为：基团振动时，若偶极矩变化平行于基团对称轴，则 $\Delta J=\pm1$；若偶极矩变化垂直于基团对称轴，则 $\Delta J=0，\pm1$。对于固体和液体的红外光谱，分子的转动受到限制，看不到转动的精细结构，因此只能观察到宽的谱带。

### 13.2.2 FTIR 原理

FTIR 由 3 部分组成：红外光学台、计算机和打印机。红外光学台是红外光谱仪的主要部分，也是最重要的部分，其由红外光源、光阑、干涉仪、样品室、检测器以及各种红外反射镜等组成。图 13-4 是红外光谱的光学系统示意图。红外光源发出的红外光经光镜 $M_1$ 收集和反射，反射光通过光阑后到达准直镜 $M_2$，从准直镜反射出来的平行反射光射向分束器，从干涉仪出来的平行干涉光经准直镜 $M_3$，反射后射向样品室，透过样品的红外光经聚光镜 $M_4$ 聚焦后到达检测器。一些红外光谱仪会有两个以上外接红外光源输出口或发射光源输入口，可以连接红外显微镜附件和 FT-Raman 附件，也可以和气相色谱仪接口、热重分析仪接口等连接。下面分别讨论组成和光学系统的各个零件的结构和性能。

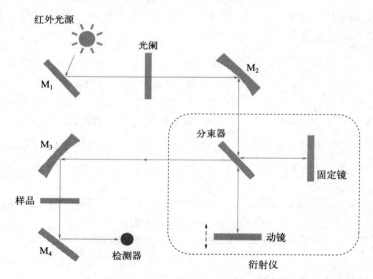

图 13-4　红外光谱的光学系统示意图

#### 13.2.2.1　红外光源

光源是 FTIR 的关键部件之一，红外辐射的能量高低直接影响检测的灵敏度。理想的红外光源是能够测试整个红外波段的，即远红外、中红外和近红外光谱。但目前无法找到这样的光源，要测试整个红外波段至少需要更换 3 种光源。红外光谱仪中使用最多的是中红外光源。目前常用的红外光源在远红外区低频端可以测到 $50\text{cm}^{-1}$。因为 $50\text{cm}^{-1}$ 以下的远红外区主要是气体分子的转动光谱区，基本上不出现分子的振动谱带。

### 13.2.2.2 光阑

光阑是位于椭圆反射镜与准直镜之间的光学器具。光阑的作用是控制光通量。加大光阑孔径，光通量增大，有利于提高检测灵敏度，反之则会降低灵敏度。中红外光谱的光阑分为两种，一种是连续可变的光阑，它的孔径可以连续变化；另一种是固定孔径的光阑，它是在可转动的圆板上打几个直径不同的圆孔，根据测定光谱所需的分辨率，选择不同直径的圆孔。光阑孔直径的选择还与检测器有关，只要检测器的能量不溢出，光阑孔径就应尽量设定大些，这有利于提高光谱的信噪比；若检测器能量溢出，必须缩小光阑；若在缩小光阑后，能量仍溢出，必须在光路中插入光通量衰减器。在使用热释电型（DTGS）检测器时，光阑通常选择适中的位置；使用灵敏度很高的光电导型（MCT/A）检测器时，应将光阑孔径调小；使用红外附件测试样品时，如 ATR、漫反射等，应将光阑孔径设置在最大位置，尽量获取最大的光通量。

### 13.2.2.3 干涉仪

干涉仪是 FTIR 光学系统中的核心部件，其决定了 FTIR 的最高分辨率。FTIR 的干涉仪主要有：空气轴承干涉仪、机械轴承干涉仪、双动镜机械摆动式干涉仪、双角镜耦合动镜扭摆式干涉仪、角镜型迈克尔逊干涉仪等。其中迈克尔逊干涉仪是最常用的干涉仪类型，由 Albert Abraham Michelson（1852—1931）在 19 世纪 80 年代发明[7]。虽然其他干涉仪有很多，其基本原理都与迈克尔逊干涉仪相似，这里以其作为例子介绍。

典型的迈克尔逊干涉仪的原理见图 13-5。假定分束器是一个不吸收光的薄膜，它的反射率和透射率各为 50%。当光照射到分束器上后，50%的光反射到定镜，又从定镜反射回到分束器；另外 50%的光透射过分束器到达动镜，又从动镜反射到分束器。这两束光从离开分束器到重新回到分束器所走过的距离的差值叫作光程差。光程差 $\delta = 2d$，$d$ 代表动镜离开原点的距离与定镜和原点距离之差。动镜通过移动产生光程差，光程差产生干涉信号，得到干涉图。因为动镜的移动速度 $v_m$ 一定，所以光程差与时间有关。假设动镜移动 $\lambda/2$ 距离需 $T$ 秒，则

$$v_m T = \lambda/2 \tag{13-20}$$

调制频率 $f$ 为：

$$f = 1/T = 2v_m/\lambda = 2v_m \nu/c = 2v_m \bar{\nu} \tag{13-21}$$

式中，$\nu$ 为光源频率，波数 $\bar{\nu} = \nu/c$，红外光的频率非常高。目前并没有传感器能够直接采集如此高频的时域信号。干涉仪的目的是将红外信号调制成可测量的信号。若 $v_m$ 为 1.5cm/s，从式（13-21）可以得 $f = 10^{-10}\nu$。调制后的信号频率大大降低。这个可测量的信号即干涉图。与红外信号一样，干涉图也携带了在傅里叶变换后也可以获取的频域信息。

若分束器反射率和透射率各为 50%，强度为 $I_0(\bar{\nu})$ 的光束通过分束器后，经定镜和动镜的反射，干涉信号的强度是光程差 $\delta$ 和时间的函数，可表示为：

$$I(\bar{\nu},\delta) = I_0(\bar{\nu})\cos\left(2\pi\frac{\delta}{\lambda}\right) = I_0(\bar{\nu})\cos 2\pi f t \tag{13-22}$$

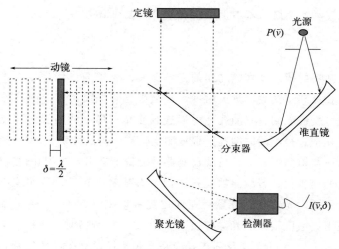

图 13-5　迈克尔逊干涉仪原理图[6]

考虑到分束器分光并非绝对均等，检测器检测到的相应也与频率有关，则上式变为：

$$I(\bar{\nu},\delta)=B(\bar{\nu})\cos2\pi ft \tag{13-23}$$

$B(\bar{\nu})$ 和 $I_0(\bar{\nu})$ 有关。将 $f=2v_m$，$v_m=\delta/2$ 代入上式，则：

$$I(\bar{\nu},\delta)=B(\bar{\nu})\cos2\pi\delta\bar{\nu} \tag{13-24}$$

上式表明，干涉信号强度是光程差和入射光波数的函数。

对于 $\bar{\nu}_1$、$\bar{\nu}_2$ 两束光，其干涉结果为：

$$I(\delta)=B(\bar{\nu}_1)\cos\pi\delta\bar{\nu}_1+B(\bar{\nu}_2)\cos\pi\delta\bar{\nu}_2 \tag{13-25}$$

对于连续光，则需要对整个波段积分，即：

$$I(\delta)=\int_{-\infty}^{+\infty}B(\bar{\nu})\cos2\pi\delta\bar{\nu}\,d\bar{\nu} \tag{13-26}$$

傅里叶变换将上式所示的时域谱变换为频域谱，即：

$$B(\bar{\nu})=\int_{-\infty}^{+\infty}I(\delta)\cos2\pi\delta\bar{\nu}\,d\delta \tag{13-27}$$

### 13.2.2.4　检测器

检测器的作用是检测红外干涉光通过红外样品后的能量。因此使用的检测器应满足四点要求：检测灵敏度高、噪声低、响应速度快和具有较宽的测量范围。FTIR 使用的检测器种类很多，但目前还没有一种检测器能够检测整个红外波段，测定不同波段的红外光谱仍需要使用不同类型的检测器。目前中红外光谱仪使用的检测器可以分为两类：一类是由氘代硫酸三苷肽 [$(NH_2CH_2COOH)_3\cdot H_2SO_4$ 中的 H 被 T 取代] 晶体制成的 DTGS 检测器，另一类是由宽频带的半导体碲化镉和半金属化合物碲化汞混合制成的 MCT 检测器。MCT 检测器直接检测光信号，DTGS 检测器将光信号转化为热信号后检测。DTGS 检测器的灵敏度大约比 MCT 检测器灵敏度低十几倍，噪声也大得多，响应速度也慢几倍，但检测范围较 MCT 宽。另外，DTGS 检测器容易受潮而损坏，需要保持环境干燥。因需排除热干扰，MCT 检测器要在低温环境中使用。在中红外区，DTGS 检测器是更常见的选择。

# 13.3 取样/样品制备

红外光谱的优点之一是应用范围广，几乎可测出任何物质的红外光谱，但要得到高质量的谱图，除需要先进的仪器和合适的操作条件外，样品的制备技术也非常重要。红外吸收谱带的位置、强度和形状随着测定时样品的物理状态及制样方法而变化。本书针对水泥基材料的红外透射光谱测试，介绍了制备固体粉末样品最常用的压片法。压片法只需要稀释剂、玛瑙研钵、压片磨具和压片机，不需要其它红外附件。

## 13.3.1 样品和溴化钾

对于固体粉末样品，散射的影响很大，如直接用样品粉末进行测量，则大部分红外光会因散射而损失，往往使图谱失真。因此需要将样品分散在具有与样品相近折射率的基质中，使散射大大降低，得到准确的光谱。最常用的稀释剂是溴化钾（KBr），它在 $400cm^{-1}$ 以上的光下是惰性和透明的。市售的光谱纯溴化钾可满足一般红外分析的要求，但溴化钾极易吸水，使用前需进行充分干燥并置于干燥容器中。在操作时环境的相对湿度应小于 $50\%$。测试前需要将溴化钾粉末和样品粉末混合研磨后在高压下制成透明的锭片。溴化钾压片法需要干燥的粉末样品 1mg 左右。为了得到更好的光谱，粉末样品最好用万分之一的天平称量，以保证光谱的吸光度/透射率在合适的范围内。光谱最强吸收峰的吸光度在 $0.5\sim1.4$，透射率在 $4\%\sim30\%$ 之间较合适。溴化钾粉末一般不需要称量，取约 150mg 即可，其用量太少时压出的锭片容易破碎，而溴化钾用量太多时，锭片的透明度较难保证。

## 13.3.2 研磨

将样品和溴化钾一起置于玛瑙研钵中，一边转动研钵一边研磨，使样品和溴化钾充分混合均匀。普通样品研磨时间为 $4\sim5min$，非常坚硬的样品，可先研磨样品，然后加入溴化钾一起研磨。研磨时间过长，样品和溴化钾容易吸附空气中的水汽；研磨时间过短，不能将样品和溴化钾研细。

样品和溴化钾混合物要求研磨到颗粒尺寸小于 $2.5\sim25\mu m$，否则就会引起中红外光的散射。光的散射与光的波长有关。当颗粒尺寸大于光的波长时，光线照射到颗粒上就会发生散射。研磨后的颗粒粒度不可能完全一致，光散射的程度与粒度分布有关。混合物研磨得不够细时，在中红外光谱的高频段容易出现光散射现象，使光谱的高频段基线太高，因此检查混合物是否研磨得足够细的标准，是看测得的光谱基线是否倾斜。此外，当出现光散射时，吸收峰的强度会降低，因此对于固体样品的定量分析，必须将混合物研磨得足够细，才能使测得的光谱基线平坦。

## 13.3.3 压片

压片需要压片模具，压片模具装配图如图 13-6 所示。压片时，除了顶模、柱塞和底座，将压片模具的其它部件装配好，并将研磨好的混合物均匀地放入模具，再插入柱塞并轻轻旋转，以使样品平铺。再依次放入顶模、柱塞和顶座，并将模具放入压力机中，在 $10 \sim 20 MPa$ 的压力下压 $1 \sim 2min$ 即可。压力越高，锭片越透明，但压力过高易损坏模具。模具带有抽气口，可在施压前抽真空。抽真空可除去研磨过程中溴化钾粉末吸附的一部分水汽，使压出的锭片更透明些。压片模具在使用后需要清洗并干燥，否则残留的溴化钾会腐蚀模具。

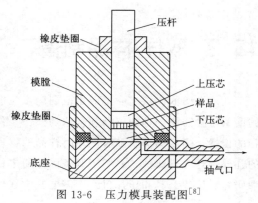

图 13-6　压力模具装配图[8]

# 13.4　测试参数

　　傅里叶变换红外光谱的测试过程非常容易，仅需先采集背景的红外光谱，再将样品插入样品室，获得样品的红外光谱后扣除背景光谱就能得到样品的红外光谱。但是，要得到一张高质量的红外光谱，仍需谨慎选取测试方法，精确称量样品用量，严格按照规定进行制样并设定测试参数。在红外光谱的测量过程中，有几个参数是需要特别注意的。

### 13.4.1　分辨率

　　分辨率是指分辨两条相邻谱线的能力。如果两条相邻谱线的强度和半宽高相等，它们合成后的谱线有一个 20% 左右的下凹，就说明这两条谱线已经分开了。红外光谱的分辨率 $(\Delta\nu)$ 用波数（$cm^{-1}$）表示，是由干涉仪动镜移动的距离决定的，确切地说，就是由光程差 $(L)$ 决定的：

$$\Delta\nu = \frac{1}{L} \tag{13-28}$$

### 13.4.2　信噪比

　　傅里叶红外光谱仪测量光谱时，检测器在接收样品光谱信息的同时也可能接收到噪声的信号。这些随机的噪声信号会加到样品的光谱信号中，使波形受到干扰。检测器接收到的噪声除了检测器本身的噪声外，还有红外光源强度微小变化引起的噪声和外界震动干扰引起的噪声等。通常采用仪器的信噪比衡量红外仪器性能的好坏。信噪比 SNR 是用 100 除以透射率表示法测得的噪声峰值 $N$，即，

$$SNR = 100/N \tag{13-29}$$

　　影响光谱信噪比的主要因素有：测量时间、分辨率、红外光通量 $E$、干涉动镜扫描速度、检测器的质量以及切趾函数等。

### 13.4.3　扫描次数

　　由于噪声信号的正负是随机的，累加平均能使部分噪声相互抵消，因此增加扫描次数能够改善信噪比。一般都采用多次扫描提高光谱的信噪比。傅里叶红外光谱仪可以任意选择扫

描次数，扫描次数愈多，信噪比愈高，得到的图谱质量愈好，但采样时间会延长。常规操作的扫描次数一般在 60 次以内。

# 13.5 数据和结果处理

测试得到的红外光谱通常都需要进行数据处理。基本的红外光谱数据处理都包含在红外光谱软件中。本节介绍在水泥基材料测试中常用的基本数据处理。

## 13.5.1 坐标的变换

红外光谱纵坐标有两种常用的表示方法，即透过率 $T$ 和吸光度 $A$。透过率 $T$ 是红外光透过样品的光强与入射光强的比值，吸光度是吸收率的对数，即：

$$T = \frac{I}{I_0} \times 100\%  \tag{13-30}$$

$$A = \lg \frac{I_0}{I} = \lg \frac{1}{T}  \tag{13-31}$$

式中，$I_0$ 为红外光的入射强度，$I$ 为红外光的透射强度。

这两种表示法各有应用特点，以透射率表示的红外图谱是标准图谱采用的普遍格式，可以直观地看出样品对红外光的吸收情况。以吸光度表示的图谱的优点是，吸光度值在一定范围内与样品的厚度和浓度成正比关系。这个关系称为朗伯-比尔（Lambert-Beer）定律，如式(13-32) 所示。因此，采用吸光度为纵坐标有利于定量分析。

$$A(v) = a(v)bc  \tag{13-32}$$

式中，$c$ 为样品浓度，$b$ 为样品厚度，$a(v)$ 为样品的吸光率。对于特定的分子和光波数，吸光率是分子的基本物理常数，但吸光率会随着波数而变化。例如水分子在 $1700\mathrm{cm}^{-1}$ 和 $1600\mathrm{cm}^{-1}$ 处的吸光率不同。

## 13.5.2 基线校正

理想情况下，红外光谱应具有平坦的基线，该基线应对应零吸光度或 100% 透射率。采用溴化钾压片法测得的红外光谱，由于颗粒研磨不够细，压出的锭片不够透明等而会发生红外散射现象，这会使得光谱的基线出现偏移、倾斜或弯曲。基线偏移表现为光谱中的所有吸光度加上一个常数。最常见的原因是溴化钾压片太厚，导致在所有波数下反射和吸收了大量的红外光，且在所有波数上对光谱 $y$ 轴值的影响大致相同。倾斜表现为光谱中的所有吸光度加上一个关于波数的线性函数。引起基线倾斜的常见原因是样品中的大颗粒散射了红外光，这个问题可以通过用充分研磨的样品和溴化钾重新制作锭片来解决。此外，仪器内部的温度变化和电压波动也会引起基线倾斜。基线弯曲表现为基线出现曲率。基线弯曲多是仪器检测器、光源或干涉仪问题。在使用红外显微镜或其它红外附件时还会出现干涉条纹。虽然我们知道了造成以上问题的原因和可能的实验解决方法，但当基线问题无法通过实验解决时，需要进行基线校正，即将吸光度基线人为地拉回 0 基线上。对偏移、倾斜或弯曲的基线，可以用软件自带的自动基线校正，或进行人为校正；对于出现干涉条纹的基线则只能人为逐点校正。无论是人为校正还是自动校正，都需遵守以下原则。对偏移基线，取光谱中的最小吸光度，并从光谱中的所有其他吸光度中减去它，如式（13-33）所示。校正基线的斜率或弯曲，需找到一个与光谱基线平行的函数，然后从光谱中减去该函数。理想情况下，这可以在不改变光谱数据的情况下消除基线问题。人为校正可绘制多条线段来表示倾斜或弯曲基线的走向。实验者需要选择这些线段的数量和长度，使其尽可能地接近基线。理论上，基线校正后吸收峰的峰位基本不变，但峰面积会有较大变化，且基线越倾斜，变化越明显。

$$A_c = A_i - A_{min}$$ (13-33)

式中，$A_c$ 为基线校正后的红外光谱强度，$A_i$ 为基线校正前的红外光谱强度，$A_{min}$ 为基线校正前红外光谱的最小强度。

在进行定量分析时，如需要计算吸收峰的峰高或峰面积，最好将吸光度光谱进行基线校正。

### 13.5.3　光谱平滑

如果光谱的信噪比较差，首先应尝试所有能改善信噪比的实验方法，包括增加扫描次数和选择更合适的采样方法。当实验方法难以达到理想信噪比，可以利用光谱平滑降低光谱的噪声，达到改善光谱形状的目的。通过光谱平滑可以看清楚被噪声掩盖的真正峰谱。红外光谱软件中通常提供两种光谱平滑方法：手动平滑和自动平滑。手动平滑时，需要设定平滑程度，而自动平滑时仪器会自动根据选定的光谱进行平滑，不需要设定平滑程度。平滑一般从较低的平滑程度开始，比较平滑前后的波形，主要观察肩峰的形状，如果肩峰没有消失，光谱分辨率没有下降，就可以继续提高平滑程度至信噪比满足要求。目前红外光谱的平滑技术是对数据点的 $y$ 值进行数学平均，通常采用移动平均值法和 Savitsky-Golay 算法。Savitsky-Golay 算法的原理是利用最小二乘法，在平滑窗口中拟合多项式，然后选取平滑窗口的中心作为 $x$ 值，并利用拟合的多项式计算 $y$ 值，得到新的数据集。光谱的平滑会通过使峰变宽来降低光谱噪声。如果光谱被过度平滑，峰形可能会失真，甚至会出现峰的合并。因此进行光谱的平滑应尽量选择较低的平滑程度。

### 13.5.4　光谱差减

根据朗伯-比尔定律，吸光度有加和性，如式（13-34）所示。在混合物光谱中，某一波段处的总吸光度是该体系中各组分在该处产生的吸光度的总和。在数值上将两个光谱相减，得到的光谱叫作差谱，或差减光谱。需要注意的是，光谱差减只能用于 $y$ 轴变量和浓度呈线性关系时，如吸光度。当 $y$ 轴为透射率时，光谱的峰值大小与浓度呈非线性关系，因此光谱差减不能使用。在测试样品的红外光谱时，光谱差减不仅能扣除背景光谱，以排除二氧化碳、水汽和仪器等因素的影响，还能够分析混合物光谱中的未知成分。例如，一个混合物包含已知组分 1 和未知组分 2，从混合物的光谱中减去组分 1 的光谱，就能得到组分 2 的光谱，然后对此光谱进行检索，得知未知物质。

$$A(\nu) = \sum_{i=1}^{N} a_i(\nu) b c_i$$ (13-34)

式中，$N$ 为混合物中组分的个数；$a_i(\nu)$ 为组分 $i$ 的吸光率；$b$ 为光在样品中穿透的距离；$c_i$ 为组分 $i$ 的浓度。

在理想情况下，差减后的光谱将不包含参考物质的特征光谱，即差减后的光谱中，参考物质特征的吸光度为零。为此，被减去光谱和参考物质光谱中存在的参考特征必须是完美的叠加，即具有相同的宽度、高度、形状和 $x$ 轴位置。这个条件在实验中并不容易满足，因此需要引入差减因子。如分析混合物光谱中的未知成分时，组分 1 的含量往往是未知的，因此在差减时，需要对组分 1 的光谱乘以一个差减因子。选择差减因子的原则为使差减光谱中组分 1 的参考峰减到基线为止。例如，如果样品在给定波数处的吸光度为 1.0，而同一波数处的组分 1 的吸光度为 0.5，则将组分 1 的光谱乘以 2.0 的差减因子，使两个吸光度相等，从而得出吸光度为零的差减光谱。差减因子的选择会决定差减后光谱的质量。最有效的差减因子随样品和参考物质光谱而变化。在选择差减因子时，需要注意以下两点：第一，在比较样品和参考物质光谱时，尽量使用中小型特征峰作为参考峰。因为中小型的特征峰最有可能完全消减。吸光度大于 0.8 的大特征峰并不能完全通过差减消除，因为大特征峰的吸光度与浓度的关系是非线性的，也就是说大特征峰并不遵循朗伯-比尔定律[9]。第二，差减因子的选择应尽量减小参考峰的大小。理想的差减因子能使所有的参考物特征峰消除，但现实情况往往要更加复杂。不同的特征峰需要不同的差减因子来消除。所以，最合适的差减因子应能最小化多个参考物特征峰的大小。

## 13.5.5  导数光谱

导数光谱是一种常用的光谱分析技术。把红外光谱看作一个关于波数的数学函数，即可计算其导数光谱。根据式(13-32)，$b$ 和 $c$ 作为常数项不受微分的影响，因此红外导数光谱也包含定量信息。导数光谱能够帮助我们更好地识别在原光谱中难以分辨的吸收峰和肩峰，或找出吸收峰和肩峰的准确位置。

红外光谱吸收峰曲线可以看作由多个高斯和洛伦兹曲线叠加而成。以一个高斯型谱带为例，其一阶和二阶导数光谱如图 13-7(a) 所示。一个吸收带的两侧有不同的斜率，一侧是正向的，另一侧是负向的。其一阶导数光谱会在原光谱峰值处经过零点。因此，可以通过一阶导数光谱经过零点的位置确定原光谱中吸收峰的峰位。对于独立的高斯谱带，它的二阶导数光谱有三个区域。沿 $x$ 轴从左到右，二阶导数的值从正到负再到正，趋势与原光谱的凹度相同。二阶导数光谱中的负极值点与原光谱中的峰位一致。这就是二阶导数光谱被用于峰的选择、识别和搜索库的原因。二阶导数光谱中的倒峰的峰宽较原光谱小，有利于指示弱肩峰的位置。因此二阶导数光谱常用于分离重叠的特征峰。如图 13-7(b) 所示，对叠合的高斯谱带进行二阶求导后，会得到两个倒峰。两个倒峰的负极值指示两个高斯谱带的峰位。此外，二阶导数测量函数斜率的变化。由于常数的斜率没有变化，它们的二阶导数为零。类似地，直线具有恒定斜率，因此斜率没有变化，因此二阶导数为零。这意味着二阶导数光谱不受倾斜或偏移的基线影响。高阶导数光谱的一个明显优势是在微分中消除了基线的常数和线性影响。但导数光谱会导致信噪比显著损失。比如，在二阶导数光谱中，如果没有应用光谱平滑，信号会减少大约一个数量级，而噪声会放大 6.5 倍。因此，进行导数光谱的分析对 FTIR 原始数据的质量要求高于原始光谱分析技术的要求。

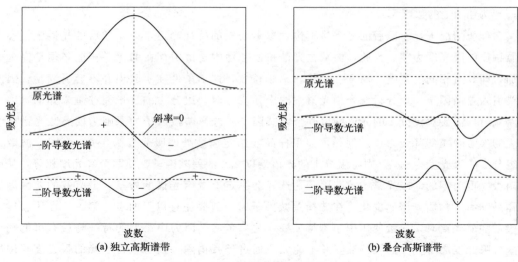

图 13-7　高斯型谱带和其导数光谱

### 13.5.6　定量分析

红外光谱的定量分析是依据朗伯-比尔定律的。将式(13-32)中 $a(\nu)$ 和 $b$ 的乘积定义为吸光度系数，则在红外光谱中，特征吸收峰的强度主要与基团振动频率的吸光度系数和基团数目有关。如果在 $y$ 轴上绘制吸光度（或积分峰面积），在 $x$ 轴上绘制浓度，则应获得一条直线。该直线即为定量分析的校准线，直线的斜率就是吸光度系数。为了获得绘制校准线所需的数据，需要测量一系列标准样品在特定波数处的吸光度（或积分峰面积）。标准样品的浓度必须通过 FTIR 以外的其他方法获得。尽管根据朗伯-比尔定律，校准线的 $y$ 轴截距应为零，但在实际情况中，校准线通常并不通过原点。发生这种情况的原因有两个：其一，即使分析物浓度为零，样品也可能在特定的波数处具有非零吸光度，因为分析物以外的化学物质会影响测量的吸光度；其二，噪声也会产生非零的结果，随机噪声可能导致 $y$ 轴截距的正偏差或负偏差。使用校准后得到的吸光度系数，即可通过朗伯-比尔定律计算出其他样品中分析物的浓度。

通常，红外光谱的定量分析有两种方法，一种是测量吸收峰的峰高，另一种是测量吸收峰的峰面积。采用峰面积进行定量分析往往比采用峰高更加准确，因为红外吸收光谱的峰高受样品和仪器因素影响更大。红外分析软件一般都能直接测量峰高和峰面积，但红外光谱吸收峰的形状是多种多样的，有独立存在的，非常对称的吸收峰；也有一些吸收峰靠在一起，有相互重叠的部分但互相干扰不是非常严重；也有一些吸收峰由两个或两个以上的吸收峰重叠在一起。对于由多个吸收峰叠加起来的谱带，可以通过软件对吸收峰进行取卷积处理，也就是我们常说的分峰处理，分出重叠着的子峰。目前常采用的分峰软件有 PeakFit 和 Origin（含有分峰拟合功能）。分峰拟合是将重叠在一起的各个子峰通过计算机拟合，分解成洛伦兹（Lorentzian）函数或高斯（Gaussian）函数分布的各个子峰。洛伦兹函数分布峰形较宽，而高斯函数分布是一种正态分布，峰形偏细高。在拟合时，需要设定 4 个参数：峰位、峰高、半宽高和峰形。曲线拟合法用于多组分分析时需要仔细，并不是每一个组分都能用一个对称的峰形来表征，因此可能会产生误差。此外，曲线拟合的参数多，子峰数目常常不能确切知道，因此最好能用其它方法校核，也可在分峰前先用导数光谱求出子峰的峰位。

下面通过一个使用 Origin 的分峰拟合功能对水泥基材料红外光谱进行定量分析的例子来具体介绍红外光谱定量分析的一般步骤，图 13-8 展示了 Origin 软件进行分峰拟合操作时的界面。该实例中所测样品为含有碳酸钙、未水化水泥熟料、水化硅酸钙及硅胶的经过碳化处理的硬化水泥浆体粉末。如图 13-9(a) 所示，第一步为在 Origin 软件中绘制出样品所需定量分析的波数范围（本例中为 $800\sim1200\text{cm}^{-1}$），并通过 Origin 带有的创建基线功能确定这一波段光谱的基线。如图 13-9(b) 所示，第二步为减去基线。如图 13-9(c) 所示，第三步为确定用于拟合的子峰的位置，这里可以借助 Origin 软件自带的寻峰功能进行确定，不过因为一个红外光谱可以由不同的分峰方案来进行拟合，所以建议读者根据实际情况和对所测样品的了解选定符合实际且合适的子峰位置。本实例中，根据对样品

图 13-8　Origin 软件中分峰拟合操作界面

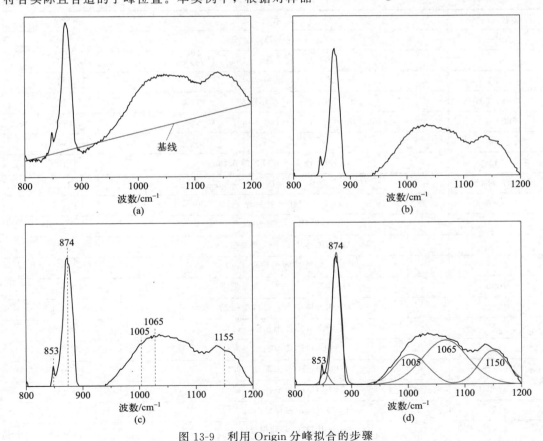

图 13-9　利用 Origin 分峰拟合的步骤

(a) 创建基线；(b) 减去基线；(c) 确定子峰位置及拟合参数；(d) 峰的拟合

的了解，选定了可能含有的五个化学键位置。如图 13-9(d) 所示，最后一步为峰的拟合，软件会根据设定的子峰位置和拟合参数对红外光谱进行分峰和拟合，拟合结束后会给出图 13-9(d) 所示结果和子峰信息，如对拟合结果不满意，可点击"拟合控制"选项，通过调整拟合参数来使分峰拟合结果达到要求，本实例中拟合后的 $R^2$ 为 0.98，说明拟合效果较好。得到各子峰的面积信息后，便可以知道这一波数范围内每一个子峰代表的化学结构（或包含其物相）的占比（表 13-1）。

**表 13-1　炭化硬化水泥浆体粉末的红外光谱分峰定量分析结果**

| 未水化水泥熟料波数/cm$^{-1}$ | CaCO$_3$ 波数/cm$^{-1}$ | C-S-H 波数/cm$^{-1}$ | 硅胶波数/cm$^{-1}$ |
|---|---|---|---|
| 1.9 | 21.9 | 57.9 | 18.2 |

# 13.6 结果的解释和应用

在分析水泥基材料的红外光谱时，常用到的吸收峰及其信息汇总如表 13-2 所示。

**表 13-2　红外光谱吸收峰**

| 波数/cm$^{-1}$ | 基团 | 参考文献 |
|---|---|---|
| 300 | Ca（OH）$_2$ | [10] |
| 455 | Si—O 平面内弯曲振动（$\delta_{Si—O}$） | [11] |
| 525 | Si—O 平面外弯曲振动（$\delta_{Si—O}$） | [11] |
| 583～597 | Si—O—Al 变形振动 | [12] |
| 660～670 | Si—O—Si 弯曲振动（$\delta_{Si—O—Si}$） | [13-15] |
| 714 | CO$_3$（$\nu_4$） | [16-18] |
| 811 | Q$_1$ 四面体中 Si—O 伸缩振动 | [10] |
| 847～848 | Al—O，Al—OH | [13，19] |
| 875～878 | CO$_3^{2-}$ 平面外弯曲振动（$\nu_2$） | [10，19] |
| 925 | Si—O 对称伸缩振动峰（$\nu_3$） | [11，20] |
| 970 | Q$_2$ 四面体中 Si—O 伸缩振动 | [10] |
| 1100～1200 | SO$_4$ 对称伸缩振动峰（$\nu_3$） | [2，11，16] |
| 1090 | Q$_3$ 四面体中 Si—O 伸缩振动 | [15] |
| 1140 | Q$_4$ 四面体中 Si—O 伸缩振动 | [15] |
| 1417 | C—O 对称伸缩振动（$\nu_3$） | [20，21] |
| 1470 | C—O 对称伸缩振动（$\nu_3$） | [15] |
| 1640～1650 | H—O—H 弯曲振动（$\nu_2$） | [10] |
| 3398～3408 | H—O—H 伸缩振动（$\nu_3$） | [22] |
| 3457 | H—O—H 伸缩振动（$\nu_1+\nu_3$） | [13，22，23] |
| 3554 | 石膏中 H$_2$O 伸缩振动（$\nu_3$） | [2，16] |
| 3641～3644 | Ca(OH)$_2$ 中 O—H 振动 | [24，25] |

| 波数/cm⁻¹ | 基团 | 参考文献 |
|---|---|---|
| 5000 | O—H 振动合频 | [26] |
| 7000 | O—H 振动倍频 | [26] |
| 7083 | O—H 振动倍频 | [26] |

## 13.6.1　水泥熟料

水泥熟料的组分对其水化产物的性能有很大的影响，而 FTIR 能够快速测定水泥熟料的化学组成。对于普通水泥熟料的红外吸收光谱，主要组分的吸收峰均在 $2100 \sim 500 cm^{-1}$ 这一范围内。$C_3S$ 中的 Si—O 的伸缩振动会在 $935 cm^{-1}$ 附近产生吸收峰，而 $C_2S$ 会在 $991 cm^{-1}$、$879 cm^{-1}$ 和 $847 cm^{-1}$ 产生较宽的吸收峰；$C_3A$ 中的 Al—O 键的伸缩振动会产生位于 $900 \sim 760 cm^{-1}$ 的吸收峰，而 $C_4AF$ 的吸收峰不容易判断，因其仅在 $750 \sim 500 cm^{-1}$ 产生分辨率较低的吸收峰。红外光谱分析也是表征特殊类型水泥熟料化学组成结构的有力工具。图 13-10 给出了一个 Lu 等人[27] 测得的低钙水泥熟料的红外光谱图，从图中可以观察到 $C_3S_2$（硅钙石）和 $\gamma\text{-}C_2S$ 在大约 $851 cm^{-1}$ 处表现出一个尖锐的主吸收峰。在大约 $980 cm^{-1}$ 的地方出现了一个明显的肩型峰，这对应于硅酸钙相中的硅酸盐四面体。另外，位于 $3440 cm^{-1}$ 的宽吸收峰是由 $H_2O$ 分子的对称伸缩振动引起的。

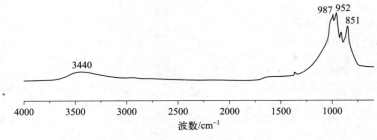

图 13-10　低钙水泥熟料的红外光谱[27]

## 13.6.2　水化过程

在水泥的水化过程中，其红外光谱会发生变化，这些变化可以为分析水泥水化过程中的物理化学变化提供大量信息，并能反映化学外加剂在水化过程中的影响[14,23,28,29]。例如水和硫酸根离子的中红外吸收谱带能帮助阐释水泥加入高效减水剂后早期水化的机制。如图 13-11 所示，在水化 2min 后，样品中出现了由于 $Ca(OH)_2$ 中 O—H 振动引起的 $3645 cm^{-1}$ 处的吸收峰与由于层间水中的 H—O—H 伸缩振动引起的 $3400 cm^{-1}$ 处的吸收峰。添加了高效减水剂后，在 $3600 cm^{-1}$ 附近出现吸收峰，这归因于表面结合的 OH 基团[28]。在水化 24 h 后，除了 $3645 cm^{-1}$ 和 $3400 cm^{-1}$ 附近的吸收峰，其它的吸收峰都在水化过程中逐渐消失。而这些 OH 吸收峰强度随着水化的进行逐渐减小，并在诱导期结束时消失，这表明化学结合水层可以控制不同离子和水在系统中的运动，以及水泥水化进程。如图 13-12 所示，在水化 2min 后，出现 $1124 cm^{-1}$ 和 $1145 cm^{-1}$ 两个吸收峰和位于 $1100 cm^{-1}$ 处的弱肩峰。可以看出硫酸根离子的吸收峰会随着水化的进行逐渐向低波数移动，这主要是由于钙矾石的形成而引起的。同时，也能够观察到＜1000cm⁻¹的区域，得到的胶凝材料在水化过程中结构的变化。在干水泥中位于925cm⁻¹附近的Si—O对称伸缩振动峰（$\nu_3$）向高波数移动，说明胶凝材料的聚合度随着水化的进行而增加，形成了C-S-H。此外，也能根据525cm⁻¹和455cm⁻¹等吸收峰的强度变化观察水泥熟料的水化进程。

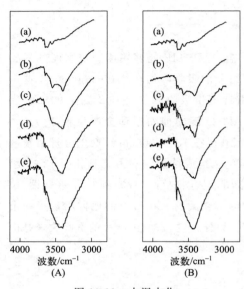 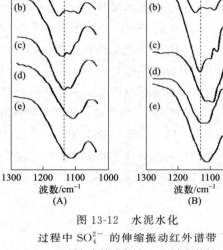

图 13-11 水泥水化
过程中 H₂O 的伸缩振动红外谱带
（A）不添加高效减水剂：（a）水泥熟料，
（b）水化 2min，（c）水化 1h，（d）水化 5h，
（e）水化 24h；（B）添加高效减水剂：
（a）水泥熟料，（b）水化 2min，
（c）水化 1h，（d）水化 5h，（e）水化 24h[11]

图 13-12 水泥水化
过程中 SO₄²⁻ 的伸缩振动红外谱带
（A）不添加高效减水剂：（a）水泥熟料，
（b）水化 2min，（c）水化 1h，（d）水化 5h，
（e）水化 24h；（B）添加高效减水剂：
（a）水泥熟料，（b）水化 2min，
（c）水化 1h，（d）水化 5h，（e）水化 24h[11]

近红外光谱可以提供分子拉伸或弯曲振动的倍频或合频的信息。相较于中红外光谱，近红外光谱能够为水分子中的O—H键提供更多的信息。因此，近红外光谱常被用来研究水泥浆体在水化过程中的演变[26,30-32]。自由水会随着水化的进行和水化产物的形成逐渐减少，表现为5000cm⁻¹左右的近红外吸收峰强度降低。水化产物中的两种结合水［"surface-interacting water"（类型Ⅰ）和"bulk-like water"（类型Ⅱ）］则可以通过分析7000cm⁻¹左右的吸收峰得出。通过对该吸收峰进行分峰，可以分别得到两种结合水的质量。一般来说，bulk-like water会随着水化进程转化为surface-interacting water。同时，Ca(OH)₂也会在近红外光范围内（大约7083cm⁻¹附近）形成尖锐的吸收峰。从图13-13水化过程中的近红外光谱图可以看出随着水化的进行，5000cm⁻¹和7000cm⁻¹左右的吸收峰面积都有所减少，而7083cm⁻¹附近的峰的峰高和面积明显增加。然而，需要注意的是石膏的出现会大大增加5000cm⁻¹左右的近红外吸收峰的强度，因此不能仅仅依靠其强度来判断水化的程度。如图13-14所示，硫铝酸盐水泥熟料水化后会生成大量的石膏，因此其5000cm⁻¹左右的近红外吸收峰的强度发展规律与图13-13相反。

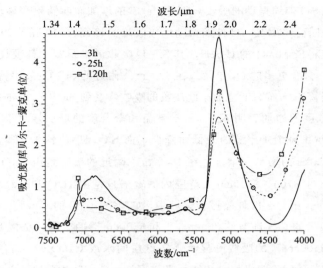

图 13-13　C₃S 水化 3h、25h、和 120h 后的近红外光谱图（w/c＝0.4）[26]

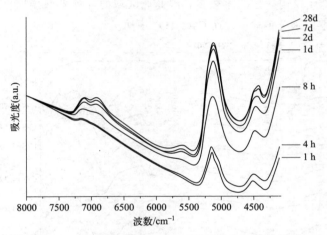

图 13-14　硫铝酸盐水化 1h～28d 的近红外光谱图[32]

## 13.6.3　水化产物

### 13.6.3.1　C-S-H

　　水化硅酸钙（C-S-H）是硅酸盐水泥的主要水化产物和主要胶凝物质。现代硅酸盐水泥已经使用 170 多年，C-S-H 也已经被广泛研究半个多世纪。红外光谱技术是 C-S-H 研究中重要且有效的手段[10,15]，根据红外光谱的吸收峰，能够检测 C-S-H 的微观结构。

　　如图 13-15 所示，C-S-H 的中红外光谱与托贝莫来石（tobermorite）和硅钙石（jennite）相似，都具有范围在 1200～800cm⁻¹ 的宽谱带（对应于 Si—O 键的不对称和对称伸缩振动），在 660cm⁻¹ 附近的 Si—O—Si 弯曲振动吸收峰，和由于 SiO₄ 四面体的变形引起的 500～400cm⁻¹ 的吸收峰。C-S-H 与 1.4nm 托贝莫来石的红外光谱最相似，都有 Q₂ 四面体中 Si—O 伸缩振动的吸收峰（970cm⁻¹ 附近）。此吸收峰随着 Ca/Si 的变化而略有波动，在 Ca/Si＜1.2

时，$Q_2$ 四面体中 Si—O 伸缩振动的吸收峰随着 Ca/Si 的增加而向低频率移动，显示 C-S-H 的聚合度降低；而 $Q_1$ 四面体中 Si—O 伸缩振动的吸收峰的峰高（810cm$^{-1}$ 附近）则随着 Ca/Si 的增加而增加。对 Ca/Si=0.41 的 C-S-H，其 Si—O 吸收谱带很宽，且吸收峰峰位频率更高，说明其聚合度更高，含有更多的 $Q_2$ 单元。在 670cm$^{-1}$ 附近的 Si—O—Si 弯曲振动吸收峰的强度在 Ca/Si≥1.19 时降低，而宽度增加。此波段的吸收峰受到 Si—O—Si 的键角和相邻四面体单元的影响，因此宽度的增加表明 Si—O—Si 键角和聚合度的增加。对于 Ca/Si<0.88 的样品，此吸收峰的分辨度随着 Ca/Si 的降低而降低，而 SiO$_4$ 四面体的内部变形引起的吸收峰（500cm$^{-1}$）则随着 Ca/Si 的增加而增加。在 1640cm$^{-1}$ 附近的谱带是由 H$_2$O 分子中 H—O—H 的弯曲振动引起的；在 3700~2800cm$^{-1}$ 范围内的宽谱带是由 H$_2$O 和氢氧化物中的—OH 基团的伸缩振动引起的。在 O—H 伸缩振动区域中，Ca/Si≤1.32 的 C-S-H 与 1.4nm 托贝莫来石相似，但 Ca/Si 较大的 C-S-H 有约 3600cm$^{-1}$ 和 3300cm$^{-1}$ 两个峰，更接近于 1.1nm 托贝莫来石和硅钙石。在 3600cm$^{-1}$ 的吸收峰显示强氢键层间水或 Ca(OH)$_2$ 的存在，在 3300cm$^{-1}$ 的吸收峰主要由于 H$_2$O 分子造成的。从红外光谱可知，C-S-H 中的含水量随着 Ca/Si 的增加而降低。当 Ca/Si≤1.32 时，层间水较多，因此此区域的红外光谱接近 1.4nm 托贝莫来石，当 Ca/Si 增大后，层间水分子减少，而 Ca(OH)$_2$ 增加。

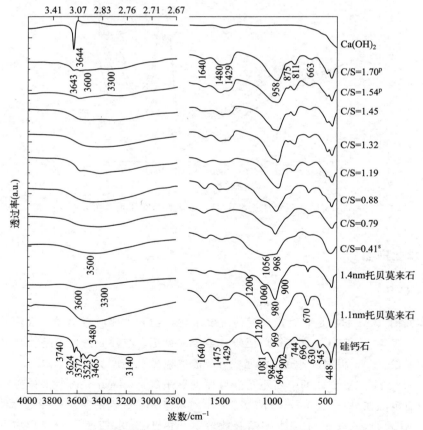

图 13-15　C-S-H、1.4nm 托贝莫来石、1.1nm 托贝莫来石、硅钙石和 Ca(OH)$_2$ 的中红外光谱
（C/S 表示 Ca/Si，p 表示 C-S-H 混有 Ca(OH)$_2$，而 s 表示 C-S-H 中混有硅胶）[10]

在近红外波段的吸收光谱中（图 13-16），C-S-H 的特征吸收峰主要位于 $7314cm^{-1}$、$7080cm^{-1}$、$5270cm^{-1}$、$4567cm^{-1}$ 和 $3740cm^{-1}$。位于 $7314cm^{-1}$ 的峰对应于 O—H 的泛频吸收峰，位于 $5270cm^{-1}$ 的峰为水分子倍频吸收峰，位于 $4567cm^{-1}$ 的峰为 O—H 和 Si—OH 的伸缩振动吸收组合峰，位于 $3740cm^{-1}$ 的峰是由独立的 Si—OH 伸缩振动引起的。观察 C-S-H 近红外光谱检测中的 Si—OH，可以发现 $4567cm^{-1}$ 和 $3740cm^{-1}$ 两个吸收峰的强度随着 Ca/Si 的增加而降低，说明 Si—OH 基团随着 Ca/Si 增加而减少。在远红外光谱中，位于 $450cm^{-1}$ 和 $480cm^{-1}$ 的峰是由于 $SiO_4$ 四面体的内部变形引起的，位于 $350 \sim 200cm^{-1}$ 范围内的吸收峰是由于钙多面体的晶格振动引起的，而 $Ca(OH)_2$ 的吸收峰位于 $300cm^{-1}$ 附近。

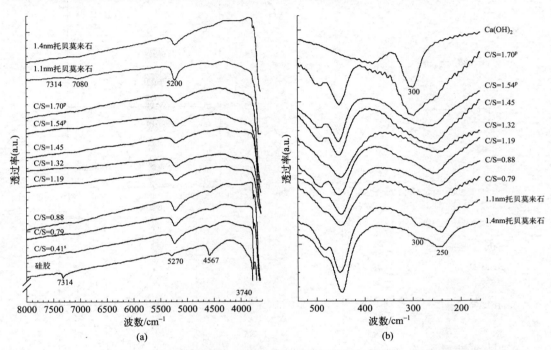

图 13-16　C-S-H、1.4nm 托贝莫来石、1.1nm 托贝莫来石的近红外光谱（a）和远红外光谱（b）
（C/S 表示 Ca/Si，p 表示 C-S-H 混有 $Ca(OH)_2$，而 s 表示 C-S-H 混有硅胶）[9]

除了以上所介绍的定性分析，红外光谱还可以使用 13.5.6 节介绍的分峰拟合对一些物质进行定量的分析和比较。在水泥基材料中，常常需要将位于 $700 \sim 1300cm^{-1}$ 范围内的 Si—O 的伸缩振动谱带进行分峰，以对凝胶的化学性质做更细致的分析。图 13-17 为利用红外光谱的定量分析的一个实例，其研究了 pH 值对于 C-S-H 和 N-A-S-H 的影响。对于 C-S-H 和 N-A-S-H，通常其凝胶吸收峰会分为 4 个部分：Si—O 对称伸缩振动峰在 $835cm^{-1}$；C—O 对称伸缩振动峰在 $875 \sim 870cm^{-1}$；在 $1047 \sim 1011cm^{-1}$ 左右的吸收峰是 Si—O 拉伸振动峰，对应于水泥水化形成的 C-S-H 凝胶；$1150 \sim 1050cm^{-1}$ 之间的吸收峰代表了高聚合度的硅凝胶的形成。

## 13.6.3.2　钙矾石

钙矾石是水泥水化的重要产物。利用近红外光谱，可以方便地研究钙矾石的组成和性能。

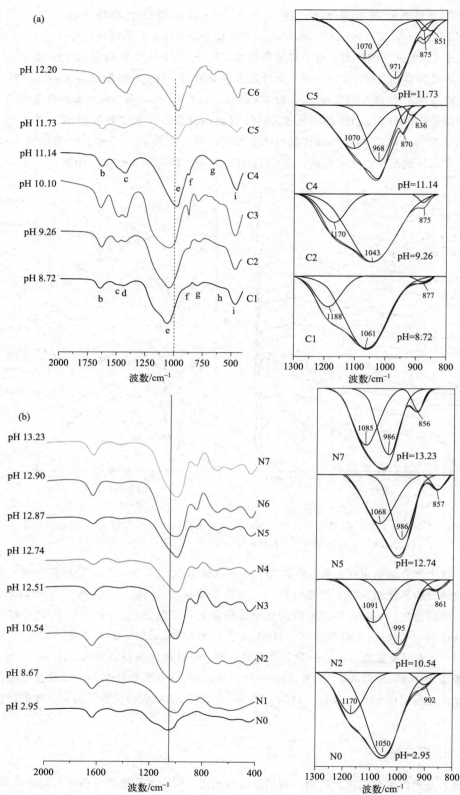

图 13-17  C-S-H（a）and N-A-S-H 凝胶（b）中 Si—O 伸缩振动 FTIR 谱带的分峰拟合[26]

现代水泥基材料测试分析方法

Gastaldi 等[33] 曾用近红外光谱对钙矾石的热稳定性进行表征，如图 13-18 所示。当加热至 100℃以上时，可以看到 5000cm⁻¹ 左右的范频峰强度明显减小，并表现出非对称性，这是因为钙矾石开始分解成单硫型水化硫铝酸钙（AFm）和半水石膏。4500cm⁻¹ 左右的吸收峰为 O—H 和 Al—OH 的合频峰，在温度升高的过程中，该峰逐渐向低频率方向移动，说明 O—H 随着温度的升高逐渐减少，剩下吸收频率较低的 Al—OH；当温度升高到 400℃时，Al—OH 也遭到了破坏，因此该峰消失。

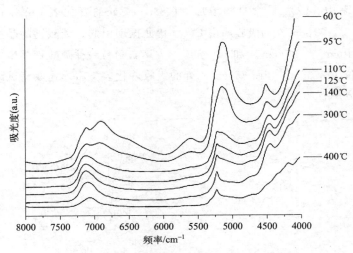

图 13-18　不同温度下钙矾石的近红外光谱图[33]

### 13.6.3.3　碳硫硅钙石

碳硫硅钙石型硫酸盐侵蚀是一种硫酸盐腐蚀类型，它使水泥石中 C-S-H 凝胶分解，使水泥基材料失去强度。碳硫硅钙石结构中硅以六配位结构存在，而其它含硅物质的结构中硅以四配位形式存在，这是碳硫硅钙石与其它含硅物质的本质区别。在红外光谱中，可以通过观察碳硫硅钙石的 3 个分别位于 499cm⁻¹、670cm⁻¹、750cm⁻¹ 的特征峰来确定碳硫硅钙石的生成[34]。

### 13.6.4　碳化水泥基材料

随着国家"双碳"战略的施行，二氧化碳处理（碳化）水泥基材料逐渐得到研究人员们的关注，碳化水泥基材料的过程中主要发生的是二氧化碳与水泥熟料或水化产物的反应，碳化产物主要是碳酸钙和硅胶。红外光谱分析作为表征碳化前后物相化学结构改变的有力工具，在许多碳化水泥基材料的研究中被使用。在这些研究中，主要关注氢氧化钙中的 O—H 键、化学结合水中的 H—O—H 键、C-S-H 和硅胶中的 Si—O—T（T 代表四面体硅或铝）键及存在于 CaCO₃ 中的 C—O 键。

图 13-19 为 Li[35] 等人得到的典型的碳化前后普通水泥浆体的红外光谱。可以看出，在大约 3643cm⁻¹ 处有一个小吸收峰，代表氢氧化钙中 O—H 的伸缩振动。这个峰在碳化后消失，表明碳酸化过程中消耗了氢氧化钙。与水化产物中氢氧化钙和化学结合水相关的另一个峰位

于大约 1639cm⁻¹ 处，为 H—OH 弯曲振动峰，碳化后该峰移动到 1630cm⁻¹ 并转变为一个较小的峰。相应地，与 C-S-H 相关的峰也受到碳化的影响。碳化前，在 970cm⁻¹ 附近出现一个代表 C-S-H 中 Si—O—T 键的伸缩振动峰。碳化后，该峰从 970cm⁻¹ 移动到 1082cm⁻¹，表明 C-S-H 脱钙为高度聚合的无定形硅胶。碳化前后，与 $CaCO_3$ 有关的吸收峰变化显著。如图 13-19 所示，碳化后，1483cm⁻¹ 和 875cm⁻¹ 的吸收峰变得更宽，在 855cm⁻¹ 和 713cm⁻¹ 处出现新的峰。约 1483cm⁻¹、875cm⁻¹、855cm⁻¹、713cm⁻¹ 的吸收峰是 $CO_3^{2-}$ 的典型特征峰，这表明碳化后样品中 $[CO_3]^{2-}$ 含量的增加。1483cm⁻¹ 处的峰代表 $CO_3^{2-}$ 的拉伸振动，而 875cm⁻¹、855cm⁻¹、713cm⁻¹ 的吸收峰由 $CO_3^{2-}$ 弯曲振动引起。碳酸钙的晶型之一方解石的相应吸收峰为 1410cm⁻¹、874cm⁻¹ 和 710cm⁻¹。方解石和另一种碳酸钙晶型文石的区别在于方解石的特征峰位于 875cm⁻¹，而 855cm⁻¹ 处的吸收峰代表文石。这些测试结果表明碳化反应的主要产物是方解石和文石。

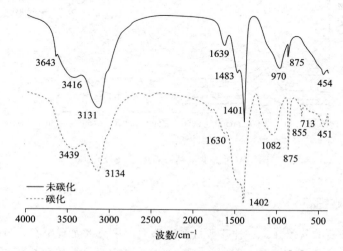

图 13-19　碳化前后普通水泥浆体的红外光谱图[35]

当 $CO_2$ 与混凝土反应后，$CO_2$ 中的 C＝O 变成 $CaCO_3$ 中的 C—O，因此位于 1410～1510cm⁻¹ 的 C—O 特征峰可反映混凝土的碳酸钙生成量的多少[36]。图 13-20 是利用红外光谱

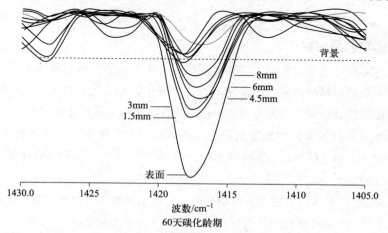

图 13-20　红外光谱测量混凝土的碳化深度（w∶c＝0∶54）[21]

测量混凝土碳化深度的典型实例。可以看出 C—O 的吸收峰随着深度的增加而降低，达到一定深度后吸收峰的峰高则无明显变化。虽然红外光谱不能连续地测量混凝土碳化生成的碳酸钙量，但利用红外光谱中的 C—O 的吸收峰进行碳化程度的分析，能够克服传统测量方法，如酚酞酒精溶液测试的缺点。具体来说酚酞指示剂在 pH 值为 9 左右时才会发生变色，而红外光谱可以测量 pH 值为 12.5 的轻微碳化[21]。因此红外光谱技术可以更精确地测量混凝土的碳化深度，红外光谱分析得到的碳化速率比使用酚酞指示剂得到的高 23.9%。

在对碳化后水泥基材料的红外光谱进行分析时，常常需要对波数为 800～1200cm$^{-1}$ 范围内的 Si—O—T 宽峰进行 13.5.6 节介绍的分峰拟合处理，因为 C-S-H 凝胶和硅胶均在这一范围产生吸收峰，且峰重叠严重。这一范围内 857cm$^{-1}$ 的振动峰对应于非聚合硅氧四面体中 Si—O 键的不对称振动，表明存在未水化的水泥相。在 1011cm$^{-1}$ 到 1047cm$^{-1}$ 范围内的吸收峰是 Si—O 拉伸振动峰，对应于水泥水化形成的 C-S-H 凝胶。1050～1150cm$^{-1}$ 之间的吸收峰代表了高聚合度硅凝胶的形成。图 13-21 为 Lu 等人[37]的研究中对不同二氧化碳浓度下碳化得到水泥浆体的 800～1200cm$^{-1}$ 范围内红外光谱进行反卷积计算处理的结果。可以看到随着养护时间的延长和 $CO_2$ 浓度的提高，$Q^0$（即表示正硅酸盐，孤立的 $[SiO_4]^{4-}$ 四面体）和 C-S-H 特征峰相对面积不断降低，而硅胶特征峰相对面积不断增加。如 3% $CO_2$ 养护 2h 的水泥试件的 $Q^1$ 和 C-S-H 特征峰的面积分别由 20.1% 和 70.1% 降低至碳化 28d 的 12.8% 和 56.2%，而硅胶特征峰则分别由碳化 2h 的 9.8% 和 1.6% 提高至碳化 28d 的 31.0%。与 3% $CO_2$ 养护相比，20% $CO_2$ 养护 28d 的水泥试件中 $Q^0$ 和 C-S-H 特征峰的面积分别降低至 8.3% 和 29.7%，而硅胶特征峰则提高到 62.0%。这说明随着碳化时间延长和 $CO_2$ 浓度提高，$Q^0$ 和 C-S-H 的含量会降低，硅酸盐的脱钙程度升高。水泥试件形成的 Si—O 键由低聚合度不断向高聚合度转变，即形成了高聚合度的硅胶。但继续增加 $CO_2$ 浓度，碳化水泥试件中硅胶的含量增加不明显。

## 13.6.5　水泥基材料中的外加剂

红外光谱分析在水泥基材料研究中的另一个应用是对化学外加剂，特别是减水剂（PCE）的分子结构进行表征。红外光谱分析往往是合成化学外加剂后对其了解和表征的第一步，这个过程中可能需要结合其他测试手段，例如 XRD 和低场核磁共振等。各种不同类型的外加剂含有各种不同的化学结构，涉及的吸收峰类型远不止表 13-2 中列出的，需要根据实际外加剂种类查阅相关文献。这里给出两个利用红外光谱表征减水剂分子结构的实例。

图 13-22 给出了四种分别含有—COO$^-$（C-PCE）、—NH$_3^+$（D-PCE）、—SO$_3^-$（S-PCE）和—COOR（H-PCE）的聚羧酸醚类减水剂。—CH$_2$ 的拉伸振动峰出现在 2883cm$^{-1}$，其形变振动导致在 1468cm$^{-1}$ 处产生了另一个吸收峰。1721cm$^{-1}$ 处的吸收峰属于水和—COO$^-$ 基团之间的强氢键，1344cm$^{-1}$ 和 962cm$^{-1}$ 处的峰分别是—OH 和—COOH 的对称面内弯曲振动峰。1109cm$^{-1}$ 处的吸收峰是由—C—O—C—的反对称拉伸振动引起的，842cm$^{-1}$ 处出现的峰对应于—CH 的弯曲振动。从 D-PCE 的红外光谱可以看出，842cm$^{-1}$ 处的峰强度增强，这可归因于 N—H 的变形振动峰。1280cm$^{-1}$ 处的峰是来自 DMAEMA 单体的 C—N 的吸收峰。对于 S-PCE，S=O 的吸收峰出现在 617cm$^{-1}$。H-PCE 在 1281cm$^{-1}$ 处的峰是不饱和聚酯（C—C—COOR）的吸收峰。

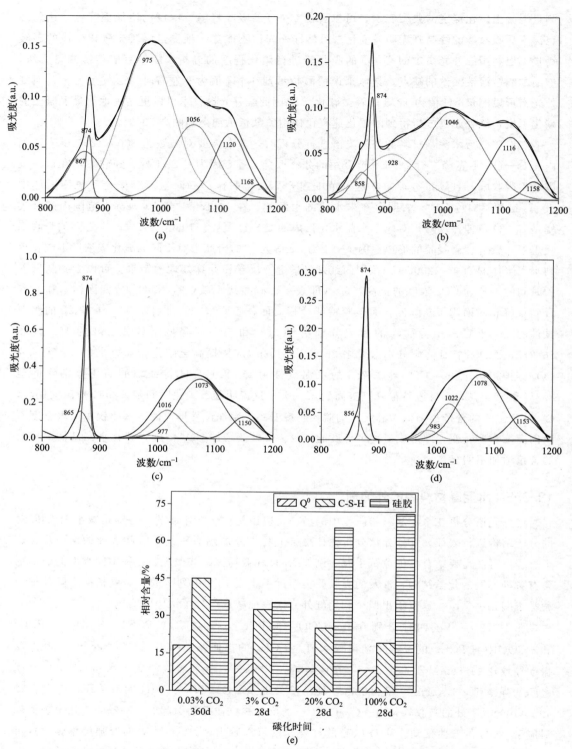

图 13-21 CO₂ 养护水泥试件的 FTIR 中 800～1200cm⁻¹ 分峰拟合结果

（a）自然碳化 360d；（b）3％CO₂ 浓度碳化 28d；（c）20％CO₂
浓度碳化 28d；（d）100％CO₂ 浓度碳化 28d；（e）组分含量图[37]

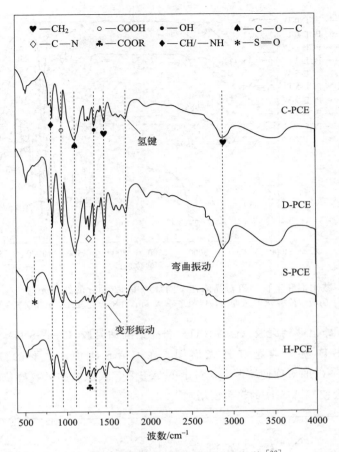

图 13-22　四种合成减水剂的红外光谱[38]

图 13-23 给出了含有 0%、2%、5%、9% 聚羧酸酯醚/酯减水剂的去离子水和水泥孔隙溶液中生长 120min 的减水剂和钙矾石晶体的红外光谱，可以观察到减水剂和钙矾石晶体含有相似的官能团。位于 $3500\sim3300cm^{-1}$ 范围的宽吸收带归因于 $\equiv Ca—OH_2$ 和侧链中的 OH 拉伸振动，而 $\equiv Al—OH$、$\equiv Ca_2—OH$ 和 $\equiv Ca—OH_2$ 的 OH 拉伸振动峰位于约 $3634cm^{-1}$。$3000\sim2800cm^{-1}$ 范围内的峰归因于减水剂的 C—H 伸缩振动和 $CaCO_3$ 的 $CO_3^{2-}$ 吸收带。钙矾石在大约 $1379cm^{-1}$ 处的振动带对应于 $CO_3^{2-}$，表明样品在制备过程中发生了碳化。$1643cm^{-1}$ 处的吸收峰是由 $H_2O$ 的弯曲振动和减水剂主链上羰基的 C=O 振动引起的，$1463cm^{-1}$ 处的吸收峰代表 COH 的平面弯曲振动。$1084cm^{-1}$ 处的吸收峰与硫酸盐（$SO_4^{2-}$）基团产生的伸缩振动有关。同时，C—O—C 不对称拉伸振动的特征带也出现在 $1099cm^{-1}$ 处。钙矾石中 Al—O—H 的弯曲振动峰出现在 $856cm^{-1}$。总的来说，在加有减水剂的溶液中合成钙矾石晶体的红外光谱与未添加减水剂的相似，表明不同环境中合成的钙矾石具有相似的成分和结构参数。此外，根据红外光谱分析结果排除了聚羧酸酯醚/酯减水剂参与钙矾石结构通道的可能性。

### 13.6.6　碱激发水泥基材料

近年来，碱激发水泥基材料受到了大量关注。很多学者采用红外光谱来研究碱激发水泥

第 13 章　水泥基材料红外光谱分析

275

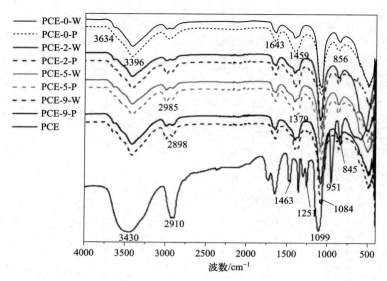

图 13-23　减水剂和生长钙矾石晶体在不同环境中 120min 的红外光谱[39]（见彩图）
（图中名称中的数字代表 PCE 浓度，最后的字母 W 和 P 分别代表去离子水和水泥浆孔隙溶液）

的主要胶凝成分：硅铝酸钙凝胶（C-A-S-H）和硅铝酸钠凝胶（N-A-S-H）[40,41]。图 13-24 为
C-A-S-H 和 N-A-S-H 凝胶典型红外光谱图。在 C-A-S-H 中，主要的红外吸收峰位于
$960cm^{-1}$，表示 Si—O 的对称伸缩振动；对于 N-A-S-H，其主要的吸收峰位于 $1020cm^{-1}$，说
明 NaOH 的增加会使 C-A-S-H 的聚合度增加[12,15]。

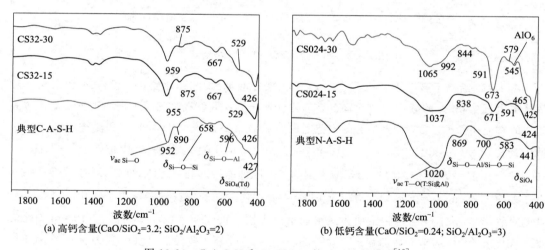

(a) 高钙含量($CaO/SiO_2$=3.2; $SiO_2/Al_2O_3$=2)　　(b) 低钙含量($CaO/SiO_2$=0.24; $SiO_2/Al_2O_3$=3)

图 13-24　C-A-S-H 和 N-A-S-H 的 FTIR 光谱图[12]

　　红外光谱分析还可以应用于碱激发水泥原料参数对碱激发水泥化学结构的影响的研究。
图 13-25 展示了具有不同碱激发剂模数（0，0.5，1.0，1.5）的碱激发水泥浆的红外光谱
图[35]。$450cm^{-1}$ 处的吸收峰与 $SiO_2$ 中的 Si—O 键相关。在仅用 NaOH 溶液（WG-0）活化的
碱激发水泥样品中，于 $959cm^{-1}$ 处观察到一个宽而强的吸收带，这可能与 C-S-H 有关。该峰
也出现在普通水泥样品中的 $970cm^{-1}$ 处（图 13-19），表明在具有不同 Ca/Si 的水泥水化中形
成了不同的 C-S-H。当使用水玻璃时，也观察到 Ca/Si 的变化，其中水玻璃模数的增加使得

吸收峰从 $959cm^{-1}$ 移动到 $968cm^{-1}$。用 NaOH/水玻璃活化的样品的较高抗压强度可以由 Ca/Si 的降低很好地解释。然而，应该注意的是，水玻璃模数的过度增加可能导致液体碱度的降低；残留单体 $[SiO_4]^{4-}$ 不能参与反应，因此反应程度不完全。

Lu 等人[42] 利用红外光谱研究了 $Na_2O \cdot 2SiO_2$-NaOH-$Na_2CO_3$ 三元激发剂的阴离子对碱矿渣基碱激发水泥浆体性能的影响。他们对反应不同时间的碱激发水泥样品进行了红外测试。图 13-26 展示了经过不同反应时间的碱激发水泥和炉渣的红外光谱。$3430cm^{-1}$ 和 $1640cm^{-1}$ 附近的吸收峰属于反应产物中 H—OH 的拉伸振动和 O—H 的弯曲振动。$1200 \sim 950cm^{-1}$ 之间的宽吸收峰代表 Si—O—Si/Al 的不对称伸缩振动，这证明了矿渣和硅酸钠的存在。此外，在 $1560 \sim 1360cm^{-1}$ 范围内观察到的吸收峰属于碳酸钙和碳酸钠中的 O—C—O 键的不对称拉伸振动。另外，在未反应的矿渣中检测到的位于 $1434cm^{-1}$ 的吸收峰是由于在保存过程中在矿渣颗粒表面形成的一些水化产物的碳化。两个小肩峰出现在位于 $1445cm^{-1}$ 的振动吸收峰中。

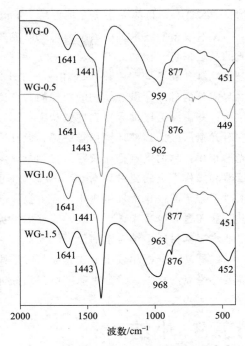

图 13-25　碱激发水泥浆体的红外光谱[35]

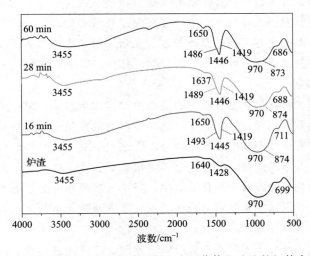

图 13-26　经过不同反应时间的碱激发水泥浆体和矿渣的红外光谱[42]

# 13.7　与其它测试方法的比较

研究水泥基材料物理化学特性的实验方法除了红外光谱外，还包括 X 射线衍射、核磁共振谱（NMR）、拉曼光谱等多种方法。下面对此4种方法进行简单比较。

X射线衍射技术是一项较为古老而成熟的技术，从X射线衍射技术能够得到很多晶体物质的晶型信息，比如$C_3S$、$C_2S$、$SO_4$和$CaCO_3$，但其得到的非晶态硅酸凝胶的结构信息主要是平均键长和平均配位数[43]。相较于红外光谱分析技术，由于其获得的信息量太少，不能建立起完整的硅酸盐微观结构的映像图。核磁共振谱主要用于确定同位素的化合价状态以及配位数，并由此可以推导得到硅酸盐中不同四面体的相对含量。核磁共振谱是一种元素特征谱，它对元素所处的局部环境比较敏感，尤其适合于非晶态物质和液态物质的结构研究。与红外光谱相比，它的优点是比较容易得到量化结果，尤其是四面体的分布，缺点是价格昂贵、对仪器和操作人员的要求较高[16]。拉曼光谱测定的是样品的发射光谱，当单色激光照射在样品上时，分子的极化率发生变化，产生拉曼散射。拉曼光谱与红外光谱相互之间可以互补。对硅酸盐而言，拉曼光谱更灵敏，能够提供更多的信息，但红外光谱能够检测O—H键，便于了解水泥基材料中结合水的信息[44]。

红外光谱分析相较于上述其他测试手段的优势主要在三方面：①所需样本量小，往往仅需要几毫克的材料；②分析速度快，几分钟后即可得出结果；③样品无需特殊处理。

# 13.8 小结

本章首先简述了红外吸收的基本原理，接着介绍了红外光谱仪的设计原理、仪器组成及样品制备步骤，给出了红外光谱测试过程中重要的测试参数，包括分辨率、信噪比、扫描次数。以上是准确测得水泥基材料红外光谱的基础。

在准确测得水泥基材料的红外光谱后，需要对结果进行处理、分析并作出解释。本章详细介绍了数据处理涉及的坐标变换、基线校准、光谱平滑、光谱差减等操作，还通过实例详细介绍了红外光谱定量分析（分峰拟合）的步骤，并且给出了在水泥基材料红外光谱分析过程中常用的吸收峰信息。

目前，红外光谱分析在水泥基材料中的应用主要有四个方面。第一类应用是对水泥熟料的化学结构和水化过程及水化产物的表征，这也是目前最常见的一类应用。第二类应用是对碳化水泥基材料过程和碳化产物的表征。因为碳化过程中C-S-H与硅胶中的Si—O键重叠在一起，所以在研究时常常需要进行分峰拟合来定量分析。第三类应用是表征水泥基材料中的化学外加剂的分子结构，这涉及多种化学结构，需要根据实际情况来确定吸收峰代表的化学键。最后一类是对碱激发水泥基材料的表征，主要涉及碱激发剂和被激发原料的表征和原材料参数对碱激发水泥基材料性能的影响。

最后本章还对比了红外光谱分析与其他测试方法。红外光谱相较于其他测试方法的主要优点是测量样品用量小、测试速度快。

# 参考文献

[1] Stuart B. Infrared spectroscopy: fundamental and applications. Experimental Thermodynamics, 2004, 41:

325-385.

[2]    Ghosh S N，Handoo S K. Infrared and Raman spectral studies in cement and concrete（review）. Cement and Concrete Research，1980，10：771-782.

[3]    叶宪曾.仪器分析教程［M］.北京：北京大学出版社，2007.

[4]    杨南如.无机非金属材料测试方法［M］.武汉：武汉理工大学出版社，1993.

[5]    翁诗甫.傅里叶变换红外光谱分析［M］.北京：化学工业出版社，2010.

[6]    王晓春，张希艳.材料现代分析与测试技术［M］.北京：国防工业出版社，2010.

[7]    Smith B C. Fundamentals of Fourier transform infrared spectroscopy. Florida：CRC press，2011.

[8]    王兆民.红外光谱学：理论与实践［M］.北京：兵器工业出版社，1995.

[9]    Krishnan K，Ferraro J. Fourier transform infrared spectroscopy：techniques using fourier transform interferometry. San Diego：Academic Press，1982.

[10]   Yu P，Kirkpatrick R J，Poe B，et al. Structure of calcium silicate hydrate（C-S-H）：Near-，Mid-，and Far-infrared spectroscopy. Journal of the American Ceramic Society，1999，82：742-748.

[11]   Mollah M Y，Yu W，Schennach R，et al. A Fourier transform infrared spectroscopic investigation of the early hydration of Portland cement and the influence of sodium lignosulfonate. Cement and Concrete Research，2000，30：267-273.

[12]   Garcia-Lodeiro I，Palomo A，Fernández-Jiménez A，et al. Compatibility studies between NASH and CASH gels. Study in the ternary diagram $Na_2O$-$CaO$-$Al_2O_3$-$SiO_2$-$H_2O$. Cement and Concrete Research，2011，41：923-931.

[13]   Mollah M Y，Lu F，Cocke D L. An X-ray diffraction（XRD）and Fourier transform infrared spectroscopic（FT-IR）investigation of the long-term effect on the solidification/stabilization（S/S）of arsenic（V）in Portland cement type-V. Science of the Total Environment，2004，325：255-262.

[14]   Péra J，Husson S，Guilhot B. Influence of finely ground limestone on cement hydration. Cement and Concrete Composites，1999，21：99-105.

[15]   Lodeiro I G，Macphee D E，Palomo A，et al. Effect of alkalis on fresh C-S-H gels. FTIR analysis. Cement and Concrete Research，2009，39：147-153.

[16]   Hughes T L，Methven C M，Jones T G，et al. Determining cement composition by Fourier transform infrared spectroscopy. Advanced Cement Based Materials，1995，2：91-104.

[17]   Kloprogge J T，Schuiling R T，Ding Z，et al. Vibrational spectroscopic study of syngenite formed during the treatment of liquid manure with sulphuric acid. Vibrational Spectroscopy，2002，28：209-221.

[18]   Martinez-Ramirez S. Influence of $SO_2$ deposition on cement mortar hydration. Cement and Concrete Research，1999，29：107-111.

[19]   Trezza M A，Lavat A E. Analysis of the system $3CaO \cdot Al_2O_3$-$CaSO_4 \cdot 2H_2O$-$CaCO_3$-$H_2O$ by FT-IR spectroscopy. Cement and Concrete Research，2001，31：869-872.

[20]   Choudhary H K，Anupama A V，Kumar R，et al. Observation of phase transformations in cement during hydration. Construction and Building Materials，2015，101：122-129.

[21]   Lo Y，Lee H M. Curing effects on carbonation of concrete using a phenolphthalein indicator and Fourier-transform infrared spectroscopy. Building and Environment，2002，37：507-514.

[22] Richard T，Mercury L，Poulet F，et al. Diffuse reflectance infrared Fourier transform spectroscopy as a tool to characterise water in adsorption/confinement situations. Journal of Colloid and Interface Science，2006，304：125-136.

[23] Ylmén R，Jäglid U，Steenari B M，et al. Early hydration and setting of Portland cement monitored by IR. SEM and Vicat techniques. Cement and Concrete Research，2009，39：433-439.

[24] Silva D A，Roman H R，Gleize P J，et al. Evidences of chemical interaction between EVA and hydrating Portland cement. Cement and Concrete Research，2002，32：1383-1390.

[25] Delgado A H，Paroli R M，Beaudoin J J，et al. Comparison of IR techniques for the characterization of construction cement minerals and hydrated products. Applied Spectroscopy，1996，50：970-976.

[26] Ridi F，Fratini E，Milani S，et al. Near-infrared spectroscopy investigation of the water confined in tricalcium silicate pastes. The Journal of Physical Chemistry B，2006，110：16326-16331.

[27] Lu B，Shi C，Hou G. Strength and microstructure of $CO_2$ cured low-calcium clinker. Construction and Building Materials，2018，188：417-423.

[28] Peschard A，Govin A，Grosseau P，et al. Effect of polysaccharides on the hydration of cement paste at early ages. Cement and Concrete Research，2004，34：2153-2158.

[29] Lin C，Wei W，Hu Y H. Catalytic behavior of graphene oxide for cement hydration process. Journal of Physics and Chemistry of Solids，2016，89：128-133.

[30] Hidalgo López A，García Calvo J L，García Olmo J，et al. Microstructural evolution of calcium aluminate cements hydration with silica fume and fly ash additions by scanning electron microscopy and mid and near-infrared spectroscopy. Journal of the American Ceramic Society，2008，91：1258-1265.

[31] Fratini E，Ridi F，Chen S H，et al. Hydration water and microstructure in calcium silicate and aluminate hydrates. Journal of Physics：Condensed Matter，2006，18：S2467.

[32] Ylmén R，Wadsö L，Panas I，et al. Insights into early hydration of Portland limestone cement from infrared spectroscopy and isothermal calorimetry. Cement and Concrete Research，2010，40：1541-1546.

[33] Gastaldi D，Canonico F，Boccaleri E，et al. Ettringite and calcium sulfoaluminate cement：investigation of water content by near-infrared spectroscopy. Journal of Materials Science，2009，44：5788-5794.

[34] 王冲，于超，罗遥凌，等. 不同侵蚀条件下水泥基材料碳硫硅钙石生成速度比较. 同济大学学报：自然科学版，2015，43：748-753.

[35] Li N，Farzadnia N，Shi C. Microstructural changes in alkali-activated slag mortars induced by accelerated carbonation. Cement and Concrete Research，2017，100：214-226.

[36] Smith B C. Infrared spectral interpretation：a systematic approach. CRC press，1998.

[37] Lu B，Drissi S，Liu J，et al. Effect of temperature on $CO_2$ curing，compressive strength and microstructure of cement paste. Cement and Concrete Research，2022，157：106827.

[38] Ma Y，Jiao D，Sha S，et al. Effect of anchoring groups of polycarboxylate ether superplasticizer on the adsorption and dispersion of cement paste containing montmorillonite. Cement and Concrete Composites，2022，134：104737.

[39] Sha S，Ma Y，Lei L，et al. Effect of polycarboxylate superplasticizers on the growth of ettringite in deionized water and synthetic cement pore solution. Construction and Building Materials，2022，

341：127602.

[40] Palomo A，Alonso S，Fernandez-Jiménez A，et al. Alkaline activation of fly ashes：NMR study of the reaction products. Journal of the American Ceramic Society，2004，87：1141-1145.

[41] Duxson P，Fernández-Jiménez A，Provis J L，et al. Van Deventer JS. Geopolymer technology：the current state of the art. Journal of Materials Science，2007，42：2917-2933.

[42] Lu C，Zhang Z，Hu J，et al. Effects of anionic species of activators on the rheological properties and early gel characteristics of alkali-activated slag paste. Cement and Concrete Research，2022，162：106968.

[43] 吴永全，蒋国昌，尤静林，等. 非晶态硅酸盐微观结构的研究进展. 硅酸盐学报，2004，32：57-62.

[44] Aguiar H，Serra J，González P，et al. Structural study of sol-gel silicate glasses by IR and Raman spectroscopies. Journal of Non-Crystalline Solids，2009，355：475-480.

# 第14章
# 水泥基材料交流阻抗谱测试

## 14.1 引言

水泥基材料的微观结构与其力学性能及耐久性密切相关[1]。许多传统的材料微观结构与成分分析方法，例如差热分析法（DTA）、热重分析法（TGA）、X 射线及荧光分析法（XRD 及 XRF）、各种谱图法、核磁共振法（NMR）、扫描电镜（SEM）、原子力显微镜（AFM）等，均已用来分析水泥基材料的微观结构。在这些分析方法中，有一些方法相当耗时，但是获取的信息相对丰富；另外一些方法测试费用低廉、测试简便快速，但获取的信息相当有限。然而，这些方法大多数都是损坏性的且不能对水泥基材料的性能变化在线实时监测[2]。交流阻抗谱（ACIS）测试技术从第一次应用于水泥基材料的性能测试[3] 开始，便作为一种具有很大潜力的无损检测方法备受关注。与上述传统的测试方法相比，交流阻抗测试技术具有如下几点优势[4,5]：

① 测试方法方便简单，可以适应现场成型及其测试环境，应用范围广。可持续进行测试，实时监测体系的发展变化。

② 交流阻抗测试相对便宜、快速，测试过程中消耗很少的能源，能够提供快速、经济的测试，且不会减缓生产和测试进度。

③ 与 X 射线、γ 射线及 MIP 等测试方法相比，交流阻抗测试的过程对身体是无害的。

④ 一般的测试方法在测试之前均需要将试件破损或干燥，而湿度对水泥基体的微观结构有较大的影响[6]，在干燥过程中也可能会改变材料的微观结构。而交流阻抗测试由于不要求破损或干燥试件，因此不会破坏或改变水泥基材料的微观结构和水化过程。

⑤ 不需要特殊的试件准备，理论上交流阻抗测试可对任何尺寸和形状的试件进行测试。能够对大体积试件（例如混凝土与砂浆试件）进行测试，消除体积效应对性能的影响。

⑥ 与 BET、SEM 和 MIP 等测试方法相比，可以测试水泥基材料凝结前的性能，研究水泥早期的水化过程[7]。

近 30 年来，许多研究者采用交流阻抗测试技术研究水泥基材料介电性能[8-18] 以及纯水泥浆体[3,19-21]、掺硅灰的水泥浆体[5,22,23]、掺粉煤灰的水泥浆体[24-26]、掺矿渣的水泥浆体[27]、掺工业废渣的水泥浆体[28-31] 及砂浆和混凝土[27,32-36] 的水化过程与性能演化的表征。另外一些研究者将交流阻抗测试技术用于表征不同温湿度条件下[37-41]、孔结构与孔溶液特殊处理情况下[22,42-45]及表面处理后[46]的水泥基材料的性能及界面过渡区[47,48]。

在交流阻抗测试技术被大量应用于水泥基材料微观结构的研究和性能表征过程中,研究者从来没有停止过改进交流阻抗测试方法流程以提高其测试精度与解析精度的尝试。在杂散阻抗校正[49,50]、等效电路建立[1,6,51-57]、参数分离和解析[58-66]、电极体系与接触方式[67,68]及数据验证[66,69,70]等方面均进行了较为深入的研究,得出了有益的结果。这对于交流阻抗测量程序与解析方法的建立和改进具有重大意义。

本章将从交流阻抗技术在水泥基材料应用中的测试原理、测试过程、解析方法、关键应用及与其他测试方法的比较等方面加以阐述,以期为交流阻抗技术在水泥基材料中的测试、解析和应用提供相关的参考。

# 14.2 交流阻抗谱的测试原理

许多文献系统地阐述了交流阻抗谱的基本原理[71-74]。一般来说,交流阻抗谱分为两类,即电化学阻抗谱(EIS)和固态交流阻抗谱(ACIS)。EIS一般用于液相体系的界面和腐蚀表征。ACIS产生于早期的EIS,主要用以研究固-界面和固-液界面[75]。EIS和ACIS的主要区别在于所使用的频率范围不同,EIS通常在mHz至kHz的范围,而ACIS通常在Hz至MHz范围[75]。

在ACIS中,测量的是电流对电压的响应(频率范围较广的小幅度激励电压),包括相位角和幅值。对于直流电来说,欧姆定律确定了电压($V$)、电流($I$)与电阻($R$)之间的关系,即$V=IR$。而对于交流电来说,施加的电压和产生的电流具有时间依附特性,欧姆定律可以写为:$V(t)=IZ(\omega)$,其中测得的阻抗$Z(\omega)$具有频率依附性。阻抗因此被定义为:

$$Z(\omega)=V(t)/I(t)=\frac{E_0\sin(\omega t)}{I_0\sin(\omega t+\theta)} \tag{14-1}$$

式中,$|Z(\omega)|=|Z|/|I|\omega$为模数,$\theta$为相位角,$E_0$、$I_0$为样品两端施加的电压和电流。

ACIS通常用Nyquist图和Bode图表示[71,72],由于Nyquist图可以方便地观察阻抗在整个频率范围内的变化规律和趋势,对于阻抗谱的解析有重要意义,因此在实际分析中应用较多。

## 14.2.1 ACIS上的容抗弧

用于电性能研究的许多材料实际上并不是匀质的,因此在阻抗测试中会出现若干个不同的电响应过程(至少会出现电极和本体材料的电响应过程)。对于复合材料来说,不同的电响应来源于基体以外第二相粒子及粒子与基体材料界面[75]。大多数材料现象(例如电极、界面及基体行为等)包括电阻$R$、电容$C$[75],它们一般会以串联或并联的方式出现,如图14-1(复平面表示的阻抗,称为Nyquist图)所示,称为容抗弧。理想的容抗弧在复平面图上是一个完美的半圆,圆弧上的每个点代表在某一个频率下测试的阻抗数据点。频率从右到左逐渐增加,顶点频率为$f_{top}=1/2\pi RC$,称为特征频率,其中$T=RC$称为时间常量或弛豫时间,代表某一材料现象发生的速率。时间常量不同会使不同的材料现象出现在不同的频率范围内,以便解析时分离各个材料现象。

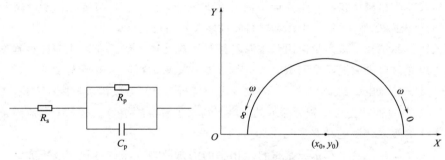

图 14-1　ACIS 上的容抗弧及其等效电路图

## 14.2.2　ACIS 测试的工作假定

ACIS 的测试必须满足 3 个基本条件[71,74]：

① 因果性：系统的响应仅仅是由于外加的扰动引起的。因此在测试过程中要消除噪声、振动等的影响，以保证测得的响应和施加的扰动是唯一对应的关系。

② 线性：系统的扰动-响应之间应该存在线性函数关系，这样才能保证扰动和响应均为频率的函数。也即阻抗或传递函数与外界扰动信号的形状和大小无关。

③ 稳定性：系统必须是稳定的，即在外界扰动移除后，系统能恢复到原来的状态，内部结构不发生变化。如若每次测试后系统发生变化，则测试也就失去了意义。

上述 3 个条件可用 Kramers-Kronig（K-K）变换加以验证[66,69,70]，K-K 变换在数据处理时很重要，其联系了测得阻抗的实部和虚部，详见 14.5.2.1 节的讨论。

## 14.2.3　ACIS 中的参数意义

ACIS 中的参数通常采用等效电路模型进行拟合分析。等效电路中最常用的元件是电学里的电阻 $R$、电容 $C$ 和电感 $L$，各个元件被赋予基本的物理化学意义以便表征材料体系的性能。虽然等效电路模型中的元件有精确的数学描述，但是物理意义却十分宽泛，取决于模拟方法和代表现象的物理本质。各个元件可能的物理意义简述见表 14-1[2,76]。电阻、电容和电感在不同组合方式下的阻抗计算及 Nyquist 图在很多参考文献里[74,77] 可以查到，这里不再赘述。由于弥散现象（圆弧被压扁，圆心移至第四象限，见 14.5.2.3 节讨论）的存在，电路中的电容 $C$ 常用常相位元件（CPE）代替，而试件与电极接触阻抗可能会出现扩散控制的韦伯（Warburg）阻抗，CPE 和 Warburg 阻抗的意义也一并列于表 14-1。

表 14-1　等效电路中常用元件及其代表的物理意义

| 元件 | 物理意义 |
| --- | --- |
| 电阻（$R$） | 能量损失，能量耗散，势垒，状态参数之间的比例，由于非常快载流子产生的电子电导或电导 |
| 电容（$C$） | 静电积累，载流子积累，参数积分关系 |
| 电感（$L$） | 磁能积累，电流流动或电荷载流子运动的自感 |
| 韦伯阻抗（$Z_w$） | 纯线性半无限扩散 |
| 常相角元件（CPE） | 时间常数的指数分布 |

# 14.3 取样/样品制备

## 14.3.1 样品的形状

一些研究者[5,19,23,53,58]采用圆柱形试件构造两电极体系测量水泥基材料的 ACIS，如图 14-2(a) 所示，测试所采用的样品形状为圆柱体。而大多数研究者采用方形试件构造两电极进行测试，如图 14-2(b) 所示，测试采用的样品形状为长方体或正方体均可。圆柱形样品与电极的连接最适合采用预浇筑的连接方式。如若不采用预浇筑的连接方式，很难保证电极和试件间紧密接触。且由于圆柱形电极不会随着水泥基材料一起收缩，更容易造成电极与试件的接触不够紧密而增大接触阻抗。长方体或正方体形状试件与电极的连接，除了适合采用预浇筑方式，还可以通过各种介质进行连接，详见 14.4.1.3 节阐述。

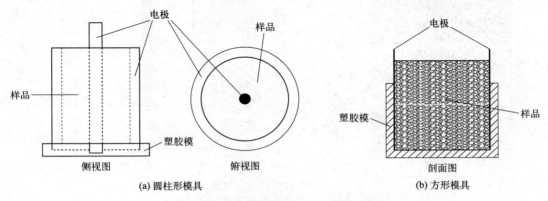

图 14-2　水泥基材料测量的电极体系示意图
(a) 圆形双电极体系[5]；(b) 方形双电极体系

## 14.3.2 样品的尺寸

交流阻抗仪的测试精度与水泥基材料的阻抗有关，如图 14-3 所示（详见各型号仪器说明书）。从图 14-3(a) 和图 14-3(b) 可以看出，阻抗测试中的电阻、电容和电感的测试精度均与其值的大小有关。因此，为了获得更高的测试精度，可以通过改变水泥基材料的样品尺寸以调整材料整体电阻和电容。尽管测试时某个材料现象的时间常量不能被改变，因为它是材料固有的参数[74]，但是样品的尺寸可以被改变。改变样品的几何尺寸，相对串联电阻和电感或者并联电阻和电容来说，就改变了样品的电阻或电容值[75]。可以通过改变几何尺寸使得低电阻、高电容的样品产生更高的样品电阻（早期水泥基材料，降低 $A/L$），也可以通过改变几何尺寸使得低电容、高电阻样品产生更高的样品电容（后期水泥基材料，增大 $A/L$）。然而，改变样品尺寸并不总是可行的。水泥基材料的阻抗受很多因素影响，因此在选择样品尺寸时一般应根据待测试件具体的阻抗值结合阻抗仪器的测试精度进行选择。Ford 等人[78] 的研究表明交流阻抗测试的电阻和电容与试件的长度并不成线性关系。但 Xie 等人[62] 发现交流阻抗测试的电阻与试件厚度呈线性关系。因此，在选择试件尺寸时应考虑电容和电阻是否与尺寸成线性关系或线性关系成立的试件尺寸范围。Wang 等人[79] 分析认为样品尺寸主要受设备的电容测试量程及电极-试件间接触阻抗的影响，基于常用的交流阻抗仪器所具有的电容量程及接触阻抗，他们推荐水泥净浆和砂浆试件尺寸采用 40mm×40mm×160mm，混凝土试件尺寸采用 100mm×10mm×100mm 或 150mm×150mm×150mm。

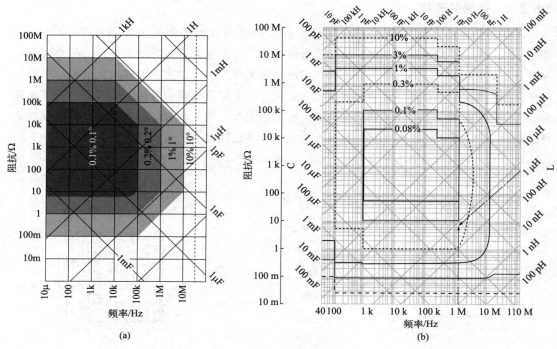

(a)　　　　　　　　　　　　　　　　　(b)

图 14-3　仪器误差限制图
（a）Solartron1260 阻抗仪；（b）HP4294A 阻抗仪

# 14.4　测试过程及注意事项

## 14.4.1　测试过程中的参数选择

### 14.4.1.1　电极材料的选用

绝大多数研究者采用不锈钢电极测试水泥基材料的 ACIS。此外，镍电极[9,10,52]、石墨电极[16,56,66]、铜电极[18,27]、银电极[80,81] 也被少数研究者用于水泥基材料的 ACIS 测试。但并未有研究者系统研究电极材料对交流阻抗测试结果的影响，由于电极材料导电能力和电极与试件接触界面的差异，不同电极产生的杂散阻抗和接触阻抗可能并不一致，因此在决定采用哪种电极材料时，应对比消除杂散阻抗和接触阻抗之后，选取误差最小的材料作为电极。采用不锈钢作为电极材料可以测得接触阻抗能忽略不计的可靠的水泥基材料交流阻抗谱数据[79]。

#### 14.4.1.2 电极体系的选择

测试水泥基材料 ACIS 的电极体系可以采用两电极、三电极及四电极体系[82]，三种电极体系示意图如图 14-4 所示[77]。而几乎所有研究者均采用两电极体系测试水泥基材料的 ACIS。Ford 等人[67] 研究表明相对于 3 点和 4 点接触，2 点接触更容易受到电极和试件间接触阻抗影响，用 3 点、4 点接触测试时，测得的补偿电阻可忽略，且基体高频弧偏转不明显（圆心在实轴以下）。他们认为所有的电极测试装置均可给出可靠的基体电阻和电容，且应优先选用两电极体系。然而，Gu 等人[82] 的研究表明，采用三电极及四电极体系测量时，试件与电压传感器的接触面积对阻抗谱的形状影响很大。尽管采用点接触时测试的半圆完美地通过了原点，但是对于材料测试来说，点接触是需要被避免的，否则测试结果将会值得怀疑。Hsieh 等人[83] 认为采用两电极体系测试时，电极-试件间的接触阻抗影响很小，因此作者认为两电极体系的测试结果更可靠。Hsieh 等人[84,85] 研究发现，采用三电极及四电极体系测量时，电压分散效应不可避免，可能会引起很大误差，甚至导致扭曲的测试结果。另外，采用三电极及四电极体系测试时，必须对电极体系做精心布置[86]。由于两电极体系测试结果的可靠性与操作的便利性，几乎所有研究者均采用两电极体系测量水泥基材料的 ACIS。两电极体系测试结果的解析方法也比较成熟，因此，推荐采用两电极体系进行水泥基材料的交流阻抗谱测试[79]。

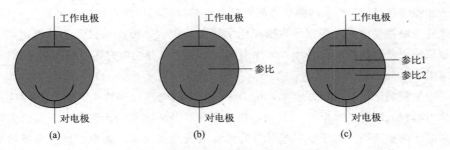

图 14-4　ACIS 测量时电极体系示意图
(a) 两电极；(b) 三电极；(c) 四电极[85]

#### 14.4.1.3 电极与试件的连接方式

电极与试件的连接方式通常包括接触法和非接触法。接触法包括直接接触法和间接接触法。直接接触法包括预埋电极法（绝大多数研究采用此方法）、电极与试件的端部紧贴法[16,25]。间接接触法是指试件与电极之间隔有一层介质，介质包括导电介质如水泥浆[87]、氢氧化钠溶液润湿的滤纸[46]、导电胶[88] 以及绝缘材料[16,56]。非接触法是指试件与电极之间不接触，即电极和试件中间隔有薄薄的空气层[66,68]。

Keddam[56] 在试件和电极间插入了 $100\mu m$ 的聚酯片，认为此方法可以消除电极和试件直接接触引起的极化效应，从而将基体阻抗特征与电极效应分开。Andrad 等人[68] 采用在试件和电极间留有 $250\mu m$ 的空隙的非接触法进行测试，试图从根本上消除试件和电极间界面效应对基体测试结果的影响。Cabeza 等人[66] 发现接触法测得的介电常数比非接触法（空气层 $100\mu m$）测得的大（约为 14 比 9）。因此，他们认为采用接触法测试时一些种类的电容被附加到了基体电容上。尽管非接触法能够减小界面效应而给出"合理"的介电常数值，但是一些不可量化的界面效应仍然存在[66]。Cabeza 等人[66] 认为接触法中存在边角效应，而使用非接触法时，由于电极不接触试件，边角效应可以完全被消除。Andrade 等人[68] 认为只有非接触法可以测得材料基体的真实参数值从而避免寄生效应影响。

然而，无论试件和电极之间隔绝的是空气还是绝缘体，其产生的阻抗都比试件阻抗大很多，而接触阻抗与材料的阻抗串联，实部和虚部会分别加到材料阻抗的实部和虚部上。从这一点来讲，非导电介质（空气和绝缘体）产生的接触阻抗对水泥基材料的阻抗影响大得多。从另外一个角度来讲，即使接触法存在寄生效应和边角效应，这些效应也许会远小于非接触法中空气层的阻抗对水泥基材料阻抗的影响[79]。因此接触法测试的水泥基材料交流阻抗数据被认为是可靠的，仅需注意控制接触阻抗在可控范围内。Wang 等人[89] 对采用不同种填充导电介质测试的不同湿度条件养护的水泥浆体试件交流阻抗谱的接触阻抗进行了评估，得到了不同种填充导电介质的适用范围：其中饱和氢氧化钙溶液适用于 RH＝0～100％ 环境养护的试件，浸泡饱和氢氧化钙溶液的海绵适用于 RH≥95％ 环境养护的试件，而导电胶适用于 RH≥95％ 环境养护的试件。

### 14.4.1.4　激励电压的选择

ACIS测试过程中的线性条件是通过施加随频率变化的低幅值的正弦交流扰动信号来保证的，这样才能将在 ACIS 测量的频率点附近的电化学过程用线性方程表征出来[6,71]。低的激励电压值允许忽略扰动信号对测试体系物理化学状态的影响，因此也保证了其稳定状态。如若采用高幅值的正弦交流扰动信号则在考虑阻抗波形基本组分的同时还要进一步考虑谐波分量，这将会使阻抗谱分析复杂化[90]。

为了满足被测试体系的线性要求，用于测试的激励电压应尽量小[91]。另外，施加的电压过大也会引起较大的电感效应[67]。然而，很多研究者并未注意到水泥基材料交流阻抗测试过程中激励电压的重要性。对于水泥基材料的交流阻抗测试而言，大多数研究者虽然采用了某一定值的激励电压，其中最大的为 1000mV[33,39,49,51]，最小的为 5mV[46]，还有 10mV[27]、25mV[15]、50mV[82] 及 100mV[24,25,42,48,57] 的激励电压，但并未有研究者给出所选择的测试电压的确定依据，这说明扰动电压可能是随意确定的。史美伦认为用于水泥基材料阻抗谱测试的激励电压应该小于 50mV 才能保证系统的线性[71]。

小幅值信号的扰动保证了可以利用线性模型来解释阻抗谱图。但是，如果激励电压过小，导致信噪比降低，也会造成较大的误差。因此合理的扰动信号幅值代表了降低非线性（施加小幅值扰动信号）和降低噪声（施加大幅值扰动信号）这两方面的要求[77]。在测试过程中应尽量减小噪声强度，在噪声影响很小的情况下，最佳的电位扰动信号可以通过两种方法确定：一是观察实验 Lissajous 图，如果该图变形，则需要降低幅值；二是比较不同电位幅值下的阻抗响应，如果在低频处的阻抗受到电位扰动的影响，表明电位扰动过大[82]。当材料交流阻抗测试满足线性要求时，其测试结果不应随着激励电压幅值的变化而变化[76]，可通过在整个测试频率范围内连续增加激励电压并测试材料的交流阻抗谱进行确定[92]。一系列测试结果的差异平均值可直接衡量试件的交流阻抗谱是否为线性[79,85]。基于这个原则，对于水泥基材料而言，采用的激励电压在 10～100mV 范围内是合适的[79]。

### 14.4.1.5 频率范围的选择

实际上，根据体系的动态响应，选择合适的频率范围是非常重要的[83]。频率范围的选取应避免与非稳态响应有关的偏移误差。商业可用的交流阻抗分析仪器能够测试的频率范围相当宽泛，一般为 $10\mu Hz\sim 32MHz$[93] 或者 $20Hz\sim 110MHz$[3]。这允许材料中的若干个叠加响应同步分析，例如电导、反应动力学、扩散、吸附及解吸附等。在已出版的文献中，低频最低测试到 $1Hz$[9,52]，高频最高测到 $110MHz$[3,37]。绝大多数研究者在交流阻抗测试过程中采用的低频测试范围一般在 $1\sim 100Hz$，高频测试范围一般在 $10\sim 20MHz$。

频率对材料的交流阻抗谱测试结果极其重要。理论上在 ACIS 测试时，采用的测试频率范围越广，测得的试件阻抗数据越全面，对正确分析测试结果越有利[51]，但是这在实际测试过程中很难达到，主要是由于频率过高会产生较大的杂散阻抗和仪器误差，从而引起较大的测试误差。有研究者认为在 $10MHz$ 的高频区附近表征的是基体相关的电阻和电容[1,56,94]，但是 Ford[78] 指出，阻抗谱中频率超过 $10MHz$ 的数据将变得不可靠。测试频率超过 $10MHz$ 后，仪器的误差将在不可接受范围内[75,95]。有研究认为当高频超过 $25MHz$ 后，即便应用 Null 程序校正，外界电感效应仍然占主导影响，测得的数据也没有意义[51]。随着测试频率的增大，介电常数也会随之变化[96]。尽管如此，为了更全面地测量样品的高频特性，需要将高频测试频率尽可能设置大，至少测试到 $40MHz$ 以尽可能全面衡量材料现象[97]。另外高频测试频率设置值应该高于材料的特征频率，否则将会出现 $R_0$ 的拟合误差[49]，见图 14-5。综上所述，为了更全面地了解材料的阻抗特征，阻抗谱测量的频率范围应该结合材料本身特性和测试仪器误差进行选取，在保证高频数据不失真的情况下，应尽量采用较大的测试频率范围，高频测试频率应高于特征频率，Wang 等人[79] 推荐高频测试至 $25MHz$。低频测试频率的选择应该考虑到测试时间的限制，测试频率越低时间越长，因此在不研究试件-电极间接触阻抗的影响时，低于截止频率即可，一般可选为 $100Hz$[79]。

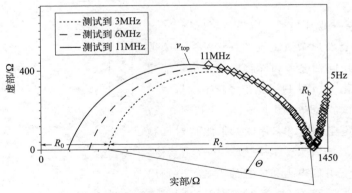

图 14-5    高频值的选取与 $R_0$ 拟合误差的关系示意图[49]

### 14.4.1.6 信噪比的选择

交流阻抗谱的测试过程对噪声很敏感，为了获得可靠的测试数据，需要尽可能地降低噪声的影响，提高信噪比。最常用的噪声降低方法是屏蔽和接地[91]。而在交流阻抗谱测量时采用示波器，对于跟踪时域信号处理阻抗数据非常有用。示波器可以作为材料的电流收集器连接进测试体系，对噪声水平进行监测，建议采用能够显示 Lissajous 图的示波器，在实验设计和测量中是非常有用的[85]。Lissajous 图的变形，可能是由于信号的非线性行为导致的，并且与扰动信号过大有关。阻抗谱中数据点的发散，则往往和时域中数据点的噪声过大有关，可通过调整、改变仪器的设置参数解决。最简单的信噪比保障原则是在保证材料线性响应的情况下，尽量采用更大的激励电压值。可以通过观察高频阻抗数据是否连续光滑来判断信噪比是否合理[79]。

## 14.4.2　测试过程中的注意事项

### 14.4.2.1　保证电极与试件的接触效果

当电极与试件间不能良好接触时，测得的电容值可能低至 $10^{-10}\mathrm{F}$[42]，这对于消除电极-试件间的接触阻抗是不利的，因此确保电极与试件之间的良好接触是十分重要的。为了保证电极与试件间良好的接触效果，可采用对电极适当加压的方式。但是施加的压力不可过大，否则可能影响材料的性能。Wen 等人[18]为了增加电极与试件间的接触效果，对铜电极表面进行碾磨、涂银漆处理，结果表明对电极表面处理后，再施加 $1.68\mathrm{kPa}$ 的压力，电极和试件间的空气对阻抗谱的测量结果影响不大，这说明此种措施可以保证电极和试件间的良好接触。

而实际上，电极和试件接触面的粗糙度也将会对阻抗谱圆弧产生重要影响[98]。因此在使用电极进行测试时，为了降低分散电阻，最好将电极表面抛光[98]。另外，值得一提的是，很多研究者采用鳄鱼夹连接导线和电极，而鳄鱼夹与电极连接处为点接触，这会产生较大的分散电阻。为了降低导线与电极连接产生的误差，推荐采用导线与电极之间焊接的连接方式，如此可降低分散电阻[98]。

### 14.4.2.2　校正测试过程中杂散阻抗

杂散阻抗主要来源于电缆、电极及测试槽等[75]。在高频区域经常能发现杂散阻抗的存在[95,99]。杂散阻抗可以通过使用同轴电缆和屏蔽电缆及尽可能短的导线达到最小化[75]。图 14-6 给出了杂散阻抗对于整个交流阻抗测试的影响。图中 $R_s$ 与 $L_s$ 代表导线/电缆贡献的串联电阻和电感。串联杂散阻抗对低频电阻和高频电容影响较大[75]，例如新拌水泥浆体。图 14-6 中也显示了并联电阻和电容的影响，分别用 $R_p$ 和 $C_p$ 表示，并联杂散阻抗对高频电阻和低频电容影响较大。

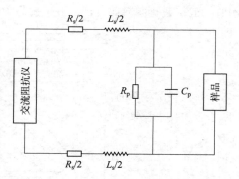

图 14-6　交流阻抗测试的电路图[50]

为了消除并联杂散阻抗影响，需要执行开路测试；为了消除串联杂散阻抗的影响，需要执行短路测试。开路和短路阻抗测试均需与试件阻抗测试保持同样的测试条件、频率范围及频率步长。校正步骤如下[50]：

① 测试短路阻抗 $Z_c$，用一个导线短接电极；

② 测试开路阻抗 $Z_o$，仅保留空气在样品槽中；

③ 测量总阻抗 $Z_t$，将样品装进试件槽；

④ 代入短路阻抗、开路阻抗及总阻抗的实部和虚部到式(14-2)，可得到样品阻抗 $Z_m$：

$$Z_m = \frac{\left(\left(\dfrac{Z_{tre}-Z_{sre}}{(Z_{tre}-Z_{sre})^2+(Z_{tim}-Z_{sim})^2}-\dfrac{Z_{sre}}{Z_{pre}^2+Z_{pim}^2}\right)-j\left(\dfrac{Z_{tim}-Z_{sim}}{(Z_{tre}-Z_{sre})^2+(Z_{tim}-Z_{sim})^2}-\dfrac{Z_{sim}}{Z_{pre}^2+Z_{pim}^2}\right)\right)}{\left(\left(\dfrac{Z_{tre}-Z_{sre}}{(Z_{tre}-Z_{sre})^2+(Z_{tim}-Z_{sim})^2}-\dfrac{Z_{sre}}{Z_{pre}^2+Z_{pim}^2}\right)^2+\left(\dfrac{Z_{tim}-Z_{sim}}{(Z_{tre}-Z_{sre})^2+(Z_{tim}-Z_{sim})^2}-\dfrac{Z_{sim}}{Z_{pre}^2+Z_{pim}^2}\right)^2\right)}$$

$$(14-2)$$

式中，$Z_{tre}$ 和 $Z_{tim}$ 分别为电路总阻抗的实部和虚部，$Z_{sre}$ 和 $Z_{sim}$ 分别为短路电路阻抗的实部和虚部，$Z_{pre}$ 和 $Z_{pim}$ 分别为开路电路阻抗的实部和虚部。

Christensen 等人[49] 给出的校正公式含有较多的中间变量。He 等人[50] 基于导纳的概念推导出了杂散阻抗的校正公式［公式(14-2)］，详细的推导过程及相关参数意义详见文献［50］。公式(14-2) 中仅含体系总阻抗、短路和开路阻抗的实部和虚部。Christensen 等人[49] 的校正理论中仅考虑导线的串联阻抗和并联杂散阻抗，并未考虑电极片和短接导线的杂散阻抗。He 等人[50] 提出了一种包含电极片和短接导线杂散阻抗的校正方法，并评估了杂散阻抗引起的解析参数误差。结果表明对于 210d 和 3d 龄期混凝土，杂散阻抗引起的解析参数相对误差可达 10.72%～153.58%。电极片和短接导线的杂散阻抗引起的解析参数相对误差分别可达 0.94%～82.81%和 49.03%～96.71%。

# 14.5 阻抗数据采集和结果处理

## 14.5.1 阻抗数据采集

交流阻抗的数据采集一般以对数的形式进行扫描，这样可以保证在每一个频率数量级范围内采集的数据点数相同。为了保证 ACIS 的因果性，要求阻抗谱的响应与输出一一对应。然而，交流阻抗在测试过程中会受到噪声、振动等外界条件的影响，导致阻抗输出可能不是一个具有同样角频率的正弦波信号，频响函数即阻抗就不能描述扰动和响应的关系了，换言之，阻抗谱会偏离常态。因此阻抗数据采集时要时刻观察阻抗谱是否偏离常态，以便随时判断是否需要调整实验设置，确保因果性的成立。

## 14.5.2 阻抗测试结果的处理

### 14.5.2.1 Kramers-Kronig 转换关系验证工作假定

在一些情况下，测量数据与拟合结果之间的误差很大。这可能主要是由于两个原因引起的：①数据包含系统误差。这是由于不合理的测量步骤与仪器、试件龄期及温度的缓慢改变等引起的；②模型函数选用不合适。辨识模拟结果不好的原因很重要[91]。然而，即使系统误差很小，水泥基材料阻抗谱测试的稳定性、线性及因果性条件也需进行检验，而 Kramers-Kronig 转换关系对于数据可靠性验证很有用。阻抗数据序列满足交流阻抗测试的工作假定：线性、因果性、稳定性时，Kramers-Kronig 转换关系将成立。Kramers-Kronig 转换关系描述交流阻抗谱数据的虚部依赖于其实部分布，这意味着实部和虚部是相关的。Kramers-Kronig 转换关系通常用公式(14-3)～(14-5) 来表示[69]。

$$Z'(\omega) - Z'(0) = \frac{2\omega}{\pi} \int_0^\infty \left[ \frac{\omega}{x} Z''(x) - Z''(\omega) \right] \frac{1}{x^2 - \omega^2} \mathrm{d}x \tag{14-3}$$

$$Z''(\omega) = -\frac{2\omega}{\pi} \int_0^\infty \frac{Z'(x) - Z'(\omega)}{x^2 - \omega^2} \mathrm{d}x \tag{14-4}$$

$$\theta(\omega) = \int_0^\infty \frac{\ln |Z(x)|}{x^2 - \omega^2} \mathrm{d}x \tag{14-5}$$

式中，$Z'(\omega)$ 和 $Z'(0)$ 分别为试样在扫描频率为 $\omega$ 和 0 时的阻抗实部，$Z''(\omega)$ 和 $Z''(x)$ 分别为试样在扫描频率为 $\omega$ 和 $x$ 时的阻抗实部，$Z(x)$ 为试样在扫描频率为 $x$ 时的阻抗。

如果工作假定不成立，由 Kramers-Kronig 转换关系计算的阻抗值和实测的阻抗值将不一致。然而，Kramers-Kronig 转换关系的使用存在两个问题：一是其积分范围需要延伸至尽量低的频率，鉴于阻抗测试仪器的扫描频率范围有限，为了得到低频的阻抗数据，一个多项式拟合方法被采用[100]，但是延伸积分范围引起的误差却无相关研究，且很难确定；二是无法由 Kramers-Kronig 转换关系计算的阻抗值和实测的阻抗值差异大小确定工作假定是否成立，即工作假定不成立的界限没有明确给出。虽然 Shi 等人已将 Kramers-Kronig 转换关系作为混凝土阻抗测试的"稳态"准则[69,70]，且效果理想，但是这两篇文献中定义的稳态和交流阻抗稳态的定义完全不同且没有理论背景[66]。事实上，在测试过程中通过对比不同激励电压及连续多次测得的阻抗数据的差异来确定系统的线性与稳定性是否成立是一种简单又有效的办法[79]。

### 14.5.2.2  用于拟合水泥基材料阻抗谱的等效电路

水泥基材料 ACIS 的解析一般是采用等效电路来拟合 ACIS 得到相应的阻抗参数，然后尽量将材料的各种电学响应和微观结构的变化相对应，进而采用拟合得到的阻抗参数对材料的微观结构特性进行解析。但是采用等效电路进行拟合时存在两个问题：一是由于等效电路一般是由电阻 $R$、电容 $C$ 以及常相角元件 $CPE$ 等中的一个或几个采用不同的连接方式组成的，在相同的频率范围内，对于同一个交流阻抗谱，可能会有几个不同的等效电路与之相对应[19,42,55]；二是对于一些电路中的电阻、电容值很难给出明确的物理意义，这限制了交流阻抗技术的应用。因此在采用等效电路解析 ACIS 时还需要结合水泥基材料微观结构的变化，并参考阻抗谱中时间常量的个数，建立相应的等效电路，应用等效电路对阻抗谱进行拟合，从而得到代表微观结构变化的电学元件值，进而对材料的微观结构进行分析。

#### （1）McCarter 的经验等效电路

McCarter 等人[51] 根据测得的水泥基材料的交流阻抗谱 Nyquist 图形式，第一次提出了应用于水泥基材料交流阻抗谱解析的等效电路图，如图 14-7 所示。图 14-7 中，$R_e$ 用以解释 Nyquist 图中高频区阻抗谱圆弧不穿过原点的阻抗，也即补偿电阻。$R_i$、$C_b$ 代表水泥基体中离子阻抗（与电场中施加的频率无关）及基体电容。此电路只是根据测得的 Nyquist 图在不同龄期的变化规律和走势提出，并没有考虑到水泥基体内部的变化过程，虽然可以在一些情形下应用于水泥基材料阻抗谱拟合分析，但是电路中各元件的物理意义并不清楚，因此还有待于进一步明确各元件的物理意义。

（2）层模型和砖模型等效电路

Gu 等人根据层模型[53] 和砖模型[54]，提出了如图 14-8 所示的可应用于水泥浆体和混凝土的等效电路[47,54]。虽然根据两个模型提出的等效电路形式相同，但是其具体代表的意义却不同。在层模型中，如图 14-8（a）所示，$R_{S+L}$ 为固相电阻和液相电阻的串联之和，且 $R_{int}$ 和 $C_{int}$ 分别代表了固相和液相界面间的电阻和电容；而在砖模型中，如图 14-8（b）所示，$R_1$ 为固相电阻 $R_S$ 和液相电阻 $R_L$ 的并联之和，且 $R_2$ 和 $C_d$ 则分别代表了固相和液相电阻和电容的并联之和。

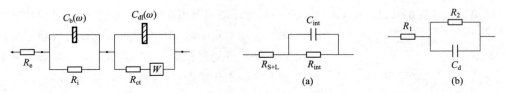

图 14-7　McCarter 等人的经验等效电路[51]　　　图 14-8　层模型（a）和砖模型（b）的等效电路[54]

基于经验、层模型和砖模型得到的等效电路 $R_0(R_1C_1)$，其参数的意义的最大争论来自于 $R_0$，即补偿电阻。$R_1$ 的物理意义有三个争议：固液界面电阻（串联或并联）、基体电阻或孔径电阻。$C_1$ 的物理意义的争论也有三个：固液界面电容（串联或并联）、基体电容或 C-S-H 凝胶电容。因此，等效电路 $R_0(R_1C_1)$ 的应用会导致与参数意义相关的矛盾。

（3）多容抗弧串联等效电路

暂且不讨论等效电路 $R_0(R_1C_1)$ 参数存在的争议，该电路存在的另一个问题是无法解释水泥基材料交流阻抗谱可能出现两个圆弧的现象。许多情况下，水泥基材料交流阻抗谱上出现了两个圆弧[1,19,33,37,56,64]。一些研究者[19,56] 因此采用 $R_0(R_1C_1)(R_2C_2)$ 来解析水泥基材料交流阻抗谱参数，如图 14-9 所示。此电路虽然可以较好地拟合不同龄期水泥基材料的交流阻抗谱，但是电路中代表水泥基材料基体内部微观结构和水化过程的各元件的物理意义并不明确。现在研究者普遍认为如果采用 $R_0(R_1C_1)(R_2C_2)$ 解析水泥基材料交流阻抗谱，一个圆弧代表基体响应，一个圆弧代表孔隙响应。

（4）导电路径等效电路

Macphee 等人[55,57] 基于导电路径提出的等效电路相当复杂，在其提出的电路中所有的导电路径如连通孔、不连通孔、水化产物、未水化的水泥颗粒等，均被考虑进去，这也导致从电路中提取电阻和电容表征单个结构特征极其困难[57]。Song[1] 在此基础上将水泥基材料的水化产物和未水化的水泥颗粒划分为绝缘体，将导电路径简化为三条：①连通孔导电路径；②不连通孔导电路径；③绝缘路径，并依此提出了如图 14-10 所示的导电路径电路图。图 14-10 中，$R_{CCP}$ 为连通孔电阻，$R_{CP}$ 为不连通孔电阻，$C_{DP}$ 为不连通孔电容，$C_{mat}$ 为材料基体的电容，$R_{mat}$ 为材料基体电阻。测试时，基体电阻和连通孔电阻不能区分开，而一般情况下，混凝土中基体电阻 $R_{mat}$ 远大于连通孔电阻 $R_{CCP}$，因此基体电阻一般可以忽略。但是当连通孔电阻较大，例如孔溶液被冻结或者排干时，则要考虑基体电阻对连通孔电阻的影响。

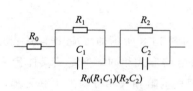

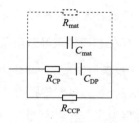

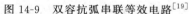

图 14-9  双容抗弧串联等效电路[19]          图 14-10  Song 的导电路径电路图[1]

从理论上讲，基于导电路径的等效电路可以合理地解释晶体及晶界间的电阻和电容问题[74]。另外，从参数意义上来讲，导电路径等效电路中的参数物理意义清楚，不存在争议，较之层模型、砖模型及经验得到的容抗弧串联电路能解释更多的水泥基材料的阻抗谱现象[1]。

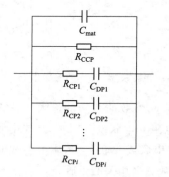

图 14-11  Maxwell 模型等效电路[81]
（图中 $R$ 和 $C$ 的下角 CP$i$ 和 DP$i$
分别代表不同直径的不连通孔）

虽然上述电路中的所有参数都有明确的物理意义，但是，该电路中可能存在水泥浆体参数表征的矛盾。由于与不连通孔中的不连续点（水泥浆层）具有相同的成分，因此含有封闭孔的水泥基质也应视为双平行板电容，应使用 $C_{mat}$ 来表征材料基体的特性，而不是 $R_{mat}C_{mat}$。但是特别需要注意的是，水泥基材料通常包含多个连通孔、不连通孔和具有尺寸从纳米到毫米不等的闭口孔的基体，基体的电容特性（$C_{mat}$）和连通孔的电阻特性（$R_{CCP}$）可以并联连接成一个电容和电阻。然而，由于来自不连通孔的 $R_{CP}$ 和 $C_{DP}$ 随孔径的不同而变化，单个 $R_{CP}$ 和 $C_{DP}$ 的串联不能用于表征所有不连通孔的等效电路[79]。因此，水泥基材料的等效电路应如图 14-11 所示，此电路满足 Maxwell 模型。由于水泥基材料中不连通孔的个数未知，因此采用此电路用拟合法无法解出阻抗参数值，水泥基材料阻抗谱参数值的解析需要进一步研究。

### 14.5.2.3  水泥基材料交流阻抗的弥散

理想情况的阻抗谱圆弧是一个电阻和一个电容并联，如图 14-1 所示。从图 14-1 可以看出，整个阻抗谱图是一个圆心在实轴上的半圆。然而，理想的容抗弧很少能被观察到。对于大多数材料，圆心在实轴下方的压扁的圆弧是最常见的响应，也即阻抗谱发生弥散。弥散是交流阻抗中最常见的现象[23]，如图 14-12 所示。这个弥散行为在交流阻抗等效电路中通常采用常相角元件（CPE）进行描述[73,74]。一些研究者[9,10,35,36,39,101] 在水泥砂浆与和混凝土的阻抗谱中发现了弥散现象，还有一些研究者[16,56,66,68,102] 发现或讨论了水泥净浆的弥散现象，其他一些研究者[5,23,31] 发现了掺矿物掺和料的水泥浆体的弥散现象。Gu 等人[60] 分析了弥散现象并指出水泥基材料中的弥散现象普遍存在。

对于电极与液体体系构成的电化学体系，弥散现象发生的可能原因主要包括固液界面吸附离子的"弛豫时间的分散"[3,19,51,52]、表面粗糙[73] 及界面不均匀的电流分布[23] 等。Gu 等人[60] 研究了水泥基材料的孔径分布与弥散现象之间的关系，认为弥散角受孔径尺寸与固体表面化学影响。在交流信号下，材料孔径和孔表面化学能能够限制水化离子和水分子的振荡

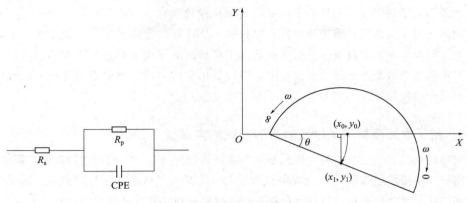

图 14-12　交流阻抗中容抗弧的弥散

频率。这是因为更小的孔中有更强烈的离子间相互作用。从上述等效电路讨论看出，不连通孔的多尺度导致阻抗在不同频率下的响应不同，因此会导致阻抗谱圆弧发生偏转，从而产生所谓的"弥散"现象。弥散现象的存在使得用电容表征相关水泥基材料的性能更加复杂，弥散现象存在的其他原因及机理需要进一步研究。

### 14.5.2.4　等效电路参数解析方法

等效电路建立以后，需要解析其参数的值，用以表征水泥基材料的性能。每种等效电路均对应一种确定的数学模型。因此，可以对阻抗谱数据进行回归分析。具体的数值回归分析方法主要包括两种：非线性最小二乘法和单纯形法。绝大多数研究者采用的是非线性最小二乘法，也有一些研究者采用单纯形法[56,66]。除了回归分析法，还有一些研究者[71] 采用图解法，但是图解法一般只针对一个圆弧的具体解析，容抗弧受其他容抗弧影响时，图解法将产生较大误差。此外，一些研究者[66] 将差分阻抗法（DIA）用于水泥基材料交流阻抗谱时间常量的判定。然而在 DIA 中，如果局部扫描模型采用 $R_i$（$R_2 C_2$）对于时间常量的判定可能不够灵敏，且无法对水泥基材料交流阻抗谱进行精确的参数识别。根据上述等效电路分析，水泥基材料交流阻抗响应满足 Maxwell 模型，DIA 具有代替拟合法解析该等效电路的潜力[79]，需要进一步研究。

# 14.6　水泥基材料 ACIS 测试结果的解析和应用

正确测量水泥基材料交流阻抗谱后，需要确定对应的微观结构模型及其等效电路，然后使用微观结构模型赋予依据等效电路图拟合出的阻抗参数相应的物理意义。至此，水泥基材料的交流阻抗谱才能真正开始表征材料的微观结构和性能。

目前发表的系列文献表明，交流阻抗谱在水泥基材料中的应用基本可分为三大类：第一类应用是直接用阻抗谱及其参数定性或定量地表征各种因素对水泥基材料的影响。这也是目前应用最多的一类，如 14.1 节引言中所述，阻抗谱已被广泛应用于不同条件下（水化时间、湿度、温度、表面处理、暴露环境及荷载等）的水泥基材料净浆、砂浆及混凝土的阻抗特征研究。但是不同条件下不同配比的水泥基材料阻抗参数变化规律不一致，很难一一总结。第二类应用是将基于交流阻抗谱解析的阻抗参数进一步计算出来得到相关参数来表征水泥基材料的性能。例如，水泥基材料的介电常数是基于解析出的相应电容计算出来的，而氯离子扩散系数与水渗透系数是基于解析出的相应电阻计算出来的。第三类应用是阻抗参数直接与水泥基材料某个性能指标建立相关关系，这类应用较少。

### 14.6.1 用于水泥基材料 ACIS 解析的微观结构模型

水泥基材料是三相复合材料，因此基体内部结构较为复杂，不同相之间产生不同的界面，这也为阻抗测量提供了可能[75]。交流阻抗参数与水泥基材料微观结构与性能建立联系需要借助于微观结构模型加以解释。目前已经提出的水泥基材料的微观结构模型主要有以下几种。

#### 14.6.1.1 层模型

水泥基材料常被人认为是绝缘多孔基体，孔中充满电解质。在外加电场作用下，连通孔内电解质中的离子发生移动产生电流，孔的微观结构和孔溶液的化学组成对阻抗谱特性有重大影响。Gu 等人[53] 提出了水化水泥浆体的层模型，如图 14-13 所示。作者认为在水泥基材料中主要有固相（未水化的水泥颗粒和水化产物）、液相（水泥浆体中的孔溶液）以及固液界面（存在于固相和液相交界面），且各相均匀分布。将试件在施加电压的方向水平切分为 $m$ 层，且每一层均含有 $n$ 个固液界面单元，每一层中的固相、液相及固液界面均可用相应的电阻、电容等电学元件进行表示。层模型中作者假设混凝土是匀质的，且将其理想化是可行的，但是在电路传导过程中只考虑了层与层间的竖直界面，没有考虑层与层间水平向界面的影响。

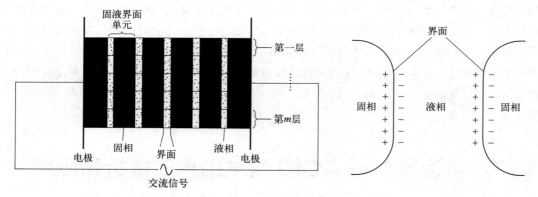

图 14-13　水化水泥浆体层模型及固液单元模型[53]

#### 14.6.1.2 砖模型

Xie 等人[54] 在层模型的基础上进行改进提出了饱和水泥基材料的砖模型，如图 14-14 所示。作者假设水泥基材料是三维同质，也即每个方向固体、液体分布相同，这对于混凝土这种混合材料是合适的，并将基体在垂直于电场施加方向拆分为 $N$ 个单元串联，而每个单元均有固体、液体和固液界面三个元素。与层模型相比，砖模型更加接近于实际，也即混凝土中的各相杂乱随机分布，但是没有考虑各个单元中固液界面的电容。

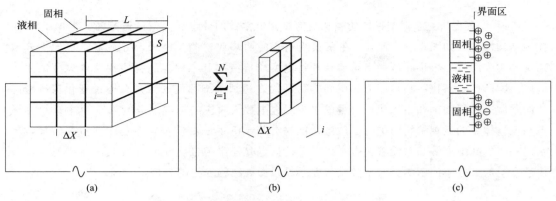

图 14-14　硬化水泥体系砖模型简图[54]

### 14.6.1.3　T 模型和 I 模型

Moss 等人[44] 在研究水泥基材料的介电常数时发现，水泥基试件的介电常数远大于水泥基材料中单个相的介电常数，其不仅与固液界面有关，还随着 C-S-H 的生成，介电常数逐渐减小。他们的研究指出将试件中水分冻结后，试件的介电常数降低了两个数量级到 $10^3$，而一般相的介电常数则低于 80。对此，作者提出了 T 模型和 I 模型用以解释混凝土试件的介电常数的介电放大效应，如图 14-15 所示。从图中可以看出，当 C-S-H 凝胶完全阻塞毛细孔时，为 I 模型，而没有完全阻塞时，为 T 模型，随着毛细孔孔径减小和 C-S-H 凝胶层厚度的增加，介电常数逐渐减小。用此模型可很好地解释水泥基材料的介电常数的介电放大效应[49,63,103]，但是用于解释 EIS 现象也会得到电阻依赖于施加电压的结论[1]。且此模型只是在混凝土的微孔结构中进行了模拟，没有对水泥基材料整体结构进行分析。

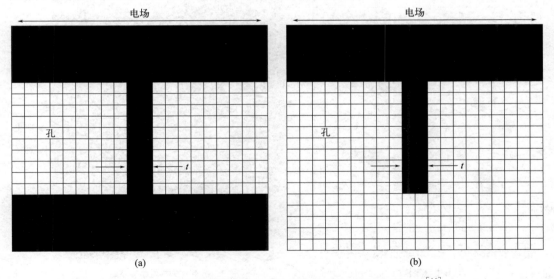

图 14-15　水泥基材料微观结构的 I 模型（a）和 T 模型（b）[44]

### 14.6.1.4 障碍-孔洞模型

Ford[15] 等在研究水泥基材料的微观结构对介电常数的介电放大效应影响时，提出了障碍-孔洞结构模型。如图 14-16 所示，在聚碳酸酯盒的两端放置测试电极，并在盒子里面填充自来水，用中间有一个小孔洞的聚碳酸酯片将电解质溶液隔开来模拟新拌水泥浆体试件的阻抗响应。障碍代表水化产物，而障碍中间的孔洞代表相邻毛细孔间的渗透。通过变化聚碳酸酯片的厚度来模拟毛细孔中水化产物量的多少对介电放大效应的影响。虽然障碍-孔洞模型在模拟水泥基体系的微观结构时进行了改进，能够分析 EIS 的一些特征，但是一些重要特征例如水泥基体的孔隙率等却并没有包含在内[1]，且只是验证了毛细孔间 C-S-H 量的多少对水泥基体系介电放大效应的影响，对于整个水泥基材料微观结构变化的分析不明确。

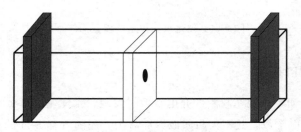

图 14-16　用于模拟微观结构的聚碳酸酯容器示意图[15]

### 14.6.1.5 导电路径模型

虽然层模型和砖模型可以解释一部分 EIS 现象，但是在一些情况下，可能会产生一些不合理的推论，例如会得出混凝土电阻依赖于施加的电压或者电流，这显然是错误的[1]。因此，Macphee 等人[42,55,57] 进一步提出了导电路径模型，如图 14-17（a）所示。从图中可以看出，水泥浆体的微观结构分为四个导电路径：①充满电解液的连通孔路径 CP；②不连通/阻塞孔

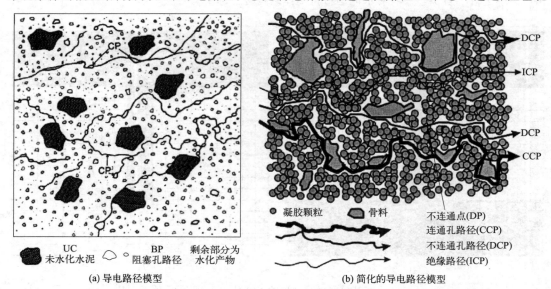

(a) 导电路径模型　　　　　　　(b) 简化的导电路径模型

图 14-17　混凝土微观结构的导电路径模型[1,57]

路径 BP；③水化产物（主要是 C-S-H）路径 HP；④未水化的水泥颗粒（绝缘体）路径。该模型相当复杂，因此相对应的等效电路图也异常复杂。Song[1] 对导电路径模型进行了简化，提出了简化的水泥基材料的导电路径模型，如图 14-17（b）所示。模型中，作者根据混凝土中各种材料和产物的分布，将混凝土的微观结构分为连通孔路径、不连通孔路径和绝缘路径。Song[1] 的导电路径模型可以更便捷地应用，且可以反映水泥基材料的微观结构。

## 14.6.2　水泥基材料介电常数的测量

介电性能可以提供在任意养护龄期的波特兰水泥水化的有用信息中。例如，介电测试可以有效诊断出养护方式和组成变化对水化过程的影响，提供一种混凝土结构中水泥养护的无损检测方法[8]。

水泥基材料水化早期介电常数可达到 1000（频率小于 1MHz），随着水化程度的增加，介电常数值迅速降低[63,104,105]，这是由于界面和双电层极化效应引起的，但是其在硬化的水泥基材料中影响很小[14]。水化水泥浆体的介电常数与材料中的自由水含量紧密相关[14]。Gu 等人[14] 测试了 1MHz～1.5GHz 频率范围内的水泥基浆体介电常数，发现水泥基浆体的介电常数存在频率依附现象，随频率升高，介电常迅速降低（1MHz～300MHz），然后趋于稳定（300MHz～1.5GHz），但整个频率范围内介电常数处在 20～120 范围之间。因此，水泥基材料固相与液相复合介电常数通常取决于水含量，但整体范围与水及陶瓷材料保持一致。

为了进一步区分水泥基材料中液相和固相的介电常数，一些研究者将交流阻抗用于研究水泥基材料中单相材料的介电性能[15,44,49,52,63,66]，水泥基材料孔溶液的介电常数与电容之间的关系如公式（14-6）所示[15]：

$$C = \frac{\varepsilon_p A \varepsilon_0}{l} \phi \tag{14-6}$$

式中，$C$ 是体系的电容；$\varepsilon_p$ 是孔溶液的介电常数；$A$ 和 $l$ 分别是试件的面积和长度；$\phi$ 是体系中液体填充孔的体积比；$\varepsilon_0$ 是真空介电常数。因此，水泥基材料基体介电常数 $\varepsilon_m$ 可用公式（14-7）来表示：

$$C = \frac{\varepsilon_m A \varepsilon_0}{l} (1 - \phi) \tag{14-7}$$

大多数研究者基于测试得到的一个圆弧的阻抗谱采用等效电路 $R_0(R_1 C_1)$ 拟合出 $C_1$ 用于计算介电常数，发现存在介电放大现象[15]。由于液相水的介电常数约为 80，比水泥基材料中所有其他相的介电常数大得多[15]，因此，有研究者指出水泥浆体的介电常数是由其中含有液体量的多少决定的[63]，进而可以假定饱和水泥浆体的介电常数正比于材料的体积孔隙率[15]。但是也有研究基于公式（14-7）求得的水泥基材料介电常数 $\varepsilon_m$ 的值远大于孔溶液的介电常数，甚至达到 $10^5$[15]。

从上面的讨论可以看出，水泥基材料与孔溶液介电常数均存在介电放大现象，这可能是由于等效电路不正确的原因。Cabeza 等人[66] 采用导电路径等效电路 $[R_1 C_1 (R_2 C_2)]$ 拟合试验结果，将代表水泥基体电容的 $C_1$ 用于计算介电常数，得到零孔隙率水泥基体的介电常数仅为 16，似乎并不存在介电放大的现象。这说明，当求取介电常数时，一定要分清楚求取的是孔溶液的介电常数还是水泥基材料基体的介电常数，相应的其所选用的电容应该是不同的。

孔溶液介电常数是否存在介电放大现象目前尚无明确结论，需要进一步研究。

### 14.6.3　混凝土长期及耐久性的测量

交流阻抗技术也被应用于混凝土长期及耐久性测试过程中，包括碳化[106]、冻融破坏[107-109]、徐变[94,110]、抗渗性[111,112]及氯离子迁移[80,113-121]等。除抗渗性与氯离子迁移外，其他耐久性指标的测试均基于不同耐久性试验后阻抗参数的变化来进行分析，属于第一类应用，规律难以总结。因此本节仅就基于阻抗解析参数应用的氯离子迁移及抗渗性加以阐述。ACIS测试混凝土其他耐久性应用可参看相关文献。

#### 14.6.3.1　混凝土抗渗性的测量

材料的渗透性是测量流体（液体或气体）能够流过的速率。对于混凝土材料来说，渗透性与其耐久性紧密相关，低渗透性意味着高的耐久性[49]。Katz等人[122]提出如果知道两个结构参数：特征长度尺度和孔隙连通性的表征参数，多孔岩石的渗透性可以通过孔隙特征来预测。特征长度尺度可以用临界孔径（$d_c$）来表征。连通性可以通过 $\sigma/\sigma_0$ 来表征。多孔材料的渗透系数 $\kappa$ 可表达为公式（14-8）。

$$\kappa = (1/226)d_c^2 \sigma/\sigma_0 \tag{14-8}$$

式中，$\sigma$ 是材料的电导率；$\sigma_0$ 是材料中孔溶液的电导率。

这个公式被 Christensen 等人[49,112]用来计算水泥基材料的渗透性。他们用压汞法（MIP）测量临界孔径（$d_c$），用交流阻抗技术测得圆弧直径 $R_2$，求得材料电导率 $\sigma = 1/R_2$。然后将孔溶液压滤出来测试电导率 $\sigma_0$。将测得的 $d_c$、$\sigma$ 和 $\sigma_0$ 代入公式（14-8）计算出渗透系数。Christensen 等人[49]研究结果表明，计算的早期混凝土的渗透系数和实验测得的渗透系数十分接近，但是随着龄期增加，二者差异变大。Tumidajski 等人[123]发现计算的混凝土渗透系数一般比测量的混凝土渗透系数都要小，在有些情况下甚至小将近 2 个数量级。而 McCarter 等人[103]未给出测量的渗透系数，无法对比二者之间的差异。

Nokken 等人[124]发现测量的渗透系数与压力及流体测量的灵敏度相关。Dieb 等人[125]认为：采用公式（14-8）计算的水泥基材料的渗透系数小于实测渗透系数的原因主要有三个：第一个原因是当流体流过水泥基材料时，仅连通的毛细孔起作用而不是总的孔隙率起作用，而压汞法测得的不只是连通孔的孔隙率；第二个原因是压汞法与水渗透测试中试验条件的差异，压汞法采用干燥试件，而水渗透测试采用的是水饱和试件，试件状态的不同对于孔隙的作用可能是不一样的；第三个原因是孔溶液电导率主要由水泥基材料基体水化控制，孔溶液化学组分发生变化，从而引起电导率发生改变[5]，这将会增加电导率的不精确评估。因此，仅仅采用孔结构的曲折度与连通性来计算水泥基材料的抗渗性是存在问题的，还应该考虑胶凝材料基体的水化机理和孔溶液的化学稳定性。

#### 14.6.3.2　混凝土中氯离子迁移的测量

**（1）基于 Nernst-Einstein 方程测量氯离子迁移**

基于 Nernst-Einstein 方程，ACIS 可以用来测量水泥基材料中离子（主要是氯盐与硫酸盐）的扩散系数[114,118]。扩散系数 $D_{eff}$ 能根据 $\sigma_{eff}$ 与试件中的盐溶液浓度来计算：

$$D_{eff} = \sigma_{eff} \frac{kT}{Z_i^2 Fec_i} \tag{14-9}$$

式中，$k$ 为玻尔兹曼常数；$T$ 为温度；$Z_i$ 为某种离子的化合价；$F$ 为法拉第常数；$e$ 为电子电荷；$c_i$ 为某种盐溶液的浓度。材料的有效电导率 $\sigma_{eff}$ 能通过孔溶液表观电阻 $R_s$、试件的厚度 $h$ 与截面积 $A$ 来计算[114]：

$$\sigma_{eff} = \frac{h}{R_s A} \tag{14-10}$$

式中，$R_s$ 代表孔溶液表观电阻；$h$ 是试件的厚度；$A$ 是试件的截面积。

Vedalakshmi 等人[118] 将泡水养护至一定龄期（3d、7d、14d 及 28d）的混凝土试件浸泡在 0.513mol/L 的盐溶液中 24h，然后在室温条件下空气中干燥 6h，最后测试试件的交流阻抗谱。测量频率是 100kHz～1MHz，激励电压为 20mV。随后将混凝土试件在干湿循环条件下暴露 64d 后，分别测量试件中 10mm 和 20mm 深度处的氯离子浓度。然后根据 Fick 定律［公式(14-11)］计算 $D_{app}$，再根据公式(14-12) 计算深度为 $x$ 处的扩散系数 $D_c(x)$。

$$c_X = c_S \left( 1 - erf \left[ \frac{X}{2\sqrt{D_{app} t}} \right] \right) \tag{14-11}$$

$$D_c(x) = \frac{D_{app} \times \tau}{P} \tag{14-12}$$

式中，$c_X$ 和 $c_S$ 分别为深度为 $X$ 和 0 时的氯离子浓度，$X$ 为氯离子渗透深度，$t$ 为氯离子渗透时间，$D_{app}$ 为氯离子表观扩散系数，$\tau$ 为孔隙扭曲率，$P$ 为孔隙率。$D_{app}$ 用 Fick 第二定律计算。

作者采用图 14-18 中的电极连接方式测试了试件的 ACIS 并用图中的等效电路图进行分析，将孔溶液电阻 $R_{poresol}$ 用于公式(14-9) 计算氯离子扩散系数 $D_{eff}$，并对比了分别用公式(14-9) 和 (14-12) 计算有效氯离子扩散系数的差异，发现干湿循环下获得的 $D_{eff}$ 值与 $D_c(x)$ 具有良好的相关性。

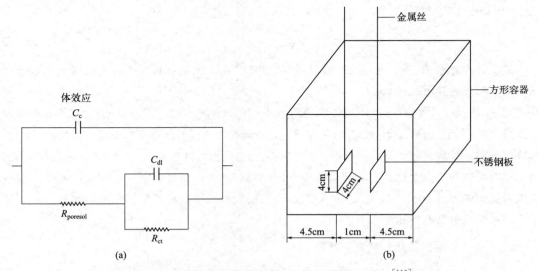

图 14-18　等效电路图 (a) 及测试装置示意图 (b)[119]

$C_c$，混凝土电容；$R_{poresol}$，孔溶液电阻；$C_{dl}$，孔溶液-电极界面双电层电容；$R_{ct}$，电极电路的电荷转移阻抗

上述电路图没有任何微观结构理论基础，从导电路径理论似乎也很难解释参数的意义。因此，即使基于有限的两个数值相关性很好，也不能说明交流阻抗谱解析的准确性。且采用交流阻抗测试得到的扩散系数是平均值，而在实际测试时应该将孔充满同样浓度的某种盐溶液才能得到对应的平均值。就像 Buchwald 等人[114] 测试多孔材料硫酸盐的扩散系数一样。

交流阻抗和传统方法测试的氯离子扩散系数差异很大。如前所述，许多研究[23,26-27] 及实测结果发现，Nyquist 图中并不只存在一个容抗弧（RC），一个容抗弧的等效电路中电阻并不一定代表孔溶液表观电阻。基于 Song 等人[1] 的导电路径模型，孔溶液电阻有两个，一个是连通孔的电阻，另一个是非连通孔电阻，都取决于材料的孔隙率和孔溶液浓度，考虑到离子在连通孔中迁移更快，可采用等效电路 $[R_1 C_1 (R_2 C_2)]$ 中的连通孔溶液电阻 $R_1$ 进行计算，应该更为合理。

Shi 等人[80] 认为交流阻抗测试氯离子迁移是拟稳态的，因此，稳态电迁移系数更接近交流阻抗的测试结果是合理的。而实际测试中氯离子迁移是一种非稳态迁移，这与 ACIS 测试的结果存在原理性的差异。因此，二者结果存在差异是正常的。值得一提的是，Loche 等人[116] 发现 RCT 测试的直流电导率与 ACIS 基于等效电路 $(R_E C_E)(R_{mat} C_{mat})(R_E C_E)$ 解析的电导率具有非常好的相关性。

（2）基于形成因子法测量氯离子迁移

Mercado 等人[120,121] 基于形成因子法采用 ACIS 技术测试氯离子扩散系数：

$$F = \frac{D_{pore}}{D} = \frac{\sigma_{pore}}{\sigma_{mat}} \tag{14-13}$$

式中，$F$ 是形成因子；$\sigma_{pore}$ 是孔溶液电导率；$\sigma_{mat}$ 是饱和水泥基材料的电导率；$D_{pore}$ 是孔溶液中的离子扩散系数；$D$ 是同样的离子在饱和水泥基材料中的扩散系数。

形成因子法在水泥基材料中测试氯离子扩散系数被证实是有效的[115]。$D_{pore}$ 可以在相关的化学书籍中查到[122,126]，$\sigma_{pore}$ 可以通过测试压滤孔溶液电导率获得。饱和的水泥基材料电导率 $\sigma_{mat}$ 可以根据下式计算：

$$\sigma_{mat} = \frac{L}{A R_{mat}} \tag{14-14}$$

式中，$A$ 是截面面积；$L$ 是试件厚度；$R_{mat}$ 是饱和水泥基材料电阻，可以通过阻抗谱测试出来，与连通孔电阻接近。

Mercado 等人[120,121] 分别使用传统的等效电路图 $(R_E C_E)(R_{mat} C_{mat})(R_E C_E)$ 和导电路径电路图 $(R_E C_E)\{R_{ccp}[C_{mat}(R_{dp} C_{dp})]\}$ 来求 $R_{mat}$，将求得的 $R_{mat}$ 代入公式(14-13) 和公式(14-14) 计算出氯离子扩散系数。Mercado 等人[120,121] 采用 ACIS 测试的水胶比为 0.40 的 CEM-Ⅰ 混凝土扩散系数与稳态电迁移实验结果差异为 3.0%～7.1%，而水胶比为 0.43 的 CEM-Ⅴ 混凝土两者之间的差异为 12.5%～25%。这表明，采用形成因子法可以较为与水泥基材料中氯离子稳态扩散系数具有可比性。

（3）基于韦伯阻抗测量氯离子迁移

Shi 等人[80] 提出采用多孔银电极直接研究水泥基材料中氯离子扩散的快捷方法，并指出使用交流阻抗方法直接测定混凝土中氯离子扩散系数，最基本的条件是创造氯离子扩散环境，即电极表面发生可逆反应。为此，可将试块在一定浓度氯离子溶液中浸泡一段时间，且采用多孔银电极，实现基于可逆反应的氯离子扩散环境。在交流电激励下，在电极/试件界面发生的反应方程式为[80]：

$$Ag + Cl^- - e^- \longrightarrow AgCl \tag{14-15}$$

$$AgCl + e^- \longrightarrow Ag + Cl^- \tag{14-16}$$

由于电化学反应的存在，电极附近的氯离子浓度与试件本体中氯离子浓度不同，形成浓度梯度。施加的交变电流幅值很小，一般在几十毫伏，而混凝土的介电性质较好，电场对氯离子的影响很小，此时氯离子的迁移机理主要是扩散过程。通过在一定初始条件和边界条件下求解 Fick 第二定律，并基于反应的可逆性，可得到扩散系数的表达式[80]：

$$D = \frac{R^2 T^2}{2F^4 A^2 \sigma_w^2 c^2} \tag{14-17}$$

式中，$R$ 为通用气体常数；$T$ 为热力学温度；$A$ 为电极面积；$F$ 为法拉第常数；$\sigma_w$ 为 Warburg 阻抗系数；$c$ 为浸泡用氯离子溶液浓度。在一定的测试条件下，式（14-17）中仅 Warburg 阻抗 $\sigma_w$ 为未知，而 $\sigma_w$ 可用文献 [73] 提供的方法由测得的阻抗数据求得。

对同一组阻抗数据，上式得到的扩散系数也是唯一确定的。该法的优点是理论基础可靠，测试在准静态下进行，结果精确，可重复性好。另外，Shi 等人[80] 采用本方法时用的银电极具有氯离子选择性，排除了水泥基材料中其他离子的影响，测试结果更精确。Shi 等人[80] 尽管没有将测试结果和直流电场的结果进行对比，但是他们认为直流电场测试的是电场作用下的离子迁移，而交流阻抗方法测试的是准静态扩散，仅仅是扩散本身被测量，结果应该比电场迁移更可靠。

Vedalakshmi 等人[119] 直接采用不锈钢等惰性电极测试了包含其他离子的氯离子扩散系数的影响。Vedalakshmi 等人[119] 对比了交流阻抗法测试与非稳态迁移法测试结果，大多数情况下两种扩散系数差异很大。存在差异的主要原因可能如下：①此方法测试的仅为混凝土浅表层氯离子扩散系数[97]，在常规测试条件下，因浓度梯度引起的扩散深度很浅，测得的扩散系数是与电极接触的浅表层混凝土的扩散系数。表层扩散系数能否代表整个 $D_{app}$ 是值得怀疑的，因为随着深度增加，$D_{app}$ 是一直减小的，减小幅度逐渐放缓[127]。②低频测试电极界面响应交流阻抗的稳定性问题，即测试出的 Nyquist 图低频斜线部分的斜率不完全等于 1，且容易数据离散。一些研究者甚至认为斜线部分应该是更大圆弧的一部分，也有研究者[51] 甚至认为出现斜直线的频率范围很低，在 $10^{-6}$ 范围内。

# 14.7 与其他测试方法的比较

由于交流阻抗谱测试是以响应的电阻、电容等参数来反映水泥基材料的微观结构或性能的变化，因此和其他测试方法无法直接进行比较。若要进一步确定交流阻抗谱表征水泥基材料微观结构和性能的可靠性，可从两方面进行证明。一方面是直接用其他可靠的微观结构的测试方法佐证交流阻抗谱测试出来的规律，另一方面是建立交流阻抗谱解析参数与其他方法测得参数的关系。对于第一方面，比较通常的做法是交流阻抗参数反映微观结构变化规律，其他方法通过物相变化或孔径特征变化来验证 ACIS 反映出的规律。第二方面通常是建立 ACIS 与微观结构和孔溶液浓度之间的关系。

### 14.7.1　用其他测试方法验证交流阻抗测试的微观结构变化规律

交流阻抗谱的应用前提是相关解析参数的物理意义正确，所代表的微观结构参数准确。第一种确定 ACIS 是否可靠的方法就是与传统的测试方法对比，看是否能够验证交流阻抗参数反映的相关微观结构变化规律。

Sui 等人[128] 对比了传统的孔隙率及 XRD 测试结果与交流阻抗测试结果，结果表明交流阻抗判定的孔隙率改变和传统的孔隙率测试方法得到的结果一致。而对于 $Ca(OH)_2$ 含量的判断，交流阻抗判定的结果与 XRD 判定结果并不一致。作者认为这可能因为基于交流阻抗判断的是孔溶液中 $OH^-$ 浓度，而 XRD 判定的是水化产物中的 $Ca(OH)_2$ 含量，二者并不相同。Despas 等人[129] 用介电常数表征磷灰石水泥凝结反应，且用 SEM 法验证了可以用介电常数反映水泥凝结过程的规律。Cruz 等人[36] 采用 ACIS 分析了掺火山灰水泥砂浆的水化反应，同时用 TGA、SEM 和 MIP 实验结果验证了相关规律。结果表明采用 CPE 元件定量表征固液界面水化产物可以区别惰性掺和料和火山灰在水泥砂浆水化中的作用。Wansom 等人[30] 采用 ACIS 研究了稻壳灰在水泥基材料中的活性，同时用 XRD、TG 验证了 ACIS 的实验结果。结果表明在碳含量较高的情况下，ACIS 可以表征稻壳灰的活性。

Sánchez 等人[130] 的研究表明 ACIS 可以通过介电常数的变化灵敏地反映出混凝土在氯离子迁移过程中的孔结构变化，从孔隙饱和过程到由于迁移而形成新的物相导致孔径发生细化，ACIS 均可检测出来。ACIS 检测出的孔径变化也被 MIP 实验所验证。Díaz 等人[35] 采用 ACIS 中的连通孔电阻表征砂浆中由于氯离子迁移形成 F 盐的动力学信息，并通过 XRD、EXD 和 SEM 实验验证了 F 盐的形成。Kim 等人[21] 采用阻抗谱研究了 Mg-alinite 与 Zn-alinite 水泥水化，结果表明 Zn-alinite 水泥的体积电阻总体上是大于普通硅酸盐水泥的，而 Mg-alinite 水泥的体积电阻和普通硅酸盐水泥的相似。通过 XRD 与 NMR 进一步证实 Zn-alinite 水泥的水化速率更快，间接证实了交流阻抗测得的基体电阻的规律。

Gu 等人[20,47] 采用高频弧特性表征超塑化剂在早龄期的水化延迟效应，结果表明早龄期水化延迟效应确实存在，到 28d 时，延迟效应仍然很显著。而 SEM 和 TGA 的实验结果也证实了超塑化剂存在时水化更慢。Gu 等人[20,47] 研究表明 ACIS 可以检测到水泥浆体与骨料之间的界面过渡区并反映其在不同条件下的变化，且通过 SEM 和 EVA 证实了界面过渡区物相的变化，从而佐证了交流阻抗检测的界面过渡区的变化规律。

综上所述，交流阻抗测试方法与其他方法对比的基本思路是，采用 ACIS 的参数表征不同情况（例如掺和料、外加剂、电场等）对水泥基材料性能指标的影响规律，然后用微观分析法解析物相变化或孔隙变化来佐证交流阻抗测试发现的规律。因此，这种验证属于定性分析。

### 14.7.2　ACIS 解析参数与孔溶液浓度及孔隙率之间的关系

水泥基材料的力学性能主要与其孔隙特征有关，而耐久性不但取决于孔隙特征，还与孔溶液成分及固相成分有关。一些研究者直接采用交流阻抗谱定量表征水泥基材料的孔隙特征和孔溶液离子浓度。Xu 等人[131] 认为 ACIS 半圆直径的大小完全取决于材料的孔隙率、平均孔径和孔溶液离子浓度。因此，如果想采用 ACIS 定量表征水泥基材料的微观结构及反映出相应的力学、耐久性等性能，需要建立 ACIS 解析参数与孔结构及孔溶液浓度的相关关系。到目前为止，有研究者基于等效电路 $R_1(R_2C_2)$ 建立了 ACIS 解析参数与孔隙率及孔溶液浓度之间的关系。

### 14.7.2.1　$R_1$ 与孔隙率之间的关系

Xu 等人[58,131] 基于砖模型及相应的等效电路 $R_1(R_2C_2)$[54]，提出了高频弧电阻 $R_1$ 与孔隙率之间的关系，如公式（14-18）所示：

$$R_1 = \frac{\kappa \sigma_{ld}}{(1-\alpha) + \alpha P} \tag{14-18}$$

式中，$\kappa$ 通常等于 $L/S$；$S$ 是电极面积；$L$ 是两个电极之间的距离；$\sigma_{ld}$ 是孔溶液电导率；$\alpha$ 是材料中固体材料所占的比例；$P$ 是孔隙率。

从公式（14-18）可以看出，电阻 $R_1$ 主要受液相电阻和孔隙率影响。而液相电阻和孔溶液浓度有关，因此电阻 $R_1$ 同时由孔隙率和孔溶液浓度决定。Gu 等人[58] 拟合的 $1/R_1$ 与孔隙率之间的关系其斜率随着孔隙率的增加而增大。由于 $\alpha$ 随孔隙率降低而增大，因此 $\sigma_{ld}$ 也随孔隙率降低而增大。Xu 等人[58,131] 通过实验验证了该关系式的成立。

### 14.7.2.2　$R_2$ 与孔结构及孔溶液离子浓度之间的关系

Xu 等人[59,131] 基于砖模型及相应的等效电路 $R_1(R_2C_2)$，提出了 $R_2$ 与孔隙率及孔溶液浓度之间的关系，如公式（14-19）所示：

$$R_2 = \frac{k_7}{P r_0} \left(1 + \frac{k_8}{\sqrt{c}}\right) \tag{14-19}$$

式中，$k_7$ 与 $k_8$ 是常数；$P$ 是孔隙率；$r_0$ 是平均孔径；$c$ 是孔溶液中氯离子浓度，电阻 $R_2$ 为固液界面并联电阻。

从公式（14-19）可以看出电阻 $R_2$ 主要与孔隙率、孔径分布及孔溶液中氯离子浓度有关。理论上，固液界面电阻确实受孔溶液浓度、孔径分布和孔隙率（主要决定孔溶液含量多少）影响。Xu 等人[59,131] 的试验研究结果也表明 $R_2$ 与 $1/c^{0.5}$ 和 $1/P r_0$ 均分别有良好的线性关系。而且，在低孔隙率的水泥基材料中，该关系式依然存在良好的线性相关性[22]。鉴于水泥基材料交流阻抗响应满足 Maxwell 模型，上述关系式中的阻抗参数也在物理意义上存在争议，阻抗参数与孔结构和孔溶液浓度的关系式需要重新考量。

# 14.8　小结

本章首先简述了交流阻抗谱测试的基本原理，接着详细阐述了水泥基材料 ACIS 测量参数的选择，包括电极材料、试件尺寸、电极体系、电极与试件的连接方式、电压范围、频率范围及信噪比的选择。在阐述目前水泥基材料交流阻抗测试领域各个测量参数通常的选用值的基础上，对于存在争议的参数选择给出讨论并对如何确定提出合理建议，尤其对测试过程中电极与试件的接触效果及杂散阻抗的校正等注意事项进行了详细阐明。通过合理选择测量参数和保证注意事项的实施，可望测得理想的水泥基材料 ACIS。

在水泥基材料 ACIS 合理测量之后，数据需要经过 K-K 转换关系验证，以保证 ACIS 工作假定的成立。虽然，K-K 转换关系积分存在的误差尚无研究，但可以通过交流阻抗谱测试结果的稳定性及差异验证 K-K 转换关系判定工作假定成立与否。基于等效电路的函数关系式，可通过数值拟合分析出阻抗参数。水泥基材料 ACIS 的解析需要建立相应的阻抗参数的物理意义，而物理意义的建立需要与水泥基材料的微观结构模型联系起来。目前最合理的微观结构模型为导电路径模型，可以明确赋予 ACIS 中各个参数明确的物理意义，用以解释水泥基材料 ACIS 行为。基于导电路径模型的 Maxwell 等效电路结合 DIA 可以用于解析水泥基材料交流阻抗谱，这需要进一步研究。

交流阻抗谱在水泥基材料中的应用分为三大类：第一类应用是直接用阻抗谱及其参数定性或定量地表征各种因素对水泥基材料的影响。这也是目前应用最多的一类，阻抗谱已被广泛应用于不同条件下（水化时间、湿度、温度、表面处理、暴露环境及荷载等）的水泥基材料净浆、砂浆及混凝土的阻抗特征研究。在此类应用中，不同条件不同配比的水泥基材料阻抗参数变化规律不一致，很难一一总结。第二类应用是将基于解析的阻抗参数进一步计算出来相关参数来表征水泥基材料的性能。例如，水泥基材料的介电常数是基于解析出的相应电容计算出来的，而氯离子扩散系数与水渗透系数等是基于解析出的相应电阻计算出来的。第三类应用是阻抗参数直接与某个水泥基材料性能指标建立相关关系。这类应用较少，也很难一一总结规律。本章详细总结了基于水泥基材料 ACIS 解析参数进而计算出相关参数的应用，即抗渗性、氯离子迁移及介电常数的测量，同时简述了第一类应用。

最后本章对比了 ACIS 与其他方法的测试结果。主要包括两方面：一方面是直接用其他可靠的微观结构的测试方法验证交流阻抗谱测试出来的规律，另一方面是建立交流阻抗谱解析参数与其他测试方法测试结果的关系。对于第一方面比较通常的做法是首先用交流阻抗参数反映材料的微观结构变化规律，然后采用其他方法通过物相或孔结构变化来验证 ACIS 反映的规律。对于第二方面，通常是建立 ACIS 解析参数与微观结构和孔溶液浓度之间的关系。

# 参考文献

［1］ Song G. Equivalent circuit model for AC electrochemical impedance spectroscopy of concrete. Cement and Concrete Research，2000，30：1723-1730.

［2］ Sato T. An AC impedance spectroscopy study of the freezing-thawing durability of wollastonite micro-fibre reinforced cement paste. Ottawa Canada：University of Ottawa，2002.

［3］ McCarter W J，Garvin S，Bouzid N，et al. Impedance measurements on cement paste. Journal of Materials Science Letters，1988，7：1056-1057.

［4］ Wang X. Non-destructive characterisation of structural ceramics using impedance spectroscopy. London England：Brunel University，2001.

［5］ Christensen B J，Mason T，Jennings H M，et al. Influence of silica fume on the early hydration of Portland cements using impedance spectroscopy. Journal of the American Ceramic Society，1992，

75：939-945.

[6]　Coverdale R T，Jennings H M，Garboczi E J，et al. An improved model for simulating impedance spectroscopy. Computational Materials Science，1995，3：465-474.

[7]　Liu C，Huang Y，Zheng H，et al. Study of the hydration process of calcium phosphate cement by AC impedance spectroscopy. Journal of the American Ceramic Society，1999，82：1052-1057.

[8]　Camp P R，Bilotta S. Dielectric properties of portland cement paste as a function of time since mixing. Journal of Applied Physics，1989，66：6007-6013.

[9]　Niklasson G A，Berg A，Brantervik K，et al. Dielectric properties of porous cement mortar：fractal surface effects. Solid State Communications，1991，79：93-96.

[10]　Berg A，Niklasson G A，Brantervik K，et al. Dielectric properties of cement mortar as a function of water content. Journal of Applied Physics，1992，71：5897-5903.

[11]　Gu P，Beaudoin J J. Dielectric behaviour of compressed calcium silicate hydrates. Journal of Materials Science Letters，1995，14：613-614.

[12]　Gu P，Beaudoin J J. Dielectric behaviour of hardened cement paste systems. Journal of Materials Science Letters，1996，15：182-184.

[13]　Yoon S S，Kim H C，Hill R M. The dielectric response of hydrating porous cement paste. Journal of Physics D：Applied Physics，1996，29：869-875.

[14]　Gu P，Beaudoin J J. Dielectric behaviour of hardened cementitious materials. Advances in Cement Research，1997，9：1-8.

[15]　Ford S J，Hwang J H，Shane I D，et al. Dielectric amplification in cement pastes. Advanced Cement Based Materials，1997，5：41-48.

[16]　Alonso C，Andrade C，Keddam M，et al. Study of the dielectric characteristics of cement paste. Materials Science Forum，1998，289：15-28.

[17]　Levita G，Marchetti A，Gallone G，et al. Electrical properties of fluidified Portland cement mixes in the early stage of hydration. Cement and Concrete Research，2000，30：923-930.

[18]　Wen S，Chung D D L. Effect of admixtures on the dielectric constant of cement paste. Cement and Concrete Research，2001，31：673-677.

[19]　Scuderi C A，Mason T O，Jennings H M，et al. Impedance spectra of hydrating cement pastes. Journal of Materials Science，1991，26：349-353.

[20]　Gu P，Xie P，Beaudoin J J，et al. Investigation of the retarding effect of superplasticizers on cement hydration by impedance spectroscopy and other methods. Cement and Concrete Research，1994，24：433-442.

[21]　Kim Y，Lee J，Hong S. Study of alinite cement hydration by impedance spectroscopy. Cement and Concrete Research，2003，33：299-304.

[22]　Xu Z，Gu P，Xie P，et al. Application of A. C. impedance techniques in studies of porous cementitious materials（Ⅲ）acis behavior of very low porosity cementitious systems. Cement and Concrete Composites，1993，23：1007-1015.

[23]　Gu P，Xie P，Beaudoin J J，et al. A. C. impedance spectroscopy（Ⅱ）：microstructural characterization of hydrating cement-Silica fume systems. Cement and Concrete Composites，1993，23：157-168.

[24]　McCarter W J，Starrs G. Impedance characterization of ordinary Portland cement-pulverized fly ash

binders. Journal of Materials Science Letters, 1997, 16: 605-607.

[25] McCarter W J, Starrs G, Chrisp T M. Immittance spectra for Portland cement/fly ash-based binders during early hydration. Cement and Concrete Research, 1999, 29: 377-387.

[26] McCarter W J, Chrisp T M, Starrs G, et al. Characterization and monitoring of cement-based systems using intrinsic electrical property measurements. Cement and Concrete Research, 2003, 33: 197-206.

[27] Ampadu K O, Torii K. Characterization of eco-cement pastes and mortars produced from incinerated ashes. Cement and Concrete Research, 2001, 31: 431-436.

[28] Raupp-peReiRa F, RibeiRo M J, SegadãeSl A M, et al. Setting behaviour of waste-based cements estimated by impedance spectroscopy and temperature measurements. Boletín De La Sociedad Española De Cerámica Y Vidrio, 2007, 46: 91-96.

[29] Miroslav L, Ivo K, Lubos P, et al. Non destructive testing of cetris-basic woodcement chipboards by using impedance spectroscopy. The 10th International Conference of the Slovenian Society for Non-Destructive Testing. Ljubljana, Slovenia, 2009, 423-430.

[30] Wansom S, Janjaturaphan S, Sinthupinyo S. Characterizing pozzolanic activity of rice husk ash by impedance spectroscopy. Cement and Concrete Research, 2010, 40: 1714-1722.

[31] Hwang J. Impedance spectroscopy analysis of hydration in ordinary Portland cements involving chemical mechanical planarization slurry. Journal of the Korean Ceramic Society, 2012, 49: 260-265.

[32] Montemor M F, Simões A M P, Saltat M M, et al. The assessment of the electrochemical behaviour of fly ash-containing concrete by impedance spectroscopy. Corrosion Science, 1993, 35: 1571-1578.

[33] McCarter W J. A parametric study of the impedance characteristics of cement-aggregate systems during early hydration. Cement and Concrete Research, 1994, 24: 1097-1110.

[34] McCarter W J. The A. C. impedance response of concrete during early hydration. Journal of Materials Science, 1996, 31: 6285-6292.

[35] Díaz B, Freire L, Merino P, et al. Impedance spectroscopy study of saturated mortar samples. Electrochimica Acta, 2008, 53: 7549-7555.

[36] Cruz J M, Fita I C, Soriano L, et al. The use of electrical impedance spectroscopy for monitoring the hydration products of Portland cement mortars with high percentage of pozzolans. Cement and Concrete Research, 2013, 50: 51-61.

[37] McCartert W J, Garvin S. Dependence of electrical impedance of cement-based materials on their moisture condition. Journal of Physics D Applied Physics, 1989, 22: 1773.

[38] Gu P, Xie P, Fu Y, et al. A. C impedance phenomena in hydrating cement systems: the drying-rewetting process. Cement and Concrete Research, 1994, 24: 89-91.

[39] McCarter W J. Effects of temperature on conduction and polarization in Portland cement mortar. Journal of the American Ceramic Society, 1995, 78: 411-415.

[40] Perron S, Beaudoin J J. Freezing of water in Portland cement paste-an ac impedance spectroscopy study. Cement and Concrete Composites, 2002, 24: 467-475.

[41] Beaudoin J J, Tamtsia B T. Effect of drying methods on microstructural changes in hardened cement paste: an A. C. impedance spectroscopy evaluation. Journal of Advanced Concrete Technology, 2004, 2: 113-120.

[42] Cormack S L, Macphee D E, Sinclair D C, et al. An AC impedance spectroscopy study of hydrated cement pastes. Advances in Cement Research, 1998, 10: 151-159.

[43] Neithalath N, Weiss J, Olek J. Characterizing enhanced porosity concrete using electrical impedance to predict acoustic and hydraulic performance. Cement and Concrete Research, 2006, 36: 2074-2085.

[44] Moss G M, Christensen B J, Mason T O, et al. Microstructural analysis of young cement pastes using impedance spectroscopy during pore solution exchange. Advanced Cement Based Materials, 1996, 4: 68-75.

[45] Sohn D, Mason T O. Electrically induced microstructural changes in Portland cement pastes. Advanced Cement Based Materials, 1998, 7: 81-88.

[46] Zhong S, Shi M, Chen Z. The response of polymer-coated mortar specimens. Cement and Concrete Research, 2002, 32: 983-987.

[47] Gu P, Xie P, Beaudoin J J, et al. Microstructural characterization of the transition zone in cement systems by means of A. C. impedance spectroscopy. Cement and Concrete Research, 1993, 23: 581-591.

[48] Shane J D, Mason T O, Jennings H M. Effect of the interfacial transition zone on the conductivity of Portland cement mortars. Journal of the American Ceramic Society, 2000, 83: 1137-1144.

[49] Bruce J, Christensen R, Tate Coverdale, et al. Impedance spectroscopy of hydrating cement-based materials: measurement, interpretation and application. Journal of the American Ceramic Society, 1994, 77: 2789-2804.

[50] He F, Wang R, Shi C, et al. Error evaluation and correction of stray impedance during measurement and interpretation of AC impedance of cement-based materials. Cement and Concrete Composites, 2016, 72: 190-200.

[51] McCarter W J, Brousseau R. The A. C. response of hardened cement paste. Cement and Concrete Research, 1990, 20: 891-900.

[52] Brantervik K, Nildasson G A. Circuit models for cement based materials obtained from impedance spectroscopy. Cement and Concrete Research, 1991, 21: 496-508.

[53] Gu P, Xie P, Beaudoin J J, et al. A. C. impedance spectroscopy (Ⅰ): A new equivalent circuit model for hydrated Portland cement paste. Cement and Concrete Research, 1992, 22: 833-840.

[54] Xie P, Gu P, Xu Z, et al. A rationalized A. C. impedance model for microstructural characterization of hydrating cement systems. Cement and Concrete Research, 1993, 23: 359-367.

[55] Macphee D E, Sinclair D C, Stubbs S L, et al. Electrical characterization of pore reduced cement by impedance spectroscopy. Journal of Materials Science Letters, 1996, 15: 1566-1568.

[56] Keddam M, Takenouti H, Nóvoa X R, et al. Impedance measurements on cement paste. Cement and Concrete Research, 1997, 27: 1191-1201.

[57] Macphee D E, Sinclair D C, Cormack S L. Development of an equivalent circuit model for cement pastes from microstructural considerations. Journal of the American Ceramic Society, 1997, 80: 2876-2884.

[58] Gu P, Xu Z, Xie P, et al. Application of A. C. impedance techniques in studies of porous cementitious materials (Ⅰ): influence of solid phase and pore solution on high frequency resistance. Cement and Concrete Research, 1993, 23: 531-540.

[59] Gu P，Xie P，Beaudoin J，et al. A. C. impedance spectroscopy（Ⅱ）：relationship between ACIS behavior and the porous microstructure. Cement and Concrete Research，1993，23：853-862.

[60] Gu P，Xie P，Fu Y，et al. A. C impedance phenomena in hydrating cement systems：frequency dispersion angle and pore size distribution. Cement and Concrete Research，1994，24：86-88.

[61] Gu P，Xie P，Fu Y，et al. A. C. impedance phenomena in hydrating cement systems：origin of the high frequency arc. Cement and Concrete Research，1994，24：704-706.

[62] Xie P，Gu P，Fu Y，et al. A. C. impedance phenomena in hydrating cement systems：detectability of the high frequency arc. Cement and Concrete Research，1994，24：92-94.

[63] Coverdale R T，Christensen B J，Mason T O，et al. Interpretation of the impedance spectroscopy of cement paste via computer modelling Part Ⅱ dielectric response. Journal of Materials Science，1994，29：4984-4992.

[64] Coverdale R T，Christensen B J，Jennings H M，et al. Interpretation of impedance spectroscopy of cement paste via computer modelling Part Ⅰ bulk conductivity and offset resistance. Journal of Materials Science，1995，30：712-719.

[65] Tumidajski P J，Schumacher A S，Perron S，et al. On the relationship between porosity and electrical resistivity in cementitious systems. Cement and Concrete Research，1996，26：539-544.

[66] Cabeza M，Merinoa P，Mirandab A，et al. Impedance spectroscopy study of hardened Portland cement paste. Cement and Concrete Research，2002，32：881-891.

[67] Ford S J，Mason T O，Christensen B J，et al. Electrode configurations and impedance spectra of cement pastes. Journal of Materials Science，1995，30：1217-1224.

[68] Andrade C，Blanco V M，Collazo A，et al. Cement paste hardening process studied by impedance spectroscopy. Electrochimica Acta，1999，44：4313-4318.

[69] Shi M，Chen Z，Sun J，et al. Kramers-Kronig transform used as stability criterion of concrete. Cement and Concrete Research，1999，29：1685-1688.

[70] Shi M，Chen Z，Jian S. An evaluation of the stability of concrete by Nyquist criterion. Cement and Concrete Research，1999，29：1689-1692.

[71] 史美伦. 混凝土阻抗谱［M］. 北京：中国铁道出版社，2003.

[72] 曹楚南，张鉴清. 电化学阻抗谱导论［M］. 北京：科学出版社，2002.

[73] Bard A J，Faulkner L R. Electrochemical methods-fundamentals and applications. Brisbane Singapore Toronto：John Wiley and Sons，Inc. New Yorke Chichester Weinheim，2001.

[74] Barsoukov E，Macdonald J R. Impedance spectroscopy，theory experiment and applications. New Jersey：A John Wiley and Sons Inc，2005.

[75] Woo L Y. Characterizing fiber-reinforced composite structures using AC-impedance spectroscopy（AC-IS）. Illinois：Northwestern University，2005.

[76] Vladikova D. The technique of the differential impedance analysis Part Ⅰ：Basics of the impedance spectroscopy. Bulgarian Academy of Sciences，2004.

[77] 张鉴清. 电化学测试技术［M］. 北京：化学工业出版社，2010.

[78] Ford S J，Shane J D，Mason T O，et al. Assignment of features in impedance spectra of the cement-paste/steel system. Cement and Concrete Research，1998，28：1737-1751.

[79] Wang R，He F，Shi C，et al. AC impedance spectroscopy of cement-based materials：measurement and

interpretation. Cement and Concrete Composites，2022，131：104591.

[80] Shi M，Chen Z，Sun J，et al. Determination of chloride diffusivity in concrete by AC impedance spectroscopy. Cement and Concrete Research，1999，29：1111-1115.

[81] 吴立朋，阎培渝. 基于交流阻抗技术的混凝土表层氯离子扩散性研究. 建筑材料学报，2013，01：12-16.

[82] Gu P，Xie P，Beaudoin J J，et al. Contact capacitance effect in measurement of A. C. impedance spectra for hydrating cement systems. Journal of Materials Science，1996，31：144-149.

[83] Hsieh G，Ford S J，Masona T O，et al. Experimental limitations in impedance spectroscopy：Part Ⅰ-simulation of reference electrode artifacts in three-point measurements. Solid State Ionics，1996，91：191-201.

[84] Hsieh G，Ford S J，Masona T O，et al. Experimental limitations in impedance spectroscopy：Part Ⅵ. Four-point measurements of solid materials systems. Solid State Ionics，1997，100：297-311.

[85] Mark E. Orazem，Bernard Tribollet. Electrochemical impedance spectroscopy. Hoboken，New Jersey：John Wiley and Sons Inc，2008.

[86] Hsieh G，Masona T O，Pedersonb L R，et al. Experimental limitations in impedance spectroscopy：Part Ⅱ-electrode artifacts in three-point measurements on Pt/YSZ. Solid State Ionics，1996，411：203-212.

[87] Dotelli G，Mari C M. The evolution of cement paste hydration process by impedance spectroscopy. Materials Science and Engineering：A，2001，303：54-59.

[88] 安晓鹏，史才军，何富强，等. 三组分胶凝材料体系的交流阻抗特性. 硅酸盐学报，2012，07：1059-1066.

[89] Wang R，He F，Chen C，et al. Evaluation of electrode-sample contact impedance under different curing humidity conditions during measurement of AC impedance of cement-based materials. Scientific Reports，2020，10：17968.

[90] Darowicki K. The amplitude analysis of impedance spectra. Electrochimica Acta，1995，40：439-445.

[91] Huang Q A，Hui R，Wang B，et al. A review of AC impedance modeling and validation in SOFC diagnosis. Electrochimica Acta，2007，52：8144-8164.

[92] Stoynov Z. Electrochemical impedance. Moscow：Publishing House Science，1991.

[93] Gabrielli C. Identification of electrochemical processes by frequency response analysis. Solartron，Farnborough，Hampshire，England，1998.

[94] James J. Beaudoin，Basile T. Creep of hardened cement paste-the Role of interfacial phenomena. Interface Science，2004，12：353-360.

[95] Edwards D D，Hwang J H，Ford S J，et al. Experimental limitations in impedance spectroscopy：Part Ⅴ. Apparatus contributions and corrections. Solid State Ionics，1997，99：85-93.

[96] Pokkuluri K. Effect of admixtures，chlorides，and moisture on dielectric properties of Portland cement concrete in the low microwave frequency range. Virginia Polytechnic Institute and State University，1998.

[97] 吴立朋，阎培渝. 水泥基材料氯离子扩散性交流阻抗谱研究方法综述. 硅酸盐学报，2012，05：651-656.

[98] Hwang J，Kirkpatrick K J，Mason T O，et al. Experimental limitations in impedance spectroscopy：

Part Ⅳ. Electrode contact effects. Solid State Ionics，1997，98：93-104.

[99]  Mason T O，Ford S J，Shane J D，et al. Experimental limitations in impedance spectroscopy of cement-based materials. Advances in Cement Research，1998，10：143-150.

[100]  Urquidi-Macdonald M，Real S，Macdonald D D，et al. Application of Kramers-Kronig transforms in the analysis of electrochemical impedance data. Ⅱ. transformations in the complex plane. Journal of the Electrochemical Society，1986，132：2316-2319.

[101]  McCarter W J，Ezirim H. AC impedance profiling within cover zone concrete：influence of water and ionic ingress. Advances in Cement Research，1998，10：57-66.

[102]  Cabeza M，Keddam M，Nóvoa X R，et al. Impedance spectroscopy to characterize the pore structure during the hardening process of Portland cement paste. Electrochimica Acta，2006，51：1831-1841.

[103]  Olson R A，Christensen B J，Coverdale R T，et al. Interpretation of the impedance spectroscopy of cement paste via computer modelling：（Ⅲ）Microstructural analysis frozen cement paste. Journal of Materials Science，1995，30：5078-5086.

[104]  McCarter W J，Afshar A B. Some aspects of the electrical properties of cement paste. Journal of Materials Science Letters，1984，3：1083-1086.

[105]  McCarter W J，Afshar A B. Monitoring the early hydration mechanisms of hydraulic cement. Journal of Materials Science，1988，23：488-496.

[106]  Chi J M，Huang R，Yang C C. Effects of carbonation on mechanical properties and durability of concrete using accelerated testing method. Journal of Marine Science and Technology，2002，10：14-20.

[107]  Perron S，Beaudoin J J. Freezing of water in portland cement paste-an ac impedance spectroscopy study. Cement and Concrete Composites，2002，24：467-475.

[108]  Menéndez E，De Frutos J，Andrade C，et al. Internal deterioration of mortars in freeze-thawing：non-destructive evaluation by means of electrical impedance. Advanced Materials Research，2009，68：1-11.

[109]  Evans J F. Detection of water and ice on bridge structures by AC impedance and dielectric relaxation spectroscopy，phases Ⅲ and Ⅳ：continued field testing and refinement of novel water and ice sensor systems on bridge decks. Intelligent Transportation Systems Institute，Cen ter for Transportation Studies，2013.

[110]  Tamtsia B T，Beaudoin J J，Marchand J，et al. The early-age short-term creep of hardening cement paste：AC impedance modeling. Journal of Materials Science，2003，38：2247-2257.

[111]  Neithalath N，Weiss J，Olek J，et al. Predicting the permeability of pervious concrete（enhanced porosity concrete） from non-destructive electrical measurements. United States：Purdue University，2006.

[112]  McCarter W J，Starrs G，Chrisp T M，et al. Electrical conductivity，diffusion，and permeability of Portland cement-based mortars. Cement and Concrete Research，2000，30：1395-1400.

[113]  Liu Z，Beaudoin J J. An assessment of the relative permeability of cement systems using AC impedance techniques. Cement and Concrete Research，1999，29：1085-1090.

[114]  Buchwald A. Determination of the ion diffusion coefficient in moisture and salt loaded masonry

materials by impedance spectroscopy. in PhD Symposium. Vienna, 2000：475-482.

[115] Snyder K A，Ferraris C，Martys N S，et al. Using impedance spectroscopy to assess the viability of the rapid chloride test for determining concrete conductivity. Journal of Research of the National Institute of Standards and Technology, 2000, 105：497-509.

[116] Loche J M，Ammar A，Dumargue P，et al. Influence of the migration of chloride ions on the electrochemical impedance spectroscopy of mortar paste. Cement and Concrete Research，2005，35：1797-1803.

[117] Díaz B，Nóvoa X R，Pérez M C，et al. Study of the chloride diffusion in mortar：A new method of determining diffusion coefficients based on impedance measurements. Cement and Concrete Composites，2006，28：237-245.

[118] Vedalakshmi R，Devi R R，Emmanuel B，et al. Determination of diffusion coefficient of chloride in concrete：an electrochemical impedance spectroscopic approach. Materials and Structures，2008，41：1315-1326.

[119] Vedalakshmi R，Saraswathy V，Song H W，et al. Determination of diffusion coefficient of chloride in concrete using Warburg diffusion coefficient. Corrosion Science，2009，51：1299-1307.

[120] Mercado H，Lorente S，Bourbon X，et al. Chloride diffusion coefficient：A comparison between impedance spectroscopy and electrokinetic tests. Cement and Concrete Composites，2012，34：68-75.

[121] Mercado H，Lorente S，Bourbon X. On the determination of the diffusion coefficient of ionic species through porous materials. Cement-Based Materials for Nuclear Waste Storage，2013：113-123.

[122] Katz A J，Thompson A H. Quantitative prediction of permeability in porous rock. Physical Review B，1986，34：8179-8181.

[123] Tumidajski P J，Lin A B. On the validity of the katz-thompson equation for permeabilities in concrete. Cement and Concrete Research，1998，28：643-647.

[124] Nokken M R，Hooton R D. Using pore parameters to estimate permeability or conductivity of concrete. Materials and Structures，2008，41：1-16.

[125] El-Dieb A S，Hooton R D. Evaluation of the katz-thompson model for estimating the water permeability of cement-based materials from mercury intrusion porosimetry data. Cement and Concrete Research，1994，24：443-455.

[126] Peter A. Physical chemistry. Oxford：Oxford University Press，1998.

[127] 何富强，史才军，安晓鹏.硝酸银显色法测量混凝土氯离子表观扩散系数.硅酸盐学报，2010，38：2178-2184.

[128] Sui C，Li Y，Ding Q，Hydration process of cement-based materials by AC impedance method. Journal of Wuhan University of Technology，2015，30：142-146.

[129] Despas C，Schnitzler V，Janvier P，et al. High-frequency impedance measurement as a relevant tool for monitoring the apatitic cement setting reaction. Acta Biomaterialia，2014，10：940-950.

[130] Sánchez I，Nóvoa X R，Vera G D，et al. Microstructural modifications in Portland cement concrete due to forced ionic migration tests. Study by impedance spectroscopy. Cement and Concrete Research，2008，38：1015-1025.

[131] 许仲梓.水泥混凝土电化学进展——交流阻抗谱理论.硅酸盐学报，1994，02：173-180.

# 第15章
# 水泥基材料氯离子迁移测试

## 15.1 引言

由于混凝土中的孔隙溶液的高碱性，钢筋混凝土中的钢筋处于钝化状态。当氯离子含量达到了一个临界值时，钢筋被活化并开始腐蚀。随之，钢筋混凝土结构开始开裂，强度开始下降，结构的正常服役寿命因此而缩短，需采取必要的修补措施。氯离子引起的腐蚀是沿海地区以及寒冷地区（使用除冰盐）混凝土结构被破坏最常见的原因。每年由混凝土结构腐蚀引起的经济损失巨大。据 Federal Highway Administration Report No. RD-01-1561[1]，美国每年直接与高速公路腐蚀有关的经济损失就高达83亿美元。因而，选择高抗氯离子渗透的混凝土，对提高处于富氯离子环境中钢筋混凝土结构的耐久性有非常重要的意义。

氯离子可能通过以下两种方式进入混凝土：①内部掺入；②从外界渗入到混凝土内部，其来源主要是海水和除冰盐。内部氯离子的含量可以通过使用无氯的混凝土组分来控制，而外部的氯离子渗入混凝土是一个无法阻止的自然规律，只能通过提高混凝土质量来降低氯离子在混凝土的渗入速度。钢筋混凝土结构的寿命因而取决于氯离子在混凝土内的传输。氯离子在混凝土中的传输也因而成为了研究的热点。

氯离子主要通过以下五种方式在混凝土中传输：①扩散；②电迁移；③毛细管吸附作用；④对流；⑤热迁移。

（1）扩散

当混凝土处于饱和状态时，氯离子在混凝土中的传输方式主要是扩散。饱和混凝土是由固相和液相组成的，因此氯离子是在一非均匀体中传输，而不是均匀体。氯离子在浓度梯度的作用下，在连续的液相中传输是以一种自由行走的方式进行的，如图15-1所示。与氯离子在液相中的传输速度相比，氯离子在混凝土基体固相中的扩散速率可以忽略不计。当氯离子的传输路径被固相所阻碍时，氯离子便不再直接往前扩散，而是绕过固相。因此，氯离子在混凝土中的扩散速率由两个因素所决定：①氯离子在孔隙溶液中的扩散速率；②混凝土的孔隙结构。

扩散情况下，电化学梯度是唯一的驱动力。离子的电化学势可以用方程（15-1）表示[2-4]：

$$\mu = \mu_0 + RT\ln(\gamma c) \tag{15-1}$$

式中，$\mu$ 是化学势；$\mu_0$ 是标准化学势；$R$ 是通用气体常数；$T$ 是热力学温度；$\gamma$ 是活性系数；$c$ 是离子浓度。离子的传输是在电化学势的作用下进行的，电化学势由驱动力（化学势）和滞后力（反电场）所组成，可表示为：

$$J = -\frac{D}{RT}c\,\boldsymbol{\nabla}\mu = -D\frac{\partial c}{\partial x}\left(1 + \frac{\partial \ln\gamma}{\partial \ln c}\right) - cD\frac{zF}{RT}\times\frac{\partial E}{\partial x} \tag{15-2}$$

式中，$J$ 是离子的流量；$\boldsymbol{\nabla}\mu$ 是离子的电化学势；$D$ 是扩散系数；$z$ 是离子的化合价；$F$ 是法拉第常数；$E$ 是电场强度；$R$ 是通用气体常数；$x$ 是位置变量。

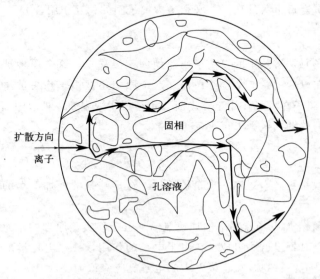

图 15-1　微观层面上氯离子在混凝土中迁移的示意图

为了简化，在很多文献中，$1 + \dfrac{\partial \ln\gamma}{\partial \ln c}$ 和 $cD\dfrac{zF}{RT}\times\dfrac{\partial E}{\partial x}$ 两项通常都被省略掉。方程(15-2)便成了菲克第一定律：

$$J = -D\frac{\partial c}{\partial x} \tag{15-3}$$

在应用中，菲克第一定律只适用于稳态的条件，也就是浓度不随时间而变化。通过对菲克第一定律求导可以得到适用于非稳态条件下的方程，也就是菲克第二定律[5]：

$$\frac{\partial c}{\partial t} = \frac{\partial J}{\partial x} = -\frac{\partial c}{\partial x}\left(D\frac{\partial c}{\partial x}\right) = D\frac{\partial^2 c}{\partial x^2} \tag{15-4}$$

菲克第二定律的解析可以通过以下边界条件和初始条件求得：$c(x=0,\ t>0)=c_0$（表面离子浓度恒等于 $c_0$）；$c(x>0,\ t=0)=0$（试件内部的初始浓度为零）；$c(x=\infty,\ t>0)=0$（在离表面无限远的地方，浓度一直等于零）。便可得到经典的误差函数解：

$$c(x,t) = c_0\left(1 - \mathrm{erf}\,\frac{x}{\sqrt{4D}}\right) \tag{15-5}$$

$$\mathrm{erf}\,(z) = 2/\sqrt{\pi}\int_0^z \exp(-u^2)\,\mathrm{d}u \tag{15-6}$$

式中，erf 是误差函数。方程(15-4) 和 (15-5) 经常被用于描述氯离子在混凝土中的传输。可以看出方程(15-2)中的两项$\left(1+\dfrac{\partial\ln\gamma}{\partial\ln c}\right)$和$cD\dfrac{zF}{RT}\times\dfrac{\partial E}{\partial x}$都被假设为零,这表明氯离子被假设为"中性粒子",在孔溶液中传输时不受其它离子的影响。很明显,这个假设的正确性值得怀疑。

一些研究表明氯离子浓度保持不变,而改变阳离子的类型,氯离子在混凝土中的传输行为截然不同[6],这就证明了阳离子类型对氯离子的扩散系数有很大的影响。另外,混凝土的孔隙溶液含有较高浓度的各种离子,如$Na^+$、$K^+$、$SO_4^{2-}$、$OH^-$等。这对氯离子的扩散系数同样影响很大。因此,在模型化氯离子在混凝土中的传输过程中,氯离子不应该被假设为"中性粒子",而是带有负电荷的离子,必须考虑离子间的相互作用。

（2）电迁移

当存在外部电场时,溶液中的氯离子快速地向正极移动,这个原理被广泛地应用于加速氯离子实验。这将在以后的章节中详细讨论。这个原理还被用于除去被氯离子污染的混凝土中的氯离子[7,8]。当离子在电场作用下移动时,也会产生浓度差,扩散因而也同时发生。一个离子在电场作用下的移动在数学上可表示为:

$$J(x)=-D\left[\dfrac{\partial c}{\partial x}+\dfrac{ZF}{RT}c\dfrac{\partial E}{\partial x}\right] \tag{15-7}$$

式中,$D$是扩散系数,右边第一项是扩散项,在足够强的外加电场的作用下,这项通常被忽略。

图 15-2 给出了在外加电场作用下的加速氯离子电迁移实验原理的示意图,实验装置通常由两个溶液槽和一个混凝土试块组成[9]。由于电场的作用,一些电化学反应会发生在两个电极附近。如果正极是惰性材料,在正极发生的电解反应应该为:

$$4OH^- \longrightarrow 2H_2O+O_2+4e^- \tag{15-8}$$

$$2Cl^- \longrightarrow Cl_2+2e^- \tag{15-9}$$

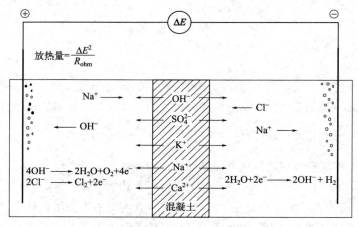

图 15-2　在外加电场作用下的离子迁移过程和化学反应示意图

如果正极材料是铁,铁会释放出电子,这会导致正极表面出现铁锈的现象。

$$Fe \longrightarrow Fe^{3+}+3e^- \tag{15-10}$$

负极的反应为：

$$2H_2O + 2e^- \longrightarrow 2OH^- + H_2 \qquad (15\text{-}11)$$

如果电场足够高，电化学反应可能产生大量的热量，这就可能引起混凝土的微观结构发生变化。

（3）对流

如果混凝土表面存在静水压力，产生静水压力的液体中存在氯离子，氯离子便会由于渗透压力的作用随溶液一起加速渗透进入混凝土中。

（4）毛细管吸附作用

当液体与固体接触时，表面会形成界面能。该界面能是由液体内部对表面分子的吸引力和固体对表面分子的吸引力之差引起的。该差异可以将孔隙中的水吸取到一定的高度并在孔隙中形成弯月面。这种传输机理主要发生在较浅的保护层部位。它一般不能将氯离子传输到钢筋混凝土中的钢筋表面，除非混凝土的质量非常差，并且保护层厚度很小。然而，这种机理可以将氯离子快速地传输到保护层的某个深度，这便缩短了氯离子到达钢筋表面的扩散距离[10]。

（5）热迁移

众所周知，离子或分子在热的环境中移动比在冷的环境中要快。在工程实际中，有一种情况可能发生氯离子的热迁移[11]。如果饱和混凝土内部含有均匀的氯离子浓度，当混凝土的一部分加热时，氯离子便会由温度高的部位迁移到温度低的部位。比如，当饱和混凝土已经被除冰盐所污染时，如果外部的混凝土受到阳光直接照射时，温度升高，氯离子便会在温度差的作用下由外部向混凝土内部迁移。

无论氯离子以何种方式侵入混凝土，都是诱发钢筋混凝土内钢筋锈蚀的原因。对于混凝土结构的耐久性，混凝土研究者需要能够回答三个问题[12]：①如何使混凝土不受侵蚀物质的腐蚀（耐久性）；②如何预测混凝土结构的服役寿命；③如何在很早的时间里确定混凝土结构的服役寿命，以作为接受或者拒绝该结构物的标准。而测试氯离子在混凝土中的传输是回答上述三个问题的根本！

氯离子在混凝土中的自然传输是一个非常缓慢的过程，而在工程实际应用中通常需要快速的实验结果。因此，各种各样的技术被用来加速氯离子在混凝土中的迁移以缩短实验时间和得到快速的实验结果。不同的技术以及不同的理论基础也因此被用来评价氯离子在混凝土中的迁移。

在过去的二十年里，全世界的研究者们提出了许多氯离子在混凝土中传输的实验方法。Streicher等[13]在1994年，Stanish[14]在2000年先后对已有的实验方法进行了评论。史才军等[15]也发表了对现有的实验方法的综合评论，该评论详细讨论了各种实验方法的优缺点。根据史才军的观点[15]，基于混凝土内部氯离子浓度是否随时间而变化，实验方法可以划分为：

（1）稳态实验方法

稳态是指氯离子浓度在试件内部的每个点已经达到平衡，不再随时间而变化。换句话说，混凝土已经被氯离子饱和，进入混凝土的氯离子量等于离开混凝土的氯离子量。

**（2）非稳态实验方法**

非稳态则是氯离子浓度在试件内部的某些点仍随时间而变化。

基于实验条件和原理，这些已有的实验方法可以被划分为扩散实验、电迁移实验、电导实验和其它一些方法。文献［16］将已有实验方法进行了分类，见表15-1。

表 15-1　氯离子在混凝土中迁移的实验方法总结[16]

| 理论基础 | 测试方法 | 测试指标 | 测试时长 | 评价 | 参考文献 |
|---|---|---|---|---|---|
| 菲克第一定律 | 稳态扩散实验 | 氯离子流量 | 几个月 | 时间长，不易操作 | Page [17] |
| 菲克第二定律 | NordTest Build 443 | 氯离子分布 | ＞35 天 | 接近实际，但要使用游离氯离子 | NordTest Build 443 [18] |
| Nernst-Planck 方程 | NordTest Build 355 | 氯离子流量 | 几个星期 | 单种离子理论 | NordTest Build 355 [19] |
| | Truc 的方法 | 氯离子流量 | 几天 | 单种离子理论，且来自上游的氯离子流量可能取决于结合量 | Truc [20] |
| | NordTest Build 492 或 Tang 的方法 | 渗透深度 | 24～72 小时 | 单种离子理论，比色法不准确 | NordTest Build 492 [21] |
| | 穿透时间方法 | 氯离子穿透时间 | 几个星期 | 理论尚不清楚，穿透时间的定义也不清楚 | Halamickova [22] |
| | Castellote 和 Andrade 的方法 | — | 几天 | Andrade 等人提出了许多方法 | Andrade [23] |
| | Samson 的方法 | 电流 | 120 小时 | 最可靠的理论基础，但过于复杂 | Samson [24] |
| | Friedmann 的方法 | 电流 | 几个星期 | 考虑周到的方法，但仅用于稳态测试 | Friedmann [25] |
| Nernst-Einstein 方程 | Lu 的方法 | 电阻率 | 几分钟 | 和 $f$ 修正系数及混凝土饱和技术有关 | Lu [26] |
| 形成因子 | 形成因子方法 | 电阻率 | 几分钟 | 和混凝土饱和技术有关 | Streicher [27] |
| 其他 | ASTM C1202 或 AASHTO T227 | 电通量 | 6 小时 | 所有导电离子都影响电通量 | ASTM C1202 [28] |
| | AASHTO T 259，90 天浸水实验 | 氯离子分布 | 90 天 | 涉及两种机制，单一影响尚不清楚 | AASHTO T 259 [29] |
| | 水压法 | 渗透深度 | 几个星期 | 需要特殊设备 | Freeze [30] |
| | 交流阻抗法 | 阻抗 | 几分钟 | 适用于测量混凝土的导电性 | Shi [31] |

实际上，测量氯离子在混凝土中迁移的目的有两个：

① 评价混凝土的抗氯离子渗透性；

② 作为氯盐环境下的钢筋混凝土寿命预测模型的输入参数之一。

有些实验方法只能满足第一个目的，比如 ASTM C1202（即混凝土抗氯离子渗透性的电测法）。在该方法中，只测量了 6 小时内通过混凝土试件的电通量，而 6 小时电通量不能直接作为寿命预测模型的输入参数。这种实验方法更适用于对混凝土进行质量评估。而另外一些方法可以直接测量出混凝土的氯离子扩散系数。扩散系数不但可以用来评价混凝土的抗氯离子渗透性，而且可以用于寿命预测模型。显然，这种实验方法更为实用。鉴于电通量法应用极为广泛，而快速电迁移法操作简单，原理清晰，自然浸泡法最接近真实的氯离子扩散过程，本节将主要介绍这三种方法的测试原理、样品制备、测试过程及注意事项、数据采集与结果处理、结果的解释和应用、与其它测试方法的比较等。

# 15.2 测试方法及原理

## 15.2.1 电通量法

这种实验方法最早由 Whiting[32] 所提出，1983 年被美国国家高速公路和交通协会采用，标准化为 AASHTO T277[33] 混凝土氯离子渗透快速测定法，随后被美国材料试验协会制定为标准 ASTM C1202[28] 混凝土抗氯离子渗透能力电指示法。ASTM C1202[28] 认识到氯离子快速渗透试验方法与 90 天塘泡试验方法（AASHTO T259）的相关是必要的，而 AASHTO T277[33] 没有这个要求。其测试原理是基于饱水混凝土试件的氯离子迁移能力与其导电性成正比的假设。在具体试验中，通过在混凝土两侧施加 60V 的电压，测试并记录 6 小时通过混凝土的库仑电量来评价混凝土的抗氯离子渗透性。

## 15.2.2 自然浸泡法

该方法最早被标准化为 NordTest Build 443，最近被 ASTM 标准化为 ASTM C1556 (2016)。该方法采用自然浸泡的方式使氯离子通过扩散进入混凝土内部，为加速氯离子扩散采用了较高浓度的浸泡氯盐溶液（2.8mol/L），如图 15-3 所示。在浸泡一定时间后，将试件沿扩散深度方向取样，测试其氯离子含量获得氯离子浓度分布曲线（见图 15-4），与菲克第二定律的误差函数解进行拟合，可得到氯离子扩散系数，如式（15-12）所示。

$$c(x,t) = c_s - (c_s - c_i)(1 - \text{erf}(x / \sqrt{4D_{app}t}) ) \quad (15-12)$$

式中，$c(x, t)$ 是在时间 $t$ 和深度 $x$ 处的氯离子浓度；$c_s$ 是表面氯离子浓度；$c_i$ 是试件内部的初始氯离子浓度；$x$ 是离表面的距离；$D_{app}$ 是表观氯离子扩散系数，也叫作非稳态扩散系数；$t$ 是暴露时间；erf 为误差函数。

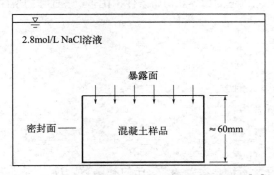

图 15-3　NordTest Build 443 试验装置示意图[15]

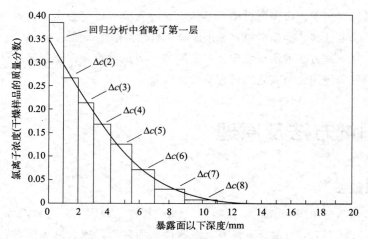

图 15-4　非稳态扩散试验数据回归分析示意图[15]

### 15.2.3　快速电迁移法

自然扩散试验需要很长的试验时间，应用电场可以大大加速氯离子的迁移速度。因此，研究者们提出了很多的电加速试验方法。通过电场的应用，可以在较短的时间内得到试验结果。如果把混凝土当作一个"固体的电解液"，离子在这个"固体的电解液"中的稳态移动可以用能斯特-普朗克方程来描述[34-35]：

$$J(x) = -D\left[\frac{\partial c(x)}{\partial x} + \frac{ZF}{RT}Dc\frac{\partial E(x,t)}{\partial x} + cV(x)\right] \tag{15-13}$$

式中，$D$ 是氯离子在混凝土中的扩散系数；$c$ 是孔隙溶液中的氯离子浓度；$V(x)$ 是对流项；$E$ 是电位。方程(15-13)的等号右边每一项对应着不同的传输机理：第一项是扩散项，描述离子在浓度梯度下的移动；第二项是离子在电场下的移动，电场可能是外加电场和自生电场的组合；第三项是对流项，由于没有压力梯度，这项从方程中省略，方程(15-13)变为

$$J(x) = -D\left[\frac{\partial c(x)}{\partial x} + \frac{ZF}{RT}Dc\frac{\partial E(x,t)}{\partial x}\right] \tag{15-14}$$

方程(15-14)被广泛地作为计算电加速试验下的稳态和非稳态的氯离子扩散系数的理论基础[35]。Tang 和 Nilsson[36] 用以下的边界和初始条件，在非稳态迁移的条件下解出了方程(15-14)：

$$\begin{aligned} c &= c_0, & x &= 0 & t &> 0 \\ c &= 0, & x &> 0 & t &= 0 \\ c &= 0, & x &\to \infty & t &= t_m \end{aligned}$$

其中，$t_m$ 是一个有限大的数。

方程(15-14)的解析解为：

$$c = \frac{c_0}{2}\left(e^{ax}\operatorname{erfc}\frac{x + \alpha D_{nssm}t}{2\sqrt{D_{nssm}t}} + \operatorname{erfc}\frac{x - \alpha D_{nssm}t}{2\sqrt{D_{nssm}t}}\right) \tag{15-15}$$

其中，$\alpha = zFE/RTL$，erfc 是误差函数 erf 的补函数，$D_{nssm}$ 是非稳态扩散系数。当电场 $E/L$ 足够大，以及氯离子渗透深度 $x_d$ 足够大的时候（$x_d > \alpha Dt$），方程(15-15)等号右边的第一项约等于零，可忽略不计，上式变成：

$$c_d = \frac{c_0}{2} \text{erfc} \left( \frac{x - \alpha D_{nssm} t}{2 \sqrt{D_{nssm} t}} \right) \tag{15-16}$$

经过一些数学转换后，式(15-16)变成：

$$D_{nssm} = \frac{RTL}{FE} \times \frac{x_d - \alpha \sqrt{x_d}}{t} \tag{15-17}$$

和

$$\alpha = 2 \sqrt{\frac{RTL}{FE}} \text{erf}^{-1} \left( 1 - \frac{2c_d}{c_0} \right) \tag{15-18}$$

式中，$x_d$ 是用喷洒 0.1mol/L 硝酸银溶液的方法测量的氯离子渗透的平均深度；$c_d$ 是变色边界处的氯离子浓度（普通水泥混凝土为 0.07mol/L）；$E$ 是应用的电压；$T$ 是试验前后阳极溶液的平均温度；$L$ 是试件的厚度；$t$ 是实验的时间。

在 1999 年这种方法被标准化为 Nord Test Build 492[21]，目前 ASTM 正在考虑将其纳入 ASTM 标准中。基于在 30V 电压下测量的初始电流，该标准推荐了各种测试电压以避免过多的发热量和得到合理的氯离子渗透深度。在试验的最后，将试件劈裂成两半，在新鲜的断裂面处喷洒 0.1mol/L 硝酸银溶液，以测量氯离子渗透深度。

值得一提的是，电解反应引起了电极和试件表面之间的电压降，使通过试件的实际电压要低于加在两电极上的电压。根据 McGrath[37] 的研究，电解反应引起的电压降大约为 1.5~2V。因此，计算的电压等于名义电压减去 2V 的电压。

Nord Test Build 492[21] 规定了 10%（约 2mol/L）的 NaCl 溶液，因此，

$$\text{erf}^{-1} \left( 1 - \frac{2c_d}{c_0} \right) = \text{erf}^{-1} \left( 1 - \frac{2 \times 0.07}{2} \right) = 1.28 \tag{15-19}$$

# 15.3 样品制备

### 15.3.1 电通量法

采用直接成型或取芯的方法制备厚 51mm，直径为 95mm 或 102mm 的圆柱形试件，具体制样方法取决于实验的目的。开始电通量试验前，采用快速凝结的密封胶将圆柱形混凝土试件的侧面全部密封，待密封胶凝胶不粘手后，将试件放入真空饱水装置中。要求真空饱水装置能够在几分钟内降至 55mmHg（6650Pa），保持真空 3h。然后将去除空气的冷开水加入真空饱水装置中，使水可完全浸泡容器中的混凝土试件，保持真空泵持续运作 1h 后将其关闭，并将空气放入饱水装置中，持续浸泡（18±2）h。

### 15.3.2 自然浸泡法

采用直接成型或取芯的方法制备直径大于 75mm，厚度大于 100mm 的圆柱形试件。当采用取芯法制备试件时，需要将外表面的 10mm 混凝土切除，取该表面作为氯离子暴露面。如果采用成型试件，在圆柱形试件中部将试件切为两半，将其中一块试件的切割面作为氯离子暴露面。试件制备完成后，将试件放在饱和的 Ca(OH)$_2$ 溶液中浸泡，直至试件 24h 质量变化小于 0.1%。将试件除暴露面以外的面全部涂上约 1mm 厚的环氧树脂密封胶，待环氧树脂密封

胶凝胶后，再将试件放入饱和的 Ca(OH)$_2$ 溶液中浸泡，直至试件 24h 质量变化小于 0.1%。

### 15.3.3 快速电迁移法

采用直接成型或取芯的方法制备直径为 100mm，厚度为 (50±2)mm 的圆柱形试件。如采用取芯法制备试件时，需要将外表面的 10~20mm 的混凝土切除，切割相邻约 50mm 厚的圆柱形试件，取靠近表面的切割面作为氯离子暴露面。如采用成型试件，将成型试件的中部切割作为试件，靠近成型面的表面作为氯离子暴露面。试件切割完成后，将试件按照电通量法中的方式进行真空饱水。

# 15.4  测试过程及注意事项

### 15.4.1 电通量法

电通量法测试过程及注意事项如下：

① 将试件移出水中，去除试件表面多余水分，放入相对湿度大于 95% 的容器中待测。

② 将试件装入两个电迁移槽中，电迁移槽如图 15-5 所示，采用密封胶将试件与电迁移槽间的接口部分密封，并确保密封不漏水。

③ 将连接负极的电迁移槽中灌入 3% 的 NaCl 溶液，在连接正极的电迁移槽中灌入 0.3mol/L 的 NaOH 溶液。

④ 将电迁移槽通过导线连接至电源，确保电路通畅。打开电源设定电压为 (60±0.1)V，记录初始读数，确保试验环境温度在 20~25℃。

⑤ 每 30min 记录电流的读数，6h 后终止试验。在一种情况下可提前终止试验，即试验溶液温度由于电路发热的原因升高至 90℃，应停止试验，并记录下停止试验的时间。这种情形仅在极为疏松的混凝土中可能发生，当发生这种情况时，混凝土可标注为抗氯离子渗透性极差。

⑥ 拆除电迁移槽中的混凝土试件，并冲洗电迁移槽，试验完成。

### 15.4.2 自然浸泡法

自然浸泡法测试过程及注意事项如下：

① 配制 (165±1)g/L 的 NaCl 浸泡溶液，该溶液用于浸泡 35 天，如需要延长浸泡时间，需更换新溶液，并在更换溶液前后需检测溶液的氯离子浓度。

② 溶液温度控制在 23℃。

③ 将试件浸泡在盛有浸泡溶液的容器中，确保试件暴露面面积（cm$^2$）与溶液（L）体积之比在 20~80 之间。浸泡容器中应具有控温装置，每星期需要搅拌浸泡溶液，记录浸泡起止时间。

④ 浸泡期满后，立即对混凝土切取与浸泡面平行的切片并分析氯离子浓度分布，切片直径范围应比芯样试件小 10mm 以避免氯离子渗透侧表面的涂层影响试验结果（图 15-6）。至少切片 8 层，具体切片厚度取决于预估的氯离子分布，因此，除去表面点外，至少可得到 6 个

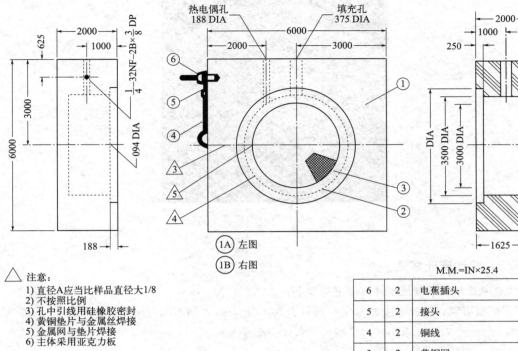

注意：
1) 直径A应当比样品直径大1/8
2) 不按照比例
3) 孔中引线用硅橡胶密封
4) 黄铜垫片与金属丝焊接
5) 金属网与垫片焊接
6) 主体采用亚克力板

M.M.=IN×25.4

| 6 | 2 | 电蕉插头 |
|---|---|---|
| 5 | 2 | 接头 |
| 4 | 2 | 铜线 |
| 3 | 2 | 黄铜网 |
| 2 | 2 | 黄铜垫片 |
| 1. B. | 1 | 单元块 亚克力板 |
| 1. A. | 1 | |

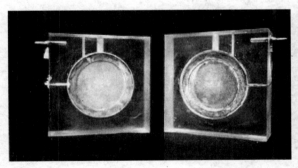

图 15-5　电迁移槽[28]

氯离子浓度点，并且，最外层的切片厚度应大于1mm。

⑤ 切片所取得的每层的干混凝土粉体样品应大于5g，对于每层的氯离子浓度，假设浓度在一定厚度范围内均匀分布。

⑥ 采用浓硝酸溶解法测试样品中的氯离子的含量，精确至小数点后3位。

⑦ 称取没有经过氯盐浸泡的混凝土样品约20g，粉化后，测试其酸溶性氯离子浓度，作为初始氯离子浓度 $c_i$。

图 15-6　逐层取样后的混凝土试件

### 15.4.3　快速电迁移法

快速电迁移法测试过程及注意事项如下：

① 配制溶液。阴极溶液为 10%（质量分数）的 NaCl 水溶液（可采用自来水配制），阳极为 0.3mol/L 的 NaOH 水溶液（采用蒸馏水或去离子水）。

② 将溶液及待测试件置于 20～25℃环境中。

③ 在阴极槽中倒入约 12L 的浓度为 10% 的 NaCl 水溶液。

④ 将准备好的试件装入橡胶套中，并用两个夹具夹紧，如图 15-7 所示。如果试件侧面不平整或有缺陷，需要采用硅胶等密封材料将试件与橡胶套接缝处密封起来，确保橡胶套中的溶液不会通过接缝处泄漏。

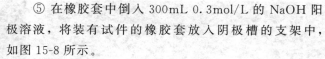

图 15-7　橡胶套夹具[21]

⑤ 在橡胶套中倒入 300mL 0.3mol/L 的 NaOH 阳极溶液，将装有试件的橡胶套放入阴极槽的支架中，如图 15-8 所示。

⑥ 将测试槽的正负极连接电源，要求电源能提供 0～60V 的可调电压，精度为 0.1V。

⑦ 打开电源，将电压设为 30V，记录通过每个试件的初始电流值。根据表 15-2 电压设置值，重新设定电压后，再次记录电流初始值。

⑧ 记录每个橡胶套中的溶液温度，根据测试的初始电流按表 15-2 选择合适的测试时间。终止试验前记录电流值及温度值。

表 15-2　初始电流对应的电压及测试时间[21]

| 初始电流 $I_{30V}$ （30 V 电压）/mA | 施加电压（调整后）/V | 可能产生的新初始电流 $I_0$/mA | 测试时长 $t$/h |
|---|---|---|---|
| $I_0 < 5$ | 60 | $I_0 < 10$ | 96 |
| $5 \leqslant I_0 < 10$ | 60 | $10 \leqslant I_0 < 20$ | 48 |
| $10 \leqslant I_0 < 15$ | 60 | $20 \leqslant I_0 < 30$ | 24 |

| 初始电流 $I_{30V}$<br>（30 V 电压）/mA | 施加电压（调整后）/V | 可能产生的<br>新初始电流 $I_0$/mA | 测试时长 $t$/h |
|---|---|---|---|
| $15 \leqslant I_0 < 20$ | 50 | $25 \leqslant I_0 < 35$ | 24 |
| $20 \leqslant I_0 < 30$ | 40 | $25 \leqslant I_0 < 40$ | 24 |
| $30 \leqslant I_0 < 40$ | 35 | $35 \leqslant I_0 < 50$ | 24 |
| $40 \leqslant I_0 < 60$ | 30 | $40 \leqslant I_0 < 60$ | 24 |
| $60 \leqslant I_0 < 90$ | 25 | $50 \leqslant I_0 < 75$ | 24 |
| $90 \leqslant I_0 < 120$ | 20 | $60 \leqslant I_0 < 80$ | 24 |
| $120 \leqslant I_0 < 180$ | 15 | $60 \leqslant I_0 < 90$ | 24 |
| $180 \leqslant I_0 < 360$ | 10 | $60 \leqslant I_0 < 120$ | 24 |
| $I \geqslant 360$ | 10 | $I \geqslant 120$ | 6 |

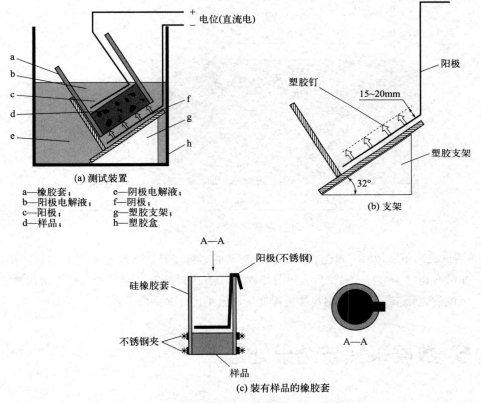

(a) 测试装置

a—橡胶套；　　　　e—阴极电解液；
b—阳极电解液；　　f—阴极；
c—阳极；　　　　　g—塑胶支架；
d—样品；　　　　　h—塑胶盒

(b) 支架

(c) 装有样品的橡胶套

图 15-8　快速电迁移法测试示意图[21]

⑨ 将试件从橡胶套中取出来，通常可以用木棍帮助取出试件，取试件时应避免过度损坏试件。取出试件后用自来水冲洗试件表面，并将表面多余水分擦干。测试试件平均厚度，精确至 0.1mm。

⑩ 将试件置于压力机上，轴向劈裂成两个半块试件，选择断面较垂直于暴露面的半块试件用于测试氯离子渗透深度，另半块试件可用于初始氯离子浓度分析。

⑪ 喷洒 0.1mol/L 的硝酸银溶液在新鲜断裂的试件表面上，大约 15min 后，由于银离子与氯离子反应生成白色的氯化银，新鲜断面上出现明显白色区域，即为含氯离子区域（见图 15-9），每隔 10mm 测量一个白色区域的深度，测试精度为 0.1mm，如图 15-10 所示。

图 15-9　喷洒硝酸银溶液测量氯离子渗透深度[15]

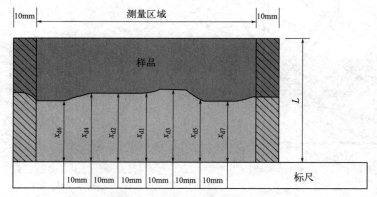

图 15-10　渗透深度测量示意图[21]

⑫ 测试氯离子渗透时，遇到被骨料影响测试时，可绕到附近没有明显骨料影响的区域。或者，如果有超过 5 个有效测试点，可忽略该点；如遇到渗透深度明显大于平均深度，忽略该点。距试件边缘 10mm 内不测量渗透深度，以避免边界泄漏的影响。

# 15.5　数据采集与结果处理

## 15.5.1　电通量法

按以下方式对电通量采集的数据进行处理：

① 将每 30min 记录的电流值代入公式(15-20) 可计算出 6h 电通量。

$$Q = 900(I_0 + 2I_{30} + 2I_{60} + \cdots + I_{360}) \tag{15-20}$$

式中，$Q$ 是 6h 电通量；$I_0$ 是通电后立即记录的电流值；$I_t$ 是时刻 $t$ 记录的电流值。

② 如果试件截面直径不是 95mm，需要按方程进行转换。

$$Q_s = Q_x \left(\frac{3.75}{x}\right)^2 \qquad (15\text{-}21)$$

式中，$Q_s$ 是通过 95mm 试件的 6h 电通量；$Q_x$ 是通过直径为 $x$ mm 试件的 6h 电通量；$x$ 是试件的直径。

### 15.5.2 自然浸泡法

$c_s$ 和 $D_a$ 通过将获得的氯离子浓度分布与公式(15-2)按照最小二乘法进行非线性拟合得到，切片的暴露面所取点不用于拟合分析，其它点均用于拟合分析。

### 15.5.3 快速电迁移法

将采集的数据，按下式计算氯离子扩散系数：

$$D_{nssm} = \frac{0.0239(273+T)L}{(E-2)t}\left[x_d - 0.0238\sqrt{\frac{(273+T)Lx_d}{E-2}}\right] \qquad (15\text{-}22)$$

式中，$D_{nssm}$ 是氯离子非稳态扩散系数，$10^{-12}\,m^2/s$；$T$ 是温度，℃；$L$ 是试件的厚度，mm；$x_d$ 是氯离子渗透深度；$E$ 是施加电压，V；$t$ 是测试时间，h。

# 15.6 结果的解释和应用

### 15.6.1 电通量法

将计算所得 6h 电通量与表 15-3 中的值进行比较，从而对混凝土的氯离子渗透性进行评价，以优选出具有良好抗氯离子渗透性的混凝土。

表 15-3  氯离子渗透性评估标准[28]

| 氯离子渗透性 | 电通量/C |
| --- | --- |
| 高 | ＞4000 |
| 中等 | 2000～4000 |
| 低 | 1000～2000 |
| 非常低 | 100～1000 |
| 忽略不计 | ＜100 |

在过去的十几年里，世界各国的研究者们都批评这种试验方法缺乏科学依据和苛刻的试验条件[38-40]，主要因为：

① 不是只有氯离子一种离子传导电流，而是氯离子和其它离子共同传导电流。孔溶液的化学成分对混凝土的导电性有很大的影响，而对混凝土的渗透性影响很小。Shi 等[39-40] 用电化学理论定量计算了矿物掺和料对硬化水泥浆的孔溶液电导率的影响。另外，作为阻锈剂的硝酸钙对混凝土的导电性也有很大影响[41]。

② 过高的应用电压（60V）会产生较大热量并增加混凝土的温度，这对试验结果有很大的影响：混凝土的电导随温度的升高而增加。过高的温度可能会分解一些水化产物，并产生

一些裂缝，从而进一步增加混凝土的电导。对于质量较差的混凝土，这种情况更为糟糕。

尽管如此，ASTM C1202[28] 仍然可以快速准确地检测到明显的水灰比变化和胶凝材料的变化。该方法较适合于现场的质量控制。一些研究者们试图改进 ASTM C1202，McGrath[42] 发现，当 6h 电通量低于 1000 库仑时，30min 的电通量是 6h 电通量较好的替代指标；而当 6h 电通量超过 1000 库仑时，30min 的电通量是 6h 电通量极好的替代指标，因为没有产生过多的热量。Feldman 等[43] 发现 6h 电通量和初始电流有很好的线性相关性，并且建议用初始电流或初始电导来取代 6h 电通量以避免产生过多的热量和缩短试验时间。Riding 等[44] 提出了一个简化的 RCPT 试验方法，只测量通过试件的电压降，而不是电流。Riding 发现在 RCPT 和简化的 RCPT 之间存在良好的相关性。

## 15.6.2 自然浸泡法

自然浸泡法所得到的 $c_s$ 和 $D_a$ 不能直接用于非本试验条件下的氯离子渗透预测，因为该试验所采用的氯盐浓度大大高于普通条件下的氯离子浓度，而氯离子扩散的浓度依赖性可能导致试验误差。因此，在利用该方法得到的氯离子渗透系数进行预测时，应充分考虑渗透的浓度依赖性。

## 15.6.3 快速电迁移法

快速电迁移法具有操作简单、试验周期短、良好的理论基础等优点，因此，该法获得的氯离子扩散系数被广泛地应用于混凝土抗氯离子渗透能力评定及耐久性寿命预测。然而这种方法也有几个最主要缺点：

① 通过视觉判断很难准确测量显色法显示的氯离子渗透深度。图 15-11 给出了典型的经过喷洒 0.1mol/L 硝酸银后混凝土试件的颜色。可以看出，显色边界非常的不规则，而且用肉眼还比较难判断显色边界。不同的操作者可能测量出不同的试验结果。

图 15-11　喷洒硝酸银溶液后的试件表面的颜色（见彩图）

② 变色边界处的氯离子浓度可能受到混凝土碱度的影响。在 Nord Test Build 492 中采用的氯离子浓度 0.07mol/L 可能不适合于所有的混凝土。

③ 单粒子理论。没有考虑其它离子对迁移过程的影响。

## 15.7 几种方法测试结果的比较

由于电通量法只提供了关于混凝土的电导率的信息，而与混凝土的扩散系数没有任何关系。Berke 等人[41] 建立了根据菲克第二定律计算出的氯离子扩散系数（自然浸泡法）和电通量之间的经验方程：

$$D_{nssd} = 0.0103 \times 10^{-8} Q^{0.84} \tag{15-23}$$

式中，$D_{nssd}$ 是由菲克第二定律得到的非稳态氯离子扩散系数，$Q$ 是电通量，C。

文献［45］分别采用快速电迁移法和电通量法调查了自养护混凝土和普通混凝土的氯离子扩散系数及 6h 电通量随时间的变化规律，如表 15-4 所示。从表中可以看出，电通量以及扩散系数均能很好地表征混凝土抗氯离子性能，对两者进行拟合分析，可得到如下关系：

$$D_{nssm} = 0.000014 \times 10^{-12} Q^{1.649} \tag{15-24}$$

式中，$D_{nssm}$ 是由快速电迁移法得到的非稳态氯离子扩散系数，$m^2/s$；$Q$ 是电量，C。

**表 15-4  混凝土的电通量和扩散系数随时间变化规律**

| 时间/d | 普通混凝土 | | 内养护混凝土 | |
|---|---|---|---|---|
| | 扩散系数/($m^2/s$) | 电通量/C | 扩散系数/($m^2/s$) | 电通量/C |
| 28 | $14.2 \times 10^{-12}$ | 4252 | $11.5 \times 10^{-12}$ | 3822 |
| 56 | $12.6 \times 10^{-12}$ | 2863 | $8.98 \times 10^{-12}$ | 2458 |
| 91 | $3.99 \times 10^{-12}$ | 3174 | $3.42 \times 10^{-12}$ | 2065 |
| 180 | $4.7 \times 10^{-12}$ | 2656 | $3.32 \times 10^{-12}$ | 1239 |
| 300 | | | $3.2 \times 10^{-12}$ | 1080 |

文献［46］研究了氯盐塘泡法获得的氯离子总量跟电通量之间的关系（见图 15-12），可以看出电通量与渗入混凝土的氯离子总量间有良好的线性相关性。

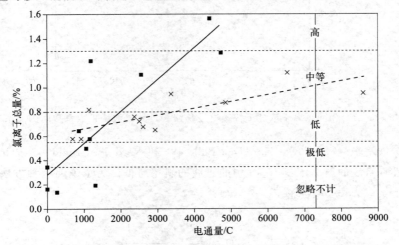

图 15-12  氯盐塘泡法氯离子总量（AASHTO 259）与电通量之间的关系

文献〔16〕研究了快速电迁移法获得的扩散系数与自然浸泡法获得的扩散系数间的关系，如图 15-13 所示。

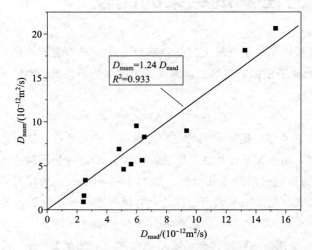

图 15-13    快速电迁移法和自然浸泡法扩散系数间的关系

由于快速电迁移法采用的氯离子浓度为 10％，而自然浸泡法采用的浓度为 2.8mol/L，两者浓度不一致。为比较相同浓度下的氯离子扩散系数，文献〔16〕采用 1mol/L 的氯盐溶液进行了氯盐浸泡和快速电迁移试验，两者间的关系如图 15-14 所示。

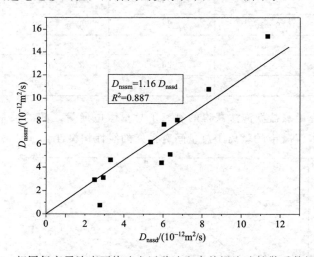

图 15-14    相同氯离子浓度下快速电迁移法和自然浸泡法扩散系数间的关系

在同一浓度水平（1mol/L），NordTest Build 492 和 Nord Test Build 443 的试验结果也有很好的相关性，直线的斜率比图 15-13 中的直线的斜率略低。为了说明两种方法得到的扩散系数之间的关系，Tang[47] 提出了一个方程，

$$D_{\text{nssd}} = D_{\text{nssm}} \frac{\left(1 + K_{\text{b}} \dfrac{W_{\text{gel}}}{\omega}\right)}{1 + \dfrac{\partial c_{\text{b}}}{\partial c}} \tag{15-25}$$

式中，$K_b$ 是氯离子吸附常数，$m^3/kg$；$W_{gel}$ 是凝胶的质量，$kg$；$c_b$ 是氯离子浓度；$c$ 是自由氯离子浓度；$\dfrac{\partial c_b}{\partial c}$ 是浸泡试验的未知的吸附变量；$\omega$ 是孔隙率。$K_b$ 的取值为：普通波特兰水泥为 $0.28\times10^{-3}\,m^3/kg$，30% 矿渣和 70% 水泥为 $0.29\times10^{-3}\,m^3/kg$，30% 粉煤灰和 70% 水泥为 $0.32\times10^{-3}\,m^3/kg$。基于方程（15-25），Tang[47] 提出了一个更为复杂的理论方程来说明两种方法扩散系数之间的关系，但这个方程中有很多的参数很难通过试验测得。

由于 NordTest Build 443 和 NordTest Build 492 的广泛应用，文献 [16] 对各种水胶比和掺有各种矿物掺和料的混凝土进行了广泛的试验研究，针对这两种试验方法提出了一个简单的线性关系：

$$D_{nssm}=1.2D_{nssd} \tag{15-26}$$

Tang[48] 观察到稳态扩散系数比非稳态扩散系数低一个数量级。文献 [16] 比较了不同的稳态迁移测试方法得到的结果与非稳态电迁移和自然浸泡方法得到的结果，如表 15-5 所示。

表 15-5　稳态和非稳态迁移测试方法得到的氯离子扩散系数（$\times10^{-12}\,m^2/s$）[16]

| 组别 | 稳态迁移测试方法 | | 非稳态电迁移测试方法 | 自然浸泡方法 |
|---|---|---|---|---|
| | 上游流量法 | NordTest Build 355 | | |
| B48 | 0.65 | 0.5 | 10.66 | 8.31 |
| FA48 | 0.74 | 0.41 | 7.95 | 6.77 |
| SL48 | 0.46 | 0.21 | 6.08 | 5.39 |
| SF48 | 0.29 | 0.22 | 4.30 | 5.97 |

注：B48 为水灰比 0.48 的普通混凝土，FA48 为粉煤灰掺量 20%、水灰比 0.48 的混凝土，SL48 为矿渣掺量 40%、水灰比 0.48 的混凝土，SF48 为硅灰掺量 5%、水灰比 0.48 的混凝土。

Tang[47] 提出了一个方程来说明两者之间的关系：

$$D_{ssm}=D_{nssm}(\omega+K_bW_{gel}) \tag{15-27}$$

对于 $W_{gel}$ 的计算，可以采用下面的方程[49]：

$$W_{gel}=1.25hc \tag{15-28}$$

式中，$h$ 是水化度；$c$ 是水泥含量，$kg/m^3$。试件被养护在温度为 20℃±2℃，相对湿度为 90% 的养护室中至少 28 天，这意味着水化度与水泥的最终水化度不会有很大的差别，最终水化度可以通过下式计算[49]：

$$h_{ultim}=\frac{1.031w/c}{0.194+w/c} \tag{15-29}$$

# 15.8　小结

氯离子是影响钢筋混凝土结构耐久性的最重要因素，而混凝土结构耐久性问题主要涉及三方面：①如何使混凝土不受侵蚀物质的腐蚀（耐久性）；②如何预测混凝土结构的服役寿命；③如何在很早的时间里确定混凝土结构的服役寿命，以作为接受或者拒绝该结构物的标准。水泥基材料中的氯离子迁移测试是以上问题的基础！

经过几十年的发展，全世界提出了许多水泥基材料中的氯离子迁移测试方法，但仅少量方法满足科学的理论基础、方便的试验操作、较短的测试周期以及可靠的测试结果等要求。快速电迁移法、自然浸泡法和电通量法是目前全世界范围内应用最为广泛、较为普遍接受的三种氯离子迁移测试方法。当然，这并不能掩盖这三种测试方法各自的缺陷。通过大量数据的比较，三种方法测试结果具有良好的可比性，均可用于混凝土抗氯离子渗透性的评估。虽然自然浸泡法和快速电迁移法可以得到氯离子扩散系数，但在用于预测氯离子在水泥基材料中的扩散时仍需仔细评估其可行性。

# 参考文献

[1] Federal Highway Administration. Corrosion Costs and Preventative Strategies in the United States，FHWA. United States Department of Transportation：McLean，VA，2002，773.

[2] Thomas M D A，Shehata M H，Shashiprakash S G，et al. Use of ternary cementitious systems containing silica fume and fly ash in concrete. Cement and Concrete Research，1999，29：1207-1214.

[3] Rieger Philip H. Electrochemistry. 2nd edition. New York：Chapman and Hall，1994.

[4] Tang L. Concentration dependence of diffusion and migration of chloride ions Part 1. Theoretical considerations. Cement and Concrete Research，1999，29：1463-1468.

[5] Crank J. The Mathematics of Diffusion. 2nd ed. London：Oxford University，1975.

[6] Ushiyama H，Goto S. Diffusion of various ions in hardened portland cement pastes，6$^{th}$ international congress on the chemistry of cement. Moscow，1974，2：331-337.

[7] Orellan，Herrera J C，Escadeillas G，et al. Electro-chemical chloride extraction：Influence of $C_3A$ of the cement on treatment efficiency. Cement and Concrete Research，2006，36：1939-1946.

[8] Toumi A，François R，Alvarado O. Experimental and numerical study of electrochemical chloride removal from brick and concrete specimens. Cement and Concrete Research，2007，37：54-62.

[9] Andrade C. Calculation of chloride diffusion coefficients in concrete from ionic migration measurements. Cement and Concrete Research，1993，23：724-742.

[10] Thomas M D A，Pantazopoulou S J，Martin-Perez B. Service life modelling of reinforced concrete structures exposed to chlorides-A literature review，prepared for the Ministry of Transportation. Toronto：University of Toronto，1995.

[11] Shi C. Unpublished document. 2006

[12] Bickley J A. Going with the flow：The mass transport of all those nasty little b. g. . rs. International conference on ion and mass transport in cement-based materials，Toronto，1999.

[13] Streicher P E，Alexander M G. A critical evaluation of chloride diffusion test methods for concrete，Third CANMET/ACI international conference on durability of concrete. Supplementary Papers，Nice，France，1994：517-530.

[14] Stanish K D，Hooton R D，Thomas M D A. Testing the chloride penetration resistance of concrete：a literature review，FHWA Contract DTFH61-97-R-00022. Toronto：University of Toronto，2000，31.

[15] 史才军，元强，邓德华，等. 混凝土中氯离子迁移特征的表征. 硅酸盐学报，2007，35：522-530.

[16] Yuan Q. Fundamental studies on test methods for the transport of chloride ions in cementitious

materials. Belgium: Ghent University, 2009.

[17] Page C L, Short N R, El-Tarras A. Diffusion of chloride ions in hardened cement pastes. Cement and Concrete Research, 1981, 11: 395-406.

[18] Accelerated chloride penetration: Nordtest NordTest Build 443. FINLAND, 1995.

[19] Chloride diffusion coefficient from migration cell experiments: Nordtest NordTest Build 355. Finland, 1997.

[20] Truc O, Ollivier J P, Carcassès M. A new way for determining the chloride diffusion coefficient in concrete from steady state migration test. Cement and Concrete Research, 2000, 30: 217-226.

[21] Chloride migration coefficient from non-steady-state migration experiments: NordTest NordTest Build 492. Finland, 1999.

[22] Halamickova P, Detwiler R J, Bentz D P, et al. Water permeability and chloride ion diffusion in portland cement mortars: relationship to sand content and critical pore diameter. Cement and Concrete Research, 1995, 25: 790-802.

[23] Andrade C, Castellote M, Alonso C, et al. Non-steady-state chloride diffusion coefficients obtained from migration and natural diffusion tests. Part 1: comparison between several methods of calculation. Materials and Structures, 2000, 33: 21-28.

[24] Samson E, Marchand J, Snyder K A. Calculation of ionic diffusion coefficients on the basis of migration test results. Materials and Structures, 2003, 36: 156-165.

[25] Friedmann H, Amiri O, Aït-Mokhtar A, et al. A direct method for determining chloride diffusion coefficient by using migration test. Cement and Concrete Research, 2004, 34: 1967-1973.

[26] Lu X. Rapid determination of the chloride diffusivity in concrete. Proceedings of the second international conference on concrete under severe conditions. CONSEC'98, Tromso, Norway, 1998: 1963-1969.

[27] Streicher P E, Alexander M G. A chloride conduction test for concrete. Cement and Concrete Research, 1995, 25: 1284-1294.

[28] Electrical Indication of Concrete's Ability to Resist Chloride Ion Penetration: ASTM C1202. Annual Book of American Society for Testing Materials Standards, 2012.

[29] Standard method of test for resistance of concrete to chloride ion penetration, (T259-80): AASHTO T 259-80. American Association of State Highway and Transportation Officials, Washington D. C., USA, 1980.

[30] Freeze R A, Cherry J A. Groundwater. New Jersey: Prentice-Hall. Inc., 1979.

[31] Shi M, Chen Z, Sun J. Determination of chloride diffusivity in concrete by AC impedance spectroscopy. Cement and Concrete Research, 1999, 29: 1111-1115.

[32] Whiting D. Rapid determination of the chloride permeability of concrete. Research Report FHWA/RD-81/119, 1981.

[33] Rapid determination of the chloride permeability of concrete: AASHTO T 277-86. American Association of States Highway and Transportation Officials, Standard Specifications-Part II Tests, Washington D. C., 1990.

[34] Toumi A, François R, Alvarado O. Experimental and numerical study of electrochemical chloride removal from brick and concrete specimens. Cement and Concrete Research, 2007, 37: 54-62.

[35] Bockris J M, Conway B E. Modern aspects of electrochemistry. New York: Fourteenth edition

Plenum，1982.

[36] Tang L，Nilsson L. Rapid determination of the chloride diffusivity in concrete by applying an electrical field. ACI Materials Journal，1992，89：49-53.

[37] McGrath P，Hooton R D. Influence of voltage on chloride diffusion coefficients from chloride migration tests. Cement and Concrete Research，1996，26：1239-1244.

[38] Feldman R F，Chan G W，Brousseau R J，et al. Investigation of the rapid chloride permeability test. ACI Materials Journal，1994，91：246-255.

[39] Shi C，Stegemann J A，Caldwell R. Effect of supplementary cementing materials on the rapid chloride permeability test （AASHTO T 277 and ASTM C1202） results. ACI Materials Journal，1998，95：389-394.

[40] Shi C. Effect of mixing proportions of concrete on its electrical conductivity and the rapid chloride permeability test （ASTM C1202 or ASSHTO T277） results. Cement and Concrete Research，2004，34：537-545.

[41] Berke N S，Hicks M C. Estimating the life cycle of reinforced concrete cecks and marine piles using laboratory diffusion and corrosion data in corrosion forms and control for infrastructure. ASTM STP，1992，1139：207-231.

[42] McGrath P. Development of test methods for predicting chloride penetration into high performance concrete. Toronto：University of Toronto，1996.

[43] Feldman R F，Luiz R，Prudencio J U，et al. Rapid chloride permeability test on blended cement and other concretes：correlations between charge，initial current and conductivity. Construction Building Materials，1999，13：149-154.

[44] Riding K A，Poole J L，Schindler A K，et al. Simplified concrete resistivity and rapid chloride permeability test method. ACI Materials Journal，2008，105：390-394.

[45] Indiana LTAP Center. Documenting the construction of a plain concrete bridge deck and an internally cured bridge deck. Technical Report. 2012.

[46] Scanlon J M，Sherman M R. Fly ash concrete：an evaluation of chloride penetration testing method. Concrete International，1996，18：57-62.

[47] Tang L. Chloride transport in concrete-measurement and prediction. Goteborg：Chalmers University of Technology，1996.

[48] Tang L，SØrensen H E. Precision of the Nodic test methods for measuring the chloride diffuisn/migration coefficients of concrete. Materials and Structures，2001，34：479-485.

[49] Audenaeret K，Boel V，De Schutte G. Chloride migration in self compacting concrete. Proceedings of the fifth international conference on concrete under severe conditions. CONSEC'07，Tours，France，291-298.

# 混凝土中钢筋锈蚀测试

## 16.1 引言

  钢筋混凝土因其良好的结构性能和耐久性被广泛用于道路、桥梁等领域。但在服役过程中，外界环境侵蚀引起的钢筋锈蚀常会导致钢筋混凝土结构发生破坏。如何快速、有效地监测混凝土中钢筋的服役状态，降低钢筋锈蚀，提高混凝土结构的服役寿命，引起了人们的广泛关注。因此，混凝土中钢筋锈蚀测试技术的研究具有重要的实际意义和工程价值。

  混凝土是一种固、液、气三相共存的非均相复杂体系，其孔隙被饱和的 $Ca(OH)_2$ 溶液及少量的 $NaOH$ 和 $KOH$ 溶液所填充，其孔溶液 pH 值约为 $12.5\sim14$，呈高碱性环境。正因如此，钢筋表面在碱性环境下形成了一层致密的钝化保护膜，防止钢筋的锈蚀。但是，碳化、氯离子侵蚀等原因，会导致混凝土中钢筋表面的钝化膜遭到破坏，使钢筋处于活化态。在水和氧气充足的条件下，在钢筋表面的蚀坑内外形成原电池，加速钢筋的锈蚀，其反应示意图及反应式如图 16-1 所示。

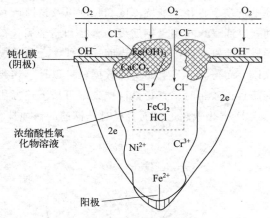

图 16-1 氯盐诱导钢筋锈蚀模型

  点蚀孔一旦形成，孔内金属处于活化状态，电位较负。孔外的钢筋表面仍处于钝化状态，电位较正。孔的内外电位差在点蚀孔处形成了闭塞电池，加速钢筋锈蚀。该过程中不同区域的反应方程式如式(16-1)～式(16-4)所示。

$$\text{孔内(阳极)}:Fe \longrightarrow Fe^{2+}+2e^- \tag{16-1}$$

$$\text{孔外(阴极)}:O_2+2H_2O+4e^- \longrightarrow 4OH^- \tag{16-2}$$

$$\text{孔口}:Fe^{2+}+2OH^- \longrightarrow Fe(OH)_2 \tag{16-3}$$

$$4Fe(OH)_2+2H_2O+O_2 \longrightarrow 4Fe(OH)_3 \tag{16-4}$$

  锈蚀产物 $Fe(OH)_3$ 和 $Fe(OH)_2$ 进一步发生反应，在钢筋表面生成膨胀性的 $nFe_2O_3$ ·

$m\,H_2O$ 和 $Fe_3O_4$ 锈蚀层。通常情况下，铁锈的体积可达到钢筋体积的 7 倍。即使在缺氧的环境下，铁锈的体积也至少比钢筋体积大 1.5～3 倍。锈蚀产物的形成会使钢筋-混凝土界面处产生极大的局部拉应力（高达 32MPa）。当锈蚀产物的量达到一定程度时，产生的拉应力远远超过了混凝土的抗拉强度，钢筋混凝土结构出现开裂、剥落、起皮等现象，最终导致其结构被破坏。

钢筋的锈蚀速率通常以单位时间内钢筋的锈蚀量作为计量单位，锈蚀程度以锈蚀量表示。锈蚀量的表征形式一般有质量损失、面积损失、直径损失、腐蚀电流和极化电阻等。混凝土中钢筋锈蚀的主要检测方法分为破损检测法和非破损检测法两大类。

### 16.1.1 破损检测法

破损检测法是指破开混凝土层，直接观察钢筋的锈蚀情况，或者是在现场截取锈蚀钢筋的样品，经处理后，测试相关数据并分析钢筋的锈蚀状况。采用破损检测法时，应注意以下几点：①在破样时，宜选择构件上钢筋锈蚀比较严重的部位，如保护层处有胀裂、剥落和空鼓现象的部位等；②一般应该选取有代表性的箍筋，严禁在预应力主筋上取样；③取样可用合金钻头或手锯截取，样品的长度视测试项目而定，如需测试钢筋的力学性能时，样品可以略长；仅测试锈蚀量时，一般取 2～5 倍钢筋直径的长度；④将取回的样品端部处理平整（锯平、磨平）。

破损检测法可以测量钢筋的剩余直径、剩余周长、蚀坑深度和长度以及锈蚀产物厚度。其中，剩余直径、蚀坑深度和长度以及锈蚀产物的厚度可用游标卡尺测量，剩余周长用较细的软尺测量。在测量钢筋剩余直径和剩余周长前，应对钢筋除锈，如在氢氧化钠溶液中通电除锈，使钢筋露出光泽的表面。此外，一般情况下，钢筋直径的损失量可由锈蚀产物的厚度除以 3 而得。有了上述实测数据就可以计算出钢筋截面的损失率，以及钢筋的锈蚀速率。当钢筋直径较粗时，直径截面损失率可按下述方法计算：

① 碳化未超过钢筋直径时，钢筋的锈蚀计算如图 16-2 所示。

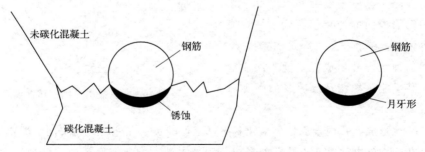

图 16-2　碳化未超过钢筋直径的钢筋锈蚀图[1]

其中，钢筋受蚀面积按图示月牙形计算，月牙形高度（腐蚀厚度）等于最大直径减去剩余直径，碳化前沿处受蚀厚度为零，其余各点随圆心角的增大而变化；截面损失率 $\delta$ 按式(16-5)计算。（注：在氯离子侵蚀的情况下，钢筋的锈蚀不受上述条件限制）

$$\delta = \frac{S_{受蚀}}{S_{截面}} \times 100\%$$ (16-5)

② 碳化超过钢筋直径时，钢筋的锈蚀计算如图 16-3 所示。

其中，钢筋的锈蚀面积如图 16-3 所示阴影圆环面积，它等于公称直径所在圆的面积减去剩余直径所在圆的面积；受蚀圆环的最大直径等于公称直径减去剩余直径。截面损失率 $\lambda$（%）同样按式（16-5）进行计算。

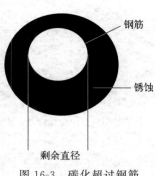

图 16-3　碳化超过钢筋直径的钢筋锈蚀图[1]

破损检测法是最古老但至今仍在沿用的方法。该方法虽然简单、直观，但也存在着较多的不足之处，例如：

① 该方法会破坏混凝土保护层，对既有构件造成不同程度的损伤；

② 它只能大概粗略地判断钢筋锈蚀情况，不能进行定量的判断；

③ 破损结构或构件的维修及加固较为困难，费时费工，影响结构的安全性、耐久性和整体性。

另外，许多情形下，破损检测法难以实施，如古建筑维护中的检测、大体积混凝土和混凝土梁柱节点内部缺陷的检测等[1]，因此，破损检测法的使用范围受到了限制。

## 16.1.2　非破损检测法

非破损检测法分为物理检测法和电化学检测法。该方法是在不破坏混凝土结构和使用性能的情况下，利用动能、光、声、电、热、磁和射线等，测定混凝土中钢筋的锈蚀情况。与破损检测法相比，非破损检测法能够使混凝土保护层保持原有的结构性能，且能实现钢筋锈蚀情况的定量检测，更加准确地判断混凝土中钢筋的锈蚀状态、锈蚀速率以及锈蚀的发展趋势。

表 16-1 给出了常用检测方法的检测情况，如检测信息、敏感度、数据处理等方面的综合比较。

**表 16-1　常用检测方法比较[1]**

| 检测方法 | 类别 | | 所检测信息 | 定量 | 无损 | 便捷 | 无扰动 | 敏感度 | 经济性 | 数据处理 | 推荐 | |
| --- | --- | --- | --- | --- | --- | --- | --- | --- | --- | --- | --- | --- |
| | | | | | | | | | | | 室内 | 现场 |
| 物理方法 | 外观检测 | 定性 | 表面缺陷 | × | √ | √ | √ | × | √ | √ | √ | √ |
| | | 定量 | 腐蚀量 | √ | × | × | × | × | × | √ | √ | * |
| | 称量 | | 腐蚀量 | √ | × | × | * | × | × | √ | √ | × |
| | 电阻探头 | | 腐蚀量 | * | √ | * | √ | √ | * | √ | * | × |
| | 声发射 | | 腐蚀危险 | × | √ | √ | √ | √ | √ | × | √ | √ |
| | 涡流 | | 腐蚀量 | √ | √ | √ | √ | √ | * | √ | * | √ |
| | 磁通量 | | 腐蚀量 | √ | √ | √ | √ | √ | * | √ | * | √ |
| | 膨胀应变 | | 腐蚀量 | * | √ | * | * | √ | √ | √ | * | √ |
| | 红外热像 | | 腐蚀状态 | × | √ | √ | √ | √ | × | × | × | * |

| 检测方法 | 类别 | 所检测信息 | 定量 | 无损 | 便捷 | 无扰动 | 敏感度 | 经济性 | 数据处理 | 推荐 | |
|---|---|---|---|---|---|---|---|---|---|---|---|
| | | | | | | | | | | 室内 | 现场 |
| 电化学方法 | 半电池电位 | 腐蚀危险 | × | √ | √ | √ | √ | √ | √ | √ | * |
| | 极化电阻 | 腐蚀速度 | √ | √ | √ | √ | √ | * | √ | √ | √ |
| | 交流阻抗法 | 腐蚀机理、速度 | √ | √ | × | √ | × | × | × | × | × |
| | 电阻率 | 腐蚀危险 | √ | √ | √ | √ | √ | √ | √ | √ | * |
| | 恒流脉冲 | 腐蚀速度 | √ | √ | √ | √ | √ | * | * | √ | √ |
| | 电化学噪声 | 腐蚀机理、速度 | * | √ | × | √ | × | × | × | × | × |
| | 极化曲线 | 腐蚀机理、速度 | × | √ | * | × | √ | * | √ | * | × |
| | 电偶探头 | 腐蚀速度 | √ | × | √ | √ | * | * | * | √ | √ |

注：√很好，*一般，×较差。

# 16.2 物理检测法

物理检测法主要有公式分析法、裂缝观察法、钢筋锈蚀失重率试验法、红外线扫描检测法、声发射法、基于磁场的检测法、光纤传感技术、钢筋的雷达检测法和射线法等。物理检测法操作方便，易作为现场的原位测试，且检测过程中受环境的影响较小。但是，物理检测法容易受到混凝土中其它损伤因素的干扰，且所测定的物理指标和钢筋锈蚀量之间对应关系的建立比较困难。因此，物理检测法对钢筋的锈蚀程度一般只能提供定性的结论，而难以提供定量的分析。虽然，大多数物理检测法主要停留在实验室研究阶段，但该方法在未来的研究发展中具有广阔的应用前景[2]。目前，常见的几种物理检测法如下所述。

## 16.2.1 公式分析法

根据现场实测的混凝土碳化速度、碳化深度、有害离子的含量、侵入深度、侵入速度、混凝土强度、保护层厚度等数据，综合考虑构件所处的环境情况，并结合所建立的公式，推断钢筋锈蚀速度和锈蚀量的方法称为公式分析法。一般认为，钢筋的截面损失率与锈蚀时间之间存在平方根的关系，如式(16-6)所示。

$$\lambda = K_r\sqrt{t} \tag{16-6}$$

式中，$t$ 为钢筋锈蚀时间，年；$K_r$ 为钢筋锈蚀速度系数（碳化系数）。

钢筋锈蚀速度系数 $K_r$ 与许多因素有关。根据已有的研究进展，尚难给出有关 $K_r$ 的统一表达形式。因此，在实际工程检测中，单纯使用公式分析法还存在一定的困难。目前，对旧钢筋混凝土结构进行检测时，多数情况下将公式分析法与实测法结合使用，即通过实测法测出有代表性构件的 $K_r$ 值，再利用公式分析法对同类结构构件钢筋锈蚀的情况进行推定。这样既可发挥公式分析法的优点，又可保证推断结果的准确性。此外，在预应力混凝土构件的检测方面，公式分析法特别适用。

## 16.2.2 裂缝观察法

钢筋锈蚀后，锈蚀产物的体积要比钢筋的体积大得多（一般为钢筋体积的 2～4 倍），会产生膨胀力，最终造成混凝土保护层开裂并产生裂缝，情况严重时会导致保护层剥落。因此，通过构件表面裂缝的观察可作为判别钢筋是否锈蚀的依据。

通过大量的工程调查和试验研究，近年来裂缝观察法又有了进一步的发展，即：从裂缝宽度、保护层厚度和钢筋直径等数据推断钢筋的锈蚀量。建研院结构所的调研和试验数据表明，裂缝宽度与钢筋截面损失率有下述关系：

$$\lambda = 507 e^{0.007a} f_{cu}^{-0.09} d^{-1.76} \quad (0 \leqslant \delta_f < 0.2mm) \tag{16-7}$$

$$\lambda = 332 e^{0.008a} f_{cu}^{-0.567} d^{-1.108} \quad (0.2mm \leqslant \delta_f < 0.4mm) \tag{16-8}$$

式中，$\lambda$ 为截面损失率，%；$a$ 为保护层厚度，mm；$d$ 为钢筋直径，mm；$f_{cu}$ 为混凝土立方体强度，MPa；$\delta_f$ 为裂缝宽度，mm。

在实际检测中，可以通过观察、测试混凝土表面裂缝宽度，实测保护层厚度和钢筋公称直径，依据公式，推断钢筋的截面损失率。

当裂缝发展较严重及保护层剥落时，可根据表 16-2 推断钢筋锈蚀的情况。裂缝观察法的优点是不必凿出钢筋，推断的结果总体上比较准确。

表 16-2　构件破损状态与钢筋截面损失率[1]

| 裂缝剥离状态 | 截面损失率/% |
| --- | --- |
| 无配筋裂缝 | 0～1 |
| 有配筋裂缝 | 0.5～10 |
| 保护层局部剥落 | 5～20 |
| 保护层全部剥落 | 15～25 |

## 16.2.3 钢筋锈蚀失重率试验法

钢筋锈蚀失重率试验法适用于测定在给定条件下混凝土中钢筋的锈蚀程度，但不适用于测定在浸蚀性介质中混凝土中钢筋的锈蚀程度。该方法主要参考国家标准 GB/T 50082—2009《普通混凝土长期性能和耐久性能试验方法标准》，其相关介绍如下[3]。

制作尺寸为 100mm×100mm×300mm 的棱柱体试件，试件中预埋除锈并抛光后的钢筋。试件成型后，在其表面盖上湿布，在（20±2）℃的温度下养护 24h 后拆模。随后，将试件端部混凝土刷毛后，抹上水泥砂浆保护层并养护 28d。然后，对试件进行 28d 碳化处理，并在潮湿条件下存放 56d。测出碳化深度后，取出试件中的钢筋，使用 12% 盐酸溶液对钢筋进行酸洗，经清水漂洗干净，将钢筋擦干后在干燥器中至少存放 4h，然后对每根钢筋称重，计算钢筋锈蚀失重率。

钢筋锈蚀失重率的计算如公式（16-9）所示：

$$M = \frac{W_0 - W - \dfrac{(W_{01} - W_1) + (W_{02} - W_2)}{2}}{W_0} \times 100\% \tag{16-9}$$

式中，$M$ 为钢筋失重率，%；$W_{01}$、$W_{02}$ 分别为空白试验用的两个钢筋的初始质量，g；

$W_1$、$W_2$ 分别为空白试验用的两个钢筋经过酸洗后的质量，g；$W_0$ 为试验钢筋的初始质量，g；$W$ 为试验后钢筋的质量，g。

该方法简单、直观、容易操作，是一种测量钢筋锈蚀的基本方法。此外，大多数情况下，该方法还被认为是与其它方法进行比较时的一种标准方法。但是，该方法有一些局限性：①只适用于全面腐蚀，对于有选择性的局部腐蚀不适用；②该方法受环境、样品制备以及操作过程等因素影响很大，只能测试一段时间的累积腐蚀量，而不能测试钢筋的腐蚀速率；③在计算失重时，由于锈蚀点的深度不同，结果存在较大误差，往往用于检测混凝土性能的室内试验。

### 16.2.4 红外线扫描检测法

红外线扫描检测法是二十世纪六十年代发展起来的一种非接触无损检测技术，在检测混凝土中的蜂窝、钢筋的位置、钢筋锈蚀等方面已经得到广泛的应用。

红外辐射是由原子、分子的振动或转动引起的，自然界中任何高于绝对零度的物体都能辐射红外线。红外辐射功率与物体的表面温度密切相关，且其表面温度场的分布直接反映了传热材料的热工性质、内部结构及表面状况对热分布的影响。即：当混凝土中钢筋发生锈蚀时，其内部结构和成分发生改变，导致辐射出来的红外线能量不同。因此，红外热成像技术也可用来判定混凝土中钢筋的锈蚀情况，如图 16-4 所示。

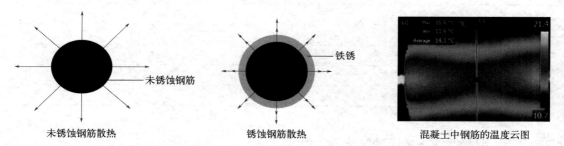

图 16-4　钢筋的散热示意图及混凝土中钢筋的温度云图（见彩图）

一般材料的温度与红外辐射功率的关系如公式(16-10) 所示：

$$M = \varepsilon \sigma T^4 \quad (0 < \varepsilon < 1) \tag{16-10}$$

式中，$M$ 为物体表面单位面积辐射的红外辐射功能，$W/cm^2$；$T$ 为物体表面的热力学温度，$K$；$\sigma$ 为斯蒂芬-玻尔兹曼常数，$\sigma = 5.673 \times 10^{-8} W/(m^2 \cdot K^4)$；$\varepsilon$ 为物体的发射率（$0 < \varepsilon < 1$），随物体的种类、性质和表面状况不同而异。

红外线扫描检测技术的基本操作如下：首先，利用电磁感应方法加热钢筋。为了增大分辨率，扫描时对钢筋进行电磁感应加热的交流磁场的频率须在 1000 Hz 以上。同时，由于钢筋和锈蚀物的电阻不同，当加热时间恒定时，两者升高的温度也不同，存在温差。其次，利用红外线扫描器对建筑结构进行扫描摄像，并利用红外热成像仪对其成像。根据成像过程中得到的钢筋的位置与钢筋直径已知的构件的扫描结果进行对比，可推断所测构件中的钢筋是否发生锈蚀。最后，用已知保护层厚度的构件进行扫描对比，可推断出混凝土的保护层厚度。

红外线扫描检测法的主要优点为：非接触、远距离、大面积扫查、结果直观等，且该方法可以定性、直观地判断混凝土中钢筋的情况。但在定量判断上误差较大，需对比确定；试验过程需要高频磁场感应加热，现场检测操作不方便。目前，国内外对该方法开展的研究较少。为了探明锈蚀钢筋的温度变化机理和关键影响因素，实现该方法的工程应用及指导结构的安全评估和耐久性设计，仍需要进行大量的室内和现场试验及理论分析研究[4]。

## 16.2.5　声发射法

声发射（acoustic emission，AE），是一种常见的物理现象，通常可分为广义和狭义两种。狭义的声发射是指材料局部在外力或内力作用下，由于其微观结构的不均匀及缺陷的存在，出现变形或裂纹扩展产生的瞬态能量以弹性波的形式快速释放的现象。另外也可以把流体泄漏、摩擦、撞击、燃烧等与变形和断裂机制无直接关系的另一类弹性波源也划分到声发射源的范畴，由该类声发射源产生瞬态弹性波的现象，称为广义的声发射。

声发射技术是一种动态无损检测技术，涉及声发射源、波的传播、声电转换、信号处理、数据显示与记录、解释与评定等，其测试示意图及基本原理如图16-5和图16-6所示。

图 16-5　声发射技术

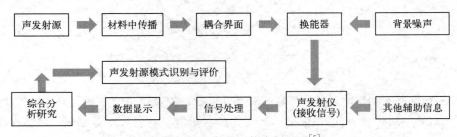

图 16-6　声发射检测技术原理图[5]

与超声波及 X 射线无损检测手段相比，声发射探测到的信号来自被测试物本身，而不是像超声波或 X 射线探伤方法一样由无损检测仪器提供。同时，声发射技术检测的是材料或者构件中"活"的缺陷。该方法是通过接收和分析材料的声发射信号来评定材料性能或结构完整性的无损检测方法。材料中因裂缝扩展、塑性变形或相变等引起应变能快速释放而产生的应力波现象称为声发射。因此，声发射法是一种反映材料内部结构动态变化的无损检测方法，即构件或材料的内部结构、缺陷或潜在缺陷处于运动变化的过程中进行的无损检测。

声发射法一般用来探测混凝土中的裂缝损伤，利用传感器接收钢筋锈蚀引起周围混凝土开裂释放的应力波，确定钢筋发生锈蚀膨胀的确切位置。声发射法对于探测锈蚀初期及还未形成锈蚀膨胀裂缝的构件的损伤是很有帮助的。

声发射法由于其原理简单、操作方便、灵敏度高、可实时监测等优点，在材料性能评价及结构损伤检测中得到了广泛应用。此外，声发射技术对构件的几何形状不敏感，特别适用于复杂形状构件的检测；同时，声发射方法对测试距离的要求不高，可实现如高低温、核辐射、易燃、易爆及极毒等环境条件下的检测，是一种颇具前景的无损的动态检测技术。

但是，由于缺乏相关实验数据，还不能直接将声发射信号的特征信息与混凝土中钢筋锈蚀机制进行一一对应。在检测过程中，由于声发射法检测结果受环境条件、采集设备、传感器类型、参数设置等多种因素的影响，没有统一的声发射检测系统的标定方法和实验方法，限制了声发射技术的应用和推广[5]。

### 16.2.6 基于磁场的检测法

基于磁场的检测方法是利用钢筋的铁磁属性，通过探测钢筋缺陷引起外加磁场的扰动情况，确定钢筋的锈蚀损伤程度，如图 16-7 所示。

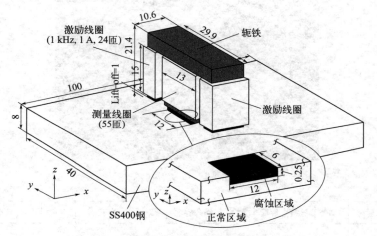

图 16-7 电磁原理检测钢筋锈蚀（单位：mm）
Lift−off＝1 是使用剥离工艺制作的结构厚度为 1mm

当在钢筋混凝土构件附近施加足够的磁场强度时，混凝土中钢筋的偶极子被磁化，并按磁力线的方向整齐排列。当磁场强度达到一定的程度时，钢筋被完全磁化，即磁饱和现象。此时，磁场强度的进一步增大不会再对钢筋的磁化产生影响。当磁场沿着纵筋方向移动时，钢筋截面的改变都会导致磁通量变化，连续的磁力线会在缺陷附近发生变化。此时，使用相应的探测器测量磁场扰动带来的电信号的改变，记录电信号的振幅和两个峰值点之间的距离，建立这两个指标与锈蚀量之间的关系，可以探索钢筋缺陷的位置和损伤程度。

瞬变电磁法也称时间域电磁法，简称 TEM。它是利用不接地回线或接地线源向地下发射一次脉冲磁场，在一次脉冲磁场间歇期间利用线圈或接地电极观测地下介质中引起的二次感应涡流场，从而探测介质电阻率的一种方法。其基本工作方法是：于地面或空中设置通以一定波形电流的发射线圈，从而在其周围空间产生一次电磁场，并在地下导电岩矿体中产生感应电流，形成二次瞬变磁场：断电后，一次脉冲磁场会随之消失，而二次瞬变磁场随时间变化有规律地衰减。二次瞬变磁场衰减的快慢与导电体的结构、体积、导电性能等参数有关，并在衰减过程中，其周围又会产生新的磁场，即二次磁场。通过接收回线观测，并对所观测的数据进行分析处理来解释混凝土内部钢筋锈蚀的状况，快速采集混凝土内部锈蚀钢筋的图像，如图 16-8 所示[6-7]。

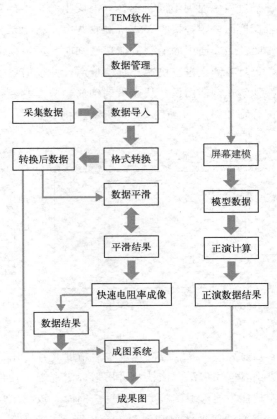

图 16-8　瞬变电磁成像流程图

基于磁场的检测方法的优点如下：①所得信号连续，一次测量便可以掌握整个构件中钢筋的损伤情况；②非接触式检测，速度快，易于实现自动化，图像简单易懂，能够对复杂环境下的构件进行检测，如高温环境；③涡流检测磁感线圈能绕制成各种不同的形状，可以检测形状不规则的材料和小零件构件。

但是，该方法也存在着诸多弊端：例如，检测过程中会受到环境中磁场的干扰，影响检测的准确度；同时，对于相互重叠的钢筋，检测难度较大。

### 16.2.7　钢筋的雷达检测法

雷达检测技术（GPR）实质上是一种高频电磁波发射与接收技术。雷达波由自身激振产生，直接向路面路基发射射频电磁波，通过波的反射与接收获得路面路基的采样信号，再经过硬件、软件及图文显示系统得到检测结果。雷达所用的采样频率一般为数兆赫（MHz），而发射与接收的射频频率有的要达到吉赫（GHz）以上。射频电磁波的产生是依靠一种特制的固体共振腔获得的。雷达波虽然频率很高、波长很短，但同样遵守波的传播规律，即也有入射、反射、折射与衰变等传播特点。因此，正是基于上述特点，GPR技术已被用于公路工程质量监控和状态检测服务及混凝土中钢筋锈蚀状况的检测与评估。

探地雷达的工作原理是：由置于地面或结构物表面的发射天线送入高频电磁波脉冲，当其在地下或结构物内部传播过程中遇到不同目标体（混凝土结构中的钢筋、孔洞等）的电性界面时，有部分电磁能量反射回来，被接收天线所接收并由主机记录，得到从发射经界面反射回到接收天线的双程走时。当介质中的电磁波波速已知时，可根据测到的精确值求得目标体的位置和埋深。这样，可对各测点进行快速连续的检测，并根据反射波组的波形与强度特征，通过数据处理得到探地雷达剖面图像，从而得到钢筋参数及其变化情况。探地雷达的原理简图及所测电位示意图分别如图16-9和图16-10所示。

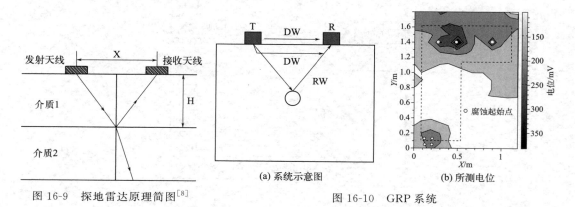

图16-9　探地雷达原理简图[8]　　　　图16-10　GRP系统

雷达检测法（GPR）是一项效率高、检测速度快、精度高且应用范围很广的无损检测技术，在混凝土无损检测方面，应用广泛。该技术可用来确定混凝土构件的厚度、钢筋位置及潮湿部位，且其极强的穿透能力能够测试较大的深度。同时，该技术还可确定蜂窝或裂缝的位置及孔洞大小、形状，钢筋的腐蚀情况和混凝土含水量等。此外，根据微波的极化特性，还能够确定缺陷的形状和取向等。但是，这种技术也存在着一些问题，例如，检测过程中钢筋的相互干扰、钢筋直径的定量检测等，都是目前GPR技术面临的难题[8-9]。

## 16.2.8　光纤传感技术

光纤传感技术是20世纪70年代伴随光纤通信技术的发展而迅速发展起来的，以光波为载体，光纤为媒质，感知和传输外界被测量信号的新型传感技术。它是利用光子（photon）在玻璃或者有机纤维中沿长度方向传播，当纤维应变、温度、界面改变时，光的波长、能流密度、频率、偏振态、相位发生变化的性质制作的传感器。光纤技术优点诸多，比如：高的灵敏度、抗干扰的能力比较强、体型比较小、容易形成阵列等。因此，光纤传感技术的发展与运用备受关注，大量的研究为光纤传感技术的蓬勃发展奠定了一定的基础。目前，光纤传感技术主要的应用领域为：化工领域、军事领域、航天航空领域及岩土工程领域等。但随着光纤传感技术的发展，该技术逐渐被用于结构工程检测、桥梁结构工程的检测中。采用光纤传感技术检测钢筋锈蚀时主要有两种方法：用光纤对钢筋混凝土周围的环境因子进行检测；利用布拉格光栅对应变的敏感性对钢筋的锈蚀情况进行检测。

混凝土中钢筋腐蚀后，体积膨胀，会出现混凝土开裂、混凝土和钢筋间黏结强度下降、钢筋截面面积减小等现象。上述情况的出现会导致钢筋锈蚀部位混凝土内部应力发生变化。通过捕捉这一信号的变化，判断混凝土内部钢筋锈蚀位置、分布以及程度，如图 16-11 所示。目前，采用光纤传感技术研究混凝土中钢筋锈蚀方面的报道较少，但也得到了一些可鉴性成果。Kim D. Bennett 等[10] 提出了基于微弯效应，以钢丝"安全环"作为钢筋的等效物，采用光纤腐蚀传感器研究了钢筋的锈蚀。结果发现：当"安全环"生锈变细而断裂时，弯曲光纤的曲率将变小甚至为零，通过光纤的光能量会迅速增加。通过设计不同粗细的保险丝可反映不同程度的腐蚀情况，再通过钢筋与保险丝的腐蚀对比实验就可推断出钢筋锈蚀程度与速率。P. L. Fuhr 等人[11] 开展了基于测定氯离子含量的光纤腐蚀传感器研究，取得了一些初步研究结果。而 P. Rutherford 等人[12] 则针对飞机上铝材缝隙腐蚀监测问题，提出了一种新的光波导腐蚀传感方案，即用物理气相沉积法（PVD）在光纤纤芯表面上沉积一层铝膜，以形成光纤的金属包层，从而构成了一种能监测铝材腐蚀的光纤传感器。与 P. L. Fuhr 的方法相比，这种光波导方法具有更明显的优越性。黎学明等将这种思路用于钢筋腐蚀监测上，提出一种用金属膜层局部取代光波导介质包层构成腐蚀敏感膜用于混凝土结构钢筋腐蚀监测的光波导传感方案，进而获取金属的腐蚀信息。结果表明：该传感方案具有很好的可行性，能够较好地对混凝土结构中钢筋的腐蚀进行在线监测。此外，如将多个该光纤钢筋腐蚀传感器紧贴钢筋铺设，并采用光时域反射技术（OTDR），还可实现大型混凝土结构中多个点位的钢筋腐蚀准分布监测[13-14]。

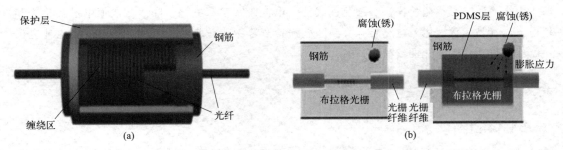

图 16-11　光纤传感器（a）及光纤传感器监测混凝土内部应力（b）

虽然光纤传感技术可以获取比较全面可靠的锈蚀数据，实现早期非破坏性锈蚀监测；且基于光纤的诸多优点，如纤细、质轻、抗强电磁干扰、耐高温等，它可以埋置于混凝土结构的任何部位，实现内部结构的多点监测。但是，由于混凝土结构钢筋锈蚀环境的复杂性和监测的长期性，在实际工程中大量应用之前，还需进一步提高监测精度，扩大锈蚀率的监测范围，以及提高光纤传感器在混凝土结构中的耐久性等问题。

### 16.2.9　射线法

射线法是指通过拍摄混凝土中钢筋的 X 射线或 γ 射线照片，直接观察钢筋的锈蚀情况，如图 16-12 所示。射线检测法可以用放射透视照相（简称射线透照）的办法给出缺陷的直观图像，降低检测结果的争议性。该方法不但有利于迅速判别缺陷的危害程度，还可对缺陷的修补起到重要的指导作用。此外，射线法可以给出钢筋的实际位置图像，这对评价钢筋混凝土结构性能具有重大的意义。

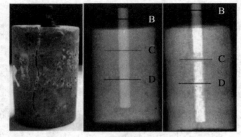

图 16-12 基于射线法检测混凝土中钢筋的锈蚀

但是，射线法只适合定性的分析，难以定量分析钢筋的锈蚀量。同时，射线检测设备笨重，需要强大的射线发射源及供电设施。此外，射线对人体有害，使用时工作人员必须穿特殊的防护服，检测过程中可能存在着许多安全隐患，这也限制了它在现场检测的使用。

# 16.3　电化学检测法

电化学检测法是通过测定钢筋混凝土锈蚀体系的电化学特性来确定混凝土中钢筋的锈蚀程度和锈蚀速度，其在钢筋锈蚀的各种检测方法中具有独特的优势。与综合分析法或物理检测法相比，具有测试速度快、灵敏度高、可连续跟踪和原位测量等优点。目前，电化学检测法在实验室和实际应用中均有了较大的发展，在今后仍是混凝土中钢筋锈蚀无损检测的重点发展方向。

混凝土中钢筋锈蚀的电化学检测法主要有半电池电位法、线性极化法、极化曲线法、混凝土电阻率法、交流阻抗谱法、极化曲线法、电流阶跃法、电化学噪声法、恒电量实验法和恒电流脉冲技术等。本章主要重点介绍非破损检测法中比较常用的三种方法，即半电池电位法、线性极化法和极化曲线法。

## 16.3.1　半电池电位法

### 16.3.1.1　引言

电化学方法在钢筋锈蚀检测领域越来越普及，并且得到了广泛的发展。在对混凝土中钢筋无损检测和评估时，具有理论可靠、检测速度快、灵敏度高等优点。目前，电化学检测法主要有两种检测形式：一种是检测钢筋的电极电位，来定性地判断钢筋是否锈蚀；另一种是测量动力学参数，确定锈蚀速率，定量地判断钢筋的锈蚀问题。但是，由于混凝土结构的复杂性，很多检测方法仅仅局限在实验室检测阶段，无法在实际工程中进行现场检测。

半电池电位法是一种定性判定钢筋锈蚀状态的测试方法，已在混凝土中钢筋锈蚀状态检测方面得到广泛的应用。该方法主要是根据所测电极电位来判断金属是否腐蚀，是当前现场检测最常用的一种电化学检测方法。

半电池电位法在国外的应用始于 20 世纪 50 年代。1963 年，我国首先将其应用于海港码头钢筋混凝土上部结构腐蚀破坏调查，后来又在水闸和掺氯化钙早强剂的预应力混凝土屋架梁等结构中应用。随着国内外研究学者不断地研究探索，半电池电位法在混凝土钢筋锈蚀检测中的应用越来越成熟，检测设备和相关标准也应运而生。目前，常见的代表性检测设备主要有美国的 Cormap、英国的 Colebrand 和瑞士的 Canin 等产品。检测标准包括美国材料试验协会制定的 ASTM C876《混凝土中无涂料层钢筋的半电池电位标准试验方法》[15]、JTS/T 236—2019《水运工程混凝土试验检测技术规范》[16]、GB/T 50344—2019《建筑结构检测技术标准》[17]，以及印度、德国和日本所颁布的判别标准等。

### 16.3.1.2　测试原理

混凝土中钢筋的锈蚀是一个复杂的电化学过程，带电的离子能够通过混凝土内部孔溶液的定向运动使钢筋混凝土结构成为一个导电体。当钢筋钝化膜处于完好保护状态下时，钢筋的电动势与处于腐蚀状态下的电动势不同。在这些具有不同电位的区域之间，混凝土的内部将产生电流，此时会在钢筋表面形成阳极区和阴极区。在电位较负的区域，钢筋被腐蚀，发生阳极反应；在电位较正区域，钢筋未被腐蚀，发生阴极反应[18]。半电池电位法就是利用钢筋锈蚀过程中阳极区和阴极区之间的电位差值，通过测定钢筋、混凝土与在混凝土表面上参比电极之间的电位差，来评定钢筋的锈蚀状态。

钢筋和混凝土的电化学活性可以看作是半个弱电池组，其中钢筋作为电极，混凝土为电解质，这就是半电池电位法的名称由来。该方法是利用"Cu＋CuSO₄ 饱和溶液"形成的半电池（或其它参比电极）与"钢筋＋混凝土"形成的半电池构成的一个全电池系统。由于"Cu＋CuSO₄ 饱和溶液"的电位值相对恒定，而混凝土中钢筋因锈蚀产生的化学反应将引起全电池的变化，因此，电位值可以评估钢筋锈蚀的状态，其检测原理图如图 16-13 所示。

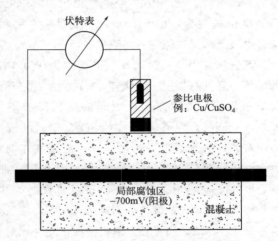

图 16-13　半电池电位法测试原理图

### 16.3.1.3　测试准备

（1）检测装置

检测时，半电池电位法可根据实际情况采用单电极法或双电极法。其中，前者适用于钢筋端头外露的构件，后者适用于钢筋不外露的构件，其检测装置如图 16-14 和图 16-15 所示[19]。

（2）电极布置与处理

参比电极"Cu-CuSO₄"半电池的示意图如图 16-16 所示。其中，所用玻璃管或刚性塑料管的内径不小于 20mm，长度不小于 100mm。在管的下端垫有软木塞，上端用橡皮塞或火漆封闭。通过橡皮塞在溶液中插入一根直径不小于 5mm 的预先经过擦锈、去脂的紫铜棒，在玻璃管或刚性塑料管内灌满饱和 CuSO₄ 溶液（有一定量硫酸铜晶体积聚在溶液时，即认为此溶

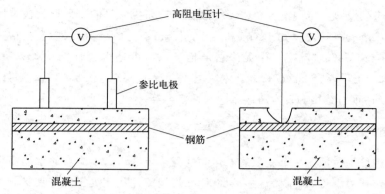

图 16-14　双电极法检测示意图　　　　图 16-15　单电极法检测示意图

液已饱和），且根据使用时间，应将 $CuSO_4$ 溶液及时更换。更换后，宜采用甘汞电极对其进行校准。在室温（22±1）℃时，"Cu-CuSO₄" 电极与甘汞电极之间的电位差应为（68±10）mV。此外，在测量前，应将电极下端浸在硫酸铜溶液中备用。

　　测试过程中，一般选择截面面积大于 $0.75mm^2$ 的导线，且其总长度不应大于 150m。在选定导线长度的条件下，由回路电阻引起的电压降应不大于 0.1mV。同时，为了使 "Cu-CuSO₄" 电极和混凝土表面有较好的接触，可在水中添加液态洗涤剂对被测表面进行润湿，减少接触电阻与电路电阻。此外，所选电压表应具有采集、显示和存储数据的功能，其量程为 2000mV，最小分刻度为 10mV，输入阻抗应不低于 10MΩ，满量程范围内的测试允许相对误差为 ±3%。

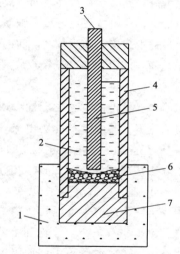

图 16-16　铜-硫酸铜半电池剖面图[15]
1—电连接垫（海绵）；2—饱和硫酸铜溶液；
3—与电压表电连接的露头；4—刚性管；5—铜棒；
6—少许硫酸铜晶体；7—多孔塞（软木塞）

（3）混凝土表面处理与环境条件

　　测试之前，混凝土表面的测试区域用钢丝刷、砂纸打磨，去除涂料、浮浆、污迹、尘土等，并用接触液将表面润湿。测试过程中，应根据钢筋锈蚀检测设备要求确定合适的试验温度（不能低于 15℃）。

### 16.3.1.4　测试过程及注意事项

（1）测试过程

　　① 测点布置：一般情况下，测点纵、横方向的间距为 300～500mm。当相邻两侧点测量值之差超过 150mV 时，应适当缩小测点间距，但最小间距一般应小于 100mV 的测量值。测点位置距构件边缘应大于 5cm，一般不宜少于 20 个测点。

　　② 半电池电位测定仪的一端与混凝土表面接触，另一端与外露钢筋相连。若无外露钢筋

时，需利用钢筋定位仪的无损检测方法确定一根钢筋的位置，然后剔除钢筋保护层部分的混凝土，使钢筋外露，再进行连接。连接时要求打磨钢筋表面，除去锈斑。根据半电池电位法的测试原理，为了保证电路闭合以及钢筋的电阻足够小，试验前应该使用电压表检查测试区域内任意两根钢筋之间的电阻小于1Ω。其中，连接钢筋的导线接电压表的正极，连接"Cu-CuSO$_4$"参比电极的导线接电压表的负极。

③ 测试时，将"Cu-CuSO$_4$"参比电极下端依次放置在各测点处，电极纵轴线保持与构件表面垂直，读出并记录各测点的电位，精确至10mV。其中，电压表的读数不应随时间变化或摆动，5分钟内电位读数变化应在±20mV以内，否则应用浸透硫酸铜溶液的海绵预湿各测点。在混凝土较干的情况下，可用喷淋等方法预湿，使读数稳定。若以上预湿方法未能使电位稳定在±20mV以内，则不能使用本方法检测。在水平方向或垂直方向上测量时，要确保参比电极中硫酸铜溶液始终与软木塞、紫铜棒接触[16,20]。

（2）注意事项

① 测量区域宜选取主要承重构件或承重构件的主要受力部位。当混凝土表面局部有缺陷、绝缘层、涂料、岩屑、裂缝、堆积物和保护层剥落等情况时，应该避开这些位置，或清除混凝土表面的垃圾和其它杂物，然后用自来水将混凝土表面润湿，但不能使混凝土中的水达到饱和状态且形成回路。

② 根据图纸或用钢筋定位仪找出钢筋位置，用电钻钻孔至钢筋的表面，以保证检测结果的准确性。对于每一测点，至少要露出两处钢筋作为工作电极。连接之前，应对钢筋表面进行打磨，除去锈斑或钝化层，并用乙醇清洗，使导线和新鲜的钢筋面相连接，必要时用环氧树脂涂敷。

③ 测试过程中，应逐点测量钢筋电位的二维分布，并在钢筋方向间隔取点测量，以免遗漏发生锈蚀的阳极区域。

④ 钢筋的电位受环境温度影响很大。通常情况下，电极的温度系数一般为0.9mV/℃。测试时，若环境温度在22℃±5℃范围之外，要按公式(16-11)或公式(16-12)对测点电位值进行温度修正。

$$V_i = 0.9(T_i - 27.0) + V_{iR}, (T_i \geqslant 27℃) \tag{16-11}$$

$$V_i = 0.9(T_i - 17.0) + V_{iR}, (T_i \leqslant 17℃) \tag{16-12}$$

式中，$V_i$ 为温度修正后的电位值；$V_{iR}$ 为温度修正前的电位值；$T_i$ 为环境温度，℃。

⑤ 当两个测点所测数值差距较大时，应该减小测点间距；当发现检测数据有异样或者检测失败时，应及时检查导线连接处是否接触良好，或者对混凝土表面再次进行清理、润湿等。必要时可重新选择检测区域或检测点，按照正确的步骤重新进行检测。

## 16.3.1.5 数据采集和结果处理

① 通过钢筋锈蚀仪等检测设备，测量混凝土中不同区域内钢筋的锈蚀电位值（单位为mV），在比例适当的构件表面图上，点绘出各测点的位置和测量值。

② 将各个区域内测点所得到的电位值数据绘制成电位等值线，电位等值线（也称等位线）的最大间隔宜为100mV。

③ 绘制检测区域构件表面钢筋半电池等位图，如图 16-17 所示，结合已知的钢筋电位和钢筋锈蚀状态判别标准以及环境因素等，来判断检测构件钢筋的锈蚀区域和未锈蚀区域，也可根据钢筋半电池等位图来了解和分析检测构件钢筋的锈蚀分区和锈蚀走向。

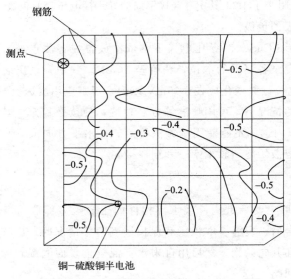

图 16-17　电位等值线示意图（单位：V）[15]

④ 累积频率图提供了构件钢筋锈蚀活动区域的大小（占的百分比）。将所有测点的半电池电位，按其负值从小到大排列（电位相同的测点之间，可任意排列次序），并连续编号。其中，累积频率的计算按式(16-13)进行。此外，累积频率图的纵坐标为半电池电位（mV），横坐标为累积频率（%），根据各测点的半电池电位和累积频率，在图上绘出累积频率曲线。

$$f_x = \frac{r}{\sum n + 1} \times 100\%$$ (16-13)

式中，$f_x$ 为所测值的累积频率，%；$r$ 为各个测点半电池电位的排序；$\sum n$ 为总测点个数。

### 16.3.1.6　结果的解释和应用

（1）用电位高低进行腐蚀评价

通过所测自然电位进行腐蚀评价，判断钢筋发生腐蚀的可能性。假如自然电位小于 $-200\text{mV}$（饱和甘汞电极基准），且其值越低，腐蚀的可能性及腐蚀面积的比率越高。

（2）用电位分布进行腐蚀评价

由于微腐蚀电池的电流从阳极区间腐蚀处流出，进入附近的阴极区间，会导致自然电位梯度在阳极区间的边界附近增大。所以，可根据自然电位分布来确定腐蚀部位。另外，将电位分布求出的电位梯度与混凝土电阻率结合起来，还可以推测腐蚀速度。

（3）用电位随时间变化进行腐蚀评价

钢筋的自然电位会向低值方向发生变化，根据自然电位随时间的变化，可以评价钢筋的腐蚀。

此外，研究表明：钢筋的电位不仅与腐蚀状态有关，还受到混凝土环境类型和性质等多重因素的影响。因此，采用半电池电位法测试钢筋锈蚀时，需综合考虑不同使用环境下采用不同电位的判别标准。目前，不同国家已制定半电池电位法标准，如表 16-3 所示。

表 16-3　各国半电池电位法标准[21]

| 标准 | 测试方法 | 判别标准 $E/\text{mV}$ (vs. CSE) | 腐蚀程度 |
|---|---|---|---|
| ASTM C876-91 | 单电极 | $E > -200$<br>$-350 \leqslant E \leqslant -200$<br>$E < -350$<br>$E > -300$ | 未腐蚀概率为 90%<br>不确定<br>腐蚀概率为 90%<br>未腐蚀 |
| JTJ 270 | 单电极 | $E > -200$<br>$-350 \leqslant E \leqslant -200$<br>$E < -350$ | 腐蚀概率小于 10%<br>不确定<br>腐蚀概率大于 90% |
| GB/T 50344—2019 | 单电极 | $-500 \leqslant E \leqslant -350$<br>$-350 \leqslant E < -200$<br>$E \geqslant -200$ | 腐蚀概率为 95%<br>腐蚀概率为 50%，可能有坑蚀<br>腐蚀概率为 5% |
| 《日本腐蚀诊断草案》 | 单电极 | 局部 $E < -350$<br>全部 $E < -350$<br>$E > -300$ | 局部腐蚀<br>全面腐蚀<br>腐蚀概率为 5% |
| 印度[30] | 单电极 | $-450 \leqslant E \leqslant -300$<br>$E < -450$<br>$E > -250$ | 不确定<br>腐蚀概率为 95%<br>未腐蚀 |
| 冶金院判别标准 | 单电极 | $-400 \leqslant E \leqslant -250$<br>$E < -400$ | 可能腐蚀<br>腐蚀 |
| 冶金院判别标准 | 双电极 | 两电极相距 20cm，<br>电位梯度 150～200 | 低电位处发生腐蚀 |
| 德国标准 | 双电极 | 两电极相距 20cm，<br>电位梯度 150～200 | 低电位处发生腐蚀 |

## 16.3.1.7　与其他方法的比较

半电池电位法在检测混凝土中钢筋锈蚀方面已经制定相应的规范、标准，且广泛地应用于实际工程中。与其它检测方法相比，该检测方法的优势和不足如下。

（1）半电池电位法的优势

① 该方法简单、经济、易操作。在混凝土保护层厚度及成分均匀，混凝土质量、温度、湿度一定的情况下，可以很好地定性反映钢筋的锈蚀情况。该方法是目前无损检测钢筋腐蚀状态的一种常用方法。

② 半电池电位法适用于现场无损检测海工钢筋混凝土建筑物中钢筋半电池电位，以确定钢筋锈蚀状态。

（2）半电池电位法的不足

① 测量过程中影响因素较多，如混凝土含水率、参比电极的位置、水泥的种类及混凝土的裂纹等。因此，只能对钢筋的锈蚀作出一个定性的判断，具体的锈蚀程度和锈蚀速率无法检测。

② 电位图的解析需要根据混凝土的碳化、氯离子的侵蚀和混凝土孔隙率等因素考虑。同时，还需要结合其它腐蚀信息，采用其它测试方法定性、定量判断，对经验的依赖性较强。

③ 已饱水或者接近饱水的混凝土，其内部钢筋由于缺氧，阴极极化很强。此时，所测钢筋的半电池负电位较高，但钢筋往往还未生锈。在该情况下，常规的判别钢筋锈蚀状况的标准就不适用。因此，本方法不适用于已饱水或接近饱水的混凝土。

④ 电压表的读数会随时间变化或摆动，使得钢筋的半电池电位在 5 分钟内的变化超出 ±20mV。主要是由于整个测量电路的电阻太大，或是由于外来杂散电流的影响。无论何种情况，均不宜再用本方法测定[22-23]。

⑤ 对于无外露钢筋混凝土构件的检测，需要测定钢筋的位置，破坏掉钢筋的混凝土保护层，且各种标准中该方法不统一（见表 16-3）。

## 16.3.1.8 小结

① 从电化学角度来看，混凝土中锈蚀钢筋表面会形成独立的阳极区和阴极区，这两个区域通过混凝土的导电作用会形成腐蚀原电池。"$Cu+CuSO_4$ 饱和溶液"形成的半电池（或其它参比电极）与"钢筋＋混凝土"形成的半电池构成了一个全电池系统。

② 简单来说，半电池电位法就是用导线把钢筋与一个电压表连通，电压表的另一端连接参比电极（甘汞电极），电压表所测得的数值就是所测位置钢筋的电位值；在测量构件的表面采集大量的电位值数据后，找到钢筋的阳极区和阴极区，进而对构件中钢筋的锈蚀状态进行判定；判定人员应该结合现场的环境因素以及构件的特点等，根据实际检测数值和经验对钢筋锈蚀进行判定。有专家学者根据经验公式以半电池电位法为基础，对锈蚀电流密度进行修正，可以用于对钢筋锈蚀速率的换算和对混凝土耐久性的评估等工作。

③ 半电池电位法在检测过程中，应该注意对混凝土表面杂物的清除、清洗，用自来水对表面进行润湿。连接导线前，对钢筋工作电极进行打磨，确保能够形成回路。选取均匀合适的测量区域进行检测，得到足够多的测点电位值。

④ 半电池电位法是钢筋锈蚀无损检测中主要的电化学检测方法之一，被广泛地应用于实际工程中，并取得了一定的成效。但半电池电位法只是粗略地对钢筋的锈蚀状态进行判断，不能定量地得出钢筋的锈蚀程度和锈蚀速率，严重限制了半电池电位法的使用。此外，对小构件来说，无法测得足够的、不同位置的电位值，就无法对锈蚀钢筋的锈蚀区域进行判断。因此，该方法不适合检测小尺寸构件中钢筋锈蚀问题。要运用该方法很好地解决工程中的实际问题，还必须努力提高半电池电位法检测混凝土中钢筋锈蚀状态的可靠性。

## 16.3.1.9 半电池电位法检测实例

为了更准确说明半电池电位法的检测过程及结果处理方法，现以文献 [24] 为例进行详细介绍。满志强等[24] 利用半电池电位法现场检测了水工混凝土建筑物中钢筋锈蚀的情况，并通过钻孔取样的方法（破损法）进行检测对比，肯定了半电池电位法检测方法的可靠性。

（1）工程概况

南华二糖厂泵站位于田东县平马镇合恒村右江左岸河边，该泵站建于 1993 年，为圆筒式固定泵房，底部和筒壁均采用现浇混凝土整体结构，如图 16-18[24] 所示。由于时间久远，周围水位线的上升，该泵站的设施受到了严重影响。为保证泵站的正常运行，对南华二糖厂泵站泵房建筑物进行了安全评估，并对泵站泵房筒壁混凝土中钢筋锈蚀情况进行了检测。

图 16-18　泵站筒壁外观

（2）主要检测仪器

KON-XSY 型钢筋锈蚀仪（图 16-19）、KON-RBL（D＋）型钢筋位置及保护层测定仪、混凝土钻孔取样机等。

（3）现场检测

① 样品的预处理：对钢筋混凝土表面进行清污处理，避开混凝土表层结构有缺陷、裂缝、绝缘层等地方，用自来水充分润湿钢筋锈蚀仪测试端的海绵和混凝土结构表面，确保能够形成回路，避免自由水的存在。

② 测点布置：在筒壁四周不同高程布置 7 个检测区域进行检测。先使用钢筋位置测定仪在混凝土表面进行扫描，找到并确定钢筋的分布，并做好标记。根据钢筋的分布情况，确定钢筋锈蚀检测的测点位置。其中，每个测区的测点为 20 个，横向和纵向钢筋间距为 20cm，钢筋测点的布置图如图 16-20 所示[24]。

图 16-19　KON-XSY 型钢筋锈蚀仪

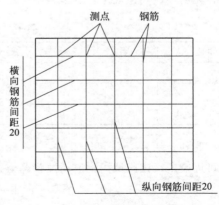

图 16-20　测点布置示意图（单位：cm）

③ 电位测试：按照半电池电位法，配制好 $CuSO_4$ 的饱和溶液（以有少量的 $CuSO_4$ 的结晶为准），将主机与电位电极和金属电极分别连接。然后，打开钢筋锈蚀仪，设置好"测区

号""测点间距""测试类型""环境温度"等参数。随后，用金属电极夹住凿开的钢筋新鲜面，连接牢固，并用环氧树脂涂敷。接下来把电位电极放在测区测点上，使电位电极和测试混凝土表面垂直，施加适当的压力，进行测试并保存好各个测点电位值。测试完毕后，对凿开的混凝土进行修补，在电脑上导出数据并进行分析处理。

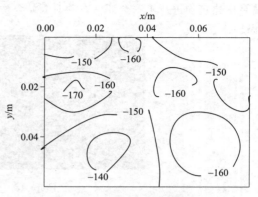

图 16-21　T-3 测区电位等值线图

（4）数据处理和结果分析

① 根据各测点测试的电位数据得出了泵房筒壁 7 个检测区的电位等值线。以测区 T-3 为例（如图 16-21 所示）[24]，图中 $x$ 轴、$y$ 轴代表测区内测线的走向（测区内横向、纵向钢筋的走向），数字代表测区内相对位置的电位值（单位为 mV）。通过电位等值线图的分析，可以了解被检测构件的锈蚀分区和走向。

② 判定标准：根据 GB/T 50344—2019《建筑结构检测技术标准》，对电位测试结果的评定规定见表 16-4。

表 16-4　钢筋电位与钢筋锈蚀状态判别标准

| 序号 | 钢筋电位/mV | 钢筋锈蚀状态判别 |
|---|---|---|
| 1 | −500～−350 | 钢筋发生锈蚀的概率为 95% |
| 2 | −350～−200 | 钢筋发生锈蚀的概率为 50%，可能存在坑蚀现象 |
| 3 | −200 或高于−200 | 无锈蚀或者锈蚀状态不确定，锈蚀概率为 5% |

③ 结果分析：通过 7 个测区电位等值线图发现：泵房筒壁 7 个测区的电位分布随机、均匀，无明显破坏性规律，且沿钢筋布置方向上无线性逐渐升高至高锈蚀概率的走向。

表 16-5　T-3 测区检测结果表

| 电位/mV | 测点数/个 | 比例/% | 最小值/mV | 最大值/mV | 平均值/mV | 钢筋锈蚀状态判别 |
|---|---|---|---|---|---|---|
| −500～−350 | 0 | 0 | | | | |
| −350～−200 | 0 | 0 | −179 | −142 | −160 | 无锈蚀或锈蚀状态不确定，锈蚀概率为 5% |
| ≥−200 | 20 | 100 | | | | |

此外，从表 16-5 可以看出：T-3 测区检测的 20 个测点的电位值都大于−200mV。上述结果可以判定，该区域内钢筋锈蚀状况为无锈蚀活动性或锈蚀活动性不确定，锈蚀概率为 5%。

而且通过对比发现：7 个测区的电位值测试结果基本一致，平均值均高于−200mV。该结果表明：泵房筒壁内钢筋无锈蚀活动性或锈蚀活动性不确定，锈蚀概率为 5%。

（5）现场取筋验证

为了直观了解钢筋锈蚀情况和验证半电池电位法检测的结果，在 7 个测区中随机选取了

T-3 测区 [坐标为 (0.6m, 0.2m)] 和 T-7 测区 [坐标为 (0m, 0.2m)] 进行钻孔，提取一截钢筋，如图 16-22 所示。该两处的电位值分别为 −170mV 和 −40mV。由钻取的钢筋发现，T-3 测区的钢筋表面完整，表面保护层仅有少许斑迹，没有锈蚀；T-7 测区的钢筋完整，表面保护层完好，没有锈蚀。上述结果与半电池电位法检测结果一致，进而肯定了半电池电位法的可靠性。

图 16-22　T-3、T-7 测区钻取的钢筋图片[24]

## 16.3.2　线性极化法

### 16.3.2.1　引言

在钢筋锈蚀检测技术中，目前常用的并且公认的检测技术为半电池电位法、极化曲线法和线性极化法。但半电池电位法只能对钢筋的锈蚀进行定性判定，不能够定量检测混凝土中钢筋的锈蚀情况，无法得到钢筋的锈蚀速率。然而，钢筋的锈蚀速率是钢筋锈蚀情况、耐久性预测的重要参数。线性极化法作为一种重要的电化学无损检测技术，能够检测出钢筋的锈蚀速率。

1957 年，Skold 和 larson 发现，在低电流密度极化时，极化电位与外加极化电流接近直线关系，并且直线的斜率 $\Delta F/\Delta I$ 与锈蚀速率成反比。随后，Stern 和 Geary 推导了线性极化方程，为线性极化法奠定了定量的测量基础。随后，线性极化法逐渐得到完善，并较好地用于混凝土内钢筋腐蚀的检测中。此外，在检测过程中，线性极化法外加信号强度比较弱，对金属自然腐蚀状态以及其周围环境介质影响小。因此，线性极化法在金属腐蚀状态连续在线监测、材料耐蚀性测试、缓蚀剂选用以及混凝土中钢筋锈蚀速率检测等领域广泛使用。

### 16.3.2.2　测试原理

金属腐蚀中过电位很小时，过电位与极化电流呈线性关系。电流通过电极后，电极的电位发生极化，即：$\Delta\varphi=\varphi-\varphi_{i=0}$（式中，$\varphi_{i=0}$ 为无电流通过时的电极电位）。

极化的产生是由于达到电极反应平衡需要一定时间。极化根据周围介质的情况分为：电荷转移极化、浓差极化、欧姆电阻极化、新相极化等。其中，电荷转移极化对腐蚀速率起决定性作用。

根据腐蚀电化学理论，在锈蚀电位附近，腐蚀金属上的外加极化电流和极化电位之间存在着近似的线性关系，直线的斜率和腐蚀速率成反比。通过向测量区域施加较小的电流 $dI$，测量由 $dI$ 引起的电位变化 $dE$，得到极化电阻 $R_p = dE/dI$；而极化电阻和锈蚀电流 $i_{corr}$ 成反比，并有关系式 $i_{corr} = B/R_p$，$B$ 为 Stern-Geary 常数。根据 Stern 方程和 Stern-Geary 方程，线性极化法检测金属锈蚀速率的计算如下。

Stern 方程表示：

$$R_p = \frac{dE}{dI} \tag{16-14}$$

Stern-Geary 方程表示：

$$i_{corr} = \frac{B}{R_p} \tag{16-15}$$

式中，$i_{corr}$ 表示腐蚀电流密度；$R_p$ 表示极化电阻，即极化曲线在腐蚀电位附近的斜率；$B$ 由阳极反应和阴极反应区域 Tafel 曲线的斜率大小决定，由式（16-16）计算。

$$B = \frac{\beta_a \beta_c}{2.303(\beta_a + \beta_c)} \tag{16-16}$$

式中，$\beta_a$、$\beta_c$ 分别表示阳极和阴极过程的 Tafel 常数。

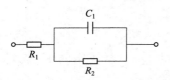

图 16-23　Randle 模型等效电路图[19]

$R_2$ 为钢筋混凝土界面的极化电阻；
$R_1$ 为辅助电极与钢筋之间混凝土的欧姆电阻；
$C_1$ 为钢筋混凝土界面的双电层电容

混凝土中钢筋 $B$ 值的准确测量很困难，通常近似取钢筋在 $Ca(OH)_2$ 溶液中的 $B$ 值。对于大多数系统的分析，$B$ 的取值在 13mV 和 52mV 之间。Andrade 和 Gonzalez 发现[25]，混凝土中处于活态钢筋（锈蚀时）的 $B$ 值为 26mV，而在钝化状态下，$B$ 值为 52mV。根据所确定的 $B$ 值，结合所测极化电阻 $R_p$ 的值，便可得到钢筋的腐蚀电流 $i_{corr}$。通常情况下，稳态线性极化条件下，腐蚀体系所采用的等效电路为 Randle 模型，如图 16-23 所示。

### 16.3.2.3　取样和样品制备

采用线性极化法检测的样品在制备方法方面没有具体的标准规范，在取样和制样过程中，须注意以下事项：

① 在进行腐蚀试验前，根据试验要求，选取合适型号、直径和长度的钢筋，并采用不同细度的砂纸对钢筋表面进行打磨至光亮。随后，用无水乙醇对钢筋进行清洗，并用丙酮脱脂后烘干，放置在干燥箱中备用。

② 按照试验要求，选取一定规格的模具，将钢筋对称地放入模具中后，浇筑砂浆或混凝土，使钢筋的端部露出，并采用环氧树脂对外露钢筋表面进行涂覆。待环氧树脂硬化后，用防水胶布牢牢缠裹，保护钢筋不受外界干扰，并对钢筋进行固定，直至混凝土构件硬化成型。

③ 所有试件应在相同环境下进行养护。待构件锈蚀（一般在实验室中，会采取一定的加速锈蚀的方法加速构件腐蚀，比如：用一定浓度的 NaCl 溶液浸泡、干湿循环浸泡、电化学加速锈蚀等方法）后，剔除外露钢筋表面的环氧树脂，并和导线连接，且在连接处用环氧树脂

进行涂覆。随后，再将导线的检测设备连接。

④ 当在实际的现场检测时，根据周围环境条件以及检测要求，选择合适的检测范围。检测之前，应对混凝土保护层表面进行清理，去除有缺陷的区域，并对混凝土保护层表面做润湿处理。采用工具凿开混凝土保护层，使钢筋露出，并对钢筋进行打磨，用导线连接检测仪器。其中，钢筋与导线的连接部位应用环氧树脂涂覆。检测完毕后，对凿开的混凝土保护层进行修补。

### 16.3.2.4 测试过程及注意事项

（1）检测装置和设备

线性极化法的检测装置如图 16-24 和图 16-25 所示。

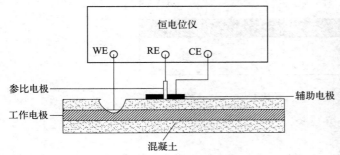

图 16-24　线性极化法的检测装置　　　　图 16-25　PARSTAT 2273 恒电位仪

以美国 AMETEK 公司的 PARSTAT 2273 恒电位仪为例说明测试过程。

仪器技术指标如下：最大输出电压为 ±100V，最大输出电流为 ±2A，电流分辨率为 1.2fA，交流阻抗频率范围为 $10\mu Hz \sim 1MHz$，输入阻抗大于 $1013\Omega$，最小电流为 40pA，切换速率可大于 $15V/\mu s$（无负载），最小时基为 $20\mu s$，最小电位步长为 $2.5\mu V$。

仪器的功能特点：①该电化学综合测试系统提供全面的恒电位/恒电流和内置频率响应功能；②配置的 Power Suite 软件包具有多种用途；③可提供线性极化曲线、阳极极化曲线、塔菲尔曲线、动电位极化曲线、循环极化曲线、腐蚀电位随时间变化曲线、恒电流、恒电位、开路电位、腐蚀速率与时间曲线、电偶腐蚀、电化学噪声、循环伏安特性等多种类型曲线；④硬件扫描范围可达 ±10V，上升时间小于 250ns（无负载）。

（2）线性极化法的测试步骤

① 根据图纸或者钢筋探测仪探明钢筋分布情况，并对钢筋混凝土保护层表面进行清理，避开保护层有缺陷的地方，比如绝缘层、涂料、岩屑、裂缝、堆积物和保护层剥落等地方。用工具凿开钢筋混凝土保护层，露出钢筋，并做除锈处理及清洗。根据现场环境以及检测构件的特点，选择合适的测点。

② 采用两电极体系测量锈蚀电流密度和锈蚀速率。将检测仪器与待测的工作电极钢筋连接，辅助电极和参比电极放置于混凝土表面，并通过电缆线和检测设备连接。为保证电位的稳定，参比电极要更接近工作电极，保证参比电极和工作电极之间形成回路。进行线性极化

法测试时，在位于混凝土表面的辅助电极与钢筋之间加直流极化电压，测量流过钢筋的极化电流的大小，极化电压与极化电流之比即为被测钢筋的极化电阻。测试过程中，仪器扫描速率设置为 1mV/s，扫描电位设置为 -20mV 到 +20mV。

③ 保护环的设置：为了克服线性极化法在测量过程中输入信号容易发生侧向扩散、传播发生衰减的缺点，可采用保护环技术。通过一个外加电极，限制输入信号在控制的范围内传递，即限制了输入电流的侧向扩散和衰减。如图 16-26 所示。施加了保护环后，中央电极的输入信号不会像外围的附加电极信号那样扩散。在具体使用时，又分为电位保护环和电流保护环。

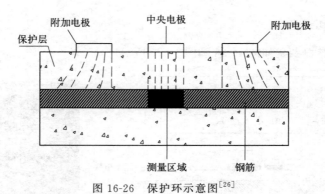

图 16-26　保护环示意图[26]

### 16.3.2.5　数据采集和结果处理

① 建议应用各类检测仪器配套的 Power Suite 软件包进行数据采集、处理和分析。

② 根据 Stern-Geary 方程以及线性极化法的测试原理可知，在线性极化区，极化曲线为直线，即过电位和腐蚀电流成线性关系。通过对极化曲线线性极化区的数据采用相应的软件模拟作图，根据欧姆定律，可以将线性极化区直线的斜率看作是极化电阻。

③ 根据极化电阻，由 Stern-Geary 方程可以推导出腐蚀电流密度。

### 16.3.2.6　结果的解释和应用

（1）腐蚀状态的评判标准

根据测得的腐蚀电流密度，依据表 16-6 可以评判钢筋锈蚀的程度。

表 16-6　混凝土构件中钢筋锈蚀程度判定及锈蚀发生时间预测[27]

| 腐蚀电流密度/($\mu A/cm^2$) | 锈蚀情况 | 锈蚀破坏开始时间预测 |
| --- | --- | --- |
| <0.2 | 无 | 不发生锈蚀破坏 |
| 0.2~1 | 轻微锈蚀 | >10 年 |
| 1~10 | 中度锈蚀 | 2~10 年 |
| >10 | 严重锈蚀 | <2 年 |

（2）钢筋锈蚀损失量估算

依据法拉第定律可以将腐蚀电流密度转换为钢筋的锈蚀损失量：

$$\Delta m = \frac{I_{corr} t w_m}{VF} \qquad\qquad (16\text{-}17)$$

式中，$\Delta m$ 为钢筋的损失量，$g/cm^2$；$I_{corr}$ 为腐蚀电流密度，$A/cm^2$；$w_m$ 为钢筋摩尔质量，$g/mol$；$t$ 为锈蚀时间，$s$；$V$ 为价态，数值为 2；$F$ 为法拉第常数（96500C/mol）。

根据实验室和现场测量数据，表 16-7 给出了线性极化法测量值与钢筋损失率的关系。

**表 16-7  线性极化法测定钢筋损失率特征值[28]**

| 极化电阻/(kΩ/cm²) | 腐蚀电流密度/(μA/cm²) | 金属损失率/(mm/年) | 腐蚀速率 |
|---|---|---|---|
| 2.5～0.25 | 10～100 | 0.1～1 | 很高 |
| 25～2.5 | 1～10 | 0.01～0.1 | 高 |
| 250～25 | 0.1～1 | 0.001～0.01 | 中等，低 |
| >250 | <0.1 | <0.001 | 不腐蚀 |

一般情况下，测试体系中钢筋的锈蚀为均匀锈蚀时，由线性极化法测得的电流密度为 $1\mu A/cm^2$ 的钢筋截面损失量大约对应 0.012mm/年的钢筋截面损失率。当有氯离子侵蚀时，钢筋的侵蚀深度约为均匀锈蚀时深度的 4～8 倍。

### 16.3.2.7  与其他方法的比较

线性极化法在钢筋锈蚀速率检测方面的重大突破一定程度上弥补了半电池电位法的不足。但是，随着线性极化法在钢筋锈蚀速率检测方面的广泛应用，也衍生出了许多亟须解决的问题。

（1）线性极化法的优势

① 线性极化法在快速检测金属腐蚀体系的瞬时腐蚀速率方面具有明显优势，它不仅可以定量测定金属材料的全面腐蚀速率，也可以测量混凝土中钢筋的瞬时腐蚀速率。同时，该检测方法的灵敏度高、数据处理直观简单、数据重复性好，有很强的可比性。

② 线性极化法测试所用仪器的操作简便，价格相对便宜，对钢筋的扰动小，不至于破坏试件的表面状态。

③ 采用线性极化法时，单个试件可作多次连续测定，并可用于现场长期监测，适合现场和实验室使用，是一种较好的现场快速测试的方法。

（2）线性极化法的不足

① 线性极化法是基于电化学腐蚀微极化的原理提出的，且 Stern-Geary 公式的推导是基于均匀腐蚀的假定。但是，在实际的测试过程中，钢筋混凝土结构本身的多相复杂性及外加电流的瞬间扰动造成的不均匀腐蚀普遍存在，如混凝土结构本身的不均匀性、钢筋/混凝土界面的非理想状态电容、钢筋测量采样面积的不均匀性、传输信号造成的瞬间极化、极化信号的不均匀性、钢筋宏电池腐蚀的存在等。上述因素不符合 Stern-Geary 公式的基本假定，由此测得的 $R_p$ 是金属表面的总极化电阻，可能会导致腐蚀速率的评估出现误差。因此，该方法仅适用于均匀腐蚀，对局部腐蚀的测定受到限制。

② 对于实际体系而言，混凝土中钢筋不可能只发生活性腐蚀或者处于钝态。因此，常数

$B$ 的选择是不确定的。理想情况下，$B$ 值的选取是基于钢筋只发生腐蚀电位附近的活性腐蚀或处于钝态。而实际上，由于杂散电流、电极电偶、局部腐蚀等因素的影响，$B$ 的取值存在一定的误差，进而导致计算得到的腐蚀电流有所偏差。

③ 在线性极化电阻的测试中，要求已知测量钢筋的面积。但是，受外加信号的影响，钢筋的表面积难以确定。同时，钢筋形状的多样性使其表面积的精确计算有一定困难，一定程度上限制了线性极化法的应用。

④ 线性极化法的测量是建立在已知测量范围的基础上，但由于测量时输入的信号会发生侧向扩散，故很难准确界定测量范围的大小。同时，电位较小时，相应的极化电流也小，进而导致对测量仪器精度的要求较高。

⑤ 线性极化法不适用于电导率较低的体系，而混凝土（砂浆）的电导率一般较低，尤其是当混凝土（砂浆）较为干燥时。因此，进行线性极化测试时，需要对混凝土（砂浆）保护层进行预湿处理。此外，由于混凝土保护层欧姆降的影响，测试的腐蚀速率小于实际的腐蚀速率。

### 16.3.2.8 小结

① 线性极化法是一种简单、灵敏、准确的，且能快速检测金属锈蚀速率的方法。同时，该方法能检测出金属的瞬时锈蚀速率，且无需将检测试样从体系中取出来。此外，对于复杂的检测构件，线性极化法可以远距离地进行检测。当检测构件周围环境发生变化时，线性极化法能够准确而又灵敏地反映出锈蚀速率的变化。

② 目前，可用于线性极化法的相关设备较少，高精度检测设备的开发至关重要。采用线性极化法检测混凝土中钢筋锈蚀时，应该同时用其它的检测方法进行验证，通过对比分析，提高检测数据的有效性和准确性。

③ 线性极化法可以快速检测出钢筋的锈蚀速率，对评价钢筋混凝土结构的安全性和耐久性具有重要意义。但是，现阶段线性极化法还存在着各种弊端，一定程度上限制了其在实际工程中的应用。

### 16.3.2.9 线性极化法检测实例

为了更具体准确说明线性极化法的检测过程及结果处理方法，现以文献 [29] 为例子进行详细介绍，利用线性极化法检测了某多层住宅混凝土柱中钢筋锈蚀情况，得到了钢筋的锈蚀电流密度，分析了该柱中钢筋锈蚀体系的控制因素，对柱子的工作性能给出了一个评定意见，具体试验过程如下所示。

（1）检测对象情况

该住宅工程是多层混凝土框架结构，在制作混凝土的过程中，混凝土强度不够，施工人员误认为用盐水养护能提高混凝土强度，因此往混凝土柱上喷淋盐水进行养护，使混凝土柱中含有一定量的氯离子，引起了钢筋锈蚀。入住不久后，发现柱表面有锈蚀脱落迹象，如图 16-27 所示[29]。

（2）检测设备

检测设备选用的是美国 JAMES 公司生产的线性极化检测仪（GECOR 6），如图 16-28 所

图 16-27 柱表面

示。该检测设备主要由 3 个主要部分组成，包括主机和两个独立的传感器 A 和 B。主机为 LG-ECM-06 控制系统，采集并处理数据。传感器 A 测量钢筋锈蚀电流密度 $i_{corr}$（$\mu A/cm^2$）、锈蚀电位 $E_{corr}$ 和混凝土的电阻。传感器 B 测量混凝土的电阻率、周围环境的相对湿度及温度。

图 16-28　GECOR 6 线性极化检测仪

（3）检测电路及连接方式

如图 16-29 所示，现场检测中，选择适当的位置，将柱中暴露的钢筋（1～2cm）作为工作电极，通过导线和主机上的锈蚀仪相连。传感器 A 和 B 放置在混凝土表面，并和检测仪器线连接。对于形状不规则的结构，应在传感器下放置润湿的海绵垫，以确保传感器和混凝土表面充分接触，确保主机、传感器以及被测钢筋形成回路。

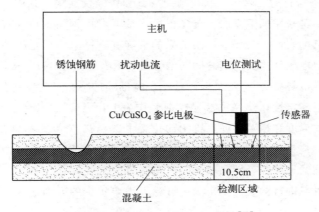

图 16-29　GECOR 6 检测示意图[29]

（4）采用检测仪器（GECOR 6）的测试步骤

① 测点的选择　根据测量时间的许可、结构的特点及相关测量资料等，选择测点的数

目。每处的测量需要 2～5min，设备的安装大约 2～5min，检测者必须按照时间安排，选择一定数量的测点，做好充分准备。

检测位置的选择应根据现场环境和所测结构的形式，选取 $Cl^-$ 浓度、碳化深度、保护层厚度等具有代表性的检测位置。若遇到半电池电位或混凝土电阻率过高或过低的地方，应在附近重新选择检测位置并进行重点检测。检测仪中 A 传感器的最佳检测位置是已知直径的钢筋上方或者单根钢筋的上方。

测点一般选取用半电池电位法或交流阻抗法已经检测过的，示数不稳定的测点或构件的变化测点（不同的构件、结构节点、$Cl^-$ 含量、地下的水位线等）。在检测过程中，钢筋表面大约按照 0.5m 的间距划分网格，在网格的交叉点上布置检测位置。对于梁式构件，可沿梁长和柱高选择检测位置，以便测出沿梁长和柱高的锈蚀变化。

② 环境要求　从外部进入检测系统或者从检测系统出来的干扰电流都会影响钢筋的极化，进而影响测量的准确性。该现象容易发生在铁路、地铁、电车等具有阴极保护系统的检测中。锈蚀率的检测必须确保在没有外部电流干扰的情况下进行。

在线性极化检测仪正常工作的情况下，一定要确保没有外界电流干扰。检测的温度条件为 0～50℃，相对湿度小于 80%。因此，当现场条件不能够满足 0～50℃时，应将线性极化检测仪器的主机放到温度和湿度合适的环境中，并通过仪器附带的电缆连接锈蚀仪和传感器。当温度低于 0℃时，为防止海绵垫中的水结冰，应用酒精溶液来润湿海绵垫。混凝土孔隙中的水结冰后，将会导致检测数值的降低，应对检测结果进行修正。

③ 表面处理　检测时，与传感器 A 接触的单根钢筋或者交叉钢筋的直径最好是已知的。必要时可以利用钢筋探测仪对钢筋的位置进行探测。在检测前，应清除混凝土表面的垃圾和其它杂物，并用自来水对混凝土表面进行润湿，确保传感器和混凝土的表面形成电流的回路，但不能使混凝土中的水达到饱和状态。当混凝土表面局部有缺陷、绝缘层、涂料、岩屑、裂缝、堆积物和保护层剥落等情况时，检测应避开上述位置。

④ 连接检测设备　检测钢筋的位置确定后，利用工具将混凝土保护层凿开，使钢筋露出 1～2cm，并对钢筋进行打磨、除锈。采用导线将其和锈蚀仪连接，并用环氧树脂对连接点涂敷。在现场检测时，可采用如下方法：首先根据图纸或者用钢筋定位仪找出钢筋的位置，然后用电钻钻孔至钢筋的表面。为保证检测结果的准确性，每个测点至少要露出两处钢筋作为工作电极，并用高阻电压计检测它们之间的电势差，只有电势差小于 1mV 的情况下，检测结果才具有可靠性；当电势差高于 3mV 时，检测不宜继续进行；当电势差在 1mV 和 3mV 之间时，检测结果具有不确定性，建议重新寻找钢筋作为工作电极。B 传感器用来测量混凝土的电阻率、周围环境的温度和相对湿度，检测的位置可选择在 A 传感器位置附近 5～10cm 处。当使用 B 传感器时，应该避免阳光直射、其它热源和潮湿的环境，且应切断与工作电极钢筋的连接，否则会影响结果的准确性和仪器的使用寿命。

连接完毕，就可以进行测量。整个测量过程只需要较少的人为输入，仪器会根据设置好的程序自动地进行。

⑤ 工程检测　a.检测之前，需对整个柱子中的钢筋分布进行了解，得到钢筋的直径及其具体位置。检测中，需要输入的钢筋表面积可由式(16-18) 计算。

$$S = 10.5\pi \sum\nolimits_{i=1}^{n} D_i \qquad (16\text{-}18)$$

式中，10.5为传感器所能检测到的直径范围，cm；$n$为钢筋的层数，当钢筋的层数超过3层时，仅考虑2层钢筋的影响；$D_i$为被测钢筋的直径，cm，由图纸或钢筋直径测量仪获得。

b.在该工程实例检测中，根据外表观测选择了第3层的四根柱，分别标记为C5、C6、A5和B6。在四根柱上各取一个表面进行检测，每个表面各取2～3根钢筋作为待测钢筋，分别记作钢筋1、2、3号。每根钢筋各取若干测点，记为测点1、2。

c.为了增强检测结果之间的可比性，所选取的柱子纵筋直径为16mm，箍筋直径为8mm，测点尽量选择在纵筋和箍筋的交错处。

（5）数据分析

将所测各柱子中钢筋的锈蚀电流密度、锈蚀电位和混凝土电阻率绘制成图，通过与腐蚀电流密度（表16-6）和钢筋腐蚀速率特征值（表16-7）比较，分析钢筋的锈蚀情况，并通过公式(16-17)计算钢筋的损失量，验证用锈蚀电位和锈蚀电流密度来判定钢筋锈蚀结果的一致性。

检测发现：C5柱锈蚀最严重的位置为柱脚处的钢筋2，其最大均匀锈蚀电流密度为$0.68\mu A/cm^2$，换算得到锈蚀速率[30]为$7.88\mu m/a$，即此钢筋每年的截面损失达到0.20%，10年钢筋截面损失达到2%；B6柱的最大均匀锈蚀速率为$7.74\mu m/a$，钢筋截面每年损失率为0.194%；A5柱的最大均匀锈蚀速率为$9.87\mu m/a$，钢筋截面每年的损失率为0.282%。钢筋截面损失严重时，不能满足必要的力学性能要求。C5、B6、A5三根柱都必须采取适当的措施，降低氯离子含量，或采取必要的维护加固措施。C6柱的锈蚀程度相对比较小，锈蚀电流密度均在$0.1\mu A/cm^2$以下，该柱暂时不需要进行维修。

## 16.3.3 极化曲线法

### 16.3.3.1 引言

当有电流通过电极的时候，电极电位偏离平衡电极电位的现象称为电极的极化。主要包括阳极极化、阴极极化和过电位。

① 阳极极化：电流通过阳极时，电极电位向正方向移动，即称为阳极极化。

② 阴极极化：电流通过阴极时，电极电位向负方向移动，即称为阴极极化。

③ 过电位：当电流通过电极时，电极电位将偏离平衡电极电位，二者之间的差值即为过电位。发生阳极极化时，过电位大于0，发生阴极极化时过电位小于0。

对钢筋施加阳极或阴极电流，并通过检测设备测量钢筋的电位变化，以电位为纵坐标、电流密度为横坐标，绘制而成的曲线即为极化曲线。通过极化曲线能够判定钢筋腐蚀倾向的大小，故该方法被广泛用于强极化区Tafel外推法和线性极化技术中。

防止钢筋锈蚀的技术有很多种，如电化学保护、混凝土表面涂层、钢筋涂层等。但是，通过掺入一定量的阻锈剂来提高混凝土中钢筋的抗腐蚀能力是一种简单、经济和有效的方法。研究切实有效的阻锈剂是延长钢筋混凝土使用寿命、防止其被破坏的有效方法。在测定外加剂对混凝土中钢筋的锈蚀作用中，阳极极化曲线法应用较为广泛。该方法通过钢筋在新拌或硬化砂浆中的阳极极化曲线来判断钢筋锈蚀情况，并且制定了国家标准 GB 8076—2008《混凝土外加剂》。以下对该测试方法进行具体介绍[31]。

### 16.3.3.2　测试原理

极化曲线法是最早应用的一种研究金属腐蚀行为的电化学技术，依据极化电位的大小可将极化曲线分为三个区域：强极化区、微极化区和弱极化区，每个极化区都有相应的腐蚀电流测量原理。

阳极极化曲线法是指对钢筋施加阳极电流，同时测量钢筋的电位变化。测量极化曲线的方法主要有恒电位法和恒电流法。

（1）恒电流法

恒电流法也叫控制电流法，是指通过控制研究电极的电流密度，使其依次恒定在不同的数值，并测量相应稳态极化电位的变化，二者之间形成的关系曲线即为恒电流极化曲线。

（2）恒电位法

恒电位法也叫控制电位法，是指通过控制研究电极的电位，使其依次恒定在不同的数值，并测量相应稳态电流密度的变化，二者之间形成的关系曲线即为恒电位极化曲线。

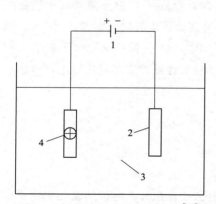

图 16-30　阳极极化装置示意图[31]
1—直流电源；2—钢筋阴极；
3—砂浆拌和物；4—钢筋阳极

钢筋的锈蚀过程可认为是一个腐蚀原电池，阳极极化曲线法主要是通过恒电流极化过程中钢筋电位的变化来反映腐蚀原电池的阳极反应速率，即式（16-19）的反应速率。

$$Fe-2e^- \Longrightarrow Fe^{2+} \qquad (16-19)$$

在图 16-30 所示的装置中，由于外加电压的作用，接直流电源正极的钢筋表面上就会模拟出钢筋腐蚀的阳极过程。利用这种装置，测量钢筋阳极在通电后电位的变化，进而定性地判断钢筋在混凝土中钝化膜的好坏，判断钢筋的锈蚀情况[16,32]。

接下来，根据国家标准 GB 8076—2008《混凝土外加剂》，对新拌砂浆法和硬化砂浆法进行具体介绍。

### 16.3.3.3　新拌砂浆法

（1）仪器设备

① 钢筋锈蚀测量仪，或恒电位/恒电流仪（输出电流范围不小于 $0\sim2000\mu A$，可连续变化 $0\sim2V$，精度 $\leqslant1\%$）。

② 其它设备包括：甘汞电极、定时钟、铜芯塑料电线、绝缘涂料（石蜡∶松香＝9∶1）、塑料有底活动试模（尺寸 40mm×100mm×150mm）。

（2）试验步骤

① 制作钢筋电极　将Ⅰ级建筑钢筋加工成直径为 7mm，长度为 100mm，表面粗糙度 $R_a$

不超过 1.6$\mu$m 的试件，采用汽油、乙醇、丙酮依次浸擦除去钢筋表面油脂，并在一端焊上长 130～150mm 的导线后再用乙醇仔细擦去焊油，采用热熔石蜡松香绝缘涂料对钢筋两端浸涂，使钢筋中间暴露长度为 80mm，计算其表面积。经过处理后的钢筋放入干燥器内备用，每组试件三根。

② 拌制砂浆　无特定要求时，拌和砂浆所采用的水灰比为 0.5，灰砂比为 1∶2。其中，所用的水为蒸馏水，砂为检验水泥强度所用的标准砂，水泥为基准水泥（或按试验要求的配合比配制）。将上述组分预先干拌 1min，湿拌 3min。检验外加剂时，外加剂按比例随拌和水加入。

③ 砂浆及电极入模　将拌和好的砂浆浇入试模中，先浇一半（厚 20mm 左右）。随后，将两根无锈痕的钢筋电极平行放在砂浆表面，其间距为 40mm。拉出导线后，在试模中灌满砂浆并抹平，轻敲侧板使其密实。

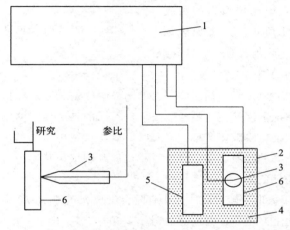

图 16-31　新拌砂浆极化电位测试装置图
1—钢筋锈蚀测量仪；2—硬塑料模；3—甘汞电极；4—新拌砂浆；5—钢筋阴极；6—钢筋阳极

（3）测试过程及注意事项

① 试验装置的连接如图 16-31 所示，以一根钢筋作为阳极，与仪器的"研究"和"＊号"接线孔相连接；另一根钢筋为阴极（即辅助电极），与仪器的"辅助"接线孔相连接；再将甘汞电极的下端与钢筋阳极的正中位置对准，与新拌砂浆表面垂直接触；甘汞电极的导线与仪器的"参比"接线孔相连接。在一些现代新型钢筋锈蚀测量仪或恒电位/恒电流仪上，电极输入导线通常为集束导线，只须按规定将三个夹子分别接阳极钢筋、阴极钢筋和甘汞电极即可。

② 未施加电流前，先读出阳极钢筋的自然电位 V（即钢筋阳极与甘汞电极之间的电位差值）。

③ 接通外加电流，并按电流密度为 $50\mu A/cm^2$ 调整微安表的值。同时，开始计时，按照规定时间节点（2min，4min，6min，8min，10min，15min，20min，25min，30min，60min），分别记录阳极极化的电位值。

（4）数据采集和结果处理

① 以三个试验电极测量结果的平均值作为钢筋阳极极化电位的测定值，以时间为横坐标，阳极极化电位为纵坐标，绘制电位-时间曲线（图 16-32）。

② 根据电位-时间曲线判断砂浆中的水泥、外加剂等对钢筋锈蚀的影响。

（5）结果的解释和应用

① 电极通电后，钢筋的阳极电位迅速向正方向上升，并在 1～5min 内达到析氧电位值，且经过 30min 后，该电位值保持稳定，如图 16-32 中的①曲线所示。该现象表明：①曲线属于钝化曲线，阳极钢筋表面钝化膜完好无损，所测外加剂对钢筋无害。

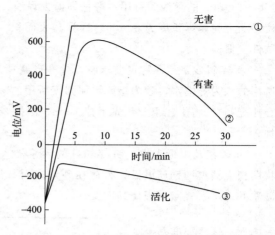

图 16-32　恒电流电位-时间曲线分析图

② 通电后，如图 16-32 所示，曲线②和③的阳极电位先向正方向上升，随后又逐渐下降。该现象表明：这两种情况下钢筋钝化膜已遭破坏，不同的是曲线②的钢筋表面钝化膜部分受损，曲线③的钢筋表面钝化膜破坏严重。但此时，试验砂浆中所含的水泥、外加剂对钢筋锈蚀的影响仍不能作出明确的判断，还必须再对硬化砂浆阳极极化电位进行测量，以进一步判别外加剂对钢筋有无锈蚀危害。

③ 通电后，钢筋阳极电位随时间的变化有时会出现介于图 16-32 中曲线①和②之间的情况，即电位先向正方向上升至校正电位值（例如≥600mV），稳定一段时间后渐呈下降趋势。若电位值迅速下降，则属曲线②的情况；若电位值缓降，且变化不多，则试验和记录电位的时间再延长 30min，分别继续监测记录 35min、40min、45min、50min、55min、60min 时阳极极化电位值。如果电位曲线保持稳定不再下降，则可认为钢筋表面尚能保持完好钝化膜，所测外加剂对钢筋是无害的；如果电位曲线继续下降，可认为钢筋表面钝化膜已破损而转变为活化状态。对于该情况，还必须再作硬化砂浆阳极极化电位的测量，以进一步判别外加剂对钢筋有无锈蚀危害。

## 16.3.3.4　硬化砂浆法

（1）仪器设备

① 钢筋锈蚀测量仪，或恒电位/恒电流仪（输出电流范围不小于 0～2000μA，可连续变化 0～2V，精度≤1%）。

② 其它设备：包括不锈钢片电极、甘汞电极（232 型或 222 型）、定时钟、铜芯塑料铜线（型号 RV1×16/0.15mm）、绝缘涂料（石蜡：松香＝9：1）、搅拌锅、搅拌铲。

③ 试模：采用聚氯乙烯塑料板制成长 95mm，宽 30mm，厚 8mm 的棱柱体。模板两端中心带有固定钢筋的凹孔，其直径为 7.5mm，深 2～3mm，为半通孔。

（2）试验步骤

① 制备钢筋　将Ⅰ级建筑钢筋加工成直径为 7mm，长度为 100mm，表面粗糙度 $R_a$ 不超过 1.6μm 的试件。采用汽油、乙醇、丙酮依次浸擦除去油脂，经检查无锈痕后放入干燥器中备用，每组三根。

② 成型砂浆电极　成型之前，先将钢筋插入试模两端的预留凹孔中。随后，按照拌和工艺，根据试验配比，将水泥、砂子、蒸馏水（用水量按砂浆稠度 5～7cm 时的加水量而定）、外加剂（推荐掺量）在搅拌锅中拌和均匀后灌入预先安放好钢筋的试模内，振捣 5～10 次，并抹平。

③ 砂浆电极的养护及处理　试件成型后，盖上玻璃板，移入标准养护室养护 24h 后脱模。用水泥净浆将外露的钢筋两端覆盖，继续标准养护 2 天后取出试件，除去端部的封闭净浆，仔细擦净外露钢筋端部的锈斑。随后，在钢筋的一端焊上长 130～150mm 的导线，用乙醇擦去焊油，并在试件两端浸涂热绝缘涂料，使试件中间暴露长度为 80mm，如图 16-33 所示。

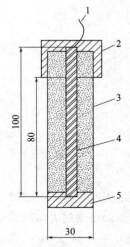

图 16-33　钢筋砂浆电极（单位：mm）
1—导线；2、5—石蜡；3—砂浆；4—钢筋

（3）测试过程及注意事项

① 将处理好的硬化砂浆电极置于饱和氢氧化钙溶液中，浸泡数小时，并监测硬化砂浆电极在饱和氢氧化钙溶液中自然电位的变化。当该电位稳定且接近新拌砂浆的自然电位时，说明试件已被浸透。欧姆电压降的存在，可能会使两者之间有一个电位差。试验时应注意不同类型或不同掺量外加剂的试件不得放置在同一容器内浸泡，以防互相干扰。

② 把浸泡后的硬化砂浆电极移入盛有饱和氢氧化钙溶液的玻璃缸内，使电极浸入溶液的深度为 8cm。以它作为阳极，以不锈钢片作为阴极（即辅助电极），以甘汞电极作参比电极，并按图 16-34 接好试验线路。

③ 未通外加电流前，先读出阳极（埋有钢筋的砂浆电极）的自然电位。

④ 接通外加电流，并按电流密度为 50μA/cm² 调整微安表至适合的值。同时，开始计时，依次按 2min、4min、6min、8min、10min、15min、20min、25min、30min 的时间点分别记录埋有钢筋的砂浆电极的阳极极化电位值。

（4）数据采集和结果处理

① 每组以三个极化电位测试结果的平均值作为最终的测定值，以阳极极化电位为纵坐标，时间为横坐标，绘制电位-时间曲线。

② 根据电位-时间曲线判断砂浆中的水泥、外加剂等对钢筋锈蚀的影响。

（5）结果的解释和应用

① 电极通电后，钢筋阳极电位迅速正移，并在 1～5min 内达到析氧电位值，且在 30min

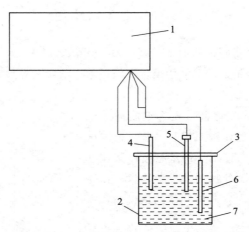

图 16-34　硬化砂浆极化电位测试装置图
1—钢筋锈蚀测量仪或恒电位/恒电流仪；2—烧杯 1000mL；3—有机玻璃盖；
4—不锈钢片（阴极）；5—甘汞电极；6—硬化砂浆电极（阳极）；7—饱和氢氧化钙溶液

内，电位值无明显降低，如图 16-32 中的曲线①所示。该结果表明：曲线①符合钝化曲线的标准，所测阳极钢筋表面的钝化膜完好无损，且外加剂对钢筋无害。

② 通电后，如图 16-32 所示：曲线②和③的阳极电位先正移，随后又逐渐负移。该现象表明：这两种情况下钢筋钝化膜已遭破坏，不同的是曲线②的钢筋表面钝化膜部分受损，曲线③（活化曲线）的钢筋表面钝化膜破坏严重，且所掺入的外加剂对钢筋有锈蚀危害。

### 16.3.3.5　与其它测试方法的比较

阳极极化曲线法设备简单，测量速度快，实验数据易于处理。同时，该方法可以独立研究腐蚀过程的各种局部反应，也可以用于研究具有活化-钝化性质的体系。此外，该方法可以快速定性判定外加剂对钢筋的阻锈性能，有效判断钢筋是否钝化。但是，该方法只适用于较宽电流密度范围内，电极过程服从指数规律的体系。对于浓度极化（液相传质困难使得电极电位偏离平衡电位的现象叫作浓度极化。浓度极化又称浓差极化。有些电极反应的交换电流密度很大，即电子转移步骤的阻力很小，液相传质步骤成为控制步骤。）较大或溶液电阻较大的体系，该方法不适用。主要是由于强极化时，金属表面会发生较大的变化，与真实情况有较大的区别，加之作图时存在人为误差，容易导致所测结果偏差过大[33]。

### 16.3.3.6　小结

① 阳极极化曲线法已经成为实验室条件下测试钢筋锈蚀的重要检测技术，并主要用于测定外加剂对混凝土中钢筋的锈蚀作用。

② 测量极化曲线的方法有恒电流法和恒电位法。在极化过程中，当电极上通过的电流以及电极电位不随时间变化时，体系达到稳态。在稳态下测得的电流密度与电极电位（或过电位）之间的关系曲线称为极化曲线。同时，极化曲线又可分为阳极极化曲线和阴极极化曲线两种。

③ 在极化过程中，所谓极化程度的高低，是指电位变化和电流变化之间的比值的大小。简单来说，当极化程度高时，电位变化和电流变化之间的比值大。即在相同的电位下，所对

应的腐蚀电流小，抗腐蚀的能力相应较强。相反，极化程度低，则表明抗腐蚀能力低，易被腐蚀。通过极化程度的对比，能够定性地判断钢筋腐蚀倾向的大小。

④ 阳极极化曲线法在直观上能够判断钢筋的锈蚀情况，但不能定量地给出钢筋的锈蚀速率。此外，新拌砂浆法和硬化砂浆法更适合在实验室检测，在实际工程应用方面还存在一定的局限性。有学者指出：通过计算阳极极化曲线和钢筋开路电位线之间所夹的面积，可以较好地判断钢筋发生锈蚀的程度和速率，但该观点还需进一步佐证。

### 16.3.3.7　极化曲线法检测实例

为了更具体准确地说明极化曲线法的检测过程及结果处理方法，现以文献［34］为例，对阳极极化曲线法进行介绍。同济大学的曾琦琪[34]采用硬化砂浆法考察了氯离子浓度对钢筋锈蚀性能的影响，并分别对单氟磷酸钠单掺以及单氟磷酸钠和阻锈剂（CIA 和 CIB）中的一种或两种复掺时的阻锈效果进行了研究和评价。具体过程如下：

（1）工程概况

防止钢筋锈蚀的措施有很多种，如电化学保护、混凝土表面涂层、涂层钢筋等。但是，采用内掺阻锈剂来提高钢筋防锈蚀能力的方法被认为是最简易、经济，且行之有效的方法。本检测实例通过硬化砂浆法考察了氯离子浓度对钢筋锈蚀性能的影响，并研究了多种阻锈剂复掺时的阻锈效果。

（2）原材料和实验设备

水泥是由拉法基水泥熟料与 3.5% 的石膏混合粉磨而成的，所用砂子为 ISO 标准砂，水为蒸馏水，所用化学试剂为单氟磷酸钠、阻锈剂 CIA 和阻锈剂 CIB。所用钢筋的型号为 Q235，加工成直径为 7mm、长为 100mm、表面粗糙度 $R_a$ 不小于 1.6 的钢筋。所用钢筋锈蚀测量仪的型号为 PS-6，如图 16-35 所示。

图 16-35　PS-6 型钢筋锈蚀测量仪

（3）试验方法

试验过程中所用砂浆由水、水泥和标准砂拌和均匀而成，各组分的质量比为 135：300：750。钢筋腐蚀状态的检测参照 GB 8076—2008《混凝土外加剂》钢筋锈蚀快速试验方法中的硬化砂浆法。具体试验流程如下：首先，将钢筋埋入模具，浇筑拌和好的砂浆，将制备好的砂浆电极置于标准养护室养护 24h 后脱模；脱模后，将砂浆电极外露的钢筋用水泥净浆覆盖，并置于养护室中养护 2 天。然后，取出试件，剔除外露钢筋表面的水泥净浆，在钢筋的一端焊接长为 130～150mm 的导线，用乙醇擦去连接处的焊油，并在试件两端浸涂热石蜡松香绝缘材料，使试件中间暴露长度为 80mm。最后，将处理好的硬化砂浆电极置于饱和氢氧化钙溶液中，浸泡数小时后，用 PS-6 型钢筋锈蚀测量仪进行测试；将保持电流密度为 $50 \times 10^{-2} A/m^2$，依次记录 2min、4min、6min、8min、10min、15min、20min、25min、30min 时，硬化砂浆电极阳极极化电位值，并绘制时间-电位曲线。

（4）结果分析

根据上述试验方法，不同条件下，所得硬化砂浆电极的时间-电位曲线结果如下所示。

① 氯化钠浓度对钢筋锈蚀的影响　未加阻锈剂时，不同 NaCl 浓度（0、1.0%、1.5%、2.0%）的硬化砂浆电极的时间-电位曲线如图 16-36 所示。可以看出：通电后，各电极的阳极极化电位在短时间内迅速上升。在整个测试过程中，对比样（不含 NaCl）的极化电位基本保持在 750mV 左右，而含有 NaCl 试件的极化电位在 5min 后逐渐开始下降，且 NaCl 浓度的越大（大于 1%），极化电位的降低越明显。上述结果表明：氯离子浓度较小（<1.0%）时，钢筋在强碱性环境下形成的钝化膜对钢筋起到一定的保护作用，降低了钢筋的锈蚀风险；随着氯离子浓度的增大（大于 1.0%），钢筋表面的钝化膜遭到破坏，开始发生锈蚀，且氯离子浓度越大，钢筋发生锈蚀的可能性越大。

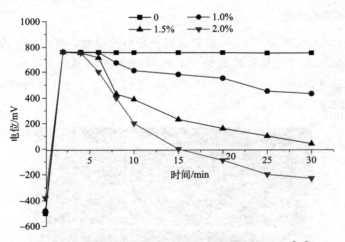

图 16-36　不同 NaCl 浓度下钢筋的时间-电位曲线[34]

单氟磷酸钠掺量为 1.0% 时，不同 NaCl 浓度的硬化砂浆电极的时间-电位曲线如图 16-37 所示。

相比于图 16-36 的结果，从图 16-37 的结果可以看出：掺 1.0% 的单氟磷酸钠后，钢筋的阳极极化电位均有提高。当 NaCl 的浓度为 1% 时，硬化砂浆试件的极化电位提高最明显，且其电位在 30min 内恒定在 750mV 左右。该结果属于 GB 8076—2008《混凝土外加剂》中的钝化曲线（图 16-32），说明此时钢筋的锈蚀风险很小，且外加剂对钢筋无害。当 NaCl 浓度为 1.5% 时，试件的极化电位略有下降，说明单氟磷酸钠能对钢筋表面的钝化膜起到保护作用，

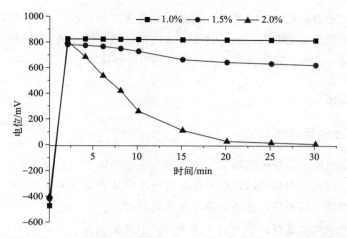

图 16-37　掺 1.0％单氟磷酸钠不同 NaCl 浓度下钢筋的时间-电位曲线[34]

延缓或阻止钢筋的锈蚀。随着 NaCl 浓度的进一步增大，钢筋的极化电位明显降低，表明单氟磷酸钠阻碍钢筋锈蚀的效果降低。

　　② 单氟磷酸钠与阻锈剂 CIA 或 CIB 复掺时的阻锈效果分析　阻锈剂含量一定（0.5％和 1.0％），单氟磷酸钠与阻锈剂 CIA 或 CIB 复掺时，钢筋的时间-电位曲线如图 16-38 所示。

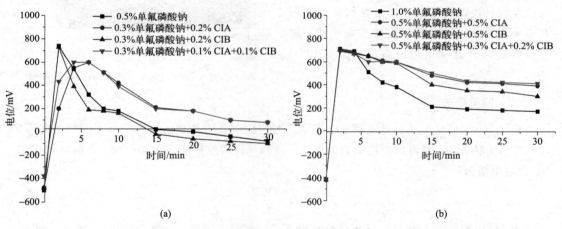

图 16-38　钢筋的时间-电位曲线[36]
（a）阻锈剂总量为 0.5％；（b）阻锈剂总量为 1.0％

　　图 16-38 可以看出：阻锈剂总量不变时，复掺 CIA 或 CIB 后，钢筋的阳极极化电位提高，时间-电位曲线相对变得平缓。同时，从图 16-38（b）中可以看出：测试 30min 时，与单掺单氟磷酸钠的试件相比，0.5％单氟磷酸钠＋0.3％CIA＋0.2％CIB 试件、0.5％单氟磷酸钠＋0.5％CIA 试件及 0.5％单氟磷酸钠＋0.5％CIB 试件的极化电位分别提高了 320mV、230mV、130mV。该结果表明：单氟磷酸钠和 CIA 及 CIB 复掺时的阻锈效果较好。而图 16-38（a）中各曲线的差别相对较小，可能是因为阻锈剂的总掺量较低，阻锈效果不明显。

（5）小结

　　未添加阻锈剂的情况下，当氯化钠浓度大于 1.0％时，钢筋表面的钝化膜被破坏，钢筋发生锈蚀。同时，随着氯化钠浓度的增大，钢筋发生锈蚀的可能性增大。阻锈剂的掺入能够有效地提高钢筋的阳极极化电位，延缓钢筋的锈蚀。但随着氯化钠浓度的增加，阻锈效果减弱。阻锈剂复掺时，具有一定的协同作用，提高钢筋的阻锈效果。

### 16.3.4 其他方法

#### 16.3.4.1 混凝土电阻率法

混凝土保护层电阻率是影响钢筋腐蚀速度的一个重要因素，但又不能人为确定，只能通过后期测量得到。因此，如果可以根据配合比和外界环境预知混凝土保护层的电阻率，对于钢筋腐蚀速度和混凝土结构耐久性的预测具有重大意义。

混凝土电阻率法是测量截面积为 $A$ 的混凝土，在单位长度 $L$ 上所具有的电阻值（用 $\rho$ 表示）。混凝土电阻率法有多种，一般按测量方式可分为接触式和非接触式两类。其中，接触式中的二电极法和四电极法是目前使用比较多的混凝土电阻率法之一。

（1）二电极法

二电极法包括外贴式和埋入式两种。该方法是在试块两端外贴，或是在试块内部预埋两平行电极，通过测量电压和电流值，根据欧姆定律计算试块的电阻值，如图 16-39所示。

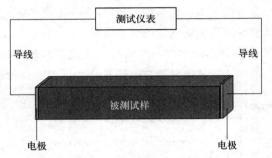

图 16-39　二电极法用于混凝土电阻率测试示意图[15]

（2）四电极法

图 16-40 为四电极法测量混凝土电阻率示意图。该方法是在试块内部预埋四块等间距的平行电极，内侧 BC 两电极间连接测电压 $V$，外侧 AD 两电极间连接测电流 $I$，由欧姆定律，BC 段电阻值为：

$$R = \frac{V}{I} \tag{16-20}$$

由 BC 段距离 $L$ 和极板与试块接触面积 $A$ 得出材料电阻率，计算公式如式（16-21）所示。

$$\rho = R\frac{A}{L} \tag{16-21}$$

式中，$\rho$ 为材料电阻率，$\Omega \cdot m$；$R$ 为导电物体的电阻，$\Omega$；$A$ 为导电物体的截面积，$m^2$；$L$ 为导电物体的长度，$m$。

混凝土的电阻率与钢筋的锈蚀极化电流之间尚未建立明确的关系方程或关系曲线，用混凝土的电阻率判定钢筋锈蚀程度的评价标准如表 16-8 所示。

表 16-8　用混凝土电阻率判定钢筋锈蚀程度评定标准[36]

| 四电极电阻率法 | | 二电极电阻率法 | |
| --- | --- | --- | --- |
| 混凝土电阻率/(kΩ·cm) | 锈蚀程度 | 混凝土电阻率/(kΩ·cm) | 锈蚀程度 |
| >20 | 低 | >100 | 微锈蚀，混凝土干燥 |

| 四电极电阻率法 | | 二电极电阻率法 | |
|---|---|---|---|
| 混凝土电阻率/(kΩ·cm) | 锈蚀程度 | 混凝土电阻率/(kΩ·cm) | 锈蚀程度 |
| 10～20 | 中等/低 | 50～100 | 低锈蚀率 |
| 5～10 | 高 | 10～50 | 中等锈蚀，钢筋活性状态 |
| <5 | 非常高 | <10 | 电阻率不是锈蚀控制因素 |

　　混凝土电阻率的测试方法简单、快速、易于操作，在工程现场的操作性较强，较适用于均匀腐蚀的场合，是一种初步判断钢筋锈蚀状况的无损检测方法。此外，可将电极永久埋入混凝土之中，必要时还可进行长期在线监控，甚至可以进行无线远程监测。但是，由于该方法是对电阻的测量，容易受温度、湿度等的影响，只能对混凝土中钢筋锈蚀的大致过程作出较为粗略的判断，无法定量反映钢筋的锈蚀速率。同时，对以局部腐蚀为特征的钢筋，该方法无法定量检测其腐蚀速率[35,37-38]。

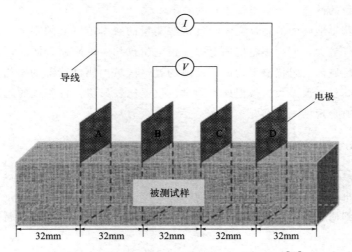

图 16-40　四电极法用于混凝土电阻率测量图[35]

## 16.3.4.2　交流阻抗谱法

　　交流阻抗谱法（EIS）是对锈蚀钢筋混凝土构件施加一较小的交流电压（电流）信号，通过测量和对比输入与输出信号的频率、振幅及相位之间的函数关系，处理体系的响应数据得到 Nyquist 图、Bode 图，并对这些图谱进行解析，得到与腐蚀过程相关的电化学参数，从而确定钢筋的腐蚀状态和腐蚀速率。

　　国内外学者针对钢筋混凝土体系的阻抗谱进行了大量的研究，比较常用的等效电路模型如图 16-41 所示。电路图 16-41(b) 表示电极过程的控制从电荷传递过程转变为腐蚀反应物或产物的传质过程，与图 16-41(a) 电路图唯一的区别为后者串联一个 Warburg 阻抗。

　　交流阻抗谱法不仅可以测定钢筋锈蚀速率，还能得到有关钢筋混凝土覆盖层的双电层电容、混凝土电阻、钢筋腐蚀速率及混凝土腐蚀机理等信息。由于钢筋混凝土中的钢筋锈蚀常常是氯离子引起的点蚀，局部电化学交流阻抗谱法适合在实验室测定局部腐蚀。此外，交流

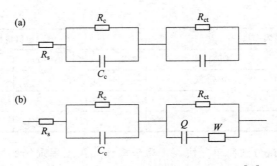

图 16-41　混凝土中钢筋锈蚀的等效电路图[39]

图中，$R_s$ 为溶液电阻；$R_c$ 为混凝土电阻；$C_c$ 为混凝土电容；

$R_{ct}$ 为钢筋表面双电层电荷转移电阻；$Q$ 为表征钢筋表面双电层的常相角元件（CPE）

阻抗谱法对电极过程的影响较小，与其它常规电化学分析法相比，可得到更多关于腐蚀动力学和电极界面结构的信息。此外，根据研究体系的频响特征，通过对阻抗数据的处理与分析，可推断电化学过程的性质，分辨腐蚀过程的各个步骤。

但是，为了获得准确的信息，交流阻抗谱法测量的频率范围必须很大。测试过程中，低频阻抗的测量难度较大，而高频阻抗的上限受恒电位仪相位的限制。同时，交流阻抗谱法测得的结果是一定区域内的阻抗谱平均值，反映的是该区域内腐蚀情况的平均值。此外，交流阻抗谱法测试时间长、误差大、数据处理困难、仪器比较昂贵，且测试的阻抗谱和构件的尺寸大小有关，不适合现场测试[40-41]。

### 16.3.4.3　电化学噪声法

电化学噪声是电极系统在电化学动力演化过程中，其电化学参数（电极电位、电流、电流密度等）的随机非平衡波动现象。这种随机波动产生于电化学系统本身，可为系统自身提供大量的从量变到质变的信息。通过对所得噪声谱的分析，不仅可以得出腐蚀过程，而且还可得到腐蚀特点。

电化学噪声的起因很多，如腐蚀电极局部阴阳极反应活性的变化、环境温度的改变、腐蚀电极表面钝化膜的破坏和修复、扩散层厚度的改变、表面膜层的剥离及电极表面气泡的产生等。根据噪声信号的不同，电化学噪声又分为电流噪声和电位噪声。根据噪声的来源不同，又可分为热噪声、散粒效应噪声和闪烁噪声。

与传统的电化学测量方法相比，电化学噪声法（electrochemical noise，ECN 或 EN）具有很多优良特性：

① 传统的电化学测量方法在测试时对电极体系施加外界扰动，往往造成电极系统自身被破坏而得不到所需要的准确信息。而电化学噪声法是一种原位无损电化学监测技术，在测量过程中无需对被测电极施加可能改变腐蚀电极腐蚀过程的外界扰动。

② 在电化学噪声法的测试过程中，无需预先建立被测体系的电化学电极动力学过程模型。

③ 电化学噪声法在金属局部腐蚀的测量中，能给出准确的腐蚀萌发、发生、发展及消亡的过程信息，包括钝化膜的破裂与修复等事件的信号响应，且其灵敏度高于传统的电化学检测技术。此外，电化学噪声法还可用于自然状态下腐蚀的长期监测。

目前，电化学噪声技术已成为一门新兴的测试技术，并在金属的腐蚀（包括腐蚀的萌发、发生、发展及消亡过程）与腐蚀反应的各种类型（包括点蚀、均匀腐蚀、缝隙腐蚀、应力腐蚀等）以及防护、生物电化学、化学电源、电极表面研究、电化学分析等领域得到了广泛的应用[42-43]。但是，电化学噪声的产生机理仍不完全清楚，它的处理方法仍存在欠缺。同时，在检测过程中，外界环境的"非腐蚀噪声"对检测结果影响很大。此外，电化学噪声法的检测速度较慢，数据分析复杂，技术不成熟，不能够准确地定量检测钢筋锈蚀速率。因此，寻求探索更准确的理论和更先进的数据解析方法已成为当前电化学噪声技术的一个关键问题。

### 16.3.4.4 恒电量检测法

恒电量测量技术早在 1961 年就有相关介绍，但一直到 1978 年才由 Kanno 等人将恒电量瞬态技术真正引入到腐蚀科学领域。但这种电化学技术应用于钢筋混凝土的腐蚀研究却起步于 80 年代后期，如今已得到很大的发展。恒电量检测技术又被称为恒电量法（coulostatic method）、恒电量激励的瞬态响应（coulostatically-induced transient，CIT）、电流脉冲弛豫技术（current-impulse relaxation technique）、恒电量脉冲极化（coulostatic impulsepolarization）和电荷阶跃法（charge-stepmethod）等[44]。它是将一个已知的小量电荷作为激励信号，在极短的时间内施加到金属电极上，记录电极电位随时间的衰减曲线并加以分析，求得多个电化学信息参数。恒电量检测法可以测量极化电阻、微分电容以及 Tafel 斜率等重要的腐蚀信息参数，其等效电路图如图 16-42 所示。

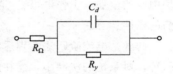

图 16-42 简单电极体系的恒电量检测法等效电路

恒电量检测法的数据处理与分析有多种方式，主要分为以下几种：

① 作图法，它是恒电量实验结果的一个基本数据处理方法。即首先记录过电位衰减曲线，然后换算成对数过电位衰减曲线，由直线的斜率和截距求得 $R_p$ 和 $C_d$。

② 通过计算机程序计算，用最小二乘法线性拟合对数过电位的衰减曲线。

③ 非线性最小二乘法拟合（NLLSF）和恒电量频谱分析。

恒电量检测法可实现在线快速测量，其扰动微小，结果可定量，对所测结构无损坏，受溶液介质电阻影响小，能够测定钢筋的瞬时腐蚀速率。同时，该方法可在线连续测量，自动数据处理，得到钢筋表面腐蚀状况的连续变化。此外，通过拉普拉斯或傅里叶变换等时频变换技术，从恒电量激励下衰减信号的暂态响应曲线得到电极系统的阻抗频谱，实现实时在线监测。

但是，恒电量检测法也存在着很多的局限性，具体表现为：①测试的自动化、智能化水平不高，不利于实现现场腐蚀监测的自动化；②恒电量瞬态响应所用解析方法得到的参数与其他电化学方法的解析参数对比验证困难；③Tafel 斜率测定方法的数据利用率不高，误差较大，所测混凝土中的钢筋不能与大地相连，应用范围受限。

### 16.3.4.5 电流阶跃法

近年来一种暂态测量方法——电流阶跃法（GBM）越来越多地用于钢筋混凝土中的钢筋锈蚀状态的测定。它是通过分析混凝土中钢筋在阶跃电流信号 $I_{app}$ 的作用下的电压响应 $\Delta V(t)$，来确定钢筋的锈蚀状态。

电流阶跃法是在时域中进行测量和判断电化学反应系统的各个参数，属于瞬态测量方法。

由于钢筋混凝土是一个复杂的体系，包括混凝土保护层、混凝土与钢筋的界面、钢筋锈蚀层等几部分，最终的测量结果是这几部分各自的电化学响应的综合反映。采用多重串联阻容单元来拟合所得测量结果时，所得各个阻容单元很难赋予明确的物理意义。需要仔细分析各元件所代表的意义，结合钢筋混凝土腐蚀的具体情况，确定其腐蚀速率和腐蚀状态[45]。此外，可以通过适当的转换，将测量结果转移到频域中进行处理，建立钢筋锈蚀状态的时域与频域分析之间的联系。在时域中可以确定钢筋锈蚀速率，而在频域中可以研究钢筋锈蚀机理，确定点蚀程度。也就是说利用时域和频域分析方法对电流阶跃法测量结果进行分析，可以较准确地确定混凝土内钢筋的极化电阻和钢筋表面不均匀系数，从而可以确定钢筋的锈蚀速率和点蚀危险性。

具体测试方法如下所述[46]：内含钢筋的混凝土试件成型后一天拆模，在标准条件下养护28天后，移入 1% 的 $CaCl_2$ 溶液中。静置一定时间后，施加 $100\mu A/cm^2$ 的阳极电流加速钢筋混凝土锈蚀。通电 0h 和 72h 后，采用组装的电流阶跃法测试装置测量钢筋的锈蚀速率。所用测量系统为三电极系统，包括饱和甘汞电极（参比电极）、大块弧形纯铝板（辅助电极）和试块中心的钢筋（工作电极）。通过计算分析，得出混凝土中钢筋的锈蚀速率，判断混凝土中钢筋的锈蚀状态。

此外，电流阶跃法特别适用于确定已经脱钝化并开始锈蚀的钢筋的锈蚀速率，其测量时间短，对系统的扰动小，能在短时间内给出混凝土的电阻及与腐蚀机制有关的信息等。基于上述优点，电流阶跃法越来越多地被用于混凝土中钢筋锈蚀速率的理论研究及现场检测中。但该方法所涉及的设备复杂、昂贵，难以确定收到外加信号时钢筋的表面积，导致数据处理困难。

# 16.4 混凝土中钢筋锈蚀的修复技术

## 16.4.1 物理修复法

对已发生锈蚀的钢筋混凝土结构，常采用的物理修复方法如图 16-43 所示。

通常情况下，对已发生锈蚀的混凝土结构，首先，确定锈蚀区域，凿去由钢筋锈蚀导致混凝土膨胀开裂或剥落的混凝土保护层，使钢筋露出；其次，对已腐蚀的钢筋表面进行除锈处理，露出新的钢筋表面；随后，采用修补砂浆或混凝土对破坏处进行修补，必要时采用FRP进行加固。需要注意的是补丁修补技术主要适用于结构物中钢筋发生局部锈蚀的情况下，同时要求修复材料的收缩率应较小，对新填的商品混凝土或砂浆应进行良好的养护，以尽量减少新填补区域开裂的危险。但该方法治标不治本，修补加固后混凝土中的残余氯离子会继续引发钢筋的锈蚀，弱化加固效果。

## 16.4.2 电化学修复法

电化学技术近年来常被用于钢筋混凝土结构的修补与防护。目前，常见的电化学修复法主要有电化学除氯法、电化学再碱化法、阴极保护法、双向电渗法等。接下来将对几种常用方法进行简要介绍。

图 16-43　锈蚀钢筋混凝土结构的常用的物理修复法（见彩图）

## 16.4.2.1　电化学除氯法

　　加拿大首次采用电化学除氯技术对钢筋混凝土结构进行修复。随后，美国、英国等国家也先后将该技术用于钢筋混凝土结构的维修，且都取得了良好的效果。我国对于电化学除氯法的研究较晚。朱雅仙等在 1996 年的研究肯定了电化学除氯法的技术效果。但由于相关规范的缺乏，在混凝土结构修补防护中，电化学除氯技术的广泛应用严重受阻。

　　电化学除氯技术以混凝土中钢筋为阴极，外加外部阳极，在阴阳极之间施加电场，在电场力的作用下，将带负电的氯离子通过混凝土中的孔隙传输至混凝土外部，降低混凝土中氯离子含量，抑制钢筋的锈蚀，提高钢筋混凝土结构的耐久性，其装置及技术原理如图 16-44 所示。

　　除氯期间，带负电的离子向远离钢筋的方向迁移，同时，带正电的离子向钢筋附近区域迁移。在此过程中，阴阳极反应如式(16-22)～式(16-26) 所示。

阳极反应：
$$4OH^-_{(eq)} \longrightarrow 2H_2O_{(l)} + O_{2(g)} + 4e^- \tag{16-22}$$

$$2H_2O_{(l)} \longrightarrow 4H^+_{(aq)} + O_{2(g)} + 4e^- \tag{16-23}$$

$$2Cl^-_{(eq)} \longrightarrow Cl_{2(g)} + 2e^- \tag{16-24}$$

阴极反应：
$$2H_2O_{(l)} + O_{2(g)} + 4e^- \longrightarrow 4OH^-_{(eq)} \tag{16-25}$$

$$2H_2O_{(l)} + 2e^- \longrightarrow 2OH^-_{(eq)} + H_{2(g)} \tag{16-26}$$

可以看出：电化学除氯法不仅可以通过减少混凝土中氯离子含量来降低钢筋的锈蚀风险，

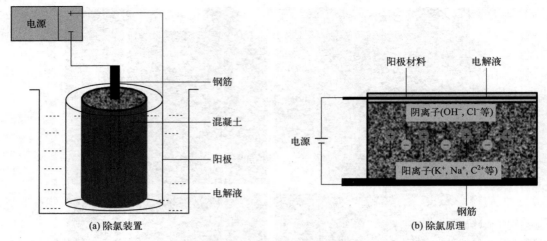

图 16-44　电化学除氯装置及原理

而且在电化学除氯过程中阴极（钢筋）附近产生了大量的氢氧根离子。当 $n_{Cl^-}/n_{OH^-} < 0.6$ 时，氢氧根离子会与氯离子在钢筋表面产生竞争吸附，保护钢筋表面钝化膜。同时，该部分氢氧根离子的产生有助于钢筋周围混凝土碱度的提升，提高钢筋的钝化状态，降低钢筋发生锈蚀的风险。

虽然，电化学除氯法能降低钢筋的锈蚀风险，但是，除氯的同时会导致钢筋-混凝土界面黏结性能及轴压性能出现不同程度的降低。此外，除氯不够彻底时，先除氯，后加固，混凝土中的残余氯离子会继续引起钢筋的锈蚀，弱化加固效果，不能从根源上对混凝土结构进行修补与防护。

针对上述问题，北京工业大学李悦教授[47] 首次提出了采用磷酸镁水泥（MPC）粘接碳纤维（CFRP）作钢筋混凝土电化学除氯的阳极材料，在除氯的同时对混凝土结构进行加固，实现钢筋混凝土结构除氯-加固一体化技术（如图 16-45 所示）。同时，MPC 替代环氧胶的使用显著改善了有机胶作基体黏结剂的不足。该方法在降低混凝土中钢筋锈蚀风险的同时又能够对其结构进行加固，实现了钢筋混凝土结构耐久性的双重协同提升。

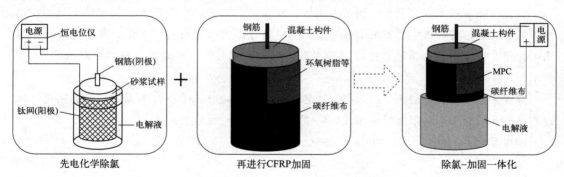

图 16-45　钢筋混凝土电化学除氯法示意图

### 16.4.2.2　电化学再碱化法

再碱化技术是利用临时阳极和电源，使用碳酸钠作为助剂，采用电化学原理，在混凝土和钢筋周围重新生成碱性环境。其阳极系统与电化学氯化物萃取技术所用的相同，碳酸钠溶液的浓度通常为 0.5～1mol/L。该方法主要用于对碳化引发钢筋锈蚀的建筑结构的保护，但是处理的时间比电化学除氯技术要短。各种钢筋锈蚀的修复技术都有其自身的特点和适用性，所需的经济代价也不一样，有时需要同时应用多种的修复技术，因此，修复前应收集混凝土、钢筋破坏情况数据（性能衰减程度）和修复要求（要求延长耐久寿命年限）。收集混凝土建筑原始条件和使用环境资料，从而确定混凝土可能产生的劣化因素，弄清主次、先后、协同效应作用，从而确定采用的修复材料和修复技术。

### 16.4.2.3　阴极保护法

阴极保护法是在靠近被保护钢筋的混凝土内（或表层）埋设一个新电极，并将它与直流电源的正极相接，而将负极与钢筋骨架相接，调整外接电源，以使电子流进全部钢筋骨架内，原有钢筋骨架的阳极和阳极区域间的任何腐蚀电流转化为阴极，使钢筋骨架的锈蚀受到抑制。由于新增设的电极为阳极，阳极受腐蚀而使阳极材料有所消耗，因此，一般要选用铂丝等耐腐蚀、消耗极小的材料。国外使用的阳极专利产品有：涂覆于混凝土表面的导电涂料、导电砂浆，粘贴于混凝土表面的阳极网状组合件，带涂层的钛金属带等。阴极保护主要用于受氯盐侵蚀导致钢筋腐蚀的结构中，其应用受环境的影响较小，对已经出现裂缝的混凝土结构和新建结构都可进行长期钢筋防腐。

### 16.4.2.4　双向电渗法

双向电渗（bidirectional electromigration rehabilitation，BIEM）是金伟良团队针对氯离子侵蚀环境下钢筋混凝土结构提出的一种新型无损修复概念。双向电渗技术的基本原理如图 16-46 所示，在混凝土结构外表面铺设不锈钢或钛合金网片，将其作为阳极，并在混凝土结构表面及阳极铺设加入含有阻锈剂的阳极电解液，钢筋混凝土结构中的钢筋作为阴极，在阴阳极之间施加直流电压。来自电解液的阻锈剂阳离子将在外加电场作用下进入混凝土保护层，并向阴极钢筋方向迁移，同时混凝土试件中的氯离子则会向阳极迁移，从而实现迁出混凝土的目的。随着钢筋表面阻锈剂的含量逐渐累积到一定程度后，阻锈剂将在钢筋表面形成一层致密的保护膜，从而将钢筋与周围的氧气、氯离子等腐蚀因素隔绝起来，最终实现钢筋阻锈的保

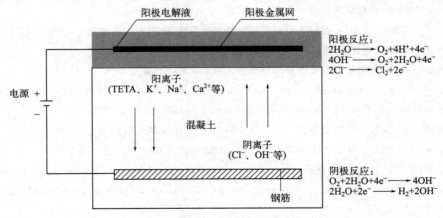

图 16-46　双向电渗技术原理

护作用。此外，随着阴极反应的不断进行，OH⁻逐渐生成积累，从而引起钢筋附近孔隙溶液的 pH 值增加，进而有利于钢筋钝化。

# 参考文献

[1] 孙伊圣.基于双电极电位的桥梁内部配筋锈蚀度瞬变电磁成像无损量化检测试验.重庆：重庆交通大学，2013.

[2] 罗刚，施养抗.钢筋混凝土构件中钢筋锈蚀量的无损检测方法.福建建筑，2002，4：55-57.

[3] 普通混凝土长期性能和耐久性能试验方法标准：GB/T 50082—2009.

[4] 龚晨辉.基于红外感应加热的混凝土钢筋锈蚀检测研究.重庆：重庆交通大学，2014.

[5] 欧阳利军.基于声发射技术的锈蚀钢筋混凝土构件黏结性能研究.广西大学，2007.

[6] 章先凯，周建庭，杨晶晶，等.基于双电极电位的桥梁内部配筋锈蚀度瞬变电磁成像无损量化检测试验.公路，2014，11：74-78.

[7] 谢林涛.瞬变电磁快速成像方法的研究.重庆：重庆大学，2009.

[8] 徐茂辉，赖恒，谢慧才.探地雷达在混凝土板钢筋检测中的应用.无损检测，2004，4：30-34.

[9] 袁新顺，水中和，王桂明.探地雷达在箱梁腹板检测中的应用.无损检测，2009，31：412-414.

[10] Bennett K D. Monitoring of corrosion in steel structures using optical fiben sensors. Proceedings of SPIE-The International Society for Optical Engineering, 1995，246：48-59.

[11] Fuhr P L, Huston D R. Corrosion detection in reinforced concrete roadways and bridges via embedded Fiber Optic sensors. Smart Materials and Structures, 1998，7：217-229.

[12] Rutherford P, Ikegami R, Shrader J. Novel NDE fiber optic corrosion sensor. Proceedings of Spie the International Society for Optical Engineering, 1996.

[13] 黎学明，朱永，陈伟民，等.一种监测钢筋腐蚀的光波导传感方法.激光杂志，1999，20：44-46.

[14] 刘洋.基于光纤传感的钢筋锈蚀监测技术研究.镇江：江苏大学，2009.

[15] 混凝土中无涂料层钢筋的半电池电位标准试验方法：ASTM C876.

[16] 水运工程混凝土试验检测技术规范：JTS/T 236—2019.

[17] 建筑结构检测技术标准：GB/T 50344—2019.

[18] 李悦，于鹏超.钢筋锈蚀检测评价方法的综述.建材世界，2015，36：34-37.

[19] 张伟平，张誉，刘亚芹.混凝土中钢筋锈蚀的电化学检测方法.工业建筑，1998，28：21-25.

[20] 混凝土中钢筋检测技术标准：JGJ/T 152—2019.

[21] 邸小坛，周燕.旧建筑物的检测加固与维护 [M].北京：地震出版社，1991.

[22] Chakrabarti S C, Sharma K N. Assessment of corrosion of reinforcement：revised criteria for half-cell potential method. The Indian Concrete Journal，1995，69：237-239.

[23] 何志川.半电池电位法检测混凝土中钢筋锈蚀的研究.哈尔滨：哈尔滨工业大学，2008.

[24] 满志强.半电池电位法在水工混凝土钢筋锈蚀检测中的应用.广西水利水电，2014，6：92-96.

[25] Andrade C, Gonzalez J A, Quantitative measurements of corrosion rate of reinforcing steels embedded in concrete using polarization resistance measurements. Materials And Corrosion-werkstoffe Und Korrosion，1978，29：515-519.

[26] 罗刚，施养抗.钢筋混凝土构件中钢筋锈蚀量的无损检测方法，福建建筑，2002，04：55-57.

[27] YBT 9231—2009 钢筋阻锈剂应用技术规程.

[28] Millard S G，Law D，Bungey J H. Environmental influences on linearpolarization corrosion rate measurement in reinforced concrete. NDT and International，2001，34：409-417.

[29] 朱晓娥，谢慧才，裔裕峰.线性极化法在检测某多层住宅混凝土柱中的应用.四川建筑科学研究，2007，33：115-117.

[30] John P. Broomfield. Corrosion of steel in concrete：understanding，investigation and repair. E and FN SPOM，1997：1-4.

[31] 混凝土外加剂：GB 8076—2008.

[32] 范庆新，邓春林，韦江雄.混凝土中钢筋锈蚀的电化学无损检测技术.武汉理工大学学报，2008，30：70-73.

[33] 覃奇贤，刘淑兰.电极的极化和极化曲线（Ⅰ）—电极的极化.电镀与精饰，2008，30：28-30.

[34] 曾琦琪.单氟磷酸钠的阻锈试验研究.新型建筑材料，2011，38：36-38.

[35] 钱觉时，徐姗姗，李美利，等.混凝土电阻率测量方法与应用.山东科技大学学报，2010，29：37-41.

[36] 建筑结构检测技术标准：GB/T 50344.

[37] 唐祖全，钱觉时，李卓球.接触电阻对导电混凝土电热特性的影响.混凝土与水泥制品，2003，4：10-13.

[38] 侯作富，李卓球，唐祖全.融雪化冰用碳纤维混凝土的导电性能研究.武汉理工大学学报，2002，24：32-34.

[39] 谷荣坤.不同表面状态钢筋在含氯混凝土中腐蚀行为研究.呼和浩特：内蒙古科技大学，2013.

[40] 王杨，杨慧.用交流阻抗法研究铌钢在海水中的腐蚀行为.腐蚀科学与防腐技术，2009，21：69-71.

[41] 孔德杰.混凝土内钢筋阻锈剂的扩散及腐蚀抑制行为研究.武汉：华中科技大学，2013.

[42] 张鉴清，张昭，王建明，等.电化学噪声的分析与应用.中国腐蚀与防护学报，2001，05：310-316.

[43] 宋诗哲，王吉会，李健，等.电化学噪声技术检测核电环境材料的腐蚀损伤.中国材料进展，2011，30：22-25.

[44] 赵永韬.恒电量脉冲瞬态响应测试技术及解析方法研究.武汉：华中科技大学，2005.

[45] 韩天文.钢筋锈蚀检测的电化学方法.建筑与发展，2009，11：125-126.

[46] 阎培渝，崔路.用于腐蚀研究的电流阶跃法的频域分析.清华大学学报（自然科学版），1999，39：124-127.

[47] Lin H，Li Y，Li Y. A study on the deterioration of interfacial bonding properties of chloride-contaminated reinforced concrete after electrochemical chloride extraction treatment. Construction and Building Materials，2019，197：228-240.

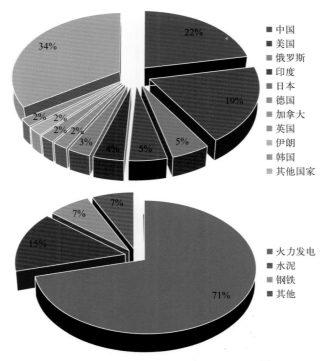

图 1-2    各国家和各行业 $CO_2$ 排放比例[2]

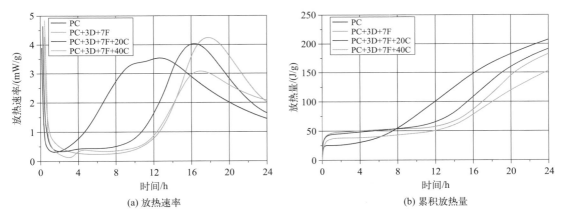

(a) 放热速率                                    (b) 累积放热量

图 3-17    混掺外加剂对水泥水化的影响[39]

PC 为对照组，普通硅酸盐水泥。D、F、C 分别代表符合 ASTM C494 的
D 型减水剂、F 型减水剂、C 型速凝剂。数字代表外加剂与水泥的比例

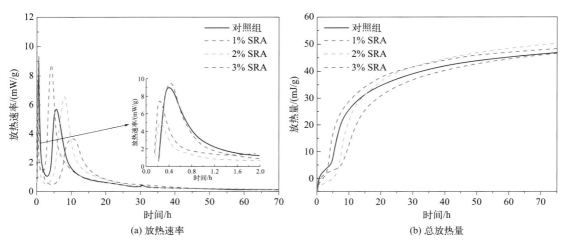

(a) 放热速率                    (b) 总放热量

图 3-22　聚醚减水剂对碱-矿渣水泥水化的影响[51]

图 8-3　BSE 模式下观察的试样(经树脂浸渍、研磨抛光)

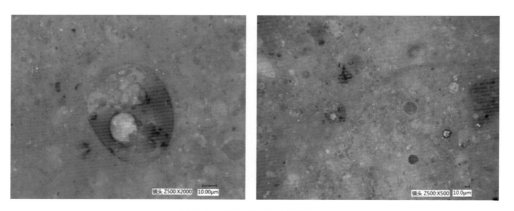

图 8-4　环氧树脂填充的气孔

图 8-7　研磨好的砂浆试样(a)和水泥净浆(b)

图 8-21　根据灰度分布及原始图像选定上、下阈值[20]

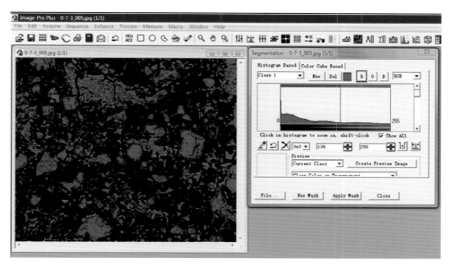

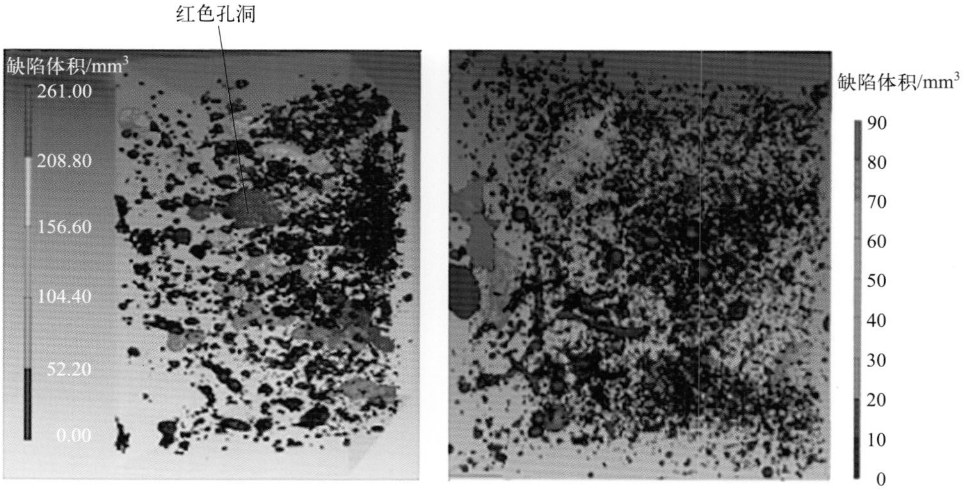

(a) 冻融损伤后的混凝土孔结构　　　　(b) 海水侵蚀后混凝土孔结构

图 9-8　X 射线 CT 测试所得混凝土损伤后的孔结构

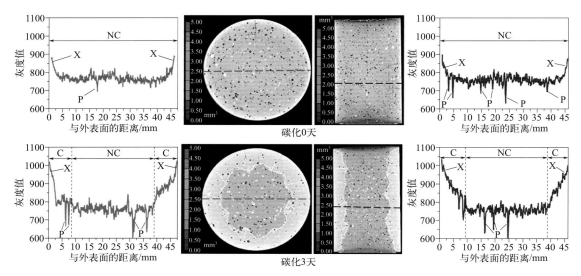

图 9-9　水泥净浆碳化前后的 X 射线 CT 二维断层(切片)图像与灰度曲线

NC 表示圆柱形试件未碳化区域,X 表示 X 射线能谱硬化现象,P 表示试件缺陷位置,C 表示碳化区域

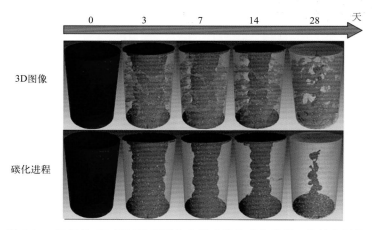

图 9-10　X 射线 CT 测试所得硬化水泥净浆的碳化进程三维结构图像

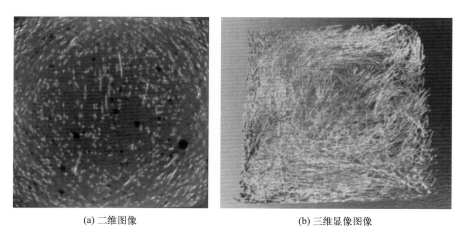

(a) 二维图像　　　　　　　　　(b) 三维显像图像

图 9-15　X 射线 CT 测试所得砂浆中钢纤维的空间分布

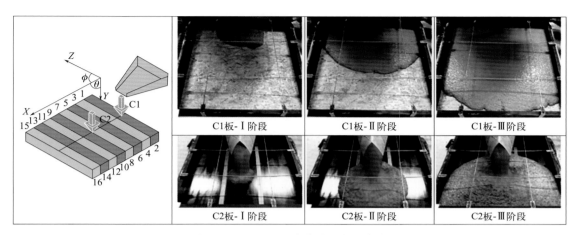

图 9-16　SFR-SCC 浇筑时的方向定位

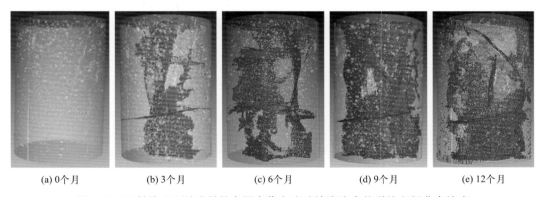

(a) 0个月　　　(b) 3个月　　　(c) 6个月　　　(d) 9个月　　　(e) 12个月

图 9-18　X 射线 CT 测试所得水泥净浆在硫酸钠溶液中的裂缝空间分布演变

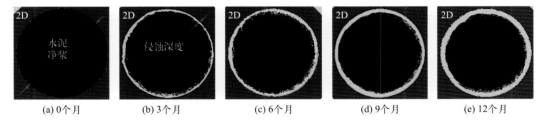

(a) 0个月　　　(b) 3个月　　　(c) 6个月　　　(d) 9个月　　　(e) 12个月

图 9-19　X 射线 CT 测试所得水泥净浆在硫酸钠溶液中侵蚀深度的演变

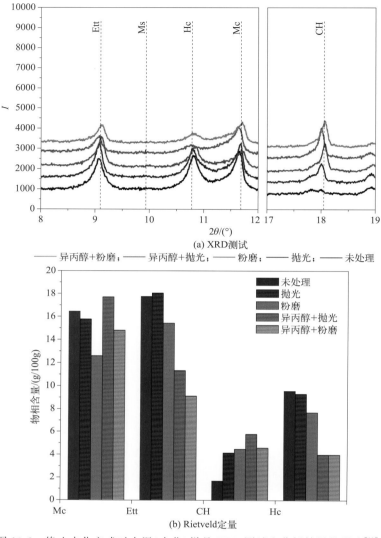

(a) XRD测试

——异丙醇+粉磨；——异丙醇+抛光；——粉磨；——抛光；——未处理

(b) Rietveld定量

图 10-6　终止水化方式对水泥(水化)样品 XRD 测试和分析结果的影响[11]
Ett 表示钙矾石, Ms 表示单硫型水化铝酸钙, Hc 表示半碳型水化铝酸钙,
Mc 表示单碳型水化铝酸钙, CH 表示氢氧化钙

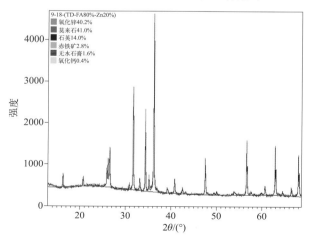

图 10-14　实测粉煤灰 XRD 图谱和拟合的 XRD 图谱进行比较

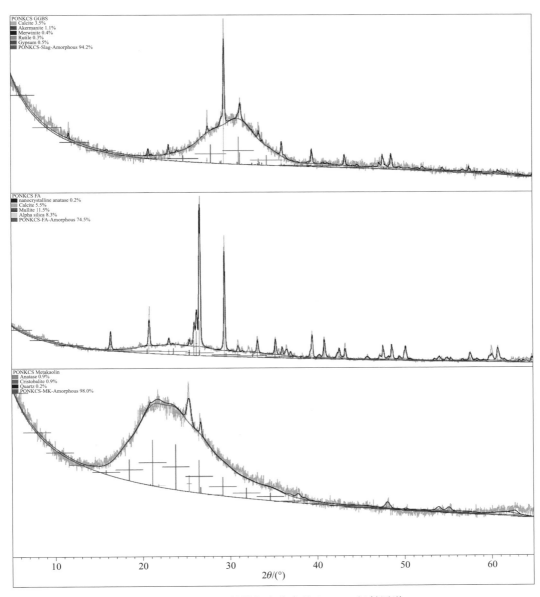

图 10-15 矿渣、粉煤灰和偏高岭土 XRD 衍射图谱

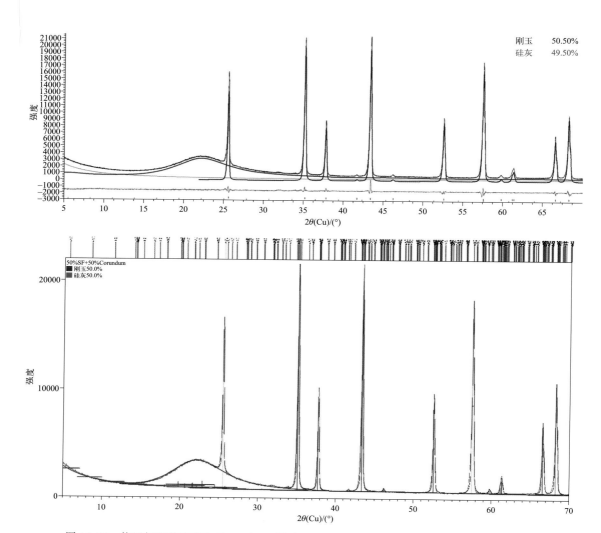

图 10-18　使用标准物（刚玉，Corundum）通过 TOPAS 和 HighScore 软件建立硅灰结构物相

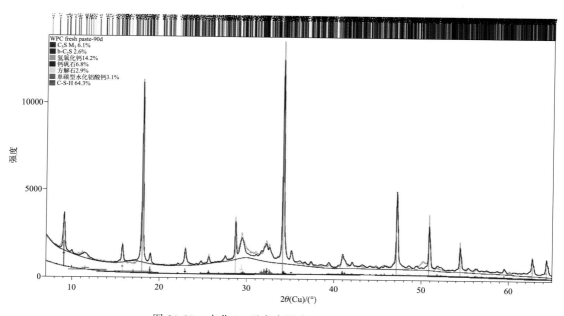

图 10-19　水化 90 天白水泥中 C-S-H 物相的建立

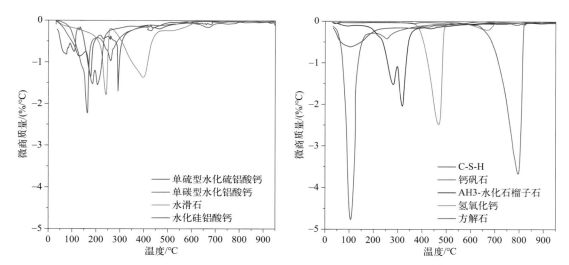

图 11-4 常见水化物相的 DTG 曲线(10℃/min,氮气气氛)[3]

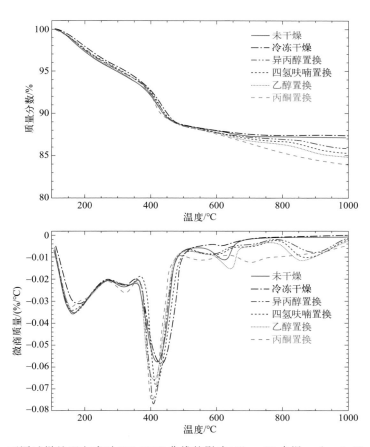

图 11-6 不同试样处理方式对 TG-DTG 曲线的影响(Class H 水泥,w/c=0.38,113d)[1]

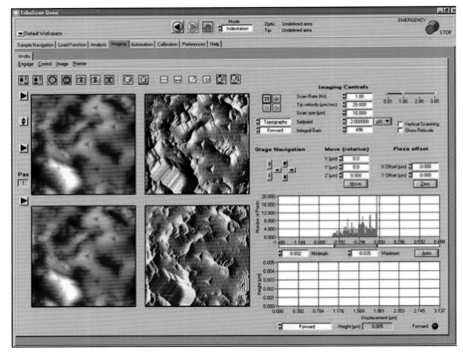

图 12-7 原位成像力学测试模块界面

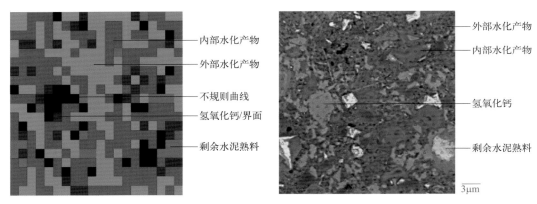

内部水化产物
外部水化产物
不规则曲线
氢氧化钙/界面
剩余水泥熟料

外部水化产物
内部水化产物
氢氧化钙
剩余水泥熟料

3μm

图 12-10 基于物相精准判定的水泥基材料微观力学性能分析[18]

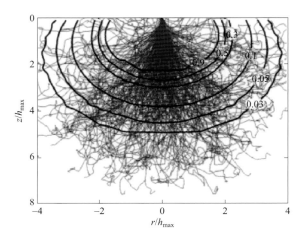

图 12-11 纳米压痕测试影响区域范围(黑线)及电子作用范围(蓝线)[19]

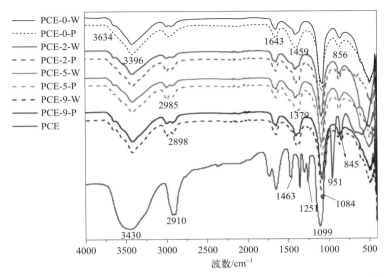

图 13-23　减水剂和生长钙矾石晶体在不同环境中 120min 的红外光谱[39]
（图中名称中的数字代表 PCE 浓度，最后的字母 W 和 P 分别代表去离子水和水泥浆孔隙溶液）

图 15-11　喷洒硝酸银溶液后的试件表面的颜色

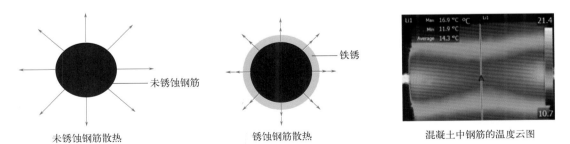

图 16-4　钢筋的散热示意图及混凝土中钢筋的温度云图

图 16-43　锈蚀钢筋混凝土结构的常用的物理修复法